Dr. Harry Erhardt & Christina Krimke

Stachelhäuter Fische

Indopazifischer Korallenriffe

lehmanns media

Impressum
Bibliografische Information der Deutschen Nationalbibliothek
Die Deutsche Nationalbibliothek verzeichnet diese Publikation in der Deutschen Nationalbibliografie; detaillierte bibliografische Angaben sind im Internet unter `http://www.dnb.de` abrufbar.

Helmholtzstr. 2–9 • 10587 Berlin
E-Mail: verlag@lehmanns.de
Umschlag: Jasmin Plawicki
Bildnachweis: Unterwasserbildarchiv Erhardt/Krimke
Design De Lange D-34560 Fritzlar
Druck und Bindung: Mazowieckie Centrum Poligrafii • Marki • Polen
ISBN 978-3-96543-563-6 www.lehmanns.de

Danksagung

Es hat viele Jahrzehnte gedauert, bis wir unser Bildmaterial in Tausenden von Tauchgängen gesammelt, bestimmt und beschrieben haben. Nur auf uns alleine gestellt, wäre die Bestimmung der vielen Arten nicht zu bewältigen gewesen, sodass wir die Hilfe vieler Kollegen, die an den unterschiedlichen Tiergruppen an Universitäten und in den Museen arbeiten, in Anspruch nehmen mussten. Ihnen sind wir zu besonderem Dank verpflichtet:

Dr. P. Alderslade (Cnidaria); Dr. C. Bryce (Mollusca); Dr. St. Cairns (Cnidaria); Dr. K.-J. Götting (Mollusca); Dr. M. Grashoff (Cnidaria); Dr. J.C. Hartog (Cnidaria); Dr. C. Hartmann-Schröder (Polychaeta); Dr. B.W. Hoeksema (Cnidaria); Dr. N. A.Hooper (Porifera); Dr. D.E. Keith (Cnidaria); R. Kuiter (Pisces); Dr. F. Lorenz (Mollusca); Dr.L. Marsh (Echinodermata); Dr. D. Meyer (Echinodermata); Dr. C. Monniot (Tunicata); Dr. L. Newman (Plathelminthes); Dr. L. Van Ofwegen (Cnidaria); Dr. J. F. Randall (Pisces); Dr. F.W.E. Rowe (Echinodermata); Dr. S. Schoppe (Echinodermata); Dr. H. Schuhmacher (Cnidaria); Dr. R. Van Soest (Porifera); Dr. L. Vale (Echinodermata); Dr. W. Vervoort (Cnidaria); Dr. J. Watson (Cnidaria); Dr. N. Yonow (Mollusca).

Sie können mit einer E-Mail an verlag@lehmanns.de die zugehörigen E-Books anfordern, die wir allen Käufern des gedruckten Bands kostenlos zur Verfügung stellen. Wir benötigen dafür Ihre E-Mail-Adresse und einen Kaufnachweis.

Dr. Harry Erhardt & Christina Krimke

STACHELHÄUTER

INDOPAZIFISCHER KORALLENRIFFE

INHALT

Was sind eigentlich Stachelhäuter?

Stachelhäuter sind stark differenzierte Tiere, die Sonderbildungen aufweisen, die im gesamten Tierreich einzigartig sind. Hierzu zählen neben dem pentamer radiären Körperbau auch das Endoskelett, ineinander verschachtelte Coelomräume, das Ambulakralgefäßsystem, der Besitz von Pedicellarien und von mutablem Bindegewebe, das die Eigenschaft zur extremen Versteifung und Erschlaffung besitzt. Mit diesem mutable Gewebe können Stachelhäuter über lange Zeitspannen hinweg in bestimmte Körperhaltungen verharren, ohne Muskelkraft und damit viel Energie aufwenden zu müssen. Das mutable Gewebe ist damit einzigartig im Tierreich und erfüllt Aufgaben, die eigentlich einer Muskulatur zukämen: Es hilft die Körperform zu stabilisieren und einfache Bewegungen auszuführen. Heute ist man der Ansicht, dass mutable Gewebe die Entwicklung der Echinodermaten-Konstruktion ermöglicht und beschleunigt haben.

Fast alle Stachelhäuter leben im Meer. Nur sehr wenige Arten tolerieren brackige Gewässer als Lebensraum. Ihre Verbreitung reicht von den Polargebieten bis in die warmen Regionen gemäßigter, tropischer und subtropischer Meere. Hier kommen sie von der Spritzwasserzone bis in die Tiefsee vor und zählen wohl zu den bekanntesten und häufigsten Meerestieren entlang der Küsten unserer Weltmeere. In den meisten Meeresgebieten bilden sie auch den größten Anteil der makrobenthischen Biomasse. Man kennt Winzlinge unter den Stachelhäutern, die nur wenige Millimeter groß werden (***Rhabdomolgus ruber,*** eine kleine Seewalze der Nordsee von nur 5 mm Größe, die im Sandlückensystem lebt), aber auch Riesen, wie Seewalzen der Gattungen Holothuria (***Holothuria thomasi*** aus der Karibik), Polyplectana (***Polyplectana kefersteini*** aus dem Indopazifik) und Synapta (***Synapta maculata*** aus dem Roten Meer und dem Indopazifik), die ausgestreckt 200 cm bis 250 cm groß werden können. Aber auch einige Seesterne der Gattung Solaster können entlang der Küste Kanadas einen Durchmesser von über 100 cm erreichen.

Über die stammesgeschichtliche Entwicklung der Stachelhäuter ist relativ wenig bekannt. Es sind nur wenige Fossilfunde vorhanden. Die ältesten Versteinerungen stammen aus dem Kambrium, einer Zeitepoche vor etwa 540 Millionen von Jahren.

Die etwas mehr als 6300 rezenten Stachelhäuter, die heute in allen Meeren auf unserer Erde leben, besitzen ein weitgehend einheitliches Konstruktionsprinzip, wobei die Zahl 5 beim Körperbau der Tiere eine maßgebliche Rolle spielt. Und das sowohl bei den 5 Armen der Seesterne und Schlangensterne, den 5 Zähnen des Kauapparates der Seeigel, als auch bei den 5 Reihen der Ambulakralfüßchen bei den Seewalzen. Die Zahl 5 setzt sich auch bei der Anordnung der inneren Organe und des Nervensystems fort.

Die wenigen Fossilfunde haben dennoch gezeigt, dass sich die Tiere von festsitzenden, bilateral symmetrischen Ahnen ableiten lassen. ROMER (1959) geht dabei von einem primitiven und sessilen Nahrungsstrudler aus. Rezente Tiere sind auch heute noch als Bindeglieder dieser Entwicklung vorhanden. Als Beispiel gelten dafür die Seelilien, die zeitlebens auf einem Stiel sitzend, fest mit dem Substrat verankert sind und auch die Haarsterne, die während eines Teiles ihrer frühen Entwicklung, im so genannten Seelilienstadium (Pentacrinoidstadium), über einen Stiel mit dem Untergrund verbunden bleiben. Erst wenn sie alle Arme und Cirren ausgebildet haben, lösen sie sich von ihrem Stiel ab und führen danach ein hemisessiles und überwiegend auf dem Boden lebendes (benthisches) Dasein. Aber auch die Larven von einigen Seesternen saugen sich während der Zeit ihrer Metamorphose (Gestaltumwandlung) mit Hilfe eines Haftorgans am Untergrund fest, was deutlich darauf hinweist, dass sie sich von sessilen Vorfahren ableiten.

Die Haut (Epidermis) der Stachelhäuter besteht aus 3 Schichten. Die äußere Schicht ist sehr dünn, besteht nur aus einer Zellschicht und überzieht die gesamte Körperoberfläche der Tiere. Eingeschlossen sind dabei Höcker, Stacheln und andere Fortsätze des Körpers. In ihr sind Drüsen und Sinneszellen, wie Mechanorezeptoren und Pigmentzellen, eingelagert. Die Drüsen produzieren Schleim und Klebsekrete, die auch Giftstoffe enthalten können, während die Pigmentzellen für die Färbung der Tiere verantwortlich sind. Sie enthalten eine Farbstoffmischung aus Melaninen, roten Carotinoiden und Carotinproteinen, die blau, grün oder violett sein können. Die 2. Schicht ist wesentlich dicker und besteht aus Bindegewebe. In ihr befindet sich das Skelettsystem, das aus Kalzit, einer besonderen Form von Kalk, besteht und das von Skelettbildungszellen (Sklerocyten) im Bindegewebe abgeschieden wird. Damit ist das Skelett der Stachelhäuter ein inneres, also ein Endoskelett. Es kann aus einzelnen in der Haut liegenden Kalkplatten bestehen, die gegeneinander verschoben werden können (Haarsterne, Schlangensterne, Seesterne, Seewalzen) oder die Kalkplatten fest miteinander verbunden sein und starre Panzer bilden, wie bei den meisten Seeigeln. Alle Skelettelemente, auch Ossikeln genannt, sind durch Bindegewebsfasern und Muskeln miteinander verbunden. Man bezeichnet es als mutables Gewebe. Dieses kann sich auf eine neuronale Reizung hin versteifen oder erschlaffen und damit Formveränderungen des Körpers herbeiführen.

Das Skelett hat in erster Linie die Aufgabe, den Körper zu schützen, zu formen und in den Dienst der Bewegung zu stellen. Die systematische Einordnung der Stachelhäuter in Ordnungen und Familien erfolgt nach der Anordnung und der Form dieser Skelettelemente. Auch die Füßchen und die Greif- und Kauwerkzeuge sind Kriterien für eine systematische Zuordnung der Tiere. Die 3. Schicht bedeckt alle inneren Organe und kleidet die Leibeshöhle aus. Auch sie besteht nur aus einer einzigen Zellschicht.

Was aber die Stachelhäuter deutlich von allen anderen Tieren im Tierreich unterscheidet, ist ihr wohl einmaliges und hervorragendes Merkmal, das Wasser- oder Ambulakralgefäßsystem, das ein eigenständiges und flüssigkeitsgefülltes System darstellt. Es besteht aus einem Kanalsystem im Inneren des Körpers der Stachelhäuter, welches mit einer speziellen, proteinhaltigen Coelomflüssigkeit gefüllt ist. Diese entspricht bis auf den Zusatz von Aminosäuren, Peptiden und Fetten weitgehend dem Meerwasser. In ihr befinden sich aber auch amöboid bewegliche Zellen (Coelomocyten), die der Exkretion und der Regeneration verlustig gegangener Körperteile dienen. Das Ambulakralgefäßsystem beginnt mit einer Siebplatte, genannt Madreporenplatte, die mit dem Außenwasser in Verbindung steht und sich bei den Seeigeln und Seesternen auf der Körperoberfläche, bei den Schlangensternen auf der Unterseite und bei den Seewalzen innerhalb der Tiere befindet. Den Seelinien und den Haarsternen fehlt eine Madreporenplatte. Die Madreporenplatte steht mit einem kurzen Kanal (genannt Steinkanal) in Verbindung, der in einen Ringkanal um den Schlund mündet. Daran angeschlossen sind 5 Radiärkanäle, von denen paarige Seitenzweige zu den Ambulakralfüßchen (Podia) führen. Verbunden sind diese Füßchen, die oft mit kleinen Saugnäpfen ausgestattet sind, mit Ampullen (Ampullae), über die der Wasserdruck und damit die Bewegung der Podien koordiniert werden. Die Füßchen können in alle Richtungen bewegt, ausgestreckt und eingezogen werden und dienen in erster Linie der Fortbewegung und der Nahrungsaufnahme. An ihren dünnen Wandungen findet auch der Gasaustausch statt. Im Prinzip befähigt das Ambulakralsystem, das ja ein raffiniertes hydropneumatisches Pumpwerk darstellt, die Stachelhäuter dazu, alles das zu vollbringen, wozu zum Beispiel die Stacheln alleine nicht in der Lage wären, es zu leisten: Eine sinnvolle Zusammenarbeit von Stacheln und Füßchen bei der Lokomotion, die Umgebung zur Orientierung abzutasten und, wie schon erwähnt, Sauerstoff aufzunehmen, also zu atmen. Zudem sind die Saugfüßchen in der Lage, schwere Lasten zu heben und zu transportieren und Fremdkörper vom Meeresboden zu liften und diese zur Tarnung auf ihre Schale zu platzieren. Diese können dann wochen- und monatelang ohne viel Energieverlust angesaugt zur Tarnung und Schutz auf der Schale der Tiere verbleiben. Gleichzeitig schützt die Bedeckung vor zu großer Lichtintensität und gaukelt dem Fressfeind ein totes Objekt vor.

An das Ambulakralgefäßsystem schließt sich das Coelomgefäßsystem (Perihaemalsystem) und das Blutgefäßsystem (Haemalsystem) an. Beide Systeme dienen dem Transport von Sauerstoff und körpereigenen Stoffen. Ein Herz haben Stachelhäuter noch nicht entwickelt.
Neben den Saugfüßchen, den Stacheln, Warzen und Höckern sind alle Seeigel und die meisten Seesterne mit schlauchförmigen Organen ausgestattet, die Pedicellarien genannt werden. Es handelt sich dabei um umgewandelte Stacheln. Sie bestehen aus einem dünnen, weichen, schlauchförmigen und in der Länge veränderlichen Stiel und tragen mikroskopisch kleine Greifzangen an der Spitze. Bei Gefahr werden die Stiele stark verlängert, so dass sie die Stacheln überragen. Bei den Seesternen haben die Pedicellarien 2 Greifzangenbacken, die, wenn sie geöffnet und geschlossen werden, wie eine Pinzette funktionieren. Die Pedicellarien der Seeigel besitzen 3 Zangenbacken. Alle Greifzangen werden mit Hilfe von Muskeln bewegt, sie sind innerviert und reagieren schnell auf Berührungsreize. Ihre Aufgabe ist es,

die Körperoberfläche zu reinigen, Sedimentauftrag und Aufwuchs zu beseitigen und gegen Eindringliche, Parasiten und Fressfeinde zu verteidigen. Bei einigen Seeigeln kommen mit Gift gefüllte Greifzangen vor. Entsprechend ihrer unterschiedlichen Aufgaben unterscheidet man 4 verschiedene Formentypen, die in noch weiteren Variationen vorkommen können. So lassen sich dreifingrige (Tridactylen) von dreiblättrigen (Trifolien) und schlangenförmige (Ophiocephaliden) von kugelförmigen (Globiferen) Pedicellarien unterscheiden. Sie sind als Beiß-, Klapp-, Putz- und Giftzangen ausgebildet. Ihre Anzahl und ihre Verteilung auf der Körperoberfläche der Tiere kann unterschiedlich sein. Trotz der bekannten morphologischen Gegebenheiten sind die Funktionen und die Wirkungsweisen dieser schlauchförmigen Organe mit den Greifzangen noch lange nicht geklärt. Was man heute jedoch weiß ist, dass sie Gift in die Wunden ihrer Angreifer pressen und diese betäuben oder töten. Bei dem injizierten Gift handelt es sich um Holothurin, das auch bei den Seewalzen zur Feindabwehr eingesetzt wird. Es hat eine Blut zersetzende Wirkung.
Die Anordnung eines diffusen Nervensystems folgt der fünfstrahligen Radiärsymmetrie. Es sind ursprünglich 3 verschiedene Nervensysteme vorhanden, die sich auf verschiedenen Ebenen entwickeln. So unterscheidet man ein orales, ein aborales und ein ektodermales Nervensystem voneinander. Jedes dieser Nervensysteme erfüllt bestimmte Aufgaben und sie verzweigen sich alle wie das Wassergefäßsystem und folgen ihrer Anordnung. Manche stehen miteinander in Verbindung, funktionieren aber auch unabhängig voneinander. Die Haut trägt zahlreiche Sinneszellen, die auf Licht, Temperatur, Berührung, Strömung und auf chemische Reize reagieren. Typische Sinnesorgane sind bei den Stachelhäutern sehr selten. Eine zentral nervöse Schaltstelle in Form eines Gehirns ist noch nicht entwickelt.
Das Blutgefäßsystem ist bei allen Stachelhäutern entwickelt, doch wird es hier als Blutlakunensystem bezeichnet. Bei den Seeigeln und den Seewalzen ist es besonders gut entwickelt. 18 verschiedene Typen von Blutzellen wurden bisher beschrieben, die Pigmente bilden, Sauerstoff transportieren und Exkrete entfernen.

Die Sauerstoffaufnahme und die Kohlendioxydabgabe erfolgt an allen dünnen Hautstellen. So bei den zahlreichen Ambulakralfüßchen, den Papillen, den Papulae und Bursen und über die Wasserlungen bei den Seewalzen.

Stachelhäuter sind für ihr ausgeprägtes Regenerationsvermögen bekannt. Sie besitzen die erstaunliche Fähigkeit, verlustig gegangene Körperteile und auch innere Organe relativ schnell zu ersetzen. So sind besonders die Seesterne in der Lage, beschädigte oder fehlende Arme neu zu bilden und selbst an einem losgelösten Arm kann sich ein kompletter Seestern neu entwickeln. Aber auch innere Organe, wie die Cuvierschen Schläuche bei den Seewalzen, werden regeneriert, wenn sie zur Feindabwehr ausgestoßen wurden. Das enorme Regenerationsvermögen der Stachelhäuter ist eine Reaktion auf die vielfältigen Attacken, denen sie ausgesetzt sind und in gewisser Weise auch eine Form der ungeschlechtlichen Vermehrung (Fissiparie), wenn sich aus Körperteilen ganze Organismen entwickeln. Es ist bekannt, dass sich einige Schlangensterne über lange Zeiträume ausschließlich fissipar vermehren.

Verglichen mit anderen Tieren sind Stachelhäuter in ihrer Fortbewegung sehr eigenwillig geblieben. So kann man bei ihnen zwar unterscheiden, was oben und was unten ist, nicht jedoch was vorne und was hinten ist. Da ein Kopf mit einem Mund einerseits und ein After andererseits stets sichere Anhaltspunkte für die Orientierung der Hauptachse eines Körpers sind, ist es oft sehr schwierig, bei den Stachelhäutern zu einer eindeutigen Aussage zu kommen. Sie besitzen nämlich keinen ausgeprägten Kopf und auch kein ausgeprägtes Hinterende. Nur die Seewalzen bilden eine Ausnahme. Ihr Körper ist zylindrisch gestreckt und verläuft parallel zum Untergrund, so dass man bei ihnen deutlich ein Vorderende von einem Hinterende unterscheiden kann.

Die Bewegungsfähigkeit ist bei den Stachelhäutern sehr unterschiedlich ausgeprägt. Die meisten von ihnen können sich nur langsam mit Hilfe ihrer Saugfüßchen fortbewegen und auch die Stacheln stehen im Dienst der Lokomotion. So bei den Seesternen und den Seeigeln. Nur durch eine sinnvolle Zusammenarbeit von Saugfüßchen und Stacheln sind Stachelhäuter in der Lage, in alle Richtungen gezielt zu wandern. Auch senkrechte Strukturen, wie Glasscheiben in einem Aquarium, werden unter den Einsatz ihrer Saugnäpfe an den Füßchen erklommen. Einige Seewalzen der Gattungen ***Synapta*** und ***Synaptula*** verankern sich mit klebrigen Tentakeln, ziehen sich so vorwärts und bewegen sich mit Hilfe peristaltischer Krümmbewegungen fort, wobei sie beachtliche Geschwindigkeiten erreichen. Einige Tiefsee- Seewalzen können mit Hilfe eines breiten und lappigen „Halskragens" über kurze Strecken schwimmen und nur ganz wenige Arten leben pelagisch im offenen Wasser (Pelagiothuria). Haarsterne, soweit sie Cirren besitzen, bewegen sich auf diesen Greiforganen fort, setzen aber auch einige ihrer zahlreichen Arme ein, um kurze Distanzen schwimmend zu überbrücken. Am schnellsten bewegen sich Schlangensterne. Ihre Arme können in ihrem Bewegungsablauf so schnell sein, dass man meint, die Tiere springen über den Boden.
Sehr viele Stachelhäuter graben im Boden und bewegen sich somit grabend fort. Dabei setzen sie sowohl ihre Arme und Stacheln, als auch ihre Pedicellarien und Ambulakralfüßchen ein. Einige Seeigel bohren sich mit Hilfe ihrer Stacheln und Zähne in Fels- und Kalkgestein, um sich so einen bleibenden Standort zu sichern.

Stachelhäuter sind vielfach an bestimmte Umweltbedingungen angepasst und kommen daher in der Regel regional begrenzt vor. So leben viele Arten nur in tropischen und subtropischen Meeren und andere kommen nur im eiskalten Wasser der Arktis und Antarktis vor. Einige von ihnen sind an Kelpwälder gebunden.

In den tropischen Meeren leben fast alle Stachelhäuter an oder in der Nähe von Korallenriffen, wobei einige von ihnen entweder nur an den Riffen im Roten Meer, im Indischen Ozean oder im gesamten Indopazifik vorkommen, wobei es natürlich auch Arten gibt, die ihr Verbreitungsgebiet vom Roten Meer bis in den West- und Ostpazifik ausgedehnt haben. Nur wenige Arten kommen in allen tropischen und subtropischen Meeren vor (circumtropikal).

Stachelhäuter leben in unseren Weltmeeren auf verschiedenen Hartsubstraten, verstecken sich unter Steinen, Korallen, in Spalten und Ritzen, besiedeln Hafenanlagen, kommen unter schattigen Überhängen und in Höhlen vor und bewohnen verschiedene mobile Böden vom flachen Wasser bis in die Tiefsee. Zu den mobilen Böden rechnet man Fein- und Grobsande, Schlamm, Schlick, Korallenbruch und das „Coralligene". Viele Stachelhäuter leben in Seegraswiesen und auf mit Algen bestandenen Arealen des Flachwassers und kommen auch in Mangroven vor. Nur ganz wenige von ihnen leben pelagisch und driften im offenen Meer (*Pelagothuria*). Verschiedene Stachelhäuter leben aber auch als Mitesser (Kommensalen) auf einigen ihrer Verwandten und auf anderen Meerestieren. Sie bieten letztlich mit ihrer Körperoberfläche auch anderen Tieren ein Siedlungssubstrat, Versteckmöglichkeiten und ein Fresssubstrat.

Die Faktoren, die dazu führen, dass sich Stachelhäuter in ihrem Lebensraum optimal adaptieren und fortpflanzen können, sind vielseitig. Zum einen bedingen biotische Faktoren (Nahrung, Fressfeinde, Fortpflanzungsverhalten und Larvalentwicklung, Parasiten, Konkurrenz, Symbiosen, Räuber- Beute- Verhalten) eine Adaptation, zum anderen sind es abiotische Parameter (Licht, Temperatur, Strömung, Salzgehalt, Geologie des Untergrundes), die eine Anpassung an ihr Biotop bedingen. In der Regel sind es sowohl die biotischen als auch die abiotischen Parameter, die einen Einfluss auf den Standort und damit auf den Lebensraum der Stachelhäuter nehmen.

Die Nahrung und ihre Beschaffung ist für das Überleben einer jeden Tierart im gesamten Tierreich ein außerordentlich wichtiges Kriterium. Sie erfordert Biotop bedingt und angepasst an die Art der Nahrung morphologische Anpassungen des Organismus an die Nahrungsaufnahme, ihrer Verdauung und der Resteabgabe.

Stachelhäuter sind entweder Räuber, Algenfresser, Suspensionsfresser, Detritusvertilger, Sedimentfresser oder Allesfresser und haben so für die Nahrungsaufnahme verschiedene Strategien entwickelt.

Besonders die regulären **Seeigel** (Regularia) sind Algen- und Kleinpartikelfresser, die ihre Nahrung mit Hilfe von Zähnen vom Untergrund abschaben und in ein gut entwickeltes Verdauungssystem aufarbeiten. Ihr Kauapparat ist ein außerordentlich interessant gebautes Instrument und nur in dieser Tierklasse bei den Stachelhäutern zu finden. Er dient der Nahrungsaufnahme und dem Abschaben von Algen und kleinen benthischen Wirbellosen vom Untergrund. Fünf scharfe und nach innen gebogene Zähne, die sich stetig erneuern, stehen in der Mundöffnung. Sie werden durch ein sehr kompliziertes Zusammenspiel von bügelförmigen Kalkspangen und verschiedenen Muskeltypen bewegt. Seinem Aussehen nach nennt man das gesamte Gebilde die „Laterne des Aristoteles", eine Bezeichnung, die von dem römischen Schriftsteller Pilinius stammen soll. Erwähnt wird, dass der griechische Naturphilosoph Aristoteles (384-322 v.Chr.) diesen komplizierten Kau- und Kieferapparat der Seeigel beschrieben haben soll.

Die irregulären **Seeigel** (Irregularia) besitzen keine „Laterne des Aristoteles" mehr, da sie keine Algen vom Untergrund abschaben, sondern in weichen Sedimenten graben und sich von organischen Resten (Detritus) ernähren. Das Graben in den Untergrund erfordert abgeflachte, fast scheibenförmige Formentypen, die dem Sediment wenig Widerstand bei der Fortbewegung entgegensetzen. So sind irreguläre Seeigel in der Regel stark abgeflacht, mehr oder weniger rund bis elliptisch im Habitus oder oval in der Form. Diese Formentypen finden wir innerhalb der Unterklasse der Irregularia bei der Ordnung der Clypeasteroida, den Sanddollars und der Ordnung der Spatangoida, den Herzseeigeln.

Seesterne verdauen ihre Nahrung weitgehend außerhalb des Körpers (extragastrisch, extracorporal), indem sie ihren Magen ausstülpen und über die Beute legen. Ein Beispiel dafür ist die Dornenkrone, Acanthaster planci, die sich von Korallenpolypen ernährt und in einer Gemeinschaft mit vielen ihrer Artgenossen in kurzer Zeit ganze Riffe leer fressen und zerstören kann. Dann werden Enzyme ausgeschieden, die die Beute zersetzen. Die Seesterne brauchen die so chemisch aufgearbeitete (mazerierte) Beute nur noch aufzusaugen. Große Seesterne sind überwiegend Räuber, die ihre Beute bis in den tiefen Untergrund verfolgen, aufspüren und sie fressen. Kannibalismus kommt bei den Seesternen häufig vor.

Seewalzen sind Sediment-, Detritus- oder Suspensionsfresser. Sie schaufeln Sediment in sich hinein und verdauen die organischen Anteile des Sandlückensystems. Einige tasten den Untergrund mit Hilfe ihrer unterschiedlich geformter Mundtentakeln nach organischen Sinkstoffen ab und andere halten ihre reich verzweigten Mundtentakeln in die Strömung des Wassers, um Plankton und Detritus für ihre Ernährung zu fangen. Die Seewalzen, die in Sedimenten graben und die, die sich tagsüber unter Steinen, Korallen, in Spalten, Ritzen und Höhlen verstecken, besitzen eine sehr weiche und flexible Haut. Sie sind in der Nacht nur sehr wenigen Feindangriffen ausgesetzt, so dass der Schutz durch eine dicke und sich bei Berührung versteifende Haut entfällt. Auch die Ausbildung von Höckern, Hautpapillen, Stacheln und anderen Hautstrukturen, die der Körperprotektion dienen, ist nicht so ausgeprägt, wie wir das bei den tagaktiven Seewalzen kennen, die sich nicht vor ihren Feinden verbergen können. Sie besitzen eine derbe und mit vielerlei Hautstrukturen besetzte Körperoberfläche, die sie schützt und potentiellen Fressfeinden ein Ergreifen und Fressen erschwert.

Haarsterne und einige **Schlangensterne** sind Filtrierer. Sie filtern mit ihren reich verzweigten Armen, die sie wie einen Fangkorb, Fächer oder Netz formieren, Mikroplankton und organische Sinkstoffe aus der Strömung. Die Fangtechnik der nachaktiven Gorgonenhäupter sei in diesem Zusammenhang besonders erwähnt, die ihre tausendfach verzweigten Arme zu einem riesigen Filterkorb formieren, um nächtliches Plankton aus der Strömung des Wassers zu fischen.

Das Regenerationsvermögen der Stachelhäuter macht es möglich, dass sie unterschiedliche Verteidigungsstrategien entwickelt haben. So kommt es häufig zur Selbstverstümmelung (Autotomie) der Arme, wenn Fressfeinde diese packen. Ein Seestern, ein Schlangenstern oder ein Haarstern überlässt dem Fressfeind die attackierte Extremität, um den Rest des Körpers in Sicherheit zu bringen. Auch die klebrigen Cuvierschen Schläuche, die zur Feindabwehr ausgestoßen werden und damit verloren sind, werden rasch regeneriert. Besonders die Stacheln haben nicht nur eine rein mechanische Abwehrfunktion. Sie können mit Giftblasen ausgestattet sein und Neurotoxine übertragen, wie beim Rotmeer- Feuerseeigel *(Asthenosoma marisrubri*) und dem Stecknadelkopf- Seeigel (*Asthenosoma varium*). Auch die Pedicellarien, die mit speziellen Giftblasen in Verbindung stehen, dienen der Feindabwehr. So bei dem Giftzangen- Seeigel (*Toxopneustes pileolus*) und dem Pfaffenhut- Seeigel (*Tripneustes gratilla*). Auch Seesterne, Haar- und Schlangensterne verteidigen sich mit Giften, die in der Haut angereichert sind. Bei den Seewalzen ist es das Gift Holothurin, das in der Haut, im Darm und in den Wasserlungen angereichert ist und für die Feindabwehr eingesetzt wird. Das Holothurin ist eines der wohl stärksten Naturgifte, wie wir aus dem Tierreich kennen. Die Art, die Zusammensetzung und die Wirkungsweise dieser Gifte beschreibt MEBS (1989) in seinem Werk ausführlich.

Zu den Feinden von Stachelhäutern gehört auch eine große Anzahl von Fischen wie der Seewolf, Steinfische, Bodenhaie und verschiedene Drückerfische. Auch Krebse und Schnecken gehören dazu. Im Bereich des Flachwassers und des Spülsaumes sind es Seevögel, Seeottern und Polarfüchse, die sich für sie interessieren und ihnen nachstellen. Auch der Mensch ist nicht unbeteiligt und dezimiert sie, wo er nur kann.

Stachelhäuter sind überwiegend getrennt geschlechtlich. Man kennt aber auch bei einigen Schlangensternen und Seewalzen Hermaphroditen, die ihr Leben als Männchen beginnen und als Weibchen beenden. Die Gonaden sind einfach und in Fünfzahl vorhanden und in den Interradien des Körpers der Tiere untergebracht. Eine Kopulation findet bei den Stachelhäutern nicht statt. Häufig bilden sich Laichgemeinschaften, sog. Aggregationen, wo sich eine große Anzahl Individuen der gleichen Art versammeln, um zur Zeit der Fortpflanzung gemeinsam ihre Eizellen und Spermien in das Meerwasser zu entlassen. Die Eizellen sind in der Regel klein und dotterarm und werden von den Gameten der männlichen Tiere befruchtet. Die Larven der einzelnen Tierklassen haben wegen ihrer unterschiedlichen Form auch verschiedene Namen erhalten: **Echinopluteus** bei den Seeigeln, **Ophiopluteus** bei den Schlangensternen, **Bipinnaria** bei den Seesternen, **Doliolaria** bei den Haarsternen und **Auricularia** bei den Seewalzen. Alle Larven leben zuerst planktisch, bevor sie sich nach einer sehr komplizierten und über mehrere Larvenstadien verlaufende Gestaltsumwandlung (Metamorphose) zu Boden sinken lassen und zu einer überwiegend bodenständigen (benthischen) Lebensweise übergehen. Sie sind dann ihrem Aussehen nach eine Minikopie ihrer Eltern. Arten, die Brutpflege betreiben, besitzen dotterreiche Eizellen und eine abgewandelte Entwicklung. Bei ihnen entfällt ein freies Larvenstadium. Es sind überwiegend Stachelhäuter kalter Meere, die eine Brutpflege betreiben.

Eine asexuelle Vermehrung kommt besonders häufig bei den Seesternen nach Verletzungen vor. Aber auch durch eine spontane Querteilung des Rumpfes (distale Schizogonie) oder durch das Abschnüren eines Armes (brachiale Schizogonie) entwickeln sich neue Individuen. Letztere führt zu einem so genannten „Kometen-Stadium"!

Der Tierstamm der Stachelhäuter, der so viele Formentypen in sich vereinigt, kann nur verstanden werden, wenn man die Embryonalentwicklung der Tiere betrachtet, in der weitgehend alles das nachvollzogen wird, was in der stammesgeschichtlichen Entwicklung in groben Zügen abgelaufen ist. Und da zeigt es sich, dass im Gegensatz zu den erwachsenen Tieren, die Larven der Stachelhäuter zweiseitig symmetrisch (bilateralsymmetrisch) gebaut sind, was zumindest beweist, dass die fünfstrahlige radiäre (pentaradiale) Symmetrie, die für die erwachsenen Tiere des Stammes so charakteristisch ist, sekundär erworben wurde. Sie tritt erst während der Gestaltsumwandung (Metamorphose) auf, wenn sich die Larven der jungen Stachelhäuter entwickeln.

Die fünfstrahlige Radiärsymmetrie tritt bei einigen Klassen des Stammes nur verwischt auf. So bei den Seeigeln und Seewalzen. Sie ist jedoch umso deutlicher bei den Schlangensternen, den Seesternen und den Haarsternen ausgeprägt. Betrachtet man die Anordnung der inneren Organe und das Nervensystem in den einzelnen Tierklassen, dann wird sehr deutlich, dass die fünfstrahlige Radiärsymmetrie auch hier wiederholt wird.

Parasitismus und Kommensalismus sind bei den Stachelhäutern weit verbreitet. Es sind vor allem Ektoparasiten und Kommensalen, die bei einer Oberflächenuntersuchung der Tiere besonders auffallen. Und da ist die Palette an Pflanzen und Tieren weit gefächert.
Bei den **Seeigeln** sind es verschiedene Wimpertierchen (Ciliata), Strudelwürmer (Turbellaria), Muscheln (Bivalvia) und Schnecken (Gastropoda), Krebse (Crustacea) und Meeresborstenwürmer (Polychaeta), die auf ihnen leben, mitfressen und schmarotzen. Die großen Stacheln der Seeigel sind häufig von Algen, Moostierchen (Bryozoa), Schwämmen (Porifera) und von anderen Wirbellosen besetzt.

Haarsterne haben eine besonders große Anzahl an Tieren, die auf ihnen endo- und ektoparasitisch leben. Als Endoparasiten kommen vor allem Geißeltierchen (Dinofagellata) und

Strudelwürmer in Betracht, während als Ektoparasiten Schwämme (Porifera), Hydroiden (Hydrozoa), Meeresborstenwürmer (Polychaeta), Schnecken (Gastropoda), Krebse (Crustacea), Moostierchen (Bryozoa), Manteltiere (Tunicata) und auch Fische (Pisces) bekannt sind. Die Vielzahl ihrer Arme lädt andere Tiere geradezu dazu ein, hier ein verstecktes und gut behütetes Dasein zu führen. Bei den **Seesternen** und bei den **Schlangensternen** sind es Wimpertierchen, Krebse, Meeresborstenwürmer und Schnecken, die als Parasiten in Betracht kommen. Bei den **Seewalzen** befinden sich an den Darmkiemen besonders zahlreiche Wimpertierchen. Als Ektoparasiten und Kommensalen sind verschiedene Borstenwürmer, Strudelwürmer, Schnecken, Muscheln und Krabben bekannt. Auch ein Fisch (*Fierasfer sp.*) ist dabei, der im Enddarm großer *Stichopus*-Seewalzen lebt.

Inwieweit Parasiten und Kommensalen der Stachelhäuter in der Evolution dazu beigetragen haben, dass morphologische Anpassungen an sie notwendig wurden und auch stattgefunden haben, ist zumindest aus der uns zur Verfügung stehenden Literatur nicht ersichtlich und bekannt.

Konkurrenz ist ein von Darwin geprägter Begriff für einen wichtigen Faktor im Prozess der natürlichen Auslese. Und hier bezieht die Konkurrenz sich stets auf den Lebensraum und im Besonderen auf die Nahrung. Eine echte Konkurrenz tritt immer dann auf, wenn Tiere untereinander direkt um ein vorhandenes Nahrungsangebot kämpfen müssen. Von einer intraspezifischen Konkurrenz spricht man immer dann, wenn der Kampf um Nahrung und Raum zwischen den Individuen einer Art auftritt. Er ist bei den räuberisch lebenden Arten weit verbreitet und bestimmt im Wettbewerb innerhalb einer Population auch die Anzahl der Individuen. Im Gegensatz dazu bedeutet eine interspezifische Konkurrenz den Lebenskampf zwischen verschiedenen Arten, die ähnlich Ansprüche an einen Lebensraum und an die darin enthaltene Nahrung haben und ist ein wichtiger Faktor bei der Verbreitung. Dabei ist der Kampf zwischen Arten, die ähnliche ökologische Ansprüche haben heftig, am stärksten jedoch stets zwischen den Individuen der gleichen Art. Dieser Kampf bestimmt auch die Verbreitung der Arten.

Die wirtschaftliche Bedeutung der Stachelhäuter für die menschliche Ernährung ist nicht zu unterschätzen. Jährlich werden weltweit über 50 000 Tonnen Anlandungen registriert. Den größten Anteil haben dabei die Seeigel, deren Gonaden gegessen werden. Ein etwas kleinerer Anteil entfällt auf die Seewalzen, die getrocknet als „Trepang" oder „beché-de-mer" in Südostasien auf den Markt kommen. Mittlerweile sind an fast allen tropischen Korallenriffen organisierte Trepang- Sammler unterwegs, die bei Niedrigwasser zu Fuß oder ausgerüstet mit Tauchgeräten, alle essbaren Seewalzen aufsammeln, trocknen und auf den Markt verkaufen. So nachhaltig dezimiert findet man heute kaum noch Seewalzen an tropischen Korallenriffen. Seesterne, Haarsterne und Schlangensterne, die fast nur aus Skelettsubstanz bestehen, sind zwar unbedeutend für die menschliche Ernährung, doch als Biomasse sind sie

Kreislauf der Natur außerordentlich wichtig.

Systematisch wird der Stamm der Stachelhäuter in 2 Unterstämme geteilt: den gestielten Pelmatozoa und den frei lebenden Eleutherozoa. Zu den Pelmatozoa gehören mehrere Seelilien- Arten der Tiefsee und die sekundär frei lebenden Haarsterne (Crinoidea). Zu den Eleutherozoa zählen die Seesterne (Asteroidea), die Seeigel (Echinoidea), die Schlangensterne (Ophiuroidea) und die Seewalzen (Holothuroidea). In jüngster Zeit wurde eine weitere Klasse identifiziert, die als Seegänseblümchen (Concentricycloidea) bekannt wurde. Man hat sie erst 1986 in der Tiefsee vor Neuseeland entdeckt. Die Klasse Seegänseblümchen umfasst nur eine einzige Gattung (*Xylopax*) mit 2 Arten. Eine Art kommt in der Karibik, die andere im Pazifik vor. Da die systematische Einordnung der Seegänseblümchen in den Stamm der Echinodermata noch nicht vollständig geklärt ist, soll sie hier jedoch nur erwähnt werden.

Comasteridae, Indonesien, Molukken

Comasteridae, Indonesien, Salaysar

Comasteridae, Papua Neuguinea, Milne Bay

Juveniler Haarstern (Comasteridae)

Im so genannten Seelilienstadium (Pentacrinoidestadium) sitzen die jungen Haarsterne auf einem Stiel fest verankert am Untergrund fest. Einige Tiere lösen sich frühzeitig von ihren Stielen ab, andere benötigen Monate oder sogar Jahre dafür. Immer jedoch findet die Trennung dann statt, wenn die Entwicklung eines Haarsterns abgeschlossen ist. Dann beginnt für sie ein frei bewegliches Leben, indem sie sich mit Hilfe ihrer Cirren, die kleinen Krallen ähneln, fortbewegen und so einen Standortwechsel vornehmen und sich an allen nur möglichen Gegenständen festkrallen können. Der kleine Haarstern auf dem Bild hat sich als Standort eine kleine Moostierchenkolonie ausgesucht.

Foto: Indonesien, Rinca

Verwegener Haarstern (Comaster audax, ROWE et.al. 1986)

Verwegene Haarsterne besitzen eine große Anzahl von Armen, die bis zu 180 betragen kann. Die Tiere kommen vom flachen Wasser bis in größere Tiefen vor und leben überwiegend auf Korallen und Korallenbruch. Sie sind tag- und nachtaktiv und ernähren sich vom Mikroplankton und von Detritus, dass sie mit weit ausgestreckten Armen aus der Strömung des Wassers fischen. Verwegene Haarsterne kommen in verschiedenen Farben und Farbvarianten vor, doch stets sind die Spitzen ihrer Pinnulae gelb gefärbt. Die Verbreitung der Art reicht vom Indopazifik bis in den Westpazifik.

Foto: Malediven, Felidhu-Atoll

Junger Haarstern, Indonesien, Rinca

Comaster audax, Malediven, Felidhu-Atoll

Goldener Haarstern (Comaster gracilis, HARTLAUB 1890)

Goldene Haarsterne besitzen eine unterschiedliche Anzahl von Armen, die dicht mit Pinnulae besetzt sind, die goldgelbe Spitzen tragen. Die Anzahl der Arme schwankt zwischen 30 und 60. Den erwachsenen Haarsternen fehlen die Cirren, die zum Festkrallen an den Untergrund dienen. Daher übernehmen einige der vielen Arme diese Aufgabe. Goldene Haarsterne sind nachtaktiv. Tagsüber leben sie versteckt im Riff, doch stets ragen einige ihrer Arme aus ihren Verstecken in das freie Wasser heraus. Sie ernähren sich vom Plankton und Detritus und kommen in einigen Farbvarianten vor. Ihre Verbreitung reicht im Indopazifik von den Malediven und Australien bis zu den Philippinen.

Foto: Philippinen, Bohol

Vielarmiger Haarstern (Comaster multibrachiatus, CARPENTER 1888)

Vielarmige Haarsterne können bis zu 80 Arme besitzen, von denen einige zum Festhalten am Untergrund benutzt werden. Sowohl die Arme als auch die Fiederchen (Pinnulae) können entweder einheitlich oder verschieden gefärbt sein. Was letztlich darüber entscheidet, wie die Tiere gefärbt sind, ist bis heute noch unbekannt. Vielarmige Haarsterne leben tagsüber versteckt in Ritzen, Spalten und in Kleinsthöhlen und erst bei Anbruch der Dämmerung sind sie im Riff unterwegs, um sich einen geeigneten Standort für ihren Planktonfang zu suchen. Ist er gefunden, dann werden die Arme der Tiere weit ausgebreitet, um Plankton und Detritus für ihre Ernährung aus dem vorbeiströmenden Wasser zu fangen. In suspensionsreichen Gewässern, wo viel organisches Material aus Flüssen, Städten und Häfen in die Riffe eindriftet, sieht man Vielarmige Haarsterne auch tagsüber mit ausgebreiteten Armen auf Nahrungsfang. Vielarmige Haarsterne sind an den Riffen im gesamten Indopazifik verbreitet.

Foto: Indonesien, Tatawa

Comaster gracilis, Philippinen, Bohol

Comaster multibrachiatus, Indonesien, Tatawa

Vornehmer Haarstern (Comaster nobilis, CARPENTER 1884)

Vornehme Haarsterne leben weniger versteckt im Riff und sind auch am Tag aktiv, besetzen allein oder in einer größeren Gemeinschaft erhöhte Standorte im Riff, um Mikroplankton und Detritus aus der Strömung des Wassers zu fischen. Die Anzahl ihrer Arme schwankt zwischen 50 und 140. Nur bei ungünstigen Bedingungen und bei Störungen rollen sie sich zusammen und bilden einen Knäuel aus ihren Armen. Da sie keine Cirren besitzen, wird ein Teil der zahlreichen Arme zum Festklammern an den Untergrund benutzt. Vornehme Haarsterne, auch Edle Haarsterne genannt, kommen in vielen Farben vor, wobei diejenigen, die grell gelb gefärbt sind, im Riff am auffälligsten sind. Sie kommen vom Flachwasser bis in Tiefen von 90 m vor und sind im Indopazifik von Ceylon und den Malediven bis nach Australien, Neukaledonien und Papua Neuguinea verbreitet.

Foto: Indonesien, Nord Sulawesi

Schlegels Haarstern (Comaster schlegeli, CARPENTER 1888)

Schlegels Haarsterne kommen in vielen Farbvarianten vor, denn ihr Farbspektrum ist weit gefächert. Oftmals sind die Fiederchen (Pinnulae) verschieden gefärbt und die Armachsen gebändert. Die Anzahl der Arme schwankt zwischen 15 und 90. Cirren fehlen den Tieren, so dass einige Arme ihre Funktion übernehmen müssen. Diese stehen dann nicht mehr im Dienst des Nahrungserwerbs zur Verfügung. Schlegels Haarsterne sind tag- und nachtaktiv. Ihre zahlreichen Arme mit den seitlich gespreizten Fiederchen werden weit in das Wasser ausgestreckt, um möglichst viel Mikroplankton für ihre Ernährung zu fangen. Die Putzergarnele *Periclimenes pilipes* und die kleine Krabbe *Harrovia purpurea* leben als Kommensalen zwischen den Armen der Haarsterne. Verbreitet sind Schlegels Haarsterne von Ostafrika bis nach Australien und Mikronesien.

Foto: Malaysia, Lankayan

Comaster nobilis, Indonesien, Nord Sulawesi

Comaster schlegeli, Malaysia, Lankayan

Gelbspitzen- Haarstern (Comaster sp.)

Das Bild zeigt einen Haarstern mit zahlreichen langen und schlanken Armen, deren Pinnuae an ihren Spitzen gelb gefärbt sind. Cirren als Greiforgane fehlen den Tieren, so dass einige der Arme diese Aufgabe übernehmen müssen. Das Fehlen einer Riffstruktur hat den Haarstern veranlasst, sich am Riffgrund niederzulassen. Als tag- und nachtaktive Tiere sitzen sie auch am Tag mit ausgebreiteten Armen und gespreizten Fiederchen im Riff, um aus dem vorbeiströmenden Wasser Nahrung zu fischen. Diese besteht aus Plankton und Detritus. In der inaktiven Phase werden die zahlreichen Arme eingerollt und der Haarstern verharrt so in seiner Ruheposition. Haarsterne aus der Gattung Comaster sind an den Riffen im gesamten Indopazifik verbreitet.

Foto: Indonesien, Nusakode

Variabler Haarstern (Comatella sp.)

Haarsterne aus der Gattung Comatella kommen in einem großen Farbspektrum vor. Sie besitzen eine große Anzahl von Armen, die von 20-80 reicht. Die überwiegend nachtaktiven Tiere ernähren sich von Mikroplankton und von organischen Schwebstoffen, die sie aus der Strömung des Wassers fischen. Da sie keine Cirren besitzen, werden zum Festkrallen an den Untergrund und zum Positionswechsel einige der vielen Arme eingesetzt. Mit ihrer Hilfe sind sie auch in der Lage, über kurze Strecken zu schwimmen. Haarsterne der Gattung Comatella sind sowohl im Roten Meer als auch im gesamten Indopazifik verbreitet.

Foto: Australien, GBR

Comaster sp., Indonesien, Nusakode

Comatella sp., Australien, Großes Barrierериff

Kamm-Haarstern (Comatula pectinata, LINNAEUS 1758)

Kamm-Haarsterne sind im Indopazifik von Ceylon bis nach Australien und China verbreitet. Sie leben einzeln, tagsüber versteckt und sind erst bei Anbruch der Dunkelheit aktiv. Dann erklimmen sie exponierte Standorte im Riff und fangen mit ihren langen und schlanken Armen Mikroplankton und Detritus aus der Strömung des Wassers. In den frühen Morgenstunden suchen sie dann wieder ihre Tagesverstecke auf. Von den 10 langen Armen der Tiere werden nicht alle zum Planktonfang eingesetzt. Einige der Arme bleiben immer versteckt und zur Verankerung im Riff verborgen. Die rostbraun gebänderten Arme sind dicht mit gekrümmten Fiederchen besetzt, die in ihrer Anordnung die Form eines Kammes haben.

Foto: Papua Neuguinea, Milne Bay

Radförmiger Haarstern (Comatula rotalaria, LAMARCK 1816)

Radförmige Haarsterne sind tag- und nachtaktive Tiere, die auch mobile Böden als Lebensraum nutzen und auf ihnen ihre Nahrung suchen. Sie kommen erst ab einer Wassertiefe unterhalb von 10 m vor und bewegen sich mit Hilfe ihrer Cirren und einiger Arme über den Untergrund. Wenn sie gestört oder angegriffen werden, sind sie in der Lage, mit Hilfe aller Arme über kurze Strecken zu schwimmen. In der Regel besitzen sie 20 lange und gefiederte Arme, die alle dunkel gefärbt sind. Einige Arme dienen der Haftung am Boden, während die anderen zum Planktonfang ausgestreckt bleiben. Radförmige Haarsterne sind im Indopazifik von Indonesien bis nach Australien verbreitet.

Foto: Indonesien, Rinca

Comatula pectinata, Papua Neuguinea, Milne Bay

Comatula rotalaria, Indonesien, Rinca

Gebänderter Haarstern (Comanthus alternans, CARPENTER 1881)

Gebänderte Haarsterne besitzen eine unterschiedliche Anzahl von langen und gefiederten Armen. Die Arme sind bei vielen Tieren entweder schwarz-weiß oder schwarz-gelb gebändert und besitzen gefleckte Pinnulae. Tiere, die weniger als 40 Arme tragen, besitzen noch Cirren. Erst wenn sie mehr als 40 Arme haben, sind sie cirrenlos. Dann übernehmen einige der Arme die Aufgabe der Cirren, die Haarsterne am Untergrund festzuhalten. Einige Tiere können bis zu 120 Arme besitzen. Gebänderte Haarsterne sind tag- und nachtaktiv. Im Indopazifik sind sie vom Indischen Ozean bis in den Westpazifik verbreitet, jedoch nicht gerade häufig anzutreffen.

Foto: Philippinen, Cabilao

Wunderbarer Haarstern (Comanthus mirabilis, ROWE 1986)

Wunderbare Haarsterne kommen in verschiedenen Farbkompositionen vor und besitzen bis zu 60 lange, schlanke und dicht mit Pinnulae besetzte Arme. Da sie keine Cirren zum Festhalten an den Untergrund besitzen, übernehmen stets einige der vielen Arme diese Funktion. Wunderbare Haarsterne sind tag- und nachtaktiv. Sie ernähren sich vom Mikroplankton, das sie aus der Strömung des Wassers fischen. Bei Berührung amputieren sie Teile ihrer Arme und überlassen sie dem Angreifer. Die abgeworfenen Arme werden nach einiger Zeit vollständig regeneriert. Die Verbreitung der Art reicht vom Indischen Ozean bis in den westlichen Pazifik.

Foto: Malaysia, Sipadan

Comanthus alternans, Philippinen, Cabilao

Comanthus mirabilis, Malaysia, Sipadan

Bennetts Haarstern (Oxycomanthus bennetti, MÜLLER 1841)

Bennetts Haarsterne sind allgegenwärtig an indopazifischen Korallenriffen, wo sie auch tagsüber auf allen nur möglichen Substraten, allein oder in Gruppen sitzend, gefunden werden. Sie besitzen eine Vielzahl von Armen, deren Zahl zwischen 30 und 120 schwanken kann. Ihre langen und kräftigen Cirren, mit deren Hilfe sich die Tiere an den Untergrund festkrallen, haben bis zu 35 Glieder. Bennetts Haarsterne kommen in einer sehr breiten Farbpalette vor, wobei sie sich einfarbig oder mehrfarbig präsentieren. Speziell in der Nacht, wenn alle Arme zum Planktonfang ausgestreckt werden und ihre gekrümmten und gefiederten Pinnulae zur Strömungsrichtung des Wassers orientiert sind, dann sehen sie majestätisch aus. Die Jungtiere halten sich vorwiegend im Stillwasserbereich von Höhlen und Unterhöhlungen auf und verlassen erst als adulte Tiere ihre Verstecke.

Foto: Indonesien, Komodo

Schlanker Haarstern (cf. Amphimetra sp.)

Schlanke Haarsterne besitzen 10-12 schlanke und mit feinen Pinnulae besetzte Arme. Als nachtaktive Planktonfänger leben sie tagsüber verborgen im Riff und kommen erst bei Anbruch der Dämmerung aus ihren Verstecken. Dann suchen sie sich einen für sie günstigen Standort im Riff, breiten ihre Arme aus und fangen Mikroplankton und Detritus aus der Strömung des Wassers. Über zentral gelegene Rinnen in den Armen wird die eingeschleimte Nahrung mit Hilfe von Cilien der Mundöffnung zugeführt. Im Morgengrauen werden die Arme eingerollt und die Tagesverstecke aufgesucht. Schlanke Haarsterne sind an allen indopazifischen Riff präsent doch nur in der Nacht zu beobachten.

Foto: Papua Neuguinea, Milne Bay

Oxycomanthus bennetti, Indonesien, Komodo

Amphimetra sp., Papua Neuguinea, Milne Bay

Robuster Haarstern (Himerometra robustipinna, CARPENTER 1881)

Robuste Haarsterne sind tag- und nachtaktive Tiere, deren zahlreichen Arme stets plakativ gefärbt sind. Die Anzahl ihrer Arme schwankt zwischen 30 und 70. Alle Arme besitzen lange, kräftige und dicht stehende Pinnulae, die gekrümmt dem vorbeiströmenden Wasser entgegengestemmt werden, um so ausreichend Plankton für ihre Ernährung zu fangen. Die 30 stachellosen Cirren, die zum Festkrallen an den Untergrund dienen, sind kräftig, lang und gegliedert. Robuste Haarsterne kommen vom Flachwasser bis in größere Tiefen vor. Verschiedene Garnelen, wie *Periclimenes tenuis, Parapontomia undirostris* und *Athanas ornithorhynchus* leben als Kommensalen zwischen ihren Armen und mit ihnen vergesellschaftet. Die Verbreitung der Art reicht vom Indischen Ozean und Australien bis nach Japan.

Foto: Indonesien, Banta

Bunter Haarstern (Himerometra sp.)

Bunte Haarsterne sind nachtaktive Planktonfänger, die bei Anbruch der Dämmerung auf ihren zahlreichen und gekrümmten Cirren zu erhöht liegenden Standorten stolzieren, um dort mit ausgebreiteten Armen Mikroplankton und Detritus aus der Strömung des Wassers zu fischen. Tagsüber sitzen sie mit eingerollten Armen auf ihren Substraten und verharren so in ihrer Ruheposition. Die schlanken Arme der Haarsterne tragen unterschiedlich gefärbte Pinnulae, die von Haarstern zu Haarstern verschieden sein können. So gesehen ist ihr Erscheinungsbild eine Mischung aus verschiedenen Farben, die der Taucher erst dann erkennt, wenn das Licht der Unterwasserlampe die Tiere anstrahlt. Haarsterne der Gattung Himerometra sind im gesamten Indopazifik verbreitet.

Foto: Malaysia, Lankayan

Himerometra robustipinna. Indonesien, Banta

Himerometra sp., Malaysia, Lankayan

Savignyis Haarstern (Heterometra savignyi, MÜLLER 1841)

Savignyis Haarsterne leben bevorzugt in den von der Brandung des Wassers geschützten Flachwassergebieten und bevorzugen so gemäßigte Strömungen als Habitat. Junge Tiere besitzen 10 und die älteren Tiere dagegen 20 lange, schlanke und gefiederte Arme. Alle Tiere variieren in Farbe und Zeichnungsmuster sehr stark. Tagsüber sitzen die Haarsterne mit eingerollten Armen in Bodennähe, in Seegraswiesen, in Höhlen und auf Feuerkorallen. Nach Sonnenuntergang werden sie aktiv, erklimmen erhöhte Standorte, breiten ihre Arme zu einem Fächer aus und fangen Plankton aus der Strömung des Wassers. Kurz vor Sonnenaufgang rollen sie ihre Arme ein und versuchen sich im Riff zu verstecken. In vielen Gebieten sind Savignyis Haarsterne standorttreu. Sie kommen im Roten Meer vor und sind bis in den Arabischen Golf verbreitet. Bis zu 18 verschiedene Kommensalen leben zwischen ihren Armen.

Foto: Israel, Golf von Elat

Geißel-Haarstern (Dichrometra flagellata MÜLLER 1841)

Geißel-Haarsterne besitzen 20-30 schlanke und gefiederte Arme, die unterschiedlich lang sein können. Die mundnahen Pinnulae eines jeden Armes sind verlängert und verdickt und werden zum Schutz des Mundes und Teilen des Körpers wie Palisaden übereinandergelegt. Die kräftigen Cirren sind gegliedert und gebogen. Geißel-Haarsterne sind nachtaktive Tiere, die sich tagsüber verstecken. Ihre Arme können verschieden gefärbt und gebändert sein. In der Nacht werden die vielen Arme zu einem großen und runden Fächer formiert, um ausreichend Mikroplankton und Detritus für ihre Ernährung zu fangen. Kleine Krebse, Schlangensterne, Borstenwürmer und Saugfische leben als Kommensalen zwischen ihren Armen. Geißel-Haarsterne sind im Roten Meer und im Indopazifik von Ostafrika bis nach Australien und Japan verbreitet.

Foto: Indonesien, Sabolan

Heterometra savignyi, Israel, Golf von Elat

Dichrometra flagellata, Indonesien, Sabolan

Klunzingers Haarstern (Lamprometra klunzingeri, HARTLAUB 1890)

Klunzingers Haarsterne leben bevorzugt in brandungsgeschützten Flachwassergebieten. Tagsüber ruhen die Haarsterne bewegungslos in ihren Verstecken, die Arme über den Rumpf zusammengerollt. Nach Sonnenuntergang erklimmen sie erhöhte Standorte im Riff und breiten ihre 20 lange und gefiederte Arme zu einem Fächer aus, wobei sie diese gegen die Strömung des Wassers ausrichten. So ergeben sie einen optimalen Filtrationsfächer zum Fang von Planktonorganismen und Detritus. Nach Sonnenaufgang werden die Arme eingerollt. Je heller es im Riff wird, desto bewegungsloser werden die Haarsterne. Bei Störungen und Angriffen werden ganze Arme oder Teile davon an autotomierten Stellen abgeworfen. Diese Arme oder Armteile können einige Zeit überleben und sich sogar noch nach Tagen bewegen. Ein kleiner Springkrebs, Allogalathea elegans, lebt zwischen ihren Armen und hat die Farbe seines Wirtes angenommen. Klunzingers Haarsterne sind Tiere des Roten Meeres.

Foto: Israel, Elat

Haarstern (Lamprometra sp.)

Haarsterne der Gattung Lamprometra sind in allen tropischen Meeren mit mehreren Arten vertreten. Jedoch die Art bei dem hier abgebildeten Haarstern zu finden, erwies sich als schwierig und letztlich unmöglich. Der kleine Haarstern hat in der Nacht seine 10 schlanken Arme zu einem Rad formiert und so optimal positioniert, um ausreichend Plankton aus der Strömung das Wassers für seine Ernährung zu fischen. Mit seinen Cirren hat er sich an den Untergrund festgekrallt, um nicht durch die Strömung das Wassers verdriftet zu werden. Bei Sonnenaufgang wird er dann seine Arme einrollen und in Ruhestellung verharren, bis die Nacht erneut anbricht.

Foto: Indonesien, Hoga

Lamprometra klunzingeri, Israel, Golf von Elat

Lamprometra sp., Indonesien, Hoga

Langzirren-Haarstern (Oxymetra sp.)

Langzirren-Haarsterne besitzen außerordentlich lange, gebogene und gebänderte Cirren, die aus 50-60 Einzelsegmenten zusammengesetzt sind und die der Befestigung und dem Festklammern an den Untergrund dienen. Die zahlreichen langen Arme, die tagsüber zur Mundöffnung hin gekrümmt sind und die in der Nacht ausgestreckt und zu einem Fächer formiert werden, dienen dem Planktonfang. Die Anzahl der Arme kann bis zu 51 betragen. Langzirren-Haarsterne kommen in verschiedenen Farben und Farbkompositionen vor und sind im Indopazifik vom Indischen Ozean bis in den Westpazifik verbreitet.

Foto: Indonesien, Rinca

Schöner Haarstern (Cenometra bella, HARTLAUB 1890)

Schöne Haarsterne sind Tiere des tieferen Wassers. Sie leben da, wo Schwarze Korallen gerade beginnen zu wachsen. Besonders an den peitschenförmigen Arten der Gattung Cirripathes, an Peitschengorgonien der Gattung Junceela und an Gorgonien der Gattungen Subergorgia und Melithaea leben sie einzeln oder in kleineren Gruppen, festgeklammert mit ihren langen und kräftigen Cirren. Zu einem Standortwechsel lassen sie sich einfach fallen und schwimmen über kurze Strecken zu einem neuen Standort davon. Schöne Haarsterne sind weitgehend standorttreu. Sie kommen in einem breiten Spektrum an Farben vor und ernähren sich vom Mikroplankton und von Detritus. Ihre Verbreitung reicht vom Indischen Ozean bis in den Westpazifik.

Foto: Philippinen, Cebu

Oxymetra sp., Indonesien, Rinca

Cenometra bella, Philippinen, Cebu

Verschiedenfarbiger Haarstern (Colobometra discolor, CARPENTER 1881)

Verschiedenfarbige Haarsterne sind Tiere des tieferen Wassers. Erst unterhalb einer Wassertiefe von 20 m kommen sie häufiger vor. Tagsüber leben sie mit eingerollten Armen auf Gorgonien, auf Schwämmen, auf Weichkorallen und auf Moostierchenkolonien. Erst in der Nacht werden sie aktiv. Sie besitzen 10 lange, gefiederte und häufig auch unterschiedlich lange Arme, die gebändert sein können. Mit Hilfe ihrer Arme und den gespreizten Fiederchen fangen sie in der Nacht Mikroplankton und Detritus aus der Strömung des Wassers, um sich davon zu ernähren. Ihr Vorkommen reicht vom Indischen Ozean und Australien bis in den westlichen Pazifik.

Foto: Thailand, Burma Banks

Stacheliger Haarstern Colobometra perspinosa, CARPENTER 1881)

Stachelige Haarsterne besitzen 10 lange und gefiederte Arme, deren Pinnulae sehr fest sind, an Stacheln erinnern und die relativ weit voneinander entfernt sind. Die kleinen Haarsterne, die bei ausgestreckten Armen einen Durchmesser von 20 cm erreichen können, findet man in der Nacht festgeklammert an Gorgonien, an Weichkorallen und an Hydroidkolonien in Fangposition. Mit Hilfe ihrer weit ausgestreckten Arme und den gefiederten Pinnulae versuchen sie Mikroplankton und Detritus für ihre Ernährung aus dem vorbeiströmenden Wasser zu fischen. Sie sind im Indopazifik verbreitet und kommen bis in den Westpazifik vor.

Foto: Indonesien, Tomia

Colobometra discolor, Thailand, Burma Banks

Colobometra perspinosa, Indonesien, Tomia

Sägezahn-Haarstern (Oligometra serripinna, CARPENTER 1881)

Sägezahn-Haarsterne leben bevorzugt auf Gorgonien, Schwämmen, Feuerkorallen, auf Seepeitschen der Gattung Cirripathes und auf Weich- und Lederkorallen. Sie kommen hier einzeln oder in kleineren Gruppen vor. Das Bild zeigt eine Vielzahl dieser Tiere auf einer Gorgonie der Gattung Paraplexaura. Sägezahn-Haarsterne besitzen 10 lange und gefiederte Arme. Die Pinnulae sind in Richtung Ambulakralfurche gebogen und können einheitlich oder verschieden gefärbt sein. Mit ihrer Hilfe wird Plankton und Detritus für ihre Ernährung aus dem vorbeiströmenden Wasser gefischt. Beobachtungen zeigten, dass Sägezahn-Haarsterne standorttreu sind, so dass man sie noch nach Wochen am gleichen Standort treffen und beobachten kann. Ihre vertikale Verbreitung beginnt erst ab einer Wassertiefe von 15 m. Sie sind im Roten Meer und im Indopazifik von Ostafrika und Australien bis nach Palau und Hongkong verbreitet.

Foto: Papua Neuguinea, Milne Bay

Andersons Haarstern (Pontiometra andersoni, CARPENTER 1888)

Andersons Haarsterne sind dämmerungs- und nachtaktive Planktonfresser, die mit Hilfe ihrer zahlreichen weit ausgebreiteten Arme und mit Hilfe der daran sich befindlichen Pinnulae Plankton und Detritus aus dem Wasser fischen und fressen. Mit Hilfe ihrer langen und kräftigen Cirren klammern sie sich an den Untergrund, um nicht von der Strömung des Wassers verdriftet zu werden. In Ruhestellung werden die Arme zum Zentrum der Mundscheibe hin zusammengelegt, um in dieser Stellung bis zur nächsten aktiven Phase zu verharren. Haarsterne der Gattung Pontiometra sind an den Riffen im Indopazifik mit mehreren Arten vertreten.

Foto: Malaysia, Mabul

Oligometra serripinna, Papua Neuguinea, Milne Bay

Pontiometra andersoni, Malaysia, Mabul

Schwarzer Haarstern (Tropiometra afra, HARTLAUB 1870)

Schwarze Haarsterne besitzen stets 10 schlanke Arme, die in ihrer Länge unterschiedlich sein können. Entweder sind die kürzeren Arme abgebrochen oder autotomiert. Sie werden in voller Länge wieder regeneriert. Arme und Pinnulae sind schwarz und die Cirren klein und kräftig. Die tag- und nachtaktiven Haarsterne sind vom flachen Wasser bis in größere Tiefen verbreitet und kommen auf verschiedenen Gründen vor. Häufig findet man sie über Korallenbruch auf der Suche nach einem geeigneten Standort zum Planktonfang. Verschiedene kleine Krebse der Gattungen Periclimenes und Alliaporcelana leben zwischen ihren Armen und ernähren sich als Kommensalen von dem, was die Haarsterne an Nahrung fangen. Die Verbreitung der Art reicht im Indopazifik von Malaysia und Australien bis nach Hongkong und Japan.

Foto: Malaysia, Mantanani

Stachel-Haarstern (Stephanometra echinus, CLARK 1908)

Stachel-Haarsterne besitzen 25-45 unterschiedlich lange und gefiederte Arme. Die verkürzten Arme sind entweder abgebrochen oder abgeworfen worden. Sie werden mit der Zeit völlig regeneriert. Arme und Pinnulae sind oft verschieden gefärbt und gebändert und die mundnahen Pinnulae versteift, stachelig und zum Schutz der Mundöffnung in Palisadenform zusammengelegt. Die überwiegend nachtaktiven Haarsterne beginnen ihre aktive Phase bei Anbruch der Dunkelheit und beenden sie im Morgengrauen. In der Zwischenzeit versuchen sie mit weit ausgebreiteten Armen Plankton für ihre Ernährung aus dem Wasser zu fischen. Stachel-Haarsterne sind im Roten Meer und im gesamten Indopazifik weit verbreitet.

Foto: Indonesien, Rinca

Tropiometra afra, Malaysia, Mantanani

Stephanometra echinus, Indonesien, Rinca

Oranger Haarstern (Cataptometra sp.)

Haarsterne der Gattung Cataptometra sind an indopazifischen Korallenriffen sehr selten zu finden. Die Tiere besitzen eine Vielzahl von Armen, die sie in der Nacht ausbreiten, um ausreichend Plankton und Detritus für ihre Ernährung zu fangen. Tagsüber sitzen sie mit eingerollten Armen im Schatten dunkler Unterhöhlungen und in Spalten und Ritzen. Die Zahl ihrer Arme schwankt zwischen 30 und 65. Kräftige und gekrümmte Cirren, die aus 18-25 Segmenten bestehen, halten die Haarsterne am Untergrund fest, so dass sie auch bei starken Wasserbewegungen nicht verdriftet werden. Orange Haarsterne kommen in verschiedenen Farbvarianten vor und leben in Wassertiefen zwischen 20 m und 40 m. Ihre Verbreitung reicht vom Indischen Ozean bis in den Westpazifik.

Foto: Indonesien, Nusakode

Unbekannter Haarstern (Antedonidae)

Bei Haarsternen der Gattung Antedonidae handelt es sich um zarte und filigrane Arten, die alle 10 Arme besitzen. Mit ausgebreiteten Armen können erwachsene Tiere einen Durchmesser von 20 cm erreichen. Viele Arten leben versteckt oder auf anderen Rifforganismen, wie auf Weichkorallen, Hornkorallen und auf Schwämmen. Sie alle sind Tiere des tieferen Wassers, die ihren Standort entweder auf ihren Cirren laufend oder mit Hilfe ihrer Arme schwimmend ändern. Leider war es nicht möglich, die Art anhand von Unterwasseraufnahmen zu bestimmen.

Foto: Indonesien, Bali, Tulamben

Cataptometra sp., Indonesien, Nusakode

Anthedonidae, Indonesien, Bali

Unbekannte Haarsterne (Comatulida)

Die Bestimmung der Gattungen und Arten aus der Ordnung der Comatulida ist häufig anhand von Unterwasserbildern auch für die Spezialisten in den Museen der Welt eine sehr schwierige und in den meisten Fällen eine nicht zu lösende Aufgabe. Die Taxonomen benötigen für eine eindeutige Identifizierung der Art unbedingt mehrere Belegexemplare, die zu beschaffen aber nahezu unmöglich geworden ist, nachdem Gesetze in Kraft getreten sind, die eine Entnahme von Organismen aus einem Korallenriff verbieten. So bedarf die Entnahme von Tieren aus einem Korallenriff einer Genehmigung der jeweiligen Regierungen der Länder, an deren Küsten gesammelt werden soll. Doch eine Genehmigung zu erlangen ist fast unmöglich geworden, weil weltweit Korallenriffe sterben. Wir zeigen hier einige Haarsterne, deren Zugehörigkeit zu einer Gattung oder Art nicht zu bestimmen war.

Fotos: Indonesien

Comatulida, Indonesien, Zentral Sulawesi

Comatulida, Indonesien, Zentral Sulawesi

Comatulida, Indonesien, Nusakode

Comatulida, Indonesien, Nusakode

Comatulida, Indonesien, Nusakode

Comatulida, Indonesien, Bali, Secret Bay

Hardwicks Kammstern (Luidia hardwicki, GRAY 1840)

Hardwicks Kammseesterne sind Weichbodenbewohner, die sich tagsüber eingraben und erst bei Anbruch der Dunkelheit und in der Nacht ihren Standort verlassen und sich auf Nahrungssuche begeben. Ihre Nahrung besteht überwiegend aus verschiedenen Weichtieren und aus Borstenwürmern. Die relativ kleinen Seesterne, die einen Durchmesser von 10 cm erreichen, besitzen eine abgeflachte Körperscheibe, abgeflachte und konisch auslaufende Arme, deren Armspitzen stets etwas aufgestellt sind. Kammartig aufgereihte Zähne befinden sich an den Armseiten. Arme und Körper sind fein granuliert und die Armspitzen farbig abgesetzt. Aufgrund ihrer versteckten und nachtaktiven Lebensweise sieht man diese Seesterne selten. Ihre Verbreitung reicht im Indopazifik von Indonesien bis Australien.

Foto: Malaysia, Mantanani

Gefleckter Seestern (Luidia maculata, MÜLLER & TROSCHEL 1842)

Gefleckte Seesterne kommen im Indopazifik von Indonesien bis in den westlichen Pazifik vor. Sie leben von Flachwasser bis in Tiefen von 50 m und sind nachtaktive Einzelgänger auf verschiedenen Weichböden. Als gefräßige Räuber suchen sie im Sediment nach Schnecken, Muscheln, Seeigel und nach Schlangensternen, von denen sie sich ernähren. Die Körperscheibe der Tiere ist im Verhältnis zu den langen Armen relativ klein. Die Arme sind abgeflacht, laufen spitz aus und ihre Anzahl schwankt zwischen 6 und 9. Die Armseiten sind mit Stacheln besetzt, die zur Feindabwehr und zum Eingraben in den Boden dienen. Bei Berührung brechen ihre Arme leicht ab, werden aber nach einiger Zeit wieder vollständig regeneriert. Die Farbe der Seesterne ist variabel, doch braune und kastanienbraune Farben kommen häufig vor, die mit hellen Flecken und Punkten durchsetzt sind. Im Indopazifik sind sie weit verbreitet.

Foto: Malaysia, Mantanani

Luidia hardwicki, Malaysia, Mantanani

Luidia maculata, Malaysia, Mantanani

Savignyis Seestern (Luidia savignyi, AUDOUIN 1826)

Savignyis Seesterne leben einzeln auf verschiedenen Sedimentböden, Korallenbruch oder auf abgestorbenen Korallen und sind überwiegend nachts unterwegs auf Nahrungssuche. Sie ernähren sich von Detritus und organischem Aufwuchs, den sie vom Boden auftupfen oder abschaben. Ihre 5 abgeflachten und zugespitzten Arme, die seitlich mit Stachelreihen besetzt sind, sind annähernd gleich lang. Die Oberfläche ihrer Körperscheibe und die der Arme ist mit feinen Stacheln besetzt. Breite und rostrote Bänder umgreifen die Arme. Im stark strömenden Wasser sieht man gelegentlich viele dieser Seesterne sich an abgestorbenen Acropora-Korallen festklammern, um nicht von der Strömung des Wassers mitgerissen zu werden. Im Indopazifik sind sie vom Flachwasser bis in Tiefen von 30 m verbreitet.

Foto: Indonesien, Nord Sulawesi, Banta

Eckiger Seestern (Archaster angulatus, MÜLLER & TROSCHEL 1842)

Eckige Seesterne kommen im Indopazifik von den Riffen Ostafrikas bis nach Borneo, Malaysia, Indonesien, Australien und Mikronesien vor. Sie leben einzeln oder in kleinen Gruppen, kommen freilebend oder eingegraben auf Sandflächen vor und suchen ihre Nahrung zwischen Korallenbruch und in Seegraswiesen. Eine kleine Körperscheibe trägt 5 konische und abgeflachte Arme mit seitlichen Stachelreihen. Die Paxillen sind in diagonalen Reihen angeordnet und die Madreporenplatte ist stets gut sichtbar. Zur Fortpflanzungszeit treffen sich die Seesterne zu kleinen Kopulationsgemeinschaften, wobei sich ein männliches Tier auf ein weibliches legt und seine Arme zwischen ihre Arme schiebt. Daraufhin entlassen die Weibchen ihre Eizellen in das freie Wasser, die dann vom Sperma der Männchen befruchtet werden. Die larvale Entwicklung findet im Plankton statt.

Foto: Papua Neuguinea, Milne Bay

Luidia savignyi, Indonesien, Nord Sulawesi

Archaster angulatus, Papua Neuguinea, Milne Bay

Kamm-Seestern (Astropecten monacanthus, SLADEN 1883)

Kamm-Seesterne sind Weichbodenbewohner, die sich tagsüber im Sediment eingraben und sich erst in der Nacht auf Nahrungssuche begeben. Dann schieben sie sich relativ schnell über den Untergrund und ernähren sich bevorzugt von Muscheln und Schnecken. Mit der aufgehenden Sonne am Morgen graben sie sich dann wieder in den Untergrund. Der Körper und die Arme der Seesterne sind abgeflacht. Entlang der Armseiten befinden sich an den Randplatten lange und weiße Stacheln, die in ihrer Gesamtheit wie die Zinken eines Kammes aufgereiht sind. Die grünliche Körperscheibe und die Arme sind mit dicht liegenden Paxillen übersät, die den Seesternen ein körniges Aussehen verleihen. Ausgewachsene Tiere können Armlängen von 7-8 cm erreichen. Aufgrund ihrer versteckten Lebensweise sieht man die Seesterne nur in der Nacht oder in den frühen Morgenstunden. Als Beifang im Netz von Shrimp-Trawlern sind sie häufig. Kamm-Seesterne sind an den Riffen im gesamten Indopazifik verbreitet.

Foto: Malaysia, Mantanani

Kleiner Kammstern (Astropecten phragmorus, FISCHER 1913)

Kleine Kammsterne leben einzeln und tagsüber eingegraben in Sand- und Geröllfeldern. Erst in der Nacht und in den frühen Morgenstunden vor Sonnenaufgang sind sie auf der Sedimentoberfläche unterwegs auf Nahrungssuche, wo sie sich von verschiedenen Schnecken, Muscheln und von Borstenwürmern ernähren. Die Arme der Seesterne sind breit, abgeflacht, zugespitzt und sitzen mit breiter Basis an der Körperscheibe an. Sie alle sind mit kammartig aufgereihten Stacheln bewehrt. Besonders die Jungtiere und auch einige adulte Tiere zeigen verschiedene Farbmuster auf ihren Körperscheiben. Kommensale Schnecken aus der Familie der Eulimidae befinden sich häufig auf der Körperscheibe der Seesterne. Kleine Kammsterne, deren Arme maximal bis zu 10 cm lang werden, kommen auf allen Weichböden an den Riffen im Indopazifik vor.

Foto: Malaysia, Mantanani

Astropecten monacanthus, Malaysia, Mantanani

Astropecten phragmorus, Malaysia, Mantanani

Vielstacheliger Kammseestern (Astropecten polyacanthus, MÜLLER & TROSCHEL 1842)

Vielstachelige Kammsterne, auch Stachelsterne genannt, sind Bewohner weicher Böden, worin sie sich tagsüber verstecken und als gefräßige Räuber auch hier ihre Beute suchen, die überwiegend aus Muscheln und Schnecken besteht. Nur gelegentlich kommen sie nachts an die Oberfläche. hr an Paxillen reicher Körper ist abgeflacht und die konischen und stumpf endenden Arme tragen an ihren Seiten mehrere Stachelreihen, die der Abwehr und dem Eingraben in den Boden dienen. Vielstachelige Kammseesterne kommen vom flachen Wasser der Lagunen bis in 40 m Wassertiefe vor und sind im Roten Meer und im Indopazifik von Ostafrika bis nach Australien und Hawaii verbreitet. Ausgewachsene Tiere erreichen einen Durchmesser von 15 cm.

Foto: Indonesien, Komodo

Kammseestern (Astropecten vappa, MÜLLER & TROSCHEL 1843)

Kammseesterne s nd Bewohner weicher Sedimentböden, in denen sie tagsüber eingegraben leben. Ihre Kcrperscheibe trägt 5 lange, schlanke, abgeflachte und konisch zugespitzte Arme, deren submarginale Randplatten lange und spitze Stacheln tragen. Die rötlichen Paxillen auf Körperscheibe und Arme setzen sich deutlich von den anders gefärbten Randplatten ab. Kammseesterne sind Einzelgänger, die sich von verschiedenen Weichtieren ernähren. Sie kommen vom flachen Wasser der Lagunen bis in Tiefen von über 130 m vor und werden eigentlich nur in der Nacht gesehen, wenn sie auf der Sedimentoberfläche nach Nahrung suchen. Ausgewachsene Kammseesterne können einen Durchmesser von 25 cm erreichen und sind vom Indischen Ozean bis in den westlichen Pazifik verbreitet.

Foto: Philippinen, Silquijor

Astropecten polyacanthus, Indonesien, Komodo

Astropecten vappa, Philippinen, Silquijor

Kleiner Fünfeckseestern (Bothriaster primigenius, DÖDERLEIN 1918)

Kleine Fünfeckseesterne werden maximal 6 cm im Durchmesser groß und sind nachtaktive Einzelgänger, die sich tagsüber im Riff verstecken. An ihrer großen Körperscheibe setzen mit breiter Basis 5 kurze und stumpf auslaufende Arme an, deren Armspitzen leicht ausgestellt sind. Im Zentrum der Körperscheibe befindet sich ein Pentagramm, von deren Ecken aus 5 feine Linien in die Armspitzen verlaufen. Die Farbe der Seesterne ist sehr variabel. Früher hielt man diese Seesterne für Jungtiere anderer Arten. Ihre Verbreitung reicht im Indopazifik von Indonesien und Australien bis nach Papua Neuguinea, Neukaledonien und den Salomonen.

Foto: Papua Neuguinea, Milne Bay

Langarm-Seestern (Iconaster longimanus, MÖBIUS 1859)

Langarm-Seesterne sind selten im Riff zu finden, da sie erst ab einer Wassertiefe von 25-30 m vorkommen. Über ihre maximale Tiefenverbreitung gibt es in der Literatur keine Angaben. Aufgrund ihres prächtigen Aussehens sind gerade diese Seesterne leicht zu identifizieren. Ihre 5 langen und dünnen Arme setzen sich deutlich von einer großen und fünfeckigen Körperscheibe ab. Entlang der Arme und der Körperscheibe formieren sich große Marginalplatten, die unterschiedlich gefärbt sind. Langarm-Seesterne leben auf Korallenbruch und auf Korallengestein und sind möglicherweise Aufwuchsfresser, die sich von Algen, Schwämmen, Moostierchen und von Seescheiden ernähren. Ausgewachsene Tiere werden bis zu 15 cm im Durchmesser groß und sind im Indopazifik vom Arabischen Golf bis nach Indonesien, Australien und den Philippinen verbreitet.

Foto: Indonesien, Nord Sulawesi

Bothriaster primigenius, Papua Neuguinea, Milne Bay

Iconaster longimanus, Indonesien, Nord Sulawesi

Granulierter Walzenstern (Choriaster granulatus, LÜTKEN 1869)

Granulierte Walzensterne sind große Tiere, die einen Durchmesser von 30 cm erreichen können. Sie sind Einzelgänger auf Hartsubstrat und auf mobilen Böden, die hier als Aufwuchsfresser den Untergrund nach Nahrung absuchen. Sie ernähren sich aber auch von Korallenpolypen und von Aas. Ihre 5 kurzen und kräftigen Arme setzen mit breiter Basis an einer großen Körperscheibe an. Die Armspitzen sind abgerundet und in der Mitte von den auslaufenden Basalfurchen leicht eingekerbt und hell abgesetzt. Körper und Arme sind frei von Stacheln, Warzen, Dornen und Höcker und nur die zahlreichen Paxillenfelder sind auffällig. Die Farbe der Seesterne ist variabel. Eine kleine kommensale Garnele, Periclimenes sorror, lebt auf den Oralseite der Seesterne. Granulierte Walzensterne leben in Flachwasserlagunen, auf Korallenbruchfeldern, an Riffhängen und auf unterseeischen Riffterrassen. Ihre geographische Verbreitung reich vom Roten Meer über den Indopazifik bis in den Westpazifik.

Foto: Indonesien, Rinca

Kissenseestern (Culcita novaeguineae, MÜLLER & TROSCHEL 1842)

Kissenseesterne kommen in einem breiten Spektrum an Farben vor. Ihre Fünfstrahligkeit und damit ihre Zugehörigkeit zu den Seesternen erkennt man erst dann, wenn man die Seesterne umdreht. Dann werden die 5 radiär verlaufenden Armfurchen sichtbar, die mit kräftigen und spitzen Stacheln besetzt sind. Die Körperoberfläche der Seesterne zeigt eine mosaikähnliche Anordnung der Paxillenfelder, die entweder einheitlich oder verschieden gefärbt sein können. Die Jungtiere dieser Kissenseesterne sehen völlig anders aus als die adulten Tiere. Ihr Körper ist stark abgeflacht, fünfeckig in der Form und die Arme sitzen mit breiter Basis an der Körperscheibe an. Kissenseesterne sind Einzelgänger, die auf verschiedenen Gründen ihre Nahrung suchen. Als gefräßige Räuber ernähren sie sich von Schwämmen, Steinkorallen, Weichtieren, Seescheiden und von verschiedenen Stachelhäutern. Selbst stark nesselnde Seeanemonen werden gefressen. Große Beutetiere werden in den ausgestülpten Magen befördert und fermentativ verdaut. Kleine Krebse der Gattung Periclimenes und einige Porzellankrebse leben als Kommensalen zwischen den Armfurchen der Seesterne. Die im Durchmesser bis zu 25 cm großen Seesterne sind im Indopazifik von Ostafrika bis nach Australien und den Westpazifik verbreitet.

Foto: Indonesien, Bali, Tulamben

Choriaster granulatus, Indonesien, Rinca

Culcita novaecaledoniae, Indonesien, Bali, Tulamben

Großer Kissenseestern (Halityle regularis, FISCHER 1913)

Große Kissenseesterne sind an indopazifischen Korallenriffen selten. Sie kommen von Indonesien bis nach Australien, Papua Neuguinea und den Philippinen vor und sind Weichbodenbewohner, die als gefräßige Räuber sich von verschiedenen Schnecken, Muscheln, Stachelhäutern und von Borstenwürmern ernähren. Bei großer Beute wird der Magen ausgestülpt und die Nahrung extragastrisch verdaut. Große Kissenseesterne können einen Durchmesser von bis zu 30 cm erreichen. Ihr pentagonaler Habitus zeigt breite Arme mit abgeflachter Basis und unterschiedlicher Färbung, die von bordeaurot bis violett reichen kann. Die Körperoberfläche zeigt die rosettartig angeordneten Paxillenbereiche, die sich von der Grundfarbe des Körpers etwas absetzen. Die jungen Kissenseesterne sehen anders aus als die adulten Tiere, denn sie sind scheibenförmig abgeflacht und tragen Randplatten entlang der Arme.

Foto: Papua Neuguinea, Milne Bay

Großer Walzenseestern (Poraster superbus, MÖBIUS 1859)

Große Walzenseesterne sind im Indopazifik von den Malediven und Indonesien bis nach Australien, Papua Neuguinea, Neukaledonien und den Philippinen weit verbreitet. Ihr gewölbter Körper trägt 5 kräftige und konische Arme, die mit breiter Basis an der Körperscheibe ansetzen. Entlang der Mittellinie ihrer Arme sind kräftige Dornen aufgereiht, die sich in Körpermitte treffen. Diese Dornen und die Armspitzen sind sehr kontrastreich vom cremefarbenen Körper der Tiere abgesetzt. Dieser wird häufig von einer Vielzahl kleiner Schlangensterne besiedelt. Große Walzenseesterne sind tag- und nachtaktive Räuber, die sich von Algen und Weichtieren ernähren. Sie graben in weichen Sedimenten und kommen vom Flachwasser bis in größere Tiefen vor. Ausgewachsene Tiere können einen Durchmesser von 30 cm erreichen.

Foto: Indonesien, Rinca

Halityle regularis, Papua Neuguinea, Milne Bay

Poraster superbus, Indonesien, Rinca

Langarmiger Kammstern (Pentaceraster decipiens, BELL 1884)

Langarmige Kammsterne sind sehr große Seesterne, die einen Durchmesser von annährend 50 cm erreichen. Ihre langen, schlanken und spitz auslaufenden Arme sitzen mit einer breiten Basis an einer großen und stark gewölbten Körperscheibe an. Entlang der Arme sind kleine Höcker aufgereiht, die sich in Körpermitte treffen. Alle Armseiten sind mit kurzen und kräftigen Stacheln bewehrt. Langarmige Kammsterne sind Weichbodenbewohner, die sich tagsüber im Boden verstecken. Erst in der Nacht sieht man sie sich auf der Suche nach Nahrung über den Boden schieben. Ihre Nahrung besteht aus verschiedenen Weichtieren, aus Seeigeln, anderen Seesternen und kleinen Seewalzen. An den Riffen im Indopazifik sind sie weit verbreitet, werden jedoch aufgrund ihrer versteckten und nachtaktiven Lebensweise selten gesehen.

Foto: Malaysia, Mantanani

Grüner Noppenseestern (Pentaceraster mammillatus, AUDOUIN 1826)

Grüne Noppenseesterne leben einzeln auf verschiedenen Weichböden, in Seegraswiesen der Gezeitenzone und kommen im Roten Meer und im Indischen Ozean vom Flachwasser bis in Tiefen von 30 m vor. Ihre 5 Arme setzen mit breiter Basis an einer erhöhten Körperscheibe an und laufen konisch aus. In ihrer Körpermitte und entlang der Arme befinden sich kräftige und gelbe Noppen, die von kleineren Noppen an den Armseiten begleitet werden. Grüne Noppenseesterne sind Allesfresser, die sich von Detritus, von Algen, verschiedenen Weichtieren und einer ganzen Anzahl kleiner wirbelloser Tiere und auch von Aas ernähren. Die geschlechtliche Vermehrung beginnt mit der Abgabe der Keimzellen in das freie Wasser, wo auch die Befruchtung stattfindet. Eine ungeschlechtliche Vermehrung kommt vor, ist jedoch selten beobachtet worden. Auch Grüne Noppenseesterne werden an den Küsten in ihrem Verbreitungsgebiet gesammelt, getrocknet und in den Souvenirläden verkauft.

Foto: Tansania, Sansibar

Pentaceraster decipiens, Malaysia, Mantanani

Pentaceraster mammillatus, Tansania, Sansibar

Noppenseestern (Pentaceraster regulus, MÜLLER & TROSCHEL 1842)

Noppenseesterne leben solitär, kommen jedoch mancherorts in einer größeren Individuendichte vor. Sie leben auf Weich- und Geröllböden und kommen vom flachen Wasser bis in Tiefen von über 100 m vor. Meist jedoch findet man sie in geringerer Wassertiefe. Die großen Seesterne, die einen Durchmesser von 30 cm erreichen können, besitzen in der Regel 5 Arme, die mit breiter Basis an einer großen und stark gewölbten Körperscheibe ansetzen. Tiere mit nur 4 Armen sind vor der Küste Indiens gefunden worden, die aber so selten sind, dass sie nur als Sonderbildungen erwähnt werden. Körperscheibe und Arme der Seesterne sind dicht mit spitzen Noppen bedeckt, die auch entlang der Armseiten zu finden sind. Die Farbe der Seesterne ist variabel, doch braune Farbabstufungen dominieren. Noppenseesterne sind Allesfresser, die sich von Algen, Aas, Detritus, anderen Stachelhäutern und von Borstenwürmern ernähren. Sie kommen im Roten Meer vor und sind im Indopazifik von Indien, Australien und Papua Neuguinea bis zu den Philippinen und Japan verbreitet.

Foto: Philippinen, Silquijor

Sibogas Noppenseestern (Pentaceraster aff. sibogae, DÖDERLEIN 1916)

Sibogas Noppenseesterne sind große Seesterne, die einen Durchmesser von über 30 cm erreichen. Sie präsentieren sich als sehr bunte Seesterne, die in einer breiten Farbpalette vorkommen. An einer großen Körperscheibe setzen 5 konische auslaufende Arme an, deren Armseiten dicht mit stumpfen Noppen besetzt sind. Im Zentrum der Körperscheibe, die sich stets farblich vom Rest des Körpers und der Arme abhebt, kommt es zu einer Konzentration der Noppenbildungen. Sibogas Noppenseesterne leben auf Sand- und Geröllböden und kommen in mittleren Wassertiefen vor. Sie ernähren sich von Weichtieren, Borstenwürmern, anderen Stachelhäutern und auch von Aas. Ihr Hauptverbreitungsgebiet ist der westliche Indopazifik.

Foto: Philippinen, Panglao

Pentaceraster regulus, Philippinen, Silquijor

Pentaceraster sibogae, Philippinen, Panglao

Lincks Walzenseestern (Protoreaster linckii, BLAINVILLE 1834)

Lincks Seesterne sind sehr auffällige Tiere im Gezeitenbereich. Bei Niedrigwasser kann man diese Tiere einzeln oder in kleineren Gruppen in Seegraswiesen, in Ebbetümpeln, auf Sand oder auf Schlamm liegen sehen, wo sie nicht allein durch ihre Größe von 25 cm im Durchmesser, sondern besonders durch ihre großen und kräftigen Höcker auf Körper und Arme auffallen, die bunt gefärbt sind und die über rote Strich- und Punktlinien miteinander verbunden sind. Die Körpermitte ist erhöht und mit kräftigen Dornen besetzt. Die Tiefenverbreitung der Tiere reicht vom Niedrigwasser bis in Tiefen von 30 m. Sie ernähren sich von Algen, Schwämmen, Weichkorallen, Seeanemonen, Borstenwürmern, Weichtieren und von kleinen Fischen, die sie im Schlaf überwältigen. Verbreitet sind Lincks Walzenseesterne im Indopazifik von den Küsten Ostafrikas bis nach Westaustralien. Leider werden die Tiere bei Ebbe gesammelt, getrocknet und in Souvenirläden zum Kauf angeboten.

Foto: Tansania, Sansibar

Netzseestern (Euraster insignis, SLADEN 1882)

Netzseesterne kommen in verschiedenen Farben vor, so in Rot, Orange, in Braun und dabei stets in einer Kombination mit der Farbe Weiß. Während die Jungtiere versteckt im Riff leben, findet man die erwachsenen Seesterne auf verschiedenen Gründen: Auf Korallenfels, Sand, Schlamm und auf Korallenbruch. Alle dieser Seesterne tragen 5 kurze Arme mit breiten Armbasen und abgerundeten Enden. Die Armlänge der Tiere kann 12 cm betragen, so dass ein erwachsenes Tier eine stattliche Größe erreichen kann. Die Körperoberfläche der Seesterne zeigt netzförmige Strukturen, helle Papillen und eine Vielzahl kleiner Löcher, die in Reihen angeordnet sind. Ausgewachsene Tiere leben solitär und ernähren sich von verschiedenen Wirbellosen des Bodens, so von Muscheln, Schnecken und von Borstenwürmern. Im Indopazifik sind Netzseesterne von Indonesien bis nach Australien, Neukaledonien und Papua Neuguinea verbreitet.

Foto: Papua Neuguinea, Milne Bay (Muck/Günther)

Protoreaster linckii, Tansania, Sansibar

Amphiaster insignis, Papua Neuguinea,, Milne Bay

Nashorn-Seestern (Protoreaster nodosus, LINNAEUS 1758)

Nashorn-Seesterne leben auf weichen Sedimenten, in Seegraswiesen und auf Korallenbruch und kommen vom flachen Wasser bis in Tiefen von über 30 m vor. Zu gewissen Jahreszeiten wandern sie in flache Gewässer ein, wo sie auch bei extremem Niedrigwasser trockenfallen. Dann sieht zumindest der Riffwanderer diese schönen Tiere. Hier versammeln sie sich zu Aggregationen, um ihre Geschlechtsprodukte auszutauschen. Die 5 kräftigen Arme der Seesterne beginnen mit einer breiten Basis am Körper und laufen konisch aus. Auf ihren Kammlinien befinden sich in Reihen angeordnet kräftige, schwarze und konische Tuberkel, ähnlich kräftiger Dornen, die an die Hörner von Nashörnern erinnern. Die Armspitzen sind stets schwarz abgesetzt. Erwachsene Nashorn-Seesterne können bis zu 30 cm im Durchmesser groß werden. Sie ernähren sich von Mikroorganismen, die sie vom Boden aufsammeln, von Schwämmen, Muscheln und Borstenwürmern. Ihre geographische Verbreitung reicht im Indopazifik von den Küsten Ostafrikas bis nach Mikronesien im Westpazifik.

Foto: Philippinen, Cebu

Stumpfarmiger Seestern (Pentaster obtusatus, BORY de St. VICENT 1827)

Stumpfarmige Seesterne besitzen einen großen Körper, der 5 kräftige und kurze Arme trägt, die stumpf enden. Diese Arme können bis zu einer Länge von 10 cm wachsen. Stumpfarmige Seesterne leben auf verschiedenen Gründen, so auf Sand, Korallenbruch und in Seegraswiesen, und verstecken sich tagsüber in den Untergrund. Die Farbe der Tiere ist variabel. Körper und Arme sind mit zahlreichen und unterschiedlich großen Noppen bedeckt und die Armspitzen oft dunkel abgesetzt. Stumpfarmige Seesterne ernähren sich von einer Vielzahl wirbelloser Tiere, wie von Schwämmen und verschiedenen Weichtieren. An den Riffen im Indopazifik sind sie weit verbreitet, werden jedoch aufgrund ihrer versteckten und nachtaktiven Lebensweise selten gesehen.

Foto: Malaysia, Mabul

Protoreaster nodosus, Philippinen, Cebu

Pentaster obtusatus, Malaysia, Mabul

Pazifischer Seestern (Fromia pacifica, CLARK 1921)

Pazifische Seesterne leben einzeln auf verschiedenen Substraten und sind trotz ihrer auffälligen plakativen Farbe selten zu sehen. Sie leben auf Korallengestein, Korallenbruch und selten auch auf mobilen Böden und ernähren sich als Kleinpartikelfresser von mikroskopisch kleinen Algen, von Detritus und von kleinem, tierischen und pflanzlichen Aufwuchs. Die Körperscheibe und die konischen Arme der Seesterne sind kräftig rot gefärbt. Nur die Armspitzen tragen lateral und an den Spitzen angeordnete gelbe Marginalplatten. Auch die gut erkennbare Madreporenplatte auf der abgeflachten Körperscheibe besitzt die gelbe Farbe. Pazifische Seesterne kommen im Indopazifik vom flachen Wasser bis in 30 m Wassertiefe vor und sind bis Hawaii verbreitet.

Foto: Papua Neuguinea, Milne Bay

Tausendporen-Seestern (Fromia milleporella, LAMARCK 1816)

Tausendporen-Seesterne sind einheitlich rot gefärbt. Auf Körper und Armen der Tiere befinden sich kleine Poren, die die Öffnungen für die Papulae darstellen, Hausausstülpungen, die im Dienst der Atmung stehen. Die Poren sind meist durch kleine und schwarze Pünktchen auf Körper und Armen gekennzeichnet. An einer relativ kleinen Körperscheibe setzen 5 konische Arme an, deren Spitzen stets etwas aufgestellt sind. Tausendporen-Seesterne leben solitär auf verschiedenen Gründen und kommen vom flachen Wasser bis in Tiefen von 30 m vor. Sie sind tag- und nachtaktiv und ernähren sich von Detritus und kleinem, organischen Aufwuchs. Sie werden maximal 8 cm im Durchmesser groß und sind im Roten Meer und im Indopazifik von Ostafrika und den Malediven bis nach Australien und den Philippinen verbreitet.

Foto: Papua Neuguinea, Milne Bay

Fromia pacifica, Papua Neuguinea, Milne Bay

Fromia milleporella, Papua Neuguinea, Milne Bay

Ghardaqa-Seestern (Fromia ghardaqana, MORTENSEN 1936)

Ghardaqa-Seesterne leben im Roten Meer und waren hier lange Zeit endemisch. Die relativ kleinen Seesterne, die bis zu 7 cm im Durchmesser wachsen können, sind nachtaktiv und verstecken sich tagsüber im Riff. Erst bei Anbruch der Dunkelheit verlassen sie ihre Tagesverstecke und gehen auf Nahrungssuche. Sie ernähren sich vom Detritus und von kleinen wirbellosen Tieren. Die plakativ rot gefärbten Seesterne tragen auf ihrer fein gekörnten Körperscheibe und entlang der Arme runde, bläulichweiße bis weiße Flecken, die eine Artbestimmung erleichtern. Verbreitet sind sie im Roten Meer, im Golf von Elat, in den Bitterseen und im Golf von Aden.

Foto: Ägypten, Sinai, Safaga

Knotiger Seestern (Fromia nodosa, CLARK 1967)

Knotige Seesterne sind kleine Tiere, die einen Durchmesser von 6-8 cm erreichen. Sie leben auf verschiedenen Substraten und kommen vom Flachwasser bis in moderate Tiefen vor. An ihrer knotenfreien Körperscheibe setzen 5 abgeflachte und spitze Arme an, deren Oberfläche von einer Vielzahl weißer und knotenähnlicher Erhebungen besetzt ist. Eine kleine, runde und gelbe Madreporenplatte auf der Körperscheibe ist auffällig. Die Farbe der Seesterne variiert je nach Verbreitungsgebiet sehr stark. Als Detritus- und Kleinpartikelfresser suchen die Seesterne stets den Untergrund nach Verwertbarem ab und schieben sich so über das Riff. Die Verbreitung der Art reicht von den Seychellen bis nach Australien, Mikronesien, Papua Neuguinea und Vanuatu.

Foto: Vanuatu, Santa Ana

Fromia ghardaqana, Ägypten, Safaga

Fromia nodosa, Vanuatu, Santa Ana

Perlen-Seestern (Fromia monilis, PERRIER 1875)

Perlen-Seesterne sind die wohl häufigsten Seesterne aus der Gattung Fromia im Roten Meer und im Indopazifik. Sie alle sind Einzelgänger im Riff, werden maximal 10 cm im Durchmesser groß und leben vom Flachwasser der Lagunen bis in 35 m Wassertiefe. Körper und Arme der Seesterne sind abgeflacht. Entlang der Armseiten formieren sich unterschiedlich große Randplatten. Die Lumina dazwischen werden ausgefüllt mit einer Vielzahl meist runder, weißer und unterschiedlich großer Noppen, die wie Perlen nebeneinander und hintereinander aufgereiht sind. Während die Jungtiere fast immer männlichen Geschlechts sind, sind die erwachsenen Tiere dagegen Weibchen. Perlen-Seesterne sind tag- und nachtaktiv und Detritus- und Aufwuchsfresser. Im Indopazifik sind sie von den Andamanen und Indonesien bis nach Australien, Papua Neuguinea, Mikronesien und Japan verbreitet.

Foto: Papua Neuguinea, Milne Bay

Indischer Seestern (Fromia indica, PERRIER 1869)

Indische Seesterne leben auf verschiedenen Gründen, kommen jedoch bevorzugt auf festen Substraten vor. Sie leben vom Flachwasser bis in größere Tiefen, sind tag- und nachtaktiv und ernähren sich von Detritus und kleinen Wirbellosen, die sie als Aufwuchsfresser vom Boden schaben. Sie leben einzeln, besitzen normalerweise 5 schlanke und konische Arme, doch es werden auch Tiere mit weniger oder mehr Armen gefunden. Die Farbe der Seesterne ist sehr variabel und reicht von einem ziegelrot und rotbraun bis hin zu violett. Die Armspitzen der Tiere sind in der Regel farbig abgesetzt. Die Körperoberfläche und die der Arme zeigen ein netzartiges und aus feinen Linien bestehendes Muster, das die flach ausgebildeten Tuberkeln umzieht. Ausgewachsene Tiere können durchaus einen Durchmesser von 10 cm erreichen. Sie sind im Indopazifik von Südafrika bis nach Australien und Japan verbreitet.

Foto: Papua Neuguinea, Milne Bay

Fromia monilis, Papua Neuguinea, Milne Bay

Fromia indica, Papua Neuguinea, Milne Bay

Violetter Noppenseestern (Gomophia gomophia, PERRIER 1875)

Seesterne der Gattung Gomophia sehen sich alle ähnlich. Aus diesem Grund ist es für den Laien sehr schwer, die verschiedenen Arten voneinander zu unterscheiden und taxonomisch einzuordnen. Violette Noppenseesterne leben solitär auf festen Substraten und kommen in verschiedenen Farben vor. Ihre kleine Körperscheibe trägt 5 lange, schlanke und zugespitzte Arme, die mit den typischen halbkugeligen Noppen besetzt sind. Noppenseesterne sind Kleinpartikelfresser, die sich von mikroskopisch kleinen Algen und von Detritus ernähren. Ihre Arme können eine Länge von 10 cm erreichen. Vom zentralen und dem westlichen Indopazifik sind sie bis nach Australien und Polynesien verbreitet.

Foto: Indonesien, Komodo

Friants Seestern (Gomophia frianti, KÖHLER 1910)

Friants Seesterne sind im Indopazifik von den Andamanen, Indonesien, Malaysia und Australien bis Mikronesien und den Philippinen verbreitet. Sie leben als Algen- und Kleintierfresser vom flachen Wasser bis in 20 m Tiefe und suchen ihre Nahrung auf verschiedenen Gründen. Sie sind tag- und nachtaktiv und die Sprinter unter den Seesternen, die sich auf ihren Armen bei Störungen gezielt und schnell aus der Gefahrenzone bewegen. Ihre Arme sind lang, zylindrisch und annähernd rund im Querschnitt. Arme und Körperscheibe tragen unterschiedlich große Kalkplättchen, auch Noppen oder Tuberkel genannt, die zur Peripherie der Arme und zu den Armspitzen immer kleiner werden. Die Farbe der Seesterne ist variabel. Mit einem Durchmesser von 20 cm gehören sie zu den großen Seesternen im Riff.

Foto: Indonesien, Nusakode

Gomophia gomophia, Indonesien, Komodo

Gomophia frianti, Indonesien, Nusakode

Warzenseestern (Gomophia mamillifera, LIVINGSTON 1930)

Diese Seesterne sieht man selten im Riff, denn es ist schwer, sie von den anderen Gomophia-Arten eindeutig zu unterscheiden. Tagsüber leben die Seesterne versteckt im Riff. Als Allesfresser ernähren sie sich in der Nacht von kleinen, benthischen Lebewesen und von Algen. Ihre kleine Körperscheibe trägt 5 lange, schlanke, zylindrische und zugespitzte Arme, die mit unterschiedlich großen und halbkugeligen Kalkplättchen besetzt und gebändert sind. Ausgewachsene Tiere können Armlängen bis zu 10 cm erreichen. Ihr Verbreitungsgebiet ist der westliche Indopazifik.

Foto: Indonesien, Nusakode

Brauner Noppenseestern (Gomophia sphenisci, CLARK 1967)

Braune Noppenseesterne kommen an fast allen Riffen im Indopazifik vor, doch sie sind selten zu sehen. Man findet sie gelegentlich in Kleinhöhlen und unter schattigen Überhängen in tieferen Riffbereichen, meist jedoch unterhalb von 30 m Wassertiefe. Die Seesterne besitzen 5 gleich lange, schlanke und zylindrische Arme, die spitz auslaufen. Körperscheibe und Arme können braun, rostbraun oder dunkelbraun gefärbt sein und sie alle sind mit einer Vielzahl von Noppen bedeckt, die teilweise in Reihen angeordnet sind. Auf der Körperscheibenmitte bilden sie eine Rosette. Braune Noppenseesterne sind tag- und nachtaktiv und ernähren sich von Detritus und organischem Aufwuchs. Sie können einen Durchmesser von 25-30 cm erreichen.

Foto: Indonesien, Wakatobi

Gomophia mamillifera, Indonesien, Nusakode

Gomophia sphenisci, Indonesien, Wakatobi

Watsons Seestern (Gomophia watsoni, LIVINGSTON 1936)

Watsons Seesterne besitzen 5 gleich lange, konisch zugespitzte, fast runde und gebänderte Arme, deren Armspitzen hell abgesetzt sind und die sich stets etwas aufwärts krümmen. Körperscheibe und Arme tragen eine Vielzahl unterschiedlich großer Höcker, deren Spitzen in weißen Stacheln enden und deren Basen hell umrandet sind. Watsons Seesterne leben solitär auf verschiedenen Substraten und kommen vom Flachwasser bis in Tiefen von 50 m vor. Sie sind überwiegend nachtaktiv und ernähren sich von Detritus und verschiedenen kleinen Wirbellosen des Bodens. Größere Beute wird extragastrisch im ausgestülpten Magen verdaut. Die Verbreitung der Art ist im Indopazifik begrenzt und reicht von Indonesien und Australien bis nach Neukaledonien.

Foto: Indonesien, Banta

Ägyptischer Seestern (Gomophia egyptiaca, GRAY 1840)

Ägyptische Seesterne sind in ihrem Aussehen auch von einem Laien relativ leicht zu identifizieren. Eine kleine Körperscheibe trägt 5 lange, zylindrische und zugespitzte Arme, die gebändert sind. Diese tragen eine Vielzahl runder bis ovaler Skelettplättchen, lateral und im Zentrum der Arme kurze und spitze Stacheln, die der Verteidigung dienen. Die Farbe der Seeigel variiert je nach Faunengebiet, doch rote und rotbraune Farbtöne sind häufig. Als nachtaktive Tiere leben sie tagsüber versteckt im Riff. Sie ernähren sich von Detritus, von Schwämmen und kolonialen Seescheiden. Größere Beute wird exogastrisch verdaut, wobei der Magen ausgestülpt und über die Beute gelegt wird. Verbreitet sind Ägyptische Seesterne im Roten Meer und kommen im Indopazifik von Indonesien und Australien bis nach Mikronesien und Papua Neuguinea vor.

Foto: Ägypten, Safaga

Gomophia watsoni, Indonesien, Banta

Gomophia egyptiaca, Ägypten, Safaga

Samtweicher Seestern (Leiaster speciosus, MARTENS 1866)

Seesterne dieser Art sind imposante Tiere, deren Arme bis zu einer Länge von 25 cm heranwachsen können. Sie leben einzeln auf verschiedenen Hartgründen und sind ausschließlich nachtaktiv. Tagsüber verstecken sie sich im Riff. Ihre langen, zylindrischen und zugespitzten Arme beginnen an einer kleinen Körperscheibe. Auf Körper und Armen sind die Papillen in Reihen angeordnet, die den Tieren ein samtweiches Aussehen verleihen. Ihre Nahrung besteht überwiegend aus Algen, doch sie fressen auch kleinen, tierischen Aufwuchs. Im Indopazifik sind sie von Indonesien und Australien bis zu den Philippinen und Japan verbreitet. Ungeklärt bleibt, warum sie als nachtaktive Organismen ausgerechnet ein leuchtendes Rot als Körperfarbe bevorzugen.

Foto: Indonesien, Bali

Guildings Seestern (Linckia guildingi, GRAY 1840)

Juvenile und adulte Tiere sind nicht nur unterschiedlich groß, sondern sie sind auch verschieden gefärbt. Arme und Körperscheibe der Jungtiere sind mehr rötlich, bräunlich oder purpurfarben und sie tragen dunkle Flecken, die die Papulae markieren. Sie ähneln daher sehr anderen Arten. Die erwachsenen Tiere sind dagegen einheitlich gelbbraun bis fleischfarben coloriert und führen nicht mehr die versteckte Lebensweise, wie wir sie bei den Jungtieren vorfinden. Die 5 Arme der Tiere sind schlank, zylindrisch und enden stumpf. Sie können bis zu 15-20 cm lang wachsen. Während die Jungtiere Detritusfresser sind, ernähren sich die erwachsenen Seesterne von verschiedenen kleinen, benthischen Wirbellosen. Verbreitet sind sie im Roten Meer und kommen im Indopazifik von Ostafrika bis nach Australien und Hawaii vor.

Foto: Philippinen, Bohol

Leiaster speciosus, Indonesien, Bali

Linckia guildingi, Philippinen, Bohol

Kometen-Seestern (Linckia multifora, LAMARCK 1816)

Kometen-Seesterne kommen in allen tropischen Meeren vor und sind vom Flachwasser bis in größere Tiefen verbreitet. An den Riffen im Indopazifik sind sie recht häufig. Sie sind verschieden gefärbt, besitzen eine unterschiedliche Anzahl langer Arme und haben die Fähigkeit, ihre Arme im Dienst der Fortpflanzung und der Verbreitung der Art zu amputieren, um so auf ungeschlechtlichem Weg neue Seesterne entstehen zu lassen. So findet man häufig an den Riffen im Roten Meer und im Indopazifik amputierte Arme dieser Seesterne am Boden liegen, an deren Bruchstelle bereits mehrere kleine Armstummel, so genannte Kometen, ausgebildet sind. Diese, am amputierten Arm wachsenden Armstummel, wachsen mit der Zeit zu kompletten Armen heran. Kometen-Seesterne sind tag- und nachtaktiv und ernähren sich vom Detritus.

Foto: Indonesien, Rinca

Blauer Seestern (Linckia laevigata, LINNAEUS 1758)

Blaue Seesterne sind aufgrund ihrer intensiv blauen Farbe ein recht auffälliges Faunenelement an den Riffen im Indopazifik. Eine lachsfarbene Farbvariante kommt vor, ist jedoch selten zu finden. Die Jungtiere leben versteckt im Riff und sind nie blau gefärbt. Erst wenn sie ihre versteckte Lebensweise aufgeben erfolgt eine Umfärbung. Generell besitzen Blaue Seesterne 5 lange, schlanke und stumpf endende Arme. Es kommt jedoch vor, dass einige der Tiere nur 4 Arme besitzen und welche, deren Arme abgetrennt wurden und neu regeneriert werden müssen. Blaue Seesterne sind Tiere fester Substrate, die Weichböden als Lebensraum meiden. Sie suchen ihre Beute auf mit Algen bestandenen Hartgründen und ernähren sich von Detritus und Kleintieraufwuchs des Bodens. Die kleine Schnecke *Thyca crystallina* lebt als Ektoparasit in den Ambulakralfurchen der Seesterne und die Garnele *Periclimenes sorror*, die die blaue Farbe der Seesterne annimmt, hat auf Blauen Seesternen ihren Lebensraum. Erwachsene Tiere können bis zu einem Durchmesser von 30 cm heranwachsen. Sie sind im Indopazifik von Ostafrika und Australien bis nach Japan und Hawaii verbreitet. Im Roten Meer fehlen sie.

Foto: Indonesien, Nusakode

Linckia multifora, Indonesien, Rinca

Linckia laevigata, Indonesien, Nusakode

Galathea-Seestern (Nardoa galathaea, LUTKEN 1865)

Galathea-Seesterne leben einzeln auf verschiedenen Substraten und kommen vom flachen Wasser bis in größere Tiefen vor. Sie besitzen lange, schlanke und spitz auslaufender Arme, deren Spitzen stets etwas aufgestellt sind. Die überwiegend braunen Seesterne sind mit hellen Tuberkeln unterschiedlicher Größe bedeckt, die entlang der Arme in Reihen angeordnet sind. Ausgewachsene Tiere können Armlängen bis zu 15 cm erreichen. Galathea-Seesterne sind Kleinpartikelfresser, die sich von Detritus und kleinem, benthischen Aufwuchs ernähren. Im Indopazifik sind sie von Indonesien bis nach Australien und Papua Neuguinea verbreitet.

Foto: Indonesien, Bali, Tulamben

Tuberkel-Seestern (Nardoa gomphia, PERRIER 1875)

Tuberkel-Seesterne sind seltene Tiere im Riff, die einzeln auf verschiedenen Gründen vom flachen Wasser bis in größere Tiefen leben und die vom Indopazifik bis in den Westpazifik vorkommen. In der Regel findet man fast immer Seesterne mit unterschiedlich langen Armen, die abgeworfen wurden und jetzt neu regeneriert werden müssen. Die kleine Körperscheibe und die langen, zylindrischen Arme sind dicht bedeckt mit Tuberkeln unterschiedlicher Größe und Form. Breite orange bis rote Querbänder an den Armen sind typisch für diese Art. Tuberkel-Seesterne sind Kleinpartikelfresser, die sich von Detritus und kleinem Aufwuchs ernähren. Über die Biologie dieser Seesterne ist wenig bekannt und noch weniger nachzulesen.

Foto: Papua Neuguinea, Kimbe Bay

Nardoa galathaea, Indonesien, Bali

Nardoa gomophia, Papua Neuguinea, Kimbe Bay

Neukaledonien-Seestern (Nardoa novaecaledoniae, PERRIER 1875)

Neukaledonien-Seesterne sind Tiere des flachen Wassers. Sie sind tag- und nachtaktiv und suchen ihre Nahrung auf verschiedenen Gründen. Als Aufwuchsfresser ernähren sie sich von Algen, Detritus und von kleinen Wirbellosen des Bodens. Auf einer hellen und relativ kleinen Körperscheibe setzen 5 schlanke und zylindrische Arme an, deren Armspitzen hell abgesetzt sind. Sowohl auf der Körperscheibe als auch auf den Armen befinden sich unterschiedlich große und farblich verschiedene Tuberkeln, die bis zu den Armspitzen immer kleiner werden. Die Körperfarbe und die Farbe der Tuberkeln kann variieren und je nach Verbreitungsgebiet sehr unterschiedlich sein. Erwachsene Tiere können Armlängen bis zu 10 cm erreichen. Im Indopazifik sind Neukaledonien-Seesterne von Indonesien und Australien bis nach Papua Neuguinea verbreitet.

Foto: Indonesien, Nusakode

Knotiger Seestern (Nardoa tuberculata, GRAY 1840)

Die Körperscheibe und die Arme dieser Seesterne sind komplett mit verschieden großen Tuberkeln bedeckt, die aus Kalk bestehen. Die langen, zylindrischen und im Querschnitt annähernd runden Arme sind gebändert und die Armspitzen stets etwas aufgestellt. Die tag- und nachtaktiven Seesterne ernähren sich als Aufwuchsfresser von Algen und weiden diese auf verschiedenen Gründen vom Untergrund ab. Sie kommen vom flachen Wasser bis in 30 m Tiefe vor und sind besonders in von Algen bestandenen Lagunen recht häufig. Im Indopazifik sind sie vom Indischen Ozean bis in den Westpazifik verbreitet.

Foto: Malaysia, Lankayan

Nardoa novaecaledoniae, Indonesien, Nusakode

Nardoa tuberculata, Malaysia, Lankayan

Cumings Seestern (Neoferdina cumingi, GRAY 1840)

Cumings Seesterne leben einzeln auf verschiedenen festen Substraten und kommen nur selten auf mobilen Böden vor. Als Aufwuchsfresser finden sie ihre Nahrung auf verschiedenen Gründen. Diese besteht aus Detritus und kleinen, festsitzenden Wirbellosen. Körper und Arme der Seesterne sind abgeflacht. Die 5 konischen Arme beginnen an der Körperscheibe mit einer breiten Basis und laufen spitz aus. Die Anzahl der Arme kann verschieden sein, wie auch die Farbzeichnungen darauf. Die Madreporenplatte ist als kleiner und gelber Punkt auf der roten Körperscheibe gut sichtbar. Auffallend sind die großen Marginalplatten entlang der Armseiten, die sich farblich deutlich abheben. Alle Marginalplatten tragen einen roten oder violetten Fleck in der Mitte. Cumings Seesterne sind im Indopazifik von Indonesien und Australien bis nach Japan verbreitet. Sie werden im Durchmesser bis zu 10 cm groß.

Foto: Indonesien, Rinca

Kuhlis Seestern (Neoferdina kuhli, MÜLLER & TROSCHEL 1842)

Kuhlis Seesterne sind nicht häufig an indopazifischen Riffen zu finden. Körperscheibe und Arme der Tiere sind stark abgeflacht. Die 5 Arme beginnen mit breiter Basis und laufen spitz aus. Entlang der Arme verlaufen Marginalplatten, die in ihrem Zentrum einen schwarzen bis dunkelbraunen Fleck tragen. Die Farbe der Seesterne variiert sehr stark und reicht von blau und blaugrau bis hin zu orange. Khulis Seesterne leben im Flachwasser der Riffe und kommen bis in Tiefen von 20 m vor. Sie suchen ihre Nahrung auf festen Gründen und meiden offensichtlich mobile Sedimente, ausgenommen Korallenbruch. Über ihre Ernährung ist nichts bekannt, doch sie dürfte ähnlich wie die des Seesterns *Neoferdina cumingi* sein.

Foto: Indonesien, Rinca

Neoferdina cumingi, Indonesien, Rinca

Neoferdina khuli, Indonesien, Rinca

Offrets Seestern (Neoferdina offreti, KÖHLER 1910)

Offrets Seesterne leben im Indopazifik von den Malediven, Malaysia, Indonesien und Australien und kommen in den westlichen Pazifik bis zu den Philippinen vor. Sie sind überwiegend Hartbodenbewohner, die sich auch dort ihre Nahrung suchen. Sie ernähren sich von Algen, Detritus und von kleinen, wirbellosen Tieren des Bodens und kommen vom Flachwasser der Lagunen bis in Tiefen von über 20 m vor. Arme und Körperscheibe der Tiere sind abgeflacht, kurz und konisch in der Form und werden von Marginalplatten begleitet, in deren Zentren sich leuchtend rote Punkte befinden. Arme und Körperscheibe sind mit Kalkplättchen bedeckt, die mosaikförmig angeordnet sind. Erwachsene Tiere können einen Durchmesser von 8 cm erreichen.

Foto: Indonesien, Komodo

Bewaffneter Seestern (Ophidiaster armatus, KÖHLER 1910)

Seesterne dieser Art sind besonders in der Nacht auf verschiedenen Weichböden und auf Korallenbruch zu beobachten, wo sie sich als Aufwuchsfresser von Algen, Detritus und kleinen, benthischen Wirbellosen ernähren. Die plakativ rot gefärbten Seesterne besitzen 5 lange, schlanke, annähernd runde und spitz endende Arme, die ockerfarbige Bänder tragen. Die zentrale Körperscheibe ist frei von Farbzeichnungen. Erwachsene Tiere können Armlängen bis zu 10 cm erreichen und sind vom Indopazifik bis in den westlichen Pazifik verbreitet, doch werden sie selten gesehen.

Foto: Papua Neuguinea, Milne Bay

Neoferdina offreti, Indonesien, Komodo

Ophidiaster armatus, Papua Neuguinea, Milne Bay

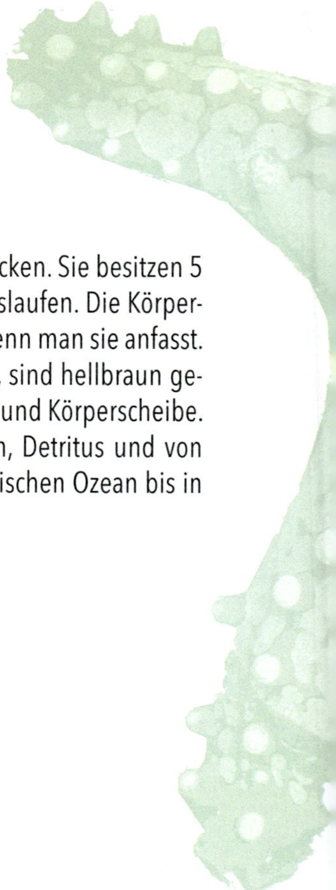

Körniger Seestern (Ophidiaster granifer, LÜTKEN 1811)

Körnige Seesterne sind nachtaktive Tiere, die sich tagsüber im Riff verstecken. Sie besitzen 5 gleich lange Arme, die im Querschnitt fast rund sind und die konisch auslaufen. Die Körperoberfläche und die Arme sind fein gekörnt und rau, was man feststellt, wenn man sie anfasst. Die relativ kleinen Tiere, die eine Armlänge von 5 cm erreichen können, sind hellbraun gefärbt und tragen dunkelbraune Bänder, Flecken und Sprenkel auf Armen und Körperscheibe. Als Aufwuchsfresser ernähren sie sich von mikroskopisch kleinen Algen, Detritus und von kleinem, tierischen Aufwuchs. Im Flachwasser der Riffe sind sie vom Indischen Ozean bis in den westlichen Pazifik verbreitet.

Foto: Philippinen, Cebu, Ravenala Beach

Dunkans Seestern (Ophidiaster duncani, De LORIOL 1885)

Dunkans Seesterne leben solitär und sind nachtaktiv. Tagsüber leben sie versteckt im Riff. Die kleine Körperscheibe der Seesterne trägt 5 lange und zylindrische Arme, die eine Länge von 15 cm erreichen können. Auf Körper und Armen befinden sich zahlreiche Tuberkel, die teilweise in Reihen angeordnet sind. Dunkans Seesterne sind Kleinpartikel- und Detritusfresser, die die Substratoberfläche in der Nacht nach Fressbarem absuchen. Die Farbe der Seesterne ist variabel, doch braune und orange Farbtöne überwiegen. Die Verbreitung der Art reicht im Indopazifik von Malaysia, Indonesien und Australien bis nach Mikronesien und den Philippinen.

Foto: Indonesien, Hoga

Ophidiaster granifer, Philippinen, Cebu

Ophidiaster duncani, Philippinen, Hoga

Heffernanis Seestern (Celerina heffernani, LIVINGSTON 1931)

Heffernanis Seesterne ähneln sehr den Seesternen der Gattung Fromia und kommen auch im gleichen Verbreitungsgebiet vor, das im Indopazifik von Indonesien und Australien bis nach Neukaledonien und den Salomonen reicht. Die Tiere sind nachtaktiv und kommen vom flachen Wasser bis in Tiefen von 40 m vor. Ihre kleine Körperscheibe trägt 5 konische und abgeflachte Arme, die mit breiter Basis an der Körperscheibe beginnen, spitz auslaufen und sich in der unteren Hälfte der Arme farblich absetzen. Auffallend an den Seesternen ist, dass die zentrale Körperscheibe frei von Marginal- und Körperplättchen ist und ein Pentagramm nachzeichnet. Die Madreporeplatte ist gelb bis rot gefärbt.

Foto: Indonesien, Rinca

Netz-Seestern (Euraster cribrosus, Van MARTENS 1867)

Netz-Seesterne besitzen breite und kurze Arme mit abgerundeten Armspitzen. Außerordentlich interessant an den Tieren sind Atmung und Brutpflege. Auf ihrer Körperfläche befindet sich eine membranöse, muskulöse und poröse Haut, die von schlanken Papillen wie ein Zeltdach aufgestellt werden kann und die nach allen Seiten offen ist. Wird das Zeltdach aufgestellt, strömt frisches Wasser in den entstandenen Hohlraum. Beim Senken des Daches tritt das von Sauerstoff befreite Wasser durch die Poren der Membran und durch eine zentrale Öffnung wieder aus. Diesen Hohlraum nutzen auch die weiblichen Tiere, um ihre Eizellen aufzubewahren. Nach einer Befruchtung der Eizellen entwickeln sich unter der Membran die jungen Seesterne bis zum Schlüpfen. Sie sind dann 15 mm groß. Netz-Seesterne sind stets plakativ rot gefärbt. Das gelbe bis weiß gefärbte „Netzhemd" hebt sich sehr kontrastreich von der roten Farbe der Seesterne ab. Die Verbreitung der Art reicht im Indopazifik von Indonesien und Australien bis zu den Philippinen, Japan und Vietnam.

Foto: Indonesien, Rinca

Celerina heffernani, Indonesien, Rinca

Euraster cribrosus, Indonesien, Rinca

Großer Seestern (Tamaria megaloplax, BELL 1884)

Seesterne dieser Art zu finden bedeutet fast so viel, wie eine Stecknadel in einem Heuhaufen zu suchen, so selten sind sie. Die Tiere leben an den Riffen im Indopazifik und kommen vom flachen Wasser bis in größere Tiefen vor. Sie leben einzeln auf verschiedenen Gründen und bevorzugen Hartsubstrate und Korallenbruchfelder als Lebensraum. Sie haben 5 lange und zylindrische Arme, von denen ein Arm oder mehrere amputiert sein können, ein Verlust, der schnell regeneriert wird. Die Neigung zu einer Autotomie, einer Selbstverstümmelung, haben fast alle Seesterne, die Teile ihrer Arme abwerfen, die von Freßfeinden attackiert werden. Arme und Körperscheibe der Seesterne sind rotbraun gefleckt und papillös. Als Aufwuchsfresser ernähren sie sich von kleinem, tierischen Aufwuchs und von Detritus. Ausgewachsene Tiere können einen Durchmesser von 18 cm erreichen.

Foto: Indonesien, Zentral Sulawesi, Palu

Weißer Seestern (Tamaria tumescens, KÖHLER 1910)

Weiße Seesterne sind in ihrem Farbspektrum variabel und kommen auch in rosa oder fleischfarben vor. Die weiße Farbe ist nicht nur überraschend, sondern auch selten. Die erste Annahme war, dass es sich um einen Albino handele. Doch nach gezielter Suche in den angrenzenden Riffbereichen wurden weitere Seesterne der gleichen Art in der gleichen Farbe gefunden. Normalerweise haben Seesterne 5 Arme. Der Seestern auf dem Bild hat 2 Arme verloren, die als kleine Stummel nachzuwachsen beginnen. Die zylindrischen Arme, die eine Länge von 8-10 cm erreichen können, tragen pustulöse Erhebungen, die in Reihen angeordnet sind. Weiße Seesterne leben auf festen Substraten und auf Korallenbruch und kommen in Tiefen bis zu 20 m vor. Sie ernähren sich von Algen und kleinem, tierischen Aufwuchs und sind im Indopazifik von Indonesien bis nach Australien verbreitet.

Foto: Indonesien, Zentral Sulawesi, Palu

Tamaria megaloplax, Indonesien, Palu

Tamaria tumescens, Indonesien, Zentral Sulawesi, Palu

Gekielter Seestern (Asteropsis carinifera LAMARCK 1816)

Gekielte Seesterne sind nachtaktive Einzelgänger, die sich tagsüber verstecken. Sie tragen auf einer gewölbten Körperscheibe 5 konische und im Querschnitt dreieckige Arme, die mit breiter Basis an der Körperscheibe ansetzen. Die Armseiten sind mit kurzen und kräftigen Stacheln bewehrt. Die braunen bis olivgrünen Seesterne tragen auf Armen und Körperscheibe dunkelbraune Sprenkel, die sich mehr oder weniger deutlich zu Querbändern formieren. Gekielte Seesterne leben auf verschiedenen Hartsubstraten vom Gezeitenbereich bis in Tiefen von 20 m und bewegen sich bei Störungen sehr schnell über den Untergrund. Sie ernähren sich von verschiedenen Weichtieren. Sie sind im Roten Meer und im Indopazifik vom Indischen Ozean bis in den Westpazifik verbreitet und erreichen einen Durchmesser von 30 cm.

Foto: Indonesien, Bali

Langstachel-Dormenkrone (Acanthaster planci LINNAEUS 1758)

Langstachel-Dornenkronen sind große und vielarmige Seesterne, mit einem Durchmesser von annähernd 50 cm. Die 10-20 Arme der Seesterne sind mit langen, spitzen und giftigen Stacheln bewehrt. Während die jungen Seesterne reine Algenfresser sind, ernähren sich die adulten Tiere von Korallenpolypen und weiden, in einer Gemeinschaft mit anderen Dornenkronen, ganze Riffkomplexe ab. Sie schieben sich über die Korallen, stülpen ihren Magen aus und zersetzen die Korallenpolypen fermentativ. Zurück bleiben die weißen Kalkskelette der Steinkorallen. Dornenkronen haben kaum Feinde. Nur das große Tritonshorn, *Charonia tritonis*, hat sich auf das Fressen von Dornenkronen spezialisiert. Leider sind diese attraktiven und großen Schnecken bei Sammlern sehr beliebt, so dass sie in großen Stückzahlen gesammelt und verkauft werden. Dornenkronen sind im Roten Meer und im gesamten Indopazifik verbreitet. Ihre langen und giftige Stacheln können bei uns Menschen starke Schmerzen, Schwellungen der Haut, Übelkeit und partielle Lähmungserscheinungen hervorrufen. Mittlerweile sind sie auch in der Karibik angekommen, ausgelöst durch die Aquarienindustrie. Hier in der Karibik haben Dornenkronen keine Feinde, vermehren sich schnell und zerstören die heimische Unterwasserwelt.

Foto: Indonesien, Hoga

Asteropsis carinifera, Indonesien, Bali

Acanthaster planci, Indonesien, Hoga

Kurzstachel-Dornenkrone (Acanthaster brevispinus, FISHER 1917)

Kurzstachel-Dornenkronen kommen weniger häufig vor als die weitaus bekanntere Langstachel-Dornkrone, *Acanthaster planci*. Verbreitet sind sie auch nur von den Seychellen im Indischen Ozean bis in den Westpazifik. Im Roten Meer fehlen sie. Wie der Trivialname bereits darauf hinweist, besitzen sie weitaus kürzere Stacheln als die Dornenkrone und sie sind auch anders gefärbt. Erwachsene Tiere können einen Durchmesser von 50 cm erreichen. Die große und stark gewölbte Körperscheibe trägt bis zu 30 kurze Arme, die dicht mit Stacheln besetzt sind. Was die Tiere genau fressen, weiß man nicht so genau. Ein einziger Hinweis in der Literatur sagt aus, dass sie sich bevorzugt von Kamm-Muscheln (scallops) ernähren, die sie in weichen Sedimenten aufspüren und fressen. Damit sind sie nicht als Korallenkiller bekannt, wie die Langstachel-Dornenkrone.

Foto: Philippinen, Gato

Äthiopien-Seestern (Asterina cepheus, MÜLLER & TROSCHEL 1842)

Äthiopien-Seesterne sind nachtaktive Einzelgänger, die sich tagsüber im Riff verstecken. Die relativ kleinen Seesterne, die nur 8-10 cm im Durchmesser groß werden, sind Räuber, die sich von verschiedenen Weichtieren und von kleinen Wirbellosen und von Aas ernähren. Die Farbe der Tiere ist variabel, wobei braune Farbtöne überwiegen. Die kurzen und konischen Arme der Seesterne beginnen an der Körperscheibe mit breiter Basis und laufen spitz aus. Arme und Körperscheibe sind rau und mit kleinen und weichen Borsten besetzt, die in Längsreihen angeordnet sind. Verbreitet sind sie im Roten Meer und kommen im Indopazifik von Indonesien und Australien bis in den Westpazifik vor.

Foto: Indonesien, Nusakode

Acanthaster brevispinus, Philippinen, Gato

Asterina cepheus, Indonesien, Nusakode

Kronen-Seestern (Aquilonastra (Asterina) coronata, MARTENS 1866)

Kronen-Seesterne sind kleine Tiere, die einen Durchmesser von 6 cm erreichen. Sie leben tagsüber versteckt unter toten Korallen und Steinen und ernähren sich in der Nacht vom tierischen Aufwuchs und von Detritus. Ihre 5 kurzen und konischen Arme setzen mit breiter Basis an einer großen Körperscheibe an und enden stumpf. Körperscheibe und Arme sind krönchenartig granuliert und die Madreporenplatte ist gelb gefärbt. Kronen-Seesterne kommen vom Indischen Ozean bis in den westlichen Pazifik vor.

Foto: Papua Neuguinea, Milne Bay

Vielarmiger Seestern (Nepanthia briareus, BELL 1894)

Seesterne dieser Art besitzen immer eine unterschiedliche Anzahl von Armen, die weniger als 5 und mehr als 5 Arme betragen kann. Sie vermehren sich durch eine distale Schizogonie und Querteilung des Rumpfes, wobei an den beiden sich trennenden Körperhälften weitere Arme regeneriert werden. Die Arme sind in der Regel unterschiedlich lang, im Querschnitt weitgehend rund und zugespitzt. Alle Seesterne sind orange gefärbt, egal, in welchem Faunengebiet sie zu finden sind. Vielarmige Seesterne sind Allesfresser. Sie ernähren sich von Algen, Schwämmen, Seescheiden und von kleinen Wirbellosen. Sie leben auf verschiedenen Substraten, kommen in mittleren Wassertiefen vor und sind im Indopazifik von Indonesien und Australien bis in den Westpazifik verbreitet.

Foto: Indonesien, Nusakode

Aquilonastra coronata, Papua Neuguinea, Milne Bay

Nepanthia briareus, Indonesien, Nusakode

Belchers Seestern (Nepanthia belcheri, PERRIER 1875)

Die Körperscheibe und die Arme dieser Seesterne sind mit kleinen und feinen Schuppen bedeckt, die sich ziegelartig überlagern und die zur Spitze der Arme hin immer kleiner werden. Die kleinen Seesterne, die nur wenige Zentimeter im Durchmesser groß werden, leben tagsüber im Sediment vergraben und kommen in der Nacht an die Oberfläche, um diese nach Fressbarem abzusuchen. Sie ernähren sich von organischen Sinkstoffen und von Aufwuchs. Das Auffinden von Tieren mit unterschiedlich langen Armen bedeutet, dass die verkürzten Arme sich in Regeneration befinden, da sie abgebissen oder einem Feind freiwillig überlassen wurden, indem die Seesterne sie selbst amputiert (Autotomie) haben. Belchers Seesterne sind plakativ rot gefärbt und tragen auf ihren Armen kleine, braune Flecken. Sie sind an den Riffen im Indopazifik verbreitet, werden jedoch aufgrund ihrer nachtaktiven Lebensweise selten gesehen.

Foto: Indonesien, Nusakode

Kleiner Fünfeckstern (Patiriella pseudoexigua, DARTNALL 1971)

Kleine Fünfecksterne führen eine versteckte Lebensweise unter Steinen und abgestorbenen Korallen. Sie kommen von der Niedrigwasserzone bis in geringen Wassertiefen vor und sind auf Riffdächern, in Ebbetümpeln und in Ritzen von Strandfelsen zu finden, wo sie oft extremen biotischen und abiotischen Faktoren ausgesetzt sind. Doch sie haben im Verlaufe ihrer Entwicklung gelernt, damit umzugehen. Die nur bis zu 5 cm im Durchmesser großen Seesterne sind überwiegend Algenfresser, ernähren sich aber auch von kleinen benthischen Wirbellosen, die sie vom Grund abweiden. Die Farbe der Seesterne ist variabel, so dass man dunkelbraune, blaugraue oder auch grünliche Tiere findet. Die Weibchen sind vivipar und bringen fertig entwickelte Jungtiere zu Welt. Die Verbreitung der Art reicht im Indopazifik von der Küste Ostafrikas bis nach Australien und Taiwan.

Foto: Indonesien, Sabolan

Nepanthia belcheri, Indonesien, Nusakode

Paritiella pseudoexigua, Indonesien, Sabolan

Warziger Seestern (Echinaster callosus, MARENZELLER 1895)

Warzige Seesterne haben ihren Trivialnamen von den vielen auf Körperscheibe und Armen befindlichen und unterschiedlich großen Warzen, auch Tuberkeln genannt, die in Reihen angeordnet sind. Sie bedecken praktisch das gesamte Tier. Zwischen den Warzen befinden sich verschieden große Büschel von Papillen, die jedoch wegen ihrer geringen Größe selten wahrgenommen werden. Warzige Seesterne kommen in einem breiten Spektrum an Farben vor. Die Seesterne weiden auf von Algen bestandenen Gründen, auf gut bewachsenem Hartsubstrat, auf Korallenbruch und auf Korallen. Sie sind Detritus- und Aufwuchsfresser. Ausgewachsene Tiere können einen Durchmesser von 30-35 cm erreichen. Sie leben vom Flachwasser bis in Tiefen von 35 m und sind im Roten Meer und im Indopazifik von Ostafrika bis nach Australien und Taiwan verbreitet.

Foto: Papua Neuguinea, Milne Bay

Luzon-Seestern (Echinaster luzonicus GRAY 1840)

Luzon-Seesterne sind die wohl häufigsten Seesterne an indopazifischen Korallenriffen. Das Farbspektrum dieser Tiere ist extrem variabel und reicht von orange, rot, braun und dunkelgrün bis hin zu schwarz. Auffallend sind die langen und schlanken Arme, die verschieden an Zahl und unterschiedlich lang sein können. Die Seesterne vermehren sich überwiegend durch Fissiparie, durch die Teilung des ganzen Tieres und durch das Abwerfen einzelner Arme, die dann beginnen, die fehlenden Arme zu regenerieren. Das führt zur Ausbildung von Kometensternen. Luzon-Seesterne sind Partikelfresser, die die Riffe auf der Suche nach organischem Material abweiden um es sich in den Magen zu stopfen. Häufig parasitieren Rippenquallen der Art *Coeloplana astericola* auf Körper und Armen der Seesterne. Verbreitet sind Luzon-Seesterne im Indopazifik vom Indischen Ozean bis nach Australien, den Philippinen und Japan.

Foto: Papua Neuguinea, Milne Bay

Echinaster callosus, Papua Neuguinea, Milne Bay

Echinaster luzonicus, Papua Neuguinea, Milne Bay

Catalas Seestern (Thromidia catalai, POPE & ROWE 1977)

Catalas Seesterne sind sehr große Tiere, die Armlängen zwischen 35-40 cm besitzen können. Als nachtaktive Tiere leben sie tagsüber versteckt im Riff und sind nur in der Nacht oder in den frühen Morgenstunden unterwegs auf der Suche nach Nahrung. Sie ernähren sich von Algen und tierischem Aufwuchs. Wenn man den Seesternen in der Nacht im Riff begegnet, dann ist man erstaunt von deren Größe. Die 5 zylindrischen Arme sind annähernd rund im Querschnitt und übersät mit Papillenfeldern, die den Seesternen ein raues Aussehen verleihen. Die Armspitzen sind stets orangefarben abgesetzt. Sobald das Licht einer Unterwasserlampe die Tiere trifft, beginnen sie, ihre Arme gegen ihre Körperscheibe anzulegen. Sie falten ihre Arme gegeneinander und schützen damit ihre Pedicellarienreihen entlang der Ambulakralfurchen. Ihre Verbreitung im Indopazifik reicht von Indonesien und Australien bis nach Hawaii. Eine Farbvariante lebt an den Riffen der Hawaii-Inseln: Alle Arme sind orange gefärbt und nur die kleine Körperscheibe der Seesterne ist hell abgesetzt.

Foto: Indonesien, Komodo

Rauer Seestern (Goniodiscaster scaber, MÖBIUS 1859)

Raue Seesterne sind tag- und nachtaktive Einzelgänger, die maximal 6 cm im Durchmesser groß werden. Sie sind Algen- und Kleinpartikelfresser, besitzen einen stark abgeflachten Körper und 5 kurze Arme, die mit breiter Basis an einer fünfeckigen Körperscheibe ansetzen und stumpf enden. Ein roter Fleck im Zentrum der Körperscheibe und die rot abgesetzten Armspitzen sind auffallende Merkmale dieser kleinen Seesterne. Raue Seesterne weiden auf mit Algen bestandenen, festen Substraten und sind Tiere des flachen Wassers. Sie sind an den Riffen im Indopazifik verbreitet, werden jedoch selten gesehen. Bei Niedrigwasser verstecken sie sich unter totem Korallengestein und können hier leichter entdeckt werden.

Foto: Indonesien, Rinca

Thromidia catalai, Indonesien, Komodo

Goniodiscaster scaber, Indonesien, Rinca

Körniger Seestern (Goniodiscaster granuliferus, GRAY 1847)

Körnige Seesterne sind überwiegend nachtaktive Tiere, mit stark abgeflachtem Körper und Armen. Die große Körperscheibe trägt 5 gleich lange Arme, die mit breiter Basis an der Körperscheibe beginnen und stumpf enden. Die kleinen Seesterne, die einen Durchmesser von bis zu 7 cm erreichen, kommen in verschiedenen Farben vor, wobei die Farbe Gelb recht selten ist. Sie ernähren sich von Algen, Detritus und kleinem, tierischen Aufwuchs und weiden überwiegend auf festen Substraten. Auf weichen Sedimenten sind sie selten unterwegs im Riff. An den Riffen im Indopazifik sind sie weit verbreitet, werden jedoch aufgrund ihrer nächtlichen Aktivitäten selten gesehen.

Foto: Indonesien, Bali

Nagel-Seestern (Mithrodia clavigera, LAMARCK 1816)

Nagel-Seesterne sind relative große Seesterne, die einen Durchmesser von 25 cm erreichen können. Die kleine Körperscheibe trägt 5 lange, zylindrische und im Querschnitt fast runde Arme, die stumpf enden. Lateral entlang der Arme befinden sich weit auseinander liegende Dornen, die wie Nägel aussehen sollen. Arme und Körperscheibe sind gebändert und von Tuberkeln bedeckt. Nagel-Seesterne sind nachtaktive Tiere, die sich als Aufwuchsfresser von Detritus und von kleinen Wirbellosen des Bodens ernähren. Auch sie amputieren ihre Arme bei Feindangriffen und zur Reproduktion, so dass es auch bei ihnen zur Bildung von Kometensternen kommt. Nagel-Seesterne kommen in allen tropischen Meeren vor.

Foto: Indonesien, Wakatobi

Goniodiscaster granuliferus, Indonesien, Bali

Mithrodia clavigera, Indonesien, Wakatobi

Gorgonenhaupt (Astroboa nuda, LYMAN 1874)

Gorgonenhäupter sind erstaunliche Organismen, die nur nachts unterwegs im Riff sind, um von einem erhöhten Standort aus mit weit ausgebreiteten Armen Plankton aus dem vorbeiströmenden Wasser zu fischen. Tagsüber leben sie eingerollt in ihren Verstecken. An einer kleinen und fünfeckigen Körperscheibe beginnt der reich verzweigte Organismus mit 5 Armen, die sich bereits an der Basis teilen, so dass 10 dünne Arme entstehen. Diese tragen wechselseitig viele Seitenarme, die sich wiederum vielfach und wechselseitig verzweigen, so dass letztlich ein Gorgonenhaupt aus Tausenden von Armen besteht. Beim Planktonfang werden die Arme nacheinander eingerollt und die gefangene Nahrung an der Mundöffnung abgesammelt. Sie sind im Roten Meer und im gesamten Indopazifik verbreitet.

Foto: Indonesien, Nusakode

Ernas Gorgonenhaupt (Astroboa ernae, CLARK 1938)

Ernas Gorgonenhäupter sind nachtaktive Einzelgänger, die tagsüber mit eingerollten Armen im Riff ruhen. Erst bei Anbruch der Dämmerung werden sie aktiv, um Plankton für ihre Ernährung aus dem vorbeiströmenden Wasser zu fangen. Bei Sonnenaufgang verlassen sie dann ihren nächtlichen Standort und verstecken sich im Riff. Dann werden die Arme zu einem Knäuel eingerollt und die Körperoberfläche auf das geringste Oberflächenmaß verkleinert. Leider ist über die Biologie dieser seltenen Riffbewohner wenig bekannt. Ernas Gorgonenhäupter sind vom Indischen Ozean bis in den westlichen Pazifik verbreitet.

Foto: Indonesien, Nord Sulawesi

Astroboa nuda, Indonesien, Nusakode

Astroboa ernae, Indonesien, Nord Sulawesi

Raues Gorgonenhaupt (Euryale aspera, LAMARCK 1816)

Raue Gorgonenhäupter sind solitäre und nachtaktive Schlangensterne, die im Indopazifik von den Küsten Ostafrikas bis nach Australien vorkommen. Tagsüber ruhen die Tiere mit eingerollten Armen in ihren Verstecken, um in der Nacht mit ausgebreiteten Armen Plankton für ihre Ernährung zu fangen. An einer fünfeckigen Körperscheibe befinden sich 5 lange und paarige Arme, die wechselseitige Seitenarme tragen. Diese verzweigen sich erneut, so dass ein unübersichtliches Geflecht aus Armen entsteht, ähnlich eines Medusenhauptes, welches in der griechischen Sagenwelt beschrieben wird. Körperscheibe und Arme sind mit vielen kleinen Tuberkeln besetzt, die bis zu den Endverzweigungen an Zahl und Größe abnehmen. Die Farbe der Tiere kann verschieden sein, doch braune Farbtöne sind dominant.

Foto: Indonesien, Bali

Langarmiger Schlangenstern (Cryptopelta longibrachialis, KOEHLER 1930)

Schlangensterne dieser Art besitzen lange, schlanke, zylindrische und gebänderte Arme, die in der Regel unterschiedlich lang sind. Die kürzeren Arme werden bis auf die normale Länge regeneriert, nachdem Feinde sie abgefressen oder die Schlangensterne sie ihnen überlassen haben. Sie brechen dann an bestimmten Stellen ab. Während sich ein Freßfeind damit beschäftigt, kann der Schlangenstern sich in Sicherheit bringen. Die Körperscheibe der Tiere ist annähernd fünfeckig und aufgewölbt. Zahlreiche unterschiedlich große und orange Flecken befinden sich darauf. Die Bänderung der Arme beginnt mit der Farbe Grau und setzt sich über Rotorange und Graubraun abwechselnd fort. Schlangensterne sind Detritusfresser, die sich von organischen Sinkstoffen ernähren. Tagsüber leben sie versteckt. In der Nacht verlassen sie diese Verstecke, um zu fressen. Im Indopazifik sind sie vom Indischen Ozean bis in den Westpazifik verbreitet.

Foto: Papua Neuguinea, Milne Bay

Euryale aspera, Indonesien, Bali

Cryptopelta longibrachialis, Papua Neuguinea, Milne Bay

Eleganter Schlangenstern (Ophiarthrum elegans, PETERS 1851)

Elegante Schlangensterne sind aufgrund ihrer Körperzeichnungen leicht unter Wasser zu identifizieren. Man muss sie jedoch erst einmal finden, denn sie leben tagsüber versteckt im Riff und kommen erst in der Nacht aus ihren Verstecken, um zu fressen. Sie ernähren sich von organischen Sinkstoffen (Detritus) und von Diatomeen, die sie von der Riffoberfläche abtupfen. Eine pechschwarze Körperscheibe trägt 5 lange, schlanke und zugespitzte Arme, die rote Flecken unterschiedlicher Größe und Form tragen. Sie sind im Roten Meer verbreitet und kommen im Indopazifik vom Indischen Ozean und Australien bis nach Japan vor.

Foto: Indonesien, Molukken

Igel-Schlangenstern (Ophiocoma erinaceus, MÜLLER & TROSCHEL 1842)

Igel-Schlangensterne, auch Stachelige Schlangensterne genannt, sind Tiere des flachen Wassers, die bevorzugt in Lagunen und auf dem Riffdach leben. Hier verstecken sie sich tagsüber in Ritzen und Spalten, so dass aus ihren Verstecken meist nur 3 der 5 Arme zum Nahrungsfang herausgestreckt werden. Sie sind Kleinpartikel- und Detritusfresser. Eine relativ kleine, runde und nur 1 cm im Durchmesser große Körperscheibe trägt 5 schlanke und zugespitzte Arme, deren Armglieder Stacheln tragen. Körperscheibe und Arme können einfarbig braun gefärbt sein und gelegentlich helle Flecken tragen. Sie kommen mancherorts in einer größeren Individuendichte vor und sind im Roten Meer und im gesamten Indopazifik verbreitet.

Foto: Papua Neuguinea, Milne Bay

Ophiarthrum elegans, Indonesien, Molukken

Ophiocoma erinaceus, Papua Neuguinea, Milne Bay

Riffdach-Schlangenstern (Ophiocoma sp.,)

Riffdach-Schlangensterne kommen im Roten Meer und im Indopazifik von Ostafrika und Australien bis nach Japan und Hawaii vor. Sie sind Tiere des flachen Wassers, die vom Riffdach bis in Tiefen von 5 m leben. Sie haben sich darauf spezialisiert, organisches Material von der Oberflächenhaut des Wassers aufzutupfen und zu fressen. Zusätzlich ernähren sie sich noch von Detritus, Aas und kleinen Wirbellosen des Bodens. Die einheitlich blauschwarz gefärbten Tiere besitzen eine große Körperscheibe, an der 5 lange und schlanke Arme inserieren. Riffdach-Schlangensterne sind sehr häufig vorkommende Schlangensterne in der Gezeitenzone, die an manchen Riffen im Indopazifik eine große Individuendichte erreichen. Bei dem hier vorgestellten Riffach-Schlangenstern könnte es sich um die Art *Ophiocoma scolopendrina* handeln, was aber nicht gesichert ist.

Foto: Indonesien, Moyo

Geringelter Schlangenstern (Ophiomastix annulosa, LAMARCK 1816)

Geringelte Schlangensterne sind Tiere des flachen Wassers, die sich tagsüber in Lagunen, auf Riffdächern und am oberen Riffhang unter Steinen und Korallen verstecken und erst in der Nacht aktiv werden. Dann sind sie entweder einzeln oder in einer bemerkenswerten Individuendichte auf Nahrungssuche unterwegs im Riff, wo sie organisches Material vom Boden aufsammeln und kleine Wirbellose fressen. Die Körperscheibe der Tiere ist maximal 3 cm im Durchmesser groß. An ihr setzen 5 lange, schlanke und zugespitzte Arme an, die seitlich Stacheln tragen und auf der Oberseite der Arme ein Rautenmuster erkennen lassen. Auffallend an den Tieren sind die ballonartigen bis kolbenförmigen Protrusionen. Die einzelnen Arme der Tiere können bis zu 15 cm lang werden. Geringelte Schlangensterne sind im Indopazifik vom Indischen Ozean und Australien bis nach Japan und Polynesien verbreitet.

Foto: Philippinen, Cebu

Ophiocoma sp., Indonesien, Moyo

Ophiomastix annulosa, Philippinen, Cebu

Janus-Schlangenstern (Ophiomastix janualis, LYMAN 1871)

Janus-Schlangensterne sind Flachwassertiere, die vom Niedrigwasser der Riffe bis in 19 m Wassertiefe vorkommen und vom Indischen Ozean und Australien bis in die Chinesische See verbreitet sind. Tagsüber leben sie versteckt. Erst in der Nacht sind sie aktiv und begeben sich auf die Suche nach Nahrung. Sie ernähren sich vorwiegend vom Detritus. Ihre kleine Körperscheibe trägt 5 lange und schlanke Arme, die gelbbraun oder gelbschwarz gebändert sind. Alle Armglieder tragen lange und spitze Stacheln.

Foto: Indonesien, Molukken

Variabler Schlangenstern (Ophiomastix variabilis, KOEHLER 1905)

Variable Schlangensterne besitzen eine annähernd runde und etwa 3 cm im Durchmesser große Körperscheibe, die schwarz oder braun gefärbt ist und an der 5 lange, schlanke, stachelige und zugespitzte Arme ansetzen. Auf Körperscheibe und Armen befinden sich Serien von goldenen, gelben oder weißen Streifen. Tagsüber leben die Tiere versteckt. In der Nacht sind sie dann unterwegs, um sich von Detritus und von Kieselalgen zu ernähren. Auf verschiedenen Schwämmen säubern sie die Poren und fressen die dort anhaftenden organischen Schwebstoffe. Wie alle Schlangensterne so sind auch sie lichtempfindlich und versuchen sich zu verstecken, sobald sie das Licht einer Unterwasserlampe trifft. Variable Schlangensterne sind im Indopazifik von Ostafrika und Australien bis nach Japan und Hawaii verbreitet.

Foto: Papua Neuguinea, Milne Bay

Ophiomastix janualis, Indonesien, Molukken

Ophiomastix variabilis, Papua Neuguinea, Milne Bay

Gorgonen-Schlangenstern (Ophiarachnella gorgonia, MÜLLER & TROSCHEL 1842)

Gorgonen-Schlangensterne sind Tiere des flachen Wassers, die von der Niedrigwasserzone bis in Tiefen von 20 m vorkommen und sich tagsüber im Riff verstecken. An einer kleinen Körperscheibe, die einen Durchmesser bis zu 2 cm haben kann, setzen 5 schlanke, zylindrische und im Querschnitt runde Arme an, die an ihren Enden zugespitzt sind. Alle Arme sind gebändert und die Oberfläche der Körperscheibe ist strukturiert. Die Farbe der Bänderung kann verschieden sein, wie auch die Muster auf der Körperscheibe. Es scheint so, dass ein jedes Faunengebiet seine eigene Farbkomposition hervorbringt. Schlangensterne sind Detritusfresser, die sich von organischen Reststoffen ernähren. Gorgonen-Schlangensterne kommen im Roten Meer und im gesamten Indopazifik vor.

Foto: Papua Neuguinea, Milne Bay

Dorniger Schlangenstern (Ophiarachnella septemspinosa, MÜLLER & TROSCHEL 1842)

Dornige Schlangensterne kommen in verschiedenen Farbmustern vor und können auch braun gebänderte Arme besitzen. Ihre fast runde Körperscheibe trägt 5 lange, schlanke und zugespitzte Arme, die seitlich mit Stacheln bewehrt sind. Häufig findet man diese Tiere mit unterschiedlich langen Armen, von denen die kürzeren abgeworfen oder von Feinden abgefressen wurden. Schlangensterne neigen sehr schnell dazu, bei Berührung Teile ihrer Arme abzuwerfen, die dann aber schnell wieder nachwachsen. Beiderseits der Armbasen erscheinen auf der Körperscheibe zwei kleine „Augen", die als Lichtsinnesorgane fungieren. Dornige Schlangensterne sind Detritusfresser, die sich aber auch von Aas ernähren. Sie kommen vom flachen Wasser bis in größere Tiefen vor und sind im Indopazifik von Ostafrika und Australien bis in den Westpazifik verbreitet.

Foto: Indonesien, Bali, Tulamben

Ophiarachnella gorgonia, Papua Neuguinea, Milne Bay

Ophiarachnella septemspinosa, Indonesien, Bali

Dorniger Schlangenstern (Ophiarachnella sp.)

Das Erscheinungsbild Dorniger Schlangensterne ist vielseitig, was die Färbung ihrer Körperscheibe und der Arme betrifft. In diesem Fall ist der Schlangenstern dunkelbraun gefärbt und die langen und schlanken Arme sind gebändert. Er hat es in den frühen Morgenstunden versäumt, sich rechtzeitig ein Tagesversteck zu suchen und konnte so auf den Weg dorthin überrascht werden. Dornige Schlangensterne ernähren sich in der Nacht von Detritus, das sie vom Boden aufsammeln und fressen. Sie sind im Indopazifik und im Westpazifik verbreitet. Bei dem hier abgebildeten Tier war eine eindeutige Bestimmung der Art nicht möglich. Dennoch könnte es sein, dass es sich hier um den Schlangenstern *Ophiarachnella septemspinosa* handelt.

Foto: Philippinen, Panglao

Ornament-Schlangenstern (Ophiarachna affinis, LÜTKEN 1869)

Ornament-Schlangensterne besitzen eine etwa 3 cm große und runde Körperscheibe, die auf ihrer Oberseite gewölbt ist. Sie wird bedeckt von weißen Ornamentzeichnungen, die von Tier zu Tier verschieden sind. Die Arme der Tiere sind sehr lang und tragen seitlich gebänderte Stacheln. Eine feine und dünne Längslinie verläuft vom Armansatz bis zu den Armspitzen. Ornament-Schlangensterne kommen in verschiedenen Farbmorphen vor. Sie sind nachtaktiv und ernähren sich von Detritus. Ihr vertikales Vorkommen reicht vom Flachwasser der Lagunen und Riffdächer bis in moderate Tiefen. Sie sind im Indopazifik von Ostafrika und Australien bis zu den Salomonen und den Philippinen und Fiji-Inseln verbreitet.

Foto: Philippinen, Cabilao

Ophiarachnella sp., Philippinen, Panglao

Ophiarachna affinis, Philippinen, Cabilao

Verzierter Schlangenstern (Ophiarachna delicata, CLARK 1932)

Verzierte Schlangensterne sind sehr auffällig in ihrer Körpermusterung, die die Körperscheibe und Arme mit einbezieht. Die 5 langen, schlanken und spitz endenden Arme tragen an jedem Armglied seitliche Stacheln, die der Verteidigung, der Lokomotion und dem Eingraben in den Untergrund dienen. Sie ernähren sich von Detritus, sind nachtaktiv, lichtempfindlich und sehr schnell unterwegs, wenn sie gestört werden. Dabei gibt ein Arm die Richtung vor und die anderen Arme schieben die Körperscheibe hinterher. Verzierte Schlangensterne sind im Indopazifik und im Westpazifik verbreitet, werden jedoch selten gesehen.

Foto: Indonesien, Komodo

Olivgrüner Schlangenstern (Ophiarachna incrassata, LAMARCK 1816)

Olivgrüne Schlangensterne gehören zu den größten Schlangensternen an indopazifischen Riffen. Die annähernd runde Körperscheibe erreicht einen Durchmesser von fast 3 cm und die schlanken Arme können bis zu 12 cm lang werden. Arme und Körperscheibe sind stets grün gefärbt, wobei auf der Körperscheibe feine und weiße Punktlinien zu erkennen sind. Alle Arme tragen weiße bis gelbe Stacheln mit dunklen Basen. Olivgrüne Schlangensterne sind nachtaktive Einzelgänger, die sich von Detritus, Algen, kleinen Wirbellosen und von Fischresten ernähren. Sie kommen vom Flachwasser bis in moderate Tiefen vor und sind im Indopazifik von Ostafrika und Australien bis nach Japan und Hawaii verbreitet.

Foto: Indonesien, Rinca

Ophiarachna delicata, Indonesien, Komodo

Ophiarachna incrassata, Indonesien, Rinca

Nereiden-Schlangenstern (Macrophiothrix nereidina, LAMARCK 1816)

Nereiden-Schlangensterne verstecken sind tagsüber in verzweigten Korallen, in Schwämmen, unter Steinen und in den Verzweigungen von Weichkorallen. Während ihre Körperscheibe stets im Versteck bleibt, sieht man von den Tieren eigentlich nur Teile der Arme aus den Verstecken herausragen. Die schön gezeichnete Körperscheibe trägt 5 lange und schlangenförmige Arme, deren Armglieder feine, weiße und lange Stacheln tragen. Nereiden-Schlangensterne sind Suspensionsfresser, die den Untergrund nach Nahrung absuchen. Sie sind im Indopazifik von den Küsten Ostafrikas und Australiens bis nach Papua Neuguinea und Japan verbreitet. Nereiden sind in der griechischen Sage die Töchter des Meeresgottes Okeanos.

Foto: Vanuatu, Santa Ana

Empfindlicher Schlangenstern (Macrophiothrix rhabdota, CLARK 1915)

Empfindliche Schlangensterne sind Tiere des flachen Wassers. Sie kommen von der Niedrigwasserzone bis in wenige Meter Wassertiefe vor und verstecken sich tagsüber in Korallenbruch. Ihre kleine Körperscheibe trägt sehr lange, schlanke und vielfach gewundene Arme, deren Armglieder mit seitlichen Stacheln besetzt sind. Die Körperoberfläche ist granuliert, marmoriert und die Arme sind gebändert. Empfindliche Schlangensterne reagieren spontan auf Berührungsreize und werfen Armteile oder sogar ganze Arme bei Berührung ab. Sie sind vom Indischen Ozean bis in den Westpazifik verbreitet.

Foto: Papua Neuguinea, Milne Bay

Macrophiothrix nereidina, Vanuatu, Santa Ana

Macrophiothrix rhabdota, Papua Neuguinea, Milne Bay

Purpur-Schlangenstern (Ophiothrix purpurea, VAN MARTENS 1867)

Purpur-Schlangensterne leben als Epizoen auf Gorgonien, Feuerkorallen, Schwarzen Korallen, auf Lederkorallen, auf Schwämmen und Tunikaten und bevorzugen Standorte mit wenig Lichteinfall. An einer relativ kleinen Körperscheibe setzen 5 außerordentlich lange und sehr bewegliche Arme an, die durch rote Pigmente sehr schön gezeichnet sind. Ein jedes Armglied trägt lange und spitze Stacheln. Eine dunkel pigmentierte Linie verläuft in der Mitte eines jeden Armes. Purpur-Schlangensterne sind Mikrophagen, die sich von Detritus und von kleinen, organischen Partikeln ernähren. Sie kommen im Roten Meer vor und sind im Indopazifik von Ostafrika und Australien bis nach Japan und Hawaii verbreitet.

Foto: Philippinen, Cabilao

Schlangenstern (Ophiothrix sp.)

Der kleine Schlangenstern, der eine Kolonie Gestielter Manteltiere (Nephteis fascicularis) erklommen hat, ist hier auf der Suche nach Nahrung, denn Manteltiere sind Strudler, die Meerwasser durch ihren Kiemenkorb fließen lassen, um sich von den darin enthaltenen Plankton- und Detritusanteilen zu ernähren. Und diese Filterleistung der Manteltiere nutzt der kleine Schlangenstern auch für sich aus, um sich von den, im eingestrudelten Wasser befindlichen Planktonorgansimen, zu ernähren. Es ist durchaus möglich, dass es sich bei dem kleinen Schlangenstern um eine Jugendform des Purpur-Schlangensternes, *Ophiothrix purpurea*, handelt, was jedoch nicht gesichert ist.

Foto: Indonesien, Nord Sulawesi

Ophiothrix purpurea, Philippinen, Cabilao

Ophiothrix sp., Indonesien, Nord Sulawesi

Langarmiger Schlangenstern (Ohiopsila sp)

Schlangensterne aus dieser Gattung sind an den Riffen im Indopazifik mit mehreren Arten vertreten. Sie leben überwiegend in weichen Sedimenten verborgen und strecken nur 2 oder 3 ihrer langen Arme aus dem Sediment heraus in das freie Wasser, um Nahrung aus dem vorbeiströmenden Wasser zu fangen. Die fünfeckige Körperscheibe der Tiere zeigt ein auffälliges Muster. Die langen Arme sind gebändert und die einzelnen Armglieder mit feinen und sehr langen Stacheln versehen, die in Bündeln angeordnet sind. Einmal aus ihrem Lebensraum ausgegraben, werden die Arme spiralig eingerollt und der Schlangenstern versucht, sich so schnell wie möglich sich wieder in den Untergrund einzugraben. Bei dem hier abgebildeten Schlangenstern handelt es sich möglicherweise um die Art *Ophiopsila annulata*.

Foto: Indonesien, Bali, Secret Bay

Schwarzer Schlangenstern (Ophiomaza cacaotica, LYMAN 1871)

Schlangensterne der Familie Ophiactidae sind in der Regel kleine Tiere, die entweder epizoisch oder kommensalistisch auf anderen Tieren leben und am häufigsten auf Schwämmen zu finden sind. Der Schwarze Schlangenstern lebt im Verborgenen auf der Körperscheibe und zwischen der Armen von verschiedenen Haarsternen. Er kann nur gesehen werden, wenn man die zahlreichen Arme der Haarsterne vorsichtig auseinanderbiegt. Die Körperscheibe der Tiere ist im Vergleich zu den dünnen und schlanken Armen recht groß. Sie kann einen Durchmesser von 15 mm erreichen. Schwarze Schlangensterne sind Kommensalen, also Mitesser, die sich von dem ernähren, was die Haarsterne an Nahrung aus dem Meerwasser fangen. Schlangensterne der Gattung Ophiomaza sind im Roten Meer und im Indopazifik verbreitet.

Foto: Philippinen, Cabilao

Ophiopsila cf.annulosa, Indonesien, Bali, Secret Bay

Ophiomaza cacaotica, Philippinen, Cabilao

Sechsarmiger Schlangenstern (Ophiothela sp.)

Schlangensterne dieser Gattung sind kleine Tiere mit Armlängen zwischen 2-3 cm. Sie führen eine versteckte Lebensweise und sind auf Schwämmen, Hydroiden, Gorgonien, Schwarzen Korallen, auf Seewalzen, Steinkorallen und an Seesternen zu finden. Sie kommen in verschiedenen Farben vor, können weiß, gelb oder orange gefärbt sein, besitzen 6 gebänderte Arme, deren Armglieder mit Stacheln besetzt sind und können als Art in ihren unterschiedlichen Erscheinungsformen schwer voneinander unterschieden werden. Schlangensterne der Gattung Ophiothela sind im Indopazifik und im Westpazifik verbreitet.

Foto: Indonesien, Moyo

Prächtiger Schlangenstern (Ophiolepis superba, CLARK 1915)

Prächtige Schlangensterne sind Tiere des flachen Wassers, die in Lagunen, in Seegraswiesen und zwischen Korallen leben und bis in Tiefen von 20 m vorkommen. Sie sind nachtaktiv und ernähren sich von organischen Sinkstoffen. An ihrer fünfeckigen Körperscheibe, die kleine Schuppen und ein dunkelbraunes bis schwarzes Sternmuster trägt, befinden sich 5 im Querschnitt runde und 9-10 cm lange Arme, die dunkelbraun bis schwarz gebändert sein können. In der Regel sind Prächtige Schlangensterne Einzelgänger. Gelegentlich jedoch sieht man sie paarweise unterwegs im Riff. Verbreitet sind sie im Roten Meer und kommen im Indopazifik von Ostafrika und Australien bis nach Japan und Hawaii vor.

Foto: Indonesien, Molukken

Ophiothela sp., Indonesien, Moyo

Ophiolepis superba, Indonesien, Molukken

Pictets Schlangenstern (Ophiactis picteti, DE LORIOL 1893)

Pictets Schlangensterne sind kleine Tiere, die versteckt leben und häufig auf der Oralseite großer Kissensterne der Gattung Oreaster zu finden sind. Da Schlangensterne überwiegend Detritusfresser sind und sich von den organischen Resten des Bodens ernähren ist zu vermuten, dass die Tiere nicht als Kommensalen auf den Seesternen leben, sondern als lichtscheue Tiere hier lediglich Schutz suchen. Gemessen an den langen, schlanken und mit Stacheln besetzten Armen ist die Körperscheibe der Schlangensterne groß. Beide sind dunkelbraun bis schwarz gefärbt. Pictets Schlangensterne sind im gesamten Indopazifik und Westpazifik verbreitet, werden jedoch wegen ihrer versteckten Lebensweise selten gesehen.

Foto: Indonesien, Rinca

Savignyis Schangenstern (Ophiactis savignyi, MÜLLER & TROSCHEL 1842)

Savignyis Schlangensterne besitzen immer 6 lange und schlanke Arme, die spitz enden und teilweise gebändert sind. Sie entspringen einer polygonalen Körperscheibe, die bis zu 5 mm im Durchmesser groß ist. Die Farbe der Tiere ist variabel und reicht von Gelb und Grau bis hin zu Orange und Rot. In der Regel leben die Schlangensterne auf verschiedenen anderen Rifforganismen, so, wie das Bild es zeigt, auf den Armen des großen Seesterns Poraster superbus. Hier können sie sich in einer größeren Individuendichte aufhalten. Savignyis Schlangensterne ernähren sich überwiegend von Moostierchen, von Schwämmen und von Detritus. Sie pflanzen sich durch eine ungeschlechtliche Fissiparie fort, wobei durch die Teilung des ganzen Tieres, neue, sechsarmige Schlangensterne entstehen. Die Verbreitung der Art reicht von Ostafrika und Australien bis nach Hawaii.

Foto: Indonesien, Rinca

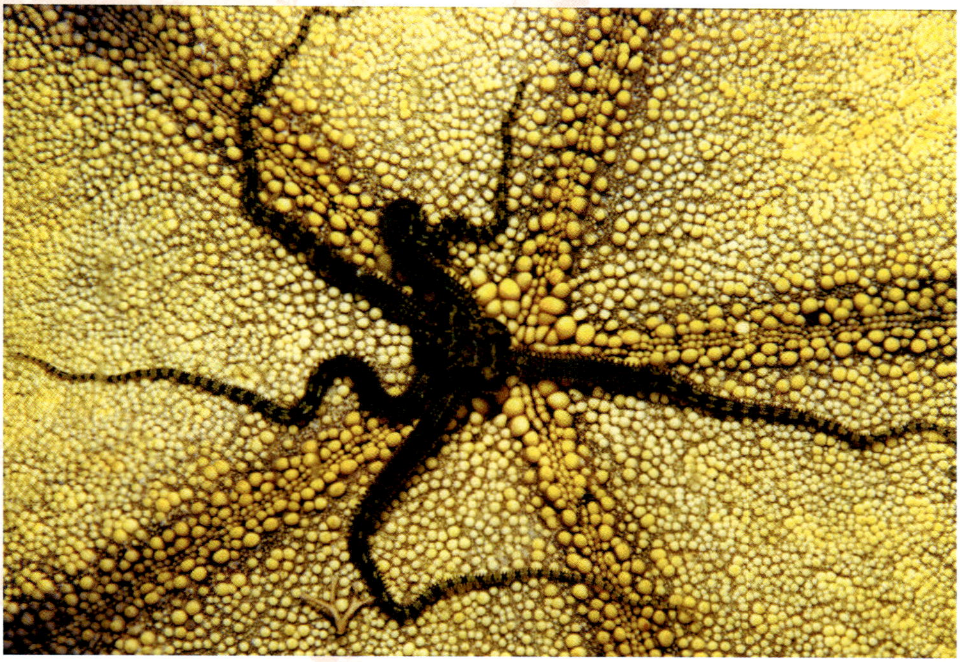

Ophiactis picteti, Indonesien, Rinca

Ophiactis savignyi, Indonesien, Rinca

Langarmiger Schlangenstern (Ophionereis dilatatus, KOEHLER 1905)

Langarmige Schlangensterne sind nachtaktive Einzelgänger, die vom Flachwasser der Riffdächer und Lagunen bis in große Tiefen vorkommen. Sie sind Detritusfresser, die organisches Material vom Boden auftupfen. An eine gewölbten und fünflappigen Körperscheibe setzen 5 sehr lange, dünne und schlangenförmig gebogene Arme an, deren Armglieder lange und spitze Stacheln tragen und die sich bis zu 15 cm Länge strecken können. Mit ihrer Hilfe schieben sich die Tiere zielgerichtet und immer Deckung suchend über den Boden. Langarmige Schlangensterne leben im Roten Meer und kommen im Indopazifik von Ostafrika bis nach Neukaledonien und Japan vor.

Foto: Indonesien, Bali

Grabender Schlangenstern (Amphiura sp.)

Schlangensterne der Gattung Amphiura leben solitär und können an manchen Küsten in einer bemerkenswerten Individuendichte vorkommen. Sie bevorzugen als Lebensraum mobile Böden, die sie nur selten verlassen. Sie besitzen sehr lange und schlanke Arme, die gebändert und mit feinen Stacheln bewehrt sind. Bis zu 4 Arme werden aus dem Untergrund in das freie Wasser ausgestreckt, wobei ein oder zwei Arme stets zur Verankerung des Tieres im Sediment dienen. Häufig werden die Arme nicht gerade, sondern sinusförmig gekrümmt ausgestreckt, so dass die seitlich von den Armen abstehenden Stacheln sich zu einem feinen Sieb formieren. So können die nachtaktiven Schlangensterne ausreichend Plankton und Detritus aus dem vorbeiströmenden Wasser für ihre Ernährung fangen. Schlangensterne der Gattung Amphiura kommen an allen sandigen Küsten im Indopazifik vom flachen Wasser bis in große Tiefen vor.

Foto: Indonesien, Rinca

Ophiocentrus dilatatus, Indonesien, Bali

Amphiura sp., Indonesien, Rinca

Kleiner Lanzenseeigel (Eucidaris metularia, LAMARCK 1816)

Kleine Lanzenseeigel leben solitär und sind nur nachts im Riff unterwegs. Dann weiden sie den Untergrund nach Algen, Moostierchen, Schwämmen und nach organischem Detritus ab. Tagsüber jedoch leben sie versteckt und mit ihren kräftigen Stacheln verkeilt in Spalten, Ritzen und unter Korallen. Ihre Corona ist annähernd kugelig in der Form, an der Oralseite etwas abgeflacht und 3-4 cm im Durchmesser groß. Die kräftigen Primärstacheln sind kurz, dick, rau, gebändert und enden stumpf. An ihrer Basis werden sie von plättchenförmigen Sekundärstacheln umgeben. Die Jungtiere sind schön rot gefärbt und deren Primärstacheln sind nicht so stark bewachsen. Kleine Lanzenseeigel sind Tiere des flachen Wassers, die nahe der Wasseroberfläche und im oberen Riffhang leben. Sie sind im Roten Meer und im Indopazifik von Ostafrika bis nach Australien, Japan und Hawaii verbreitet, werden jedoch, wegen ihrer versteckten Lebensweise, selten wahrgenommen.

Foto: Papua Neuguinea, Milne Bay

Großer Lanzenseeigel (Phyllacanthus imperialis, LAMARCK 1816)

Große Lanzenseeigel leben solitär. Sie sind nachtaktive Weidegänger, die Algen vom Untergrund abschaben und sich davon ernähren. Tagsüber leben sie versteckt in Spalten und Ritzen der Riffe und mit Hilfe ihrer kräftigen Stacheln verkeilt zwischen Korallen. Auffallend an den Tieren sind die langen und kräftigen Primärstacheln, die im Querschnitt rund sind und stumpf enden. Die Sekundärstacheln sind dagegen klein, plattenförmig und umstehen die Basis der Primärstacheln. Die Seeigelschale ist halbkugelig in der Form und dunkelrot bis schwarz in der Farbe. Zur Fortpflanzungszeit bilden weibliche und männliche Seeigel Aggregationen und laichen spontan ab. Die Befruchtung der Gameten findet im Wasser statt. Die Entwicklung bis zu einem kleinen Seeigel verläuft dann über planktische Larven, die durch die Strömung des Wassers verdriftet werden und so neue Verbreitungsgebiete erschließen. Große Lanzenseeigel sind Tiere des Flachwassers, die ihre größte Individuendichte auf Riffdächern und an der Riffkante erreichen. Verbreitet sind sie im Roten Meer und an den Riffen im gesamten Indopazifik.

Foto: Philippinen, Cebu, Ravenala Beach

Eucidaris metularia, Papua Neuguinea, Milne Bay

Phyllacanthus imperialis, Philippinen, Cebu

Kronenstachel-Lanzenseeigel (Prionocidaris baculosa, LAMARCK 1816)

Kronenstachel-Seeigel sind nachtaktive Einzelgänger, die sich tagsüber im Riff verstecken. Erst bei Anbruch der Dunkelheit kommen sie aus ihren Tagesverstecken und weiden auf Hartgründen Algen und kleinen, tierischen Aufwuchs ab. Die Schale der Seeigel ist annähernd kugelig und die Basis leicht abgeflacht. Unterschiedlich lange, kräftige, gebänderte und lanzenförmige Primärstacheln befinden sich auf der Schale, die von mehreren Ringen von kronenförmigen Verdickungen umgeben sind. Die kurzen und blattförmigen Sekundärstacheln befinden sich an der Basis der langen und spitz auslaufenden Primärstacheln. Ältere Seeigel haben auf ihren kräftigen Primärstacheln einen Bewuchs von Algen, kleinen Seeanemonen, Moostierchen und anderen, Krusten bildenden Tieren. Die Verbreitung der Art reicht vom Roten Meer bis nach Ostafrika, Australien, Japan und Hawaii.

Foto: Indonesien, Komodo

Kronenstachel-Seeigel (Prionocidaris verticillata, LAMARCK 1816)

Kronenstachel-Seeigel leben tagsüber versteckt unter Steinen und Korallen im seichten Wasser der Lagunen, in Seegraswiesen und auf Riffdächern. Erst in der Nacht verlassen sie ihre Verstecke und weiden den Untergrund mit Hilfe ihrer Zähne nach Algen ab, von denen sie sich ernähren. Die relativ kleinen Seeigel, die einen Schalendurchmesser von 4-6 cm erreichen, sind auf den ersten Blick in ihrem natürlichen Habitat kaum zu erkennen, da ihre kräftigen Kronenstacheln in der Regel mit Algen, Moostierchen und Sediment bedeckt sind. Ihre kräftigen Primärstacheln, die stumpf enden, besitzen mehrere kronenförmige Verdickungen, während die kleinen und flachen Sekundärstacheln die Basis der großen Stacheln umstehen. Die Oralseite der Tiere ist dem Substrat zugewandt und die Aboralseite trägt ein braunes bis schwarzes Sternenmuster. Kronenstachel-Seeigel sind im Indopazifik von Ostafrika bis nach Australien und Hawaii verbreitet.

Foto: Philippinen, Panglao

Prionocidaris baculosa, Indonesien, Komodo

Prionocidaris verticillata, Philippinen, Panglao

Bohrender Seeigel (Echinostrephus molaris, De BLAINVILLE 1825)

Bohrende Seeigel leben in selbst gebohrten Löchern, die sie mit Hilfe ihrer kräftigen Zähne in den Korallenfels schaben. Sie kommen örtlich verschieden in einer mehr oder weniger großen Individuendichte vor und sind überwiegend Tiere des flachen Wassers. Während die Jungtiere noch in der Lage sind, ihren gebohrten Standort zu verlassen, um in der Nacht den Untergrund von Algen abzuweiden, sind ältere Tiere an ihrem Standort gebunden und zeitlebens in ihrem gebohrten Loch fixiert. Sie ernähren sich dann von vorbei treibenden Algen, die sie mit Hilfe ihrer langen Füßchen (Pedicellarien) aus der Strömung des Wassers fischen. Die runde Seeigelschale ist dicht mit langen, feinen und spitzen Stacheln bedeckt, die im Zentrum der Schale länger sind als die an der Peripherie. Sie können braun, schwarz oder violett gefärbt sein. Bohrende Seeigel werden bis zu 4 cm im Durchmesser groß und leben bevorzugt an gut durchströmten Riffkanten nahe der Wasseroberfläche im Roten Meer und an den Riffen im gesamten Indopazifik.

Foto: Indonesien, Komodo

Roter Griffelseeigel (Heterocentrotus mammillatus, LINNAEUS 1758)

Rote Griffelseeigel sind nachtaktive Tiere, die sich tagsüber im Riff verstecken. Mit Hilfe ihrer langen und kräftigen Primärstacheln verkeilen sie sich in Spalten und Ritzen, um nicht von der Strömung des Wassers mitgerissen zu werden. Die langen Stacheln sind dick, glatt, abgeflacht, an den Spitzen gebändert und im Querschnitt oval in der Form. Sie enden stumpf. Die wesentlich kleineren Sekundärstacheln sind keulenförmig und umstehen die Basis der langen Primärstacheln. Die Schale der Tiere ist im Verhältnis zur Länge der Stacheln klein und kann bis zu 8 cm im Durchmesser wachsen. Rote Griffelseeigel sind Tiere des Flachwassers. Sie leben in engen Höhlen und Spalten der Riffplattformen, entlang der Riffkante und im oberen Riffhang. Ihre Verstecke verlassen sie nur zur Nahrungsaufnahme, wenn sie den Untergrund von Algen abweiden. Ihre bevorzugten Feinde sind Drückerfische und große Zackenbarsche. Verbreitet sind sie im Roten Meer und an den Riffen im gesamten Indopazifik. Die langen Primärstacheln der Seeigel wurden früher in der Schule als Tafelgriffel verwendet.

Foto: Salomonen, Hanesavo

Echinostrephus molaris, Indonesien, Komodo

Heterocentrotus mammillatus, Salomonen, Hanesavo

Riffdach-Seeigel (Echinometra mathaei, De BLAINVILLE 1825)

Riffdach-Seeigel sind Bewohner der Gezeitenzone, der Riffterrassen, der Mikroatolle und seichter Lagunen. Tagsüber leben sie in naturgegebenen Vertiefungen, in Löchern und Spalten und verkeilen sich dort mit Hilfe ihrer zahlreichen kurzen, kräftigen und spitzen Stacheln. Erst bei Anbruch der Dämmerung verlassen sie ihren Standort und betätigen sich als Weidegänger. Mit Hilfe ihrer Mundzähne schaben sie Algen vom Untergrund ab und ernähren sich davon. Bei Sonnenaufgang kehren sie an ihren alten Standort zurück. Die Farbe der Schale und der Stacheln kann verschieden sein. Die bis zu 9 cm im Durchmesser großen Seeigel besitzen viele Freßfeinde, die sie aufbrechen und ausfressen. Zu ihnen gehören viele Fische und Krebse. Ihr Vorkommen erstreckt sich vom Roten Meer und dem westlichen Indischen Ozean bis in den Westpazifik, Hawaii und Japan.

Foto: Indonesien, Bali

Schwarzer Lagunenseeigel (Stomopneustes variolaris, LAMARCK 1816)

Schwarze Lagunenseeigel sind Tiere des flachen Wassers. Sie leben einzeln oder in kleineren Gruppen in Seegraswiesen und auf mit Algen bestandenen Sandflächen und verstecken sich, da sie nachtaktive Tiere sind, tagsüber unter Steinen, Korallen und unter Zivilisationsmüll. So entziehen sie sich dem hellen Tageslicht, der intensiven Sonneneinstrahlung und der hohen UV-Belastung. An bewölkten Tagen sind sie auch tagaktiv. Bei Anbruch der Dämmerung begeben sie sich auf Nahrungssuche und ernähren sich von Algen und von organischen Sinkstoffen. Erwachsene Tiere erreichen einen Durchmesser von 10 cm. Auf einer grauen bis schwarzen Seeigelschale befindet sich eine Vielzahl dicht stehender, schwarzer und spitzer Seeigelstacheln, die nach allen Seiten abstrahlen. Sehr wenig weiß man über die Biologie dieser nicht gerade häufig vorkommenden Seeigelart. Ihre Verbreitung reicht im Indopazifik von Ostafrika bis zu den Philippinen, Fiji und den Salomonen.

Foto: Mauritius, Flick en Flack

Echinometra mathaei, Indonesien, Bali

Stomopneustes variolaris, Mauritius, Flick en Flack

Prächtiger Feuerseeigel (Astenosoma ijimai, YOSHAWARA 1897)

Prächtige Feuerseeigel leben tagsüber versteckt an dunklen Stellen im Riff und sind erst bei Anbruch der Dunkelheit aktiv. Als Allesfresser schaben sie Algen vom Untergrund und fressen koloniale Manteltiere, krustenförmig wachsende Schwämme und Moostierchen. Sie sind Einzelgänger, die sich nur auf harten Substraten aufhalten und ganz selten auf Weichböden gesehen werden. Ihre Stacheln stehen dicht, sind in Ruhestellung zu Bündeln zusammengelegt und werden erst bei Störungen nach allen Seiten bewegt. Auch ihre Giftampullen am Ende eines jeden kurzen Stachels sind deutlicher ausgeprägt als die bei der anderen Art, Asthenosoma varium. Ein Stich in die menschliche Haut ist sehr schmerzhaft, der Schmerz lange anhaltend und er kann zu Hautreizungen und Entzündungen führen. Prächtige Feuerseeigel leben im Flachwasser der Riffe und kommen bis in Tiefen von über 20 m vor. Sie sind im Indopazifik von Indonesien und den Philippinen bis nach Australien und Japan verbreitet.

Foto: Indonesien, Rinca

Rotmeer-Feuerseeigel (Asthenosoma marisrubri, WEINBERG & RIDDER 1998)

Der Rotmeer-Feuerseeigel unterscheidet sich deutlich von der indopazifischen Art, *Asthenosoma varium*. Der deutlichste Unterschied besteht darin, dass sich die weißen Giftampullen dicht unterhalb der Spitze der Seeigelstacheln in Form weißer Bläschen formieren und nicht, wie bei der indopazifischen Art, die Giftampullen sich entlang der Stacheln befinden. Die nachtaktiven Seeigel kommen vom flachen Wasser bis in Tiefen von 30 m auf Sand, Geröll, am Riffhang und in Lagunen vor, wo sie sich als Allesfresser von dem ernähren, was sie auf ihrem Weg über den Untergrund vorfinden. Die kurzen Stacheln sind zahlreich und werden häufig im Bündel zusammengelegt. Sehr feine, lange und spitze Stacheln befinden sich in der Nähe des Mundfeldes und umstehen die Basis des Seeigelkörpers kranzförmig. Zwischen den Seeigelstacheln leben häufig kleine Garnelen und Krabben. Verletzungen der menschlichen Haut durch eine Giftinjektion der Stacheln können sehr schmerzhafte Verletzungen hervorrufen. Die Schale großer und ausgewachsener Tiere kann im Durchmesser bis zu 15 cm groß werden.

Foto: Ägypten, Safaga

Asthenosoma ijimai, Indonesien, Rinca

Asthenosoma marisrubri, Ägypten, Safaga

Stecknadelkopf-Seeigel (Asthenosoma varium, GRUBE 1886)

Stecknadelkopf-Seeigel gehören zu den schönsten Seeigelarten im Korallenriff. Ihre plakative Farbe ist ein Warnsignal an alle Angreifer. Das ovale Gehäuse der Seeigel kann gewölbt, abgeflacht oder kugelig sein, je nachdem, welche Hindernisse sich dem Seeigel in den Weg stellen. Ermöglicht wird diese Formveränderung der Seeigelschale durch die Ausbildung von Bindegewebe zwischen den einzelnen Kalkplatten der Seeigelschale. Dadurch sind die Tiere in der Lage, auch noch durch spaltenähnliche Hindernisse hindurchzukriechen, indem sie sich scheibenförmig abflachen. Die zahlreichen Stacheln der Seeigel tragen kleine Giftampullen, die ihr Gift bei einem Angriff in die Wunde eines Angreifers spritzen, was auch bei einem Menschen außerordentlich schmerzhaft sein kann. Als nachtaktive Tiere verstecken sich Lederseeigel in Spalten und Kleinhöhlen im Riff. Nachts fressen sie auf ihren Wanderungen alles, was für die verwertbar ist. Die Farbe der Seeigel ist sehr variabel und abhängig von ihrem Lebensraum und von der geographischen Breite, in der sie vorkommen. Doch immer sind Rottöne dominierend. Die Verbreitung der Art reicht im Indopazifik von Indonesien und den Philippinen bis nach Australien und Japan.

Foto: Indonesien, Rinca

Brauner Lederseeigel (Asthenosoma sp.)

Braune Lederseeigel sind nachtaktive Einzelgänger, die sich tagsüber im Riff verstecken. Die Kalkplatten ihrer Seeigelschale sind durch Bindegewebe lose miteinander verbunden, so dass sie verschiedene Formen annehmen können: flach, kugelig, hochrückig. Die Seeigelstacheln sind in der Regel in Ruhestellung in Bündeln zusammengelegt und diese durch freie Zonen voneinander getrennt. Erst bei Störungen lösen diese sich auf und werden zur Abwehr nach allen Seiten ausgestreckt. Eine kleine und deutlich sichtbar vorhandene Giftblase unterhalb der Seeigelstacheln fehlt dem hier vorgestellten Seeigel offensichtlich, wie wir sie von den anderen Seeigeln dieser Gattung her kennen. Auch die Farbe der Tiere unterscheidet sich deutlich von der der anderen Tiere. Auffallend sind die langen und schlauchförmigen Füßchen (Pedicellarien), die weit in das Umgebungswasser ausgestreckt werden. Braune Lederseeigel leben an den Riffen im Indopazifik. Es ist durchaus denkbar, dass es sich bei dem Braunen Lederseeigel um eine Farbvariante des Indopazifischen Lederseeigels handelt oder der Braue Lederseeigel als Art noch nicht beschrieben ist.

Foto: Indonesien, Nusakode

Asthenosoma varium, Indonesien, Rinca

Asthenosoma sp., Indonesien, Nusakode

Diademseeigel (Astropyga radiata, LESKE 1778)

Diademseeigel besitzen immer sehr lange, spitze, giftige und spröde Stacheln, die leicht abbrechen. In die Haut eines Menschen eingedrungen verursachen sie sehr große Schmerzen. Entweder leben diese Seeigel einzeln oder sie formieren sich zu kleineren und größeren Gruppen und kommen vom Flachwasser bis in Tiefen von 30 m auf Sand, Korallenbruch und im Seegras vor, wo sie sich als Aufwuchsfresser von Algen und von kleinen, benthischen Wirbellosen ernähren. Die kleinen und noch nicht geschlechtsreifen Seeigel sind bunt gefärbt, wobei Rottöne überwiegen. Sie besitzen lange und gebänderte Stacheln und blau irisierende Punkte auf den stachelfreien Ambulakralreihen. Auffallend an den Tieren ist ein heller und blasenförmiger Analsack, auch Analpapille genannt, der sich im Zentrum der Seeigelschale erhebt. Unverdautes wird dort gesammelt und in Abständen entleert. Gerade auf Sandflächen, wo es nur wenige oder keine Versteckmöglichkeiten gibt, schließen sich die Diademseeigel zu Wehrgemeinschaften zusammen. So sind zumindest diejenigen, die sich im Zentrum der Gemeinschaft befinden, sicher und bestens geschützt vor möglichen Angreifern. Viele kleine Kardinalbarsche finden zwischen den Stacheln der Seeigel Schutz vor Fressfeinden. Ausgewachsene Tiere können bis zu 20 cm groß werden. Sie sind im Indopazifik von Ostafrika bis nach Australien, Japan und Hawaii verbreitet.

Foto : Malaysia, Lankayan

Bleistift-Diademseeigel (Echinothrix calamaris, PALLAS 1774)

In ihrer Jugend sind Bleistift-Diademseeigel, auch Halm-Seeigel genannt, prächtig gefärbte Tiere mit unterschiedlichen Farbmustern und mit langen und semitransparenten Primärstacheln, die innen hohl sind. Die Seeigelschale ist annähernd kugelig und die Basis leicht abgeflacht. Auffallend an den Tieren sind die großen und unterschiedlich gefärbten Analblasen, die sich im Zentrum der Seeigel befinden. Halm-Seeigel sind die wohl häufigsten Seeigel an den Riffen im Roten Meer und im Indopazifik. Sie alle sind nachtaktiv, kommen vom flachen Wasser bis in Tiefen von 15 m vor und verstecken sich tagsüber im Riff. Erst bei Anbruch der Dunkelheit kommen sie aus ihren Verstecken und weiden auf Hartgründen Algen und Detritus ab. Ihre Stacheln sind giftig. Ein Stich in die menschliche Haut ist außerordentlich schmerzhaft. Ihr Stachelwald bietet häufig Schutz und Zuflucht für Kardinalbarsche der Gattung Apogon. Auch kleine Krebse suchen hier Schutz zwischen ihren langen Stacheln.

Foto: Indonesien, Bali

Astropyga radiata, Malaysia, Lankayan

Echinothrix calamaris, Indonesien, Bali

Bunter Diademseeigel (Echinothrix diadema, LINNAEUS 1758)

Bunte Diademseeigel, auch Blauschwarze Diademseeigel genannt, sind nachtaktive Seeigel, die sich von Algen, Detritus und von Korallenpolypen ernähren. Ihr Kalkgehäuse kann einen Durchmesser von 8-9 cm erreichen und ist von bis zu 20 cm langen, spitzen und spröden Stacheln bestanden. Diese brechen leicht ab, sind giftig und können in der Haut eines Menschen zu schmerzlichen Empfindungen, Rötungen und Schwellungen führen. Auffallend an den Jungtieren sind Punktreihen irisierender und leuchtender Flecken, die auf der Seeigelschale radiär aufgereiht sind. Bunte Diademseeigel kommen vom Flachwasser der Lagunen bis in Tiefen von 40 m vor. Die leben einzeln oder formieren sich tagsüber zu Schutzgemeinschaften, was besonders für die Jungtiere zutrifft. Sie sind im Roten Meer und im Indopazifik bis nach Japan verbreitet.

Foto: Indonesien, Menjangan, Secret Bay

Savignyis Diademseeigel (Diadema savignyi, MICHELIN 1845)

Diese Seeigelart kann leicht mit einer anderen, ähnlich aussehenden Art, *Diadema setosum*, verwechselt werden. Der Unterschied zwischen den beiden Arten besteht darin, dass die Lichtsinnesorgane von Diadema setosum weiß sind. Die Schale und die langen, dünnen, spitzen, brüchigen und giftigen Stacheln sind schwarz. Sie können bei Berührung leicht in die menschliche Haut eindringen, abbrechen und starke Schmerzen verursachen. Bei schweren Badeunfällen müssen die abgebrochenen Stacheln chirurgisch entfernt werden. Diademseeigel sind dämmerungs- und nachtaktiv. Tagsüber versammeln sie sich im Flachwasser der Riffe und bilden so Schutzgemeinschaften gegenüber ihren Fressfeinden. Sie ernähren sich von Algen, die sie vom Untergrund abschaben. Der Stachelwald der Seeigel ist ein beliebter Aufenthaltsort für junge Kardinalbarsche und andere Jungfische, die hier Schutz suchen. Eine kleine und kriechende Rippenqualle der Gattung Coeloplana lebt regelmäßig auf den Stacheln der Seeigel. Verbreitet sind Savignyis Diademseeigel im Roten Meer und im gesamten Indopazifik.

Foto: Indonesien, Nord Sulawesi

Echinothrix diadema, Indonesien, Bali, Secret Bay

Diadema savignyi, Indonesien, Nord Sulawesi

Diademseeigel (Diadema setosum, LESKE 1778)

Diademseeigel sind nachtaktive Tiere, die sich tagsüber im Flachwasser der Lagunen und Seegraswiesen zu kleinen Schutzgemeinschaften versammeln, um sich so besser gegen ihre Fressfeinde zu schützen. Große Lipp-und Drückerfische versuchen sie mit speziellen Strategien zu überwältigen und auszufressen. Erst in der Nacht sind sie im Riff unterwegs, um Algen und Seegras mit Hilfe ihrer Zähne vom Untergrund abzuraspeln. Die Schale der Seeigel ist kugelig, an der Basis abgeflacht und schwarz. Zahlreiche außerordentlich lange, spitze und giftige Stacheln werden in Ruhestellung zusammengelegt und in Aktion zur Abwehr wild fuchtelnd geschwenkt. Fünf weiße Punkte, die als Lichtsinnesorgane ein Hell-Dunkel-Sehen erlauben, befinden sich auf der Oberseite der Schale. Einer ähnlichen Art, *Diadema savignyi*, fehlen sie. Die Farbe der Stacheln variiert zwischen weiß, dunkelblau und schwarz. Ein Stich in die menschliche Haut ist schmerzhaft, doch nicht gefährlich. Diademseeigel leben auf Sand- und Hartgründen und kommen auf Korallenschutt, in Seegraswiesen und in Mangroven vor. Sie sind im Roten Meer und im gesamten Indopazifik verbreitet.

Foto: Indonesien, Ambon

Bells Seeigel (Salmacis belli, DÖDERLEIN 1902)

Normalerweise gehören Seeigel aus der Familie der Temnopleuridae zu den kleinsten Seeigeln im Tierreich, die alle nur wenige Millimeter im Durchmesser groß sind. Bells Seeigel machen da eine Ausnahme, denn ihr Schalendurchmesser kann durchaus eine Größe von 8 cm erreichen. Die dämmerungs- und nachtaktiven Seeigel, die auch schon bei einem stark bewölkten Himmel Aktivitäten entwickeln, leben tagsüber versteckt im Riff. Als Allesfresser ernähren sie sich von dem, was sie auf ihren Streifzügen über das Riff an Nahrung vorfinden. Es sind jedoch überwiegend Algen, von denen sie sich ernähren. Ihre Seeigelschale wird von kurzen, langen und gebänderten Stacheln bedeckt, die bei Ruhestellung in Bündel zusammengelegt werden. Doch sobald ein Schatten die Seeigel trifft, fühlen sie sich bedroht und verteilen ihre Seeigelstacheln symmetrisch über die gesamte Oberfläche der Schale. Bells Seeigel sind nicht gerade häufig im Riff zu sehen. Ihre Verbreitung im Indopazifik reicht von Indonesien und Australien bis nach Japan und Hawaii.

Foto: Indonesien, Rinca

Diadema setosum, Indonesien, Ambon

Salmacis belli, Indonesien, Rinca

Grüner Seegrasseeigel (Salmacis sphaeroides, LINNAEUS 1758)

Grüne Seegrasseeigel leben einzeln und kommen, örtlich verschieden in einer unterschiedlich großen Individuendichte vor. Die relativ kleinen Seeigel, deren Schale einen Durchmesser von 5 cm erreichen kann, leben im Flachwasser der Lagunen auf Sand, Korallenbruch und bevorzugt zwischen Seegras. Ihre runde und an der Basis abgeflachte Seeigelschale trägt viele dünne, feine, spitze und unterschiedlich lange Stacheln, die gebändert sind. Auch Grüne Seegrasseeigel zeigen, wie viele andere Seeigelarten auch, einen ausgeprägten Bedeckungsreflex, indem sie zum Schutz gegen eine zu intensive UV-Strahlung sich mit verschiedenen Materialien bedecken, so mit Seegräsern, Steinen, Korallenbrocken und auch mit Zivilisationsmüll. Oft ist ihre Bedeckung so dicht, dass die Seeigel darunter nicht mehr erkennbar sind. Grüne Seegrasseeigel sind Allesfresser. Sie sind im östlichen Indopazifik verbreitet und kommen von den Philippinen und Salomonen bis nach Hawaii vor.

Foto: Philippinen, Panglao

Lagunen-Seeigel (Salmaciella dussumieri, AGASSIZ 1846)

Lagunen-Seeigel leben solitär und kommen im Flachwasser stiller Buchten in einer unterschiedlich großen Individuendichte auf verschiedenen Weichböden vor. Sie bevorzugen als Lebensraum organische Mischböden mit einem guten Algenbestand und sind auch in Seegraswiesen präsent. Die Farbe ihrer Schale und Stacheln ist verschieden. Doch stets sind die Stacheln gebändert. Ausgewachsene Tiere erreichen einen Schalendurchmesser von 6 cm. Die dem Substrat zugewandte Oralseite ist abgeflacht. Auch Lagunen-Seeigel bedecken sich zum Schutz gegen eine zu intensive UV-Einstrahlung mit allen nur möglichen Materialien. Das erschwert, sie zu finden. Aufmerksam wird man erst auf sie, wenn sie sich bewegen. Als Allesfresser ernähren sie sich von dem, was sie auf ihren Streifzügen über den Untergrund an Nahrung finden. Verbreitet sind sie im östlichen Indopazifik.

Foto: Indonesien, Bali

Salmacis sphaeroides, Philippinen, Panglao

Salmaciella dussumieri, Indonesien, Bali

Kugel-Seeigel (Mespilia globulus, LINNAEUS 1758)

Kugel-Seeigel sind relativ kleine Seeigel, die ausgewachsen nur 5 cm in Durchmesser groß werden. Sie leben im Flachwasser der Lagunen, kommen in Seegraswiesen vor, leben auf Korallenbruch und suchen ihre Nahrung am Riffhang. Um sich vor einer zu intensiven UV-Einstrahlung zu schützen, bedecken sie sich mit Algen, Muschelbruch, mit Steinen, Korallenbruch und mit Zivilisationsmüll. Ihre Seeigelschale ist rund und an der Basis etwas abgeflacht. Gelegentlich und örtlich verschieden kommen auch Formen vor, deren Schale annähernd fünfeckig ist. Auffallend an den Tieren sind jeweils fünf Zonen mit kurzen, dicht stehenden, spitzen und gebänderten Stacheln und fünf stachelfreie Zonen dazwischen, die blau, dunkelblau oder graublau gefärbt sein können. Kugel-Seeigel sind Allesfresser. Ihre Verbreitung reicht vom östlichen Indischen Ozean bis in den Westpazifik.

Foto: Philippinen, Cebu

Giftzangen-Seeigel (Toxopneustes pileolus, LAMARCK 1816)

Giftzangen-Seeigel werden auch Rosen-Seeigel genannt, denn sie besitzen Pedicellarien, die wie Blumen aussehen und die mit Giftdrüsen in Verbindung stehen. Bei Berührung können sich ihre breiten und dreiklappigen Zangen, die stets geöffnet sind, schließen und ihr Gift in die Wunde eines Angreifers injizieren. Auch bei uns Menschen könnten bei Berührungen schmerzhafte Verletzungen entstehen. Die Seeigelschale ist halbkugelig und ihre Oberfläche mit kurzen und stumpf endenden Stacheln bedeckt, die aber nicht in Erscheinung treten, da sie von den Pedicellarien überragt und bedeckt werden. Rosen-Seeigel leben auf verschiedenen Hartsubstraten, auf Korallenbruch und kommen auch in Seegraswiesen vor. Sie tarnen sich mit verschiedenen Materialien, die sie zur Bedeckung auf ihren Körper laden und diese mit ihren langen Saugfüßchen festhalten. Sie ernähren sich von Algen und von kleinem, tierischen Aufwuchs. Die Schale ausgewachsener Tiere kann einen Durchmesser von 12 cm erreichen. Verbreitet sind sie im Roten Meer und kommen im Indopazifik von Ostafrika bis nach Australien und Japan vor.

Foto: Malaysia, Mantanani

Mespilia globulus, Philippinen, Cebu

Toxopneustes pileolus, Malaysia, Mantanani

Pfaffenhut-Seeigel (Tripneustes gratilla, LINNAEUS 1758)

Pfaffenhut-Seeigel sind halbkugelig, rund oder leicht fünfeckig in ihrer Form und sollen einem Pfaffenhut ähneln. Während im Roten Meer die annähernd fünfeckige Form der Seeigelschale dominiert, kommen an den Riffen im Indopazifik fast nur runde Formen vor. Viele dicht stehende, kurze und dünne Stacheln sind in 10 Reihen angeordnet, während sich 10 stachelfreie Zonen dazwischen befinden. Die Füßchen (Pedicellarien) der Seeigel sind lang, können sehr weit ausgestreckt werden, besitzen drei Zangen und sind giftig. Pfaffenhut-Seeigel sind variabel in ihrer Farbe, die von weiß und grünlich bis hin zu braun, rotbraun und schwarz reicht. Sie leben auf von Algen bestandenen Gründen, kommen auf Korallenbruch und in Seegraswiesen vor und sind Allesfresser. Sie tarnen sich mit Algen, Korallenbruch, Steinen, Plastik, Papier und Glas und bedecken sich auch mit Textilien, wenn vorhanden. Eine Selektion des Bedeckungsmaterials findet offensichtlich nicht statt. Pfaffenhut-Seeigel sind tag- und nachtaktiv. Entweder leben sie einzeln oder sie kommen in kleineren bis zu größeren Ansammlungen vor. Die Schale ausgewachsener Tiere kann einen Durchmesser von 12 cm erreichen. Sie sind im Roten Meer verbreitet und kommen im Indopazifik von Ostafrika bis nach Australien, Japan und Hawaii vor.

Foto: Papua Neuguinea, Milne Bay

Gefleckter Seeigel (Pseudoboletia maculata, TROSCHEL 1869)

Gefleckte Seeigel, auch Steinsammler genannt, kommen im Flachwasser von Lagunen, am Spülsaum der Strände, auf Sand und Korallenbruch vor und bedecken sich überwiegend mit Steinen und Korallenbruch. Es ist zu vermuten, dass sich die Seeigel damit tarnen und gleichzeitig vor zu großer und intensiver Sonneneinstrahlung schützen. Gefleckte Seeigel sind Einzelgänger, die selten zu finden sind. Tagsüber leben sie eingegraben im Untergrund und sind erst in der Nacht unterwegs im Riff. Dann raspeln sie vom Untergrund Algen und Detritus ab, von denen sie sich ernähren. Die Stacheln der Seeigel sind überwiegend weiß, einige davon braun oder nur an der Basis braun gefärbt und bei einer geringen Anzahl der Tiere erscheinen leuchtend rote Flecken auf der Schale. Gefleckte Seeigel werden bis zu 8 cm im Durchmesser groß. Ihre Verbreitung reicht vom Indischen Ozean bis in den westlichen Pazifik.

Foto: Papua Neuguinea, Milne Bay

Tripneustes gratilla, Papua Neuguinea, Milne Bay

Pseudoboletia maculata, Papua Neuguinea, Milne Bay

Sanddollar (Clypeaster humilis, LESKE 1778)

Die Seeigelschale der Tiere ist stark abgeflacht, scheibenförmig, in der Schalenmitte etwa erhoben und in der Regel stets länger als breit. Sie ist von feinen, kurzen und spitzen Stacheln bedeckt. 5 dunkelbraune und sternförmig angeordnete Ambulakralen, die einen Seestern nachzeichnen, befinden sich auf der Schalenoberseite, wobei eine der Ambulakralen, die obere, leicht geöffnet ist. Sanddollar graben in weichen Sedimenten direkt unterhalb der Sedimentoberfläche und können mancherorts in einer größeren Individuendichte vorkommen. Sie sind nachtaktive Einzelgänger und Detritusfresser, die in der Nacht die Sedimentoberfläche nach Nahrung absuchen. Ihr Gehäuse kann bis zu 14 cm im Durchmesser groß werden. Sie kommen im Roten Meer vor und sind im Indopazifik von Ostafrika und Madagaskar bis Australien und den Philippinen verbreitet.

Foto: Indonesien, Nusakode

Seebiskuit (Clypeaster reticulatus, LINNAEUS 1758)

Dieser Sanddollar, der im amerikanischen Sprachgebrauch auch Seekeks genannt wird, besitzt einen scheibenförmigen und abgeflachten Körper von leicht fünfeckigem Aussehen, der von vielen feinen und kurzen Stacheln bedeckt wird. Mund und After liegen auf der abgeflachten Unterseite der Schale, wobei die Mundöffnung stets etwas tiefer eingesenkt ist. Auf der Schale fallen 5 sternförmig angeordnete Ambulakralen auf, die die Form eines Seesterns nachzeichnen und die geschlossen sind. Braune Flecken unterschiedlicher Ausdehnung und Farbintensität bedecken den Schalenrand. Seebiskuits graben tagsüber in Fein- und Grobsand tief gelegener Weichbodenareale und kommen erst in der Nacht an die Sedimentoberfläche. Dann suchen sie ihre Nahrung, die aus pflanzlichen und tierischen Organismen und organischen Anteilen des Sandlückensystems besteht. Ausgewachsene Tiere besitzen eine Schale, die bis zu 12 cm groß sein kann. Die Verbreitung der Art reicht im Indopazifik von Indonesien bis nach Australien, Japan und Hawaii.

Foto: Papua Neuguinea, Milne Bay

Clypeaster humilis, Indonesien, Nusakode

Clypeaster reticulatus, Papua Neuguinea, Milne Bay

Grüner Sanddollar (Clypeaster sp.)

Der abgebildete Sanddollar, der sich gerade auf seinen Weg in den Untergrund befindet, konnte aufgrund seiner partiellen Bedeckung nicht eindeutig identifiziert werden. Gut zu erkennen ist das stark abgeflachte und scheibenförmige Seeigelgehäuse und die Abbildung der Ambulakralen in Form eines fünfarmigen Seesterns auf der Oberseite der Schale. Alle Armenden der Ambulakralen sind geöffnet. Das Seeigelgehäuse ist bedeckt von kurzen, feinen und spitzen Stacheln, die das Einschieben des Seeigels in den Untergrund erleichtern. Sanddollar ernähren sich von den organischen Anteilen des Sandlückensystems und von organischen Resten des Bodens, auch Detritus genannt. Verbreitet sind sie im Roten Meer und kommen im Indopazifik von den Küsten Ostafrika bis in den Westpazifik vor.

Foto : Papua Neuguinea, Milne Bay

Kleiner Sanddollar (Laganum depressum, AGASSIZ 1841)

Der Kleine Sanddollar besitzt eine scheibenförmig abgeflachte und oval geformte Seeigelschale, die von vielen kurzen, weichen und gleich langen Stacheln bedeckt wird. In Schalenmitte ist die Corona etwas aufgewölbt, an der Unterseite im Bereich der Mundöffnung dagegen etwas eingedellt. Auffallend an der Seeigelschale sind die 5 sternförmig angeordneten Ambulakralen, deren Armenden geschlossen sind. Sanddollar sind nachtaktive Einzelgänger, die tagsüber im Boden eingegraben leben und an manchen Küsten im Indopazifik in einer bemerkenswerten Individuendichte vorkommen. Erst in der Nacht sieht man sie auf der Sedimentoberfläche weiden, um sich von Algen, Detritus und von organischen Anteilen des Sandlückensystems zu ernähren. Ihre weißen und ausgefressenen Schalen findet man regelmäßig auf ausgedehnten Sandflächen mittlerer Wassertiefen und an den Spülsäumen der Strände. Kleine Sanddollar werden bis zu 8 cm im Durchmesser groß und kommen im Roten Meer und an den Riffen im gesamten Indopazifik vor.

Foto: Indonesien, Molukken

Clypeaster sp., Papua Neuguinea, Milne Bay

Laganum depressum, Indonesien, Molukken

Rosaroter Sanddollar (Peronella lesueuri, VALENCIENNES 1841)

Rosarote Sanddollar sind Einzelgänger, die in weichen Sedimenten vom flachen Wasser bis in Tiefen von 40 m graben und die nur in der Nacht und am frühen Morgen auf der Sedimentoberfläche zu beobachten sind. Tagsüber leben sie eingegraben darin. Ihre Seeigelschale ist stark abgeflacht, scheibenförmig, fast rund in der Form und ist von kleinen, weichen und gleich langen Stacheln bedeckt. 5 Ambulakralen werden auf ihrer Schalenoberfläche sichtbar, die die Form eines fünfarmigen Seesterns nachzeichnen. Mund und After befinden sich auf der Unterseite der Schale und sind dem Substrat zugewandt. Rosarote Sanddollar, die auch Lesueur-Sanddollar genannt werden, können einen Durchmesser von 15 cm erreichen und zählen damit zu den größten Sanddollar an indopazifischen Korallenriffen. Sie ernähren sich von Algen, von Aas und Detritus und sind Restevertilger. Ihre Verbreitung reicht im Indopazifik von Malaysia und Indonesien bis nach Australien, Japan und Hawaii.

Foto: Indonesien, Bali, Tulamben

Geschlitzter Sanddollar (Echinodiscus auritus, LESKE 1778)

Das Seeigelgehäuse des Geschlitzten Sanddollars ist scheibenförmig, annähernd rund und besitzt eine leicht gewellte Hinterseite mit 2 geraden und offenen Schlitzen. Millionen feiner und kurzer Stacheln bedecken die Seeigelschale und lassen die Oberfläche samtartig aussehen. Mund und After befinden sich auf der Unterseite des Gehäuses und markieren so ein Vorne und ein Hinten des Seeigels. 5 sternförmig angeordnete Ambulakralen, die einen fünfarmigen Seestern nachzeichnen, befinden sich in Schalenmitte. Bis zu 12 cm im Durchmesser können Geschlitzte Sanddollar groß werden und präsentieren sich im Riff in verschiedenen Farben: In Grau, Rosa, Violett und in Gelb. Sie graben in weichen Sedimenten und befinden sich stets dicht unterhalb der Sedimentoberfläche. Hier ernähren sie sich von den organischen Anteilen des Sandlückensystems und kommen vom Flachwasser bis in moderate Tiefen vor. Verbreitet sind sie im Roten Meer und kommen im Indopazifik von Ostafrika bis nach Australien, Japan und Hawaii vor.

Foto: Indonesien, Rinca

Peronella lesueuri, Indonesien, Bali

Echinodiscus auritus, Indonesien, Rinca

Großer Herzseeigel (Brissus latecarinatus, LESKE 1778)

Große Herzseeigel leben tagsüber versteckt in mobilen Sedimenten und graben sich durch den Untergrund. Ihr herzförmiges und rotbraunes Gehäuse kann 10 cm groß werden und ist dicht mit kleinen Stacheln bedeckt. In Anpassung an ihre grabende Lebensweise sind die zahlreichen Stacheln kurz, dünn und flexibel. Mund und After sind dem Substrat zugewandt. Sie ernähren sich von den organischen Anteilen des Sandlückensystems und sammeln, wenn sie an die Sedimentoberfläche kommen, auch organisches Material ein. Große Helmschnecken der Gattung Cassis sind die Freßfeinde dieser Seeigel. Ihre weißen und ausgefressenen Gehäuse oder nur Schalenbruchstücke davon, findet man regelmäßig auf der Sedimentoberfläche oder an den Spülsäumen der Strände. Ihre Verbreitung reicht im Indopazifik von Ostafrika bis in den westlichen Pazifik.

Foto: Philippinen, Panglao

Ovaler Herzseeigel (Eurypatagus ovalis , MORTENSEN 1948)

Ovale Herzseeigel sind nachtaktive Einzelgänger, die sich tagsüber im Sediment verstecken. Sie waren so selten, dass man bis vor wenigen Jahren nur wenige Exemplare gefunden hat. Das Typenmaterial stammt von der Insel Luzon aus einer Wassertiefe von 192 m. Ein weiteres Tier konnte an den Riffen von Manado, Indonesien, Nord Sulawesi, gefunden werden. Mittlerweile haben Wissenschaftler ausreichend Tiere gefunden, die für eine Bestimmung und Einordnung ausreichten. Der Artname der Tiere kommt von der ovalen Form ihrer Seeigelschale. Diese ist übersät mit feinen und unterschiedlich langen, spitzen und gebänderten Stacheln. Die Farbe der kleinen Seeigel, die ausgewachsen 6 cm groß werden, kann verschieden sein und reicht von gelb und gelbbraun bis hin zu orange. Sie ernähren sich von Detritus und organischen Anteilen des Sandlückensystems. Über die Biologie dieser Seeigel ist wenig bekannt. Verbreitet sind sie im Indopazifik und kommen in den westlichen Pazifik bis Japan und Hawaii vor.

Foto: Philippinen, Panglao

Brissus latecarinatus, Philippinen, Panglao

Eurypatagus ovalis, Philippinen, Panglao

Brauner Herz-Seeigel (Metalia spatagus, LINNAEUS 1758)

Herzseeigel leben einzeln und tagsüber eingegraben in mobilen Böden. Erst in der Nacht kommen sie an die Sedimentoberfläche, um diese nach verwertbarer Nahrung abzusuchen. Dann fressen sie kleine pflanzliche und tierische Organismen und verwerten organische Sinkstoffe. Braune Herzseeigel werden bis zu 8 cm groß. Ihr ovales Gehäuse ist hochgewölbt, oval in der Form und zeigt auf braunem Grund helle Netzzeichnungen. Die Basis ist abgeflacht. Überall ist ihr Gehäuse mit feinen, kurzen und spitzen Stacheln bedeckt. Nur auf der vorderen Unterseite, da, wo sich die Mundöffnung befindet, sind einige der Stacheln wesentlich länger. Die Mundöffnung ist dem Sediment zugewandt. Herzseeigel leben im Roten Meer und kommen im gesamten Indopazifik vor.

Foto: Philippinen, Panglao

Kleiner Herzseeigel (Echinocardium cordatum, PENNANT 1777)

Kleine Herzseeigel sind Kosmopoliten, die nur im tropischen Indowestpazifik fehlen. Obwohl sie von der Ebbelinie bis in Tiefen von 250 m vorkommen und an manchen Küsten sogar in einer beachtlichen Individuendichte leben (20 Tiere/Quadratmeter), werden sie selten gesehen. Nur ihre weißen und von Seesternen ausgefressenen Gehäuse findet man an den Spülsäumen der Strände. Kleine Herzseeigel graben sich tief durch das Sediment und ernähren sich von den organischen Bestandteilen des Sandlückensystems. Ihr bis zu 6 cm großes und herzförmiges Gehäuse ist dicht mit kurzen und pelzartigen Stacheln bedeckt, die in Grabrichtung positioniert sind. Um zu atmen graben die Seeigel mit ihren extrem langen Füßchen Löcher durch den Untergrund, die bis zur Sedimentoberfläche reichen. Hier sammeln sie auch organische Detrituspartikel von der Sedimentoberfläche ein.

Foto: Indonesien, Nord Sulawesi, Lembeh

Metalia spatagus, Philippinen, Panglao

Echinocardium cordatum, Indonesien, Nord Sulawesi

Länglicher Herzseeigel (Lovenia elongata, GRAY 1845)

Herzseeigel diese Art leben dicht unterhalb der Sedimentoberfläche eingegraben, so dass nur wenige der außerordentlich langen Stacheln daraus hervorschauen. Sie graben sich bei Gefahr sehr schnell auch tiefer ein, wenn ihr ärgster Feind, die große Helmschnecke, *Cassis cornuta*, Jagd auf sie macht. Die Schale der Seeigel ist herzförmig und an der Basis abgeflacht. Viele dünne und enganliegende Stacheln bedecken sie. Die wenigen seitlich abstehenden, gebänderten und sehr langen Stacheln dienen die Feindabwehr, denn sie sind giftig. Ein Stich in die menschliche Haut schmerzt außerordentlich und lange anhaltend. Längliche Herzseeigel werden maximal 7 cm groß. Sie leben im Roten Meer und kommen im Indopazifik von den Malediven bis nach Australien und Japan vor.

Foto: Indonesien, Bali

Flacher Herzseeigel (Maretia planulata, LAMARCK 1816)

Flache Herzseeigel besitzen eine weiße und ovale Seeigelschale, die dunkelbraune Flecken trägt. Sie wird von kurzen und einer Vielzahl sehr langer Stacheln bestanden, die nach allen Seiten abstrahlen. Die relativ kleinen Seeigel, die nicht größer als 6 cm werden, graben in verschiedenen weichen Sedimenten und kommen auch in Seegraswiesen vor. Sie sind nachtaktiv und ernähren sich von Detritus und von totem, organischen Material. Ihre größten Feinde sind Stachelschnecken aus der Familie der Muricidae, die sie anbohren und ausfressen. Sie sind im Roten Meer verbreitet und kommen im Indopazifik von den Küsten Ostafrikas bis nach Australien Japan und Hawaii vor.

Foto: Philippinen, Silquijor

Lovenia elongata, Indonesien, Bali

Metalia planulata, Philippinen, Silquijor

Dicke Seewalze (Colochirus crassus, EKMAN 1918)

Dicke Seewalzen sind kleine und nicht gerade auffällige Seewalzen an indopazifischen Riffen, die ab 1 m Wassertiefe in Lagunen, auf Riffdächern und am oberen Riffhang vorkommen und sich mit ihren Saugfüßchen an Hartsubstrat, an Schwämmen und an anderen Gegenständen festsaugen, um nicht von der Strömung des Wassers verdriftet zu werden. Ihr kurzer und kantiger Körper, der maximal 10 cm groß werden kann, zeigt eine an Papillen reiche Oberfläche und tief eingeschnittene Quer -und Längsfalten. Die Farbe der Seewalzen ist variabel, wobei rote Farbtöne überwiegen. Dicke Seewalzen sind nachtaktive Plankton- und Detritusfresser, die mit Hilfe ihrer 10 bäumchenförmigen Mundtentakel Plankton und organische Schwebstoffe für ihre Ernährung aus dem vorbeiströmenden Wasser fischen. Sie leben einzeln oder in kleineren Gruppen und können an manchen Riffen in einer bemerkenswerten Individuendichte vorkommen. Im Indopazifik sind sie von Indonesien und Australien bis nach Japan verbreitet.

Foto: Indonesien, Komodo

Gelbe Seewalze (Colochirus robustus, Östergren 1898)

Gelbe Seewalzen besitzen einen kurzen, in der Konsistenz harten und im Querschnitt fast viereckigen Körper, der maximal 10 cm groß werden kann. Die Körperoberfläche trägt 4 Reihen großer und konischer Zapfen und die Fußsohle 3 Reihen Saugfüßchen. Gelbe Seewalzen leben einzeln oder in größeren Gruppen. An exponierten Standorten, wo starke Strömungen vorherrschen, kommen sie in einer großen Individuendichte vor. Als Plankton- und Detritusfresser sind sie auf Standorte mit starker Strömung angewiesen, denn nur die garantieren ein ausreichendes Nahrungsangebot. Die Nahrung wird mit Hilfe ihrer langen und bäumchenförmigen Mundtentakel aus der Strömung gefischt und in den Mund gestopft. Gelbe Seewalzen kommen im Indopazifik von Ostafrika bis nach Australien und Südjapan vor und leben vom Flachwasser bis in Tiefen von über 25 m.

Foto: Indonesien, Nusakode

Colochirus crassus, Indonesien, Komodo

Colochirus robustus, Indonesien, Nusakode

Violette Seewalze (Pseudocolochirus violaceus, THEEL 1886)

Violette Seewalzen sind die wohl farbenprächtigsten Seewalzen an indopazifischen Korallenriffen. Ihr Körper zeigt verschiedene Farbkombinationen aus den Farben Gelb, Rot, Orange und Blau. Der Körper der Seewalzen ist kurz, dick, weich und annähernd rund im Querschnitt. Besonders dann, wenn die Mundtentakel eingezogen sind und die Seewalzen sich in Ruhestellung befinden, gleichen sie großen und bunt gezeichneten Äpfeln. 5 Reihen gelber Saugfüßchen verlaufen auf der Körperachse. Sie dienen der Fortbewegung und der Verankerung am Standort. Sehr auffallend sind die 10 langen und strauchartig verzweigten Mundtentakel, die weit in das Umgebungswasser ausgestreckt werden, um Plankton für ihre Ernährung zu fangen. Sie werden abwechselnd zum Mund geführt, um die daran anhaftende Nahrung aufzunehmen. Violette Seewalzen leben einzeln, kommen jedoch an manchen Riffen in einer größeren Individuendichte vor. Sie leben auf Hartsubstraten und gelegentlich auch in Seegraswiesen. Ihre Verbreitung reicht vom östlichen Indischen Ozean bis nach Australien und Japan.

Foto: Indonesien, Rinca

Kräftige Seewalze (Cladolabes crassus, CLARK 1938)

Seewalzen dieser Art leben einzeln auf Geröllfeldern und in Seegraswiesen und sind ganz oder nur teilweise darin eingegraben. Nur ihre 20 zarten Mundtentakel werden in das Umgebungswasser ausgestreckt, um Plankton und Detritus für ihre Ernährung zu fangen. In den Boden pressen sich die Seewalzen mit Hilfe von Kontraktionswellen und auf dem Untergrund bewegen sie sich auf ihrer abgeplatteten Kriechsohle ähnlich wie Egel. Der Körper der Tiere ist in seinem Habitus keilförmig, das hintere Ende schmal und zu einem kleinen „Schwänzchen" ausgebildet. Kräftige Seewalzen werden bis zu 12 cm groß und sind im Indopazifik von den Andamanen im Indischen Ozean bis nach Australien und Hawaii verbreitet. Aufgrund ihrer versteckten Lebensweise werden sie selten gesehen.

Foto: Indonesien, Komodo

Pseudocolochirus violaceus, Indonesien, Rinca

Cladolabes crassus, Indonesien, Komodo

Kletter-Seewalze (Cladolabes schmeltzi, LUDWIG 1875)

Kletter-Seewalzen, auch Schmeltzis Seewalzen genannt, sind Tiere, die regelmäßig den Boden verlassen, um erhöhte Standort zu erklimmen. So findet man sie auf Seepeitschen, auf Gorgonien und auf anderen, in der Strömung des Wassers exponierten Standorten, wo sie ihre reich verzweigten Mundtentakel ausbreiten, um Plankton und Detritus für ihre Ernährung aus dem Wasser zu fischen. Der Körper der Seewalzen ist eckig, gefurcht und das Ende zugespitzt. In suspensionsreichen Gewässern sind die Seewalzen bis zur Unkenntlichkeit mit feinem Sediment bedeckt. Der Zufall bedingt, dass man diesen kleinen Tiere, die nicht größer als 10 cm werden, unter Wasser begegnet. In ihrer inaktiven Phase werden die Tentakel eingezogen und dann ist die Seewalze als solche nicht mehr zu erkennen. Verbreitet sind Kletter-Seewalzen an den Riffen im westlichen Indopazifik.

Foto: Philippinen, Gato

Buschtentakel-Seewalze (Neothyonidium magnum, LUDWIG 1882)

Buschtentakel-Seewalzen leben vom Flachwasser bis in Tiefen von 30 m stets solitär und fast vollständig in mobile Böden eingegraben, so dass nur noch die 10 reich verzweigten Mundtentakel daraus hervorschauen. Der Rest des 25-30 cm schlanken und schlauchförmigen Tieres bleibt im Untergrund verborgen. Die 10 langen und reich verzweigten Mundtentakel werden wie eine Krone ausgebreitet und wirken wie ein Planktonnetz in der Strömung des Wassers. Alles, was an den Tentakeln an Plankton und Detritus hängen bleibt, wird dem Mund zugeführt und die Tentakel nacheinander abgelutscht. Danach werden die Tentakel wieder in Fangstellung ausgestreckt. Buschtentakel-Seewalzen sind im Indopazifik von Indonesien und Australien bis nach Japan und Hawaii verbreitet.

Foto: Indonesien, Manado

Cladolabes schmeltzi, Philippinen, Gato

Neothyonidium magnum, Indonesien, Manado

Schwarzweiße Seewalze (Actinopyga albonigra, CHERBONNIER & FERAL 1985)

Schwarzweiße Seewalzen leben solitär und kommen vom flachen Wasser bis in Tiefen von 25 m auf festen Substraten und auf Korallenbruch vor, selten jedoch auf mobilen Böden. Nur der Zufall bedingt, dass man diesen seltenen Tieren unter Wasser begegnet. Die bis zu 40 cm großen Seewalzen besitzen einen weißen bis cremefarbenen und zylindrischen Körper, der unterschiedlich große und in der Form verschiedene dunkelbraune bis schwarze Flecken trägt. Zahlreiche kurze und spitze Stacheln bedecken die Haut. Bei Störungen kontrahieren sich die Tiere sehr stark und können dann wie große Straußeneier aussehen. Cuviersche Schläuche fehlen den Tieren. Möglicherweise ernähren sie sich von Detritus. Im Indopazifik sind sie von Indonesien bis Australien und Neukaledonien verbreitet.

Foto: Indonesien, Banta

Haarige Seewalze (Actinopyga capillata, MASSIN & SAMYN 2004)

Haarige Seewalzen leben einzeln auf verschiedenen Gründen und kommen häufig in stillen Lagunen vor, die einen guten Algenbestand und ausgedehnte Korallenbruchfelder aufweisen. Sie kommen örtlich in einer unterschiedlichen Besiedlungsdichte vor und können an manchen Riffen besonders häufig sein. Ihr schlanker und zylindrischer Körper kann verschieden gefärbt und gefleckt sein, so dass sie durchaus lokale Farbtypen ausbilden. Ihr gesamten Körper ist von zahlreichen feinen, weichen, langen und spitzen Protrusionen, ähnlich feinen Haaren, bestanden, die den Tieren ein stacheliges Aussehen verleihen. Haarige Seewalzen sind tag- und nachtaktiv und an den Korallenriffen im Indopazifik von Ostafrika bis nach Australien und Polynesien verbreitet.

Foto: Mauritius, Flick en Flack

Actinopyga albonigra, Indonesien, Banta

Actinopyga capillata, Maururius, Flick en Flack

Blaue Seewalze (Actinopyga caerulea, SAMYN et al. 2004)

Blaue Seewalzen besitzen einen bis zu 50 cm langen und zylindrischen Körper, der mit zahlreichen blauen Papillen besetzt ist. Diese sind unregelmäßig und verschieden dicht angeordnet. Sie werden durch unregelmäßig angeordnete weiße Flecken durchbrochen, die sich auch großflächiger an den beiden Körperenden und in der Körpermitte ausdehnen können. Blaue Seewalzen leben vom Flachwasser bis in größere Tiefen und kommen auf Sand, Schlick und auf Korallenbruch vor, wo sie sich von organischen Sinkstoffen und von Aufwuchs ernähren. Sie sind im Indopazifik von Ostafrika bis nach Thailand, Indonesien, Australien und Papua Neuguinea verbreitet.

Foto: Papua Neuguinea, Milne Bay

Stachelige Seewalze (Actinopyga echinites, JAEGER, 1833)

Stachelige Seewalzen besitzen einen braunen, häufig mit Korallensand gepuderten Körper, der von kleinen, feinen und spitzen Papillen besetzt ist, die den Tieren ein stacheliges Aussehen verleihen. Der zylindrischen Körper der Seewalzen zeigt zahlreiche Querfaltungen, die tiefe Körpereinschnitte darstellen. Stachelige Seewalzen sind Tiere des flachen Wassers, die in Seegraswiesen, auf mobile Böden und auf Korallenbruch vorkommen und auch hier ihre Nahrung suchen. Ihre 20 Mundtentakel suchen den Boden nach organischen Sinkstoffen ab, schaufeln Sand in sich hinein und verwerten die organischen Bestandteile des Sandlückensystems. Ausgewachsene Tiere erreichen eine Größe von 15 cm und kommen im Indopazifik von Ostafrika bis nach Australien, Fiji und China vor.

Foto: Mauritius, Flick en Flack

Actinopyga caerulea, Papua Neuguinea, Milne Bay

Actinopyga echinites, Mauritius, Flick en Flack

Weißend-Seewalze (Actinopyga lecanora, JAEGER 1833)

Weißend-Seewalzen besitzen als Erkennungsmerkmal ein hell umrandetes und konisch auslaufendes Hinterende. Der zylindrische Körper der Tiere kann bis zu 30 cm wachsen und ist unterschiedlich gefärbt. Man findet einheitlich graubraune oder braune Tiere, aber auch solche, die in verschiedenen Brauntönen gefleckt sind und auffallend weiße Fleckenzeichnungen tragen. Feine und spitze Papillen bedecken die Körperoberfläche. Weißend-Seewalzen sind Kleinpartikelfresser, die solitär leben und vom flachen Wasser bis in 25 m Wassertiefe auf verschiedenen Gründen vorkommen. Im Indopazifik sind sie von Ostafrika bis nach Australien, den Philippinen und Japan verbreitet.

Foto: Indonesien, Hoga

Mauretanische Seewalze (Actinopyga mauritiana, QUOY & GAIMARD 1833)

Mauretanische Seewalzen erkennt man an den hellen Körperseiten und dem braunen Rücken der Tiere. Die Seewalzen leben solitär auf verschiedenen Hartgründen, wobei sie besonders in der Nacht unterwegs im Riff sind, um mit Hilfe ihrer 25 Mundtentakel den Untergrund von Diatomeen, Detritus, Algen und verschiedenen Mikroorganismen abzuweiden. Der Körper der Seewalzen ist kantig, die Mundöffnung dem Substrat zugewandt und die Afteröffnung nach oben gerichtet. Cuviersche Schläuche fehlen ihnen. Große Tiere werden von Borstenwürmern *(Gastrolipidia clavigera)* und von kleinen Schnecken *(Melanella müll-eri)* besiedelt, die sich vom Hautschleim der Seewalzen ernähren. Mauretanische Seewalzen werden maximal 35 cm groß. Sie leben im Roten Meer und kommen im Indopazifik vom Indischen Ozean bis nach Hawaii im Pazifik vor. Sie werden gesammelt, getrocknet und auf den Märkten unter den Namen „Redfish" oder „Surf Redfish" angeboten und verkauft.

Foto: Thailand, Surin-Inseln

Actinopyga lecanora, Indonesien, Hoga

Actinopyga mauritiana, Thailand, Surininseln

Haarige Seewalze (Actinopyga miliaris, QUOY & GAIMARD 1833)

Haarige Seewalzen, auch Hirse-Seewalzen genannt, sind große Tiere, die bis zu 40 cm Länge wachsen können. Sie leben eingegraben in weichen Sedimenten und fressen sich hier praktisch durch den Untergrund und ernähren sich von pflanzlichen und tierischen Anteilen des Sandlückensystems. In der Nacht kommen sie aus ihren Tagesverstecken und suchen den Untergrund nach organischen Resten ab. Die Haut der Seewalzen ist weich und wird von weichen, spitzen und wie Stacheln aussehenden Papillen bedeckt, die Haaren ähneln. Auf kräftige Berührungen reagieren sie dramatisch, indem sie ihre Eingeweide auswerfen, die aber relativ schnell regeneriert werden können. Haarige Seewalzen sind im Indopazifik vom Indischen Ozean bis nach Japan verbreitet.

Foto: Philippinen, Panglao

Papillen-Seewalze (Actinopyga sp.)

Papillen-Seewalzen sind ausschließlich nachtaktive Tiere, die sich tagsüber verstecken. Hier findet man sie unter Steinen, toten Korallen und unter Zivilisationsmüll. Der Körper der Seewalzen ist gewölbt, weich in seiner Konsistenz, fein granuliert, verschieden gefärbt und vollständig mit feinen, spitzen, weichen und unterschiedlich langen Papillen bedeckt. Mund und After sind dem Substrat zugewandt und ihr Körper stets mit verschiedenen Materialien bedeckt. Papillen-Seewalzen sind Tiere des flachen Wassers. Sie werden bis zu 30 cm groß und sind sehr empfindlich gegenüber Berührungen. Sie schrumpfen dann zu kugelförmigen Gebilden. Es ist zu vermuten, dass sie sich von Detritus ernähren. Bisher wurden nur wenige Tiere an den Riffen in Papua Neuguinea gefunden und müssen als Art noch beschrieben werden.

Foto: Papua Neuguinea, Milne Bay

Actinoipyga miliaris, Philippinen, Panglao

Actinopyga sp., Papua Neuguinea, Milne Bay

Augenflecken-Seewalzen (Bohadschia argus, JAEGER 1833)

Augenflecken-Seewalzen sind Tiere des Indopazifiks, wobei sie in diesem riesigen Verbreitungsgebiet nur an den Riffen der Malediven fehlen. Sie leben auf verschiedenen Gründen, kommen vom flachen Wasser bis in 30 m Tiefe vor und sind typisch, jedoch stets unterschiedlich, gefärbt. Die bis zu 60 cm großen Seewalzen tasten mit ihren 20 Mundtentakeln den Untergrund nach organischen Substanzen ab und ernähren sich von den organischen Anteilen des Sandlückensystems. Auffallend an den Tieren sind die unterschiedlich großen und in der Form verschiedenen Augenflecken, die das gesamte Tier bedecken. Bei Störungen werden Cuviersche Schläuche ausgestoßen, die Feinde abschrecken sollen. Ein kleiner Fisch, *Carapus mourlani*, lebt als Kommensale in den Seewalzen. Leider werden diese Tiere intensiv gesammelt, getrocknet und als „leopard fish" auf den Trepangmarkt verkauft. Im Indopazifik sind sie von Ostafrika und Australien bis nach Japan verbreitet.

Foto: Indonesien, Banta

Marmor-Seewalze (Bohadschia marmorata, JAEGER 1833)

Marmor-Seewalzen sind Tiere des Weichbodens. Tagsüber leben sie darin eingegraben, nachts weiden sie darauf und ernähren sich von organischen Sinkstoffen. Die bis zu 40 cm großen Tiere besitzen eine weiche und helle Haut, die braune Flecken unterschiedlicher Form und Größe haben kann. Zudem ist sie mit kleinen, feinen und spitzen Papillen besetzt. Die Mundöffnung ist dem Substrat zugewandt, die Afteröffnung ist leicht erhoben. Bei Störungen stoßen die Seewalzen ihre Cuvierschen Schläuche aus und ziehen ihren Körper so zusammen, dass er fast einer Kugel gleicht. Marmor-Seewalzen kommen im Roten Meer vor und sind im Indopazifik von Ostafrika bis Australien und Japan verbreitet.

Foto: Mauritius, Flick en Flack

Bohadschia argus, Indonesien, Banta

Bohadschia marmorata, Mauritius, Flick en Flack

Ähnliche Seewalze (Bohadschia similis, JAEGER 1833)

Ähnliche Seewalzen kann man durchaus mit den Marmor-Seewalzen verwechseln, doch es gibt Unterschiede, die sie voneinander unterscheiden. Das wohl wichtigste Merkmal sind die unterschiedlich großen und in der Form verschiedenen dunkelbraunen Flecken auf der Körperoberseite. Ähnliche Seewalzen sind Bewohner von Weichböden und Korallenbruchfeldern. Tagsüber sind sie darin eingegraben und in der Nacht suchen sie darauf ihre Nahrung, die aus Detritus und kleinem tierischen Aufwuchs besteht. Die bis zu 35 cm großen Tiere haben einen zylindrischen Körper und eine stark abgeflachte Fußsohle, deren Ränder mit breiten Tuberkeln versehen sind. Bei Störungen werfen sie ihre klebrigen Cuvierschen Schläuche aus, die jedoch relativ schnell wieder regeneriert werden können. Verbreitet sind sie an den Riffen im Indopazifik, werden jedoch nicht oft gesehen.

Foto: Papua Neuguinea, Milne Bay

Fleckige Seewalze (Bohadschia aff. subrubra, QUOY & GAIMARD 1833)

Fleckige Seewalzen leben solitär auf Sand und Korallenbruchfeldern flacher Lagunen und kommen bevorzugt an den Riffen im westlichen Pazifik vor. Sie fressen den Sand der Lagunen und verwerten die organischen Anteile des Sandlückensystems als Nahrung. Zudem sammeln sie Detritus vom Boden auf. Bei flüchtiger Betrachtung können man annehmen, dass es sich bei diesen Tieren um die Augenfleck-Seewalzen, *Bohadschia argus*, handelt, doch fehlen den Tieren die so typischen Augenflecken. Auch Fleckige Seewalzen besitzen Cuviersche Schläuche, die sie bei Störungen auswerfen, die auf diesem Bild auch sichtbar sind.

Foto: Mikronesien, Palau

Bohadschia similis, Papua Neuguinea, Milne Bay

Bohadschia aff. subrubra, Mikronesien, Palau

Braune Seewalze (Bohadschia vitiensis, SEMPER 1867)

Seewalzen der Gattung Bohadschia besitzen einen langgestreckten, zylindrischen und wurstförmigen Körper, der auf dunkelbraunem Grund eine unübersehbare Vielzahl von kleinen und weißumrandeten Papillen trägt, die in unterschiedlicher Dichte angeordnet sind. In der Regel sind die Tiere im Sediment eingegraben, doch in der Nacht schieben sie sich über den Untergrund auf der Suche nach Nahrung. Sie ernähren sich von Algen, organischen Sinkstoffen und von Mikroorganismen, die sie vom Boden aufsammeln. Sie bedecken sich mit allen nur möglichen Materialien und reagieren sehr empfindlich auf Berührungen. Sofort werfen sie ihre Cuvierschen Schläuche aus, um Feinde abzuschrecken. Braune Seewalzen sind Tiere des Flachwassers, die ausgewachsen eine Länge von 40 cm erreichen. Sie sind im Indopazifik von Ostafrika bis nach Australien, Japan und Hawaii verbreitet.

Foto: Malaysia, Lankayan

Unbekannte Seewalze (Bohadschia sp.)

Die abgebildete Seewalze konnte leider nicht bis zur Art identifiziert werden, doch sie gehört eindeutig zur Gattung Bohadschia. Sie lebt im Flachwasser einer ausgedehnten Lagune, die einen hohen Anteil an organischem Material besitzt und die, wenn auch nur spärlich, von Algen bestanden ist. Der langgestreckte und zylindrische Körper der Seewalze ist annähernd 40 cm lang und deren Rücken gefleckt und von kleinen, feinen und spitzen Papillen bestanden. Die Fußsohle ist abgeflacht und die Afteröffnung erhoben. Es ist anzunehmen, dass sich die Tiere von organischem Material ernähren, das in der Lagune ausreichend vorhanden ist, denn die Secret Bay auf Bali ist ein besonderes Biotop für seltene Tiere, die sich in diesem Gebiet adaptiert haben.

Foto: Indonesien, Bali, Secret Bay

Bohadschia vitiensis, Malaysia, Lankayan

Bohadschia sp., Indonesien, Bali, Secret Bay

Schwarze Seewalze (Holothuria atra, JAEGER 1833)

Schwarze Seewalzen leben einzeln auf verschiedenen Substraten und werden bis zu 60 cm groß. Ihr zylindrischer Körper ist schwarz und stets mit feinem Sediment bedeckt. Nur wenige Stellen auf dem Rücken der Tiere sind frei davon und lassen so die schwarze Körperfarbe der Seewalzen erkennen. Schwarze Seewalzen sind Sedimentfresser, die die organischen Bestandteile des Sandlückensystems für ihre Ernährung nutzen. In Neukaledonien hat man festgestellt, dass sich diese Seewalzen während der kalten Jahreszeit asexuell durch eine Teilung in Körpermitte fortpflanzen, wobei die jeweils fehlende Körperhälfte regeneriert wird. In der warmen Jahreszeit pflanzen sie sich sexuell durch die Abgabe ihrer Gameten in das freie Wasser fort. Leider werden die häufig im flachen Wasser vorkommenden Seewalzen gesammelt und als „Lollyfish" auf dem Trepangmarkt gehandelt. Verbreitet sind die Tiere im Roten Meer und kommen im Indopazifik von Ostafrika bis nach Australien und Japan vor.

Foto: Ägypten, Ras Muhamed

Gefleckte Seewalze (Holothuria cf. aculeata, SEMPER 1868)

Gefleckte Seewalzen tragen auf ihrem hellgrundigen Körper eine Vielzahl schwarzer Flecken und Punkte, die sehr unregelmäßig in ihrer Form und Ausdehnung sind. Die 30-40 cm großen Seewalzen besitzen einen weichen Körper, der spitze und weiche Stacheln trägt. Die Fußsohle ist breit und flach. Gefleckte Seewalzen sind Tiere weicher Sedimentböden. Sie graben sich tagsüber darin ein, wobei man ihren Aufenthaltsort nur aufgrund der veränderten Struktur der Sedimentoberfläche erahnen kann. In der Nacht verlassen sie ihren Standort und betätigen sich als Sedimentfresser. Auf ihren Weg über den Untergrund hinterlassen die Tiere typische Kothaufen. Gefleckte Seewalzen sind an den Riffen im Indopazifik verbreitet, doch werden sie aufgrund ihrer versteckten Lebensweise selten gesehen.

Foto: Malaysia, Lankayan

Holothuria atra, Ägypten, Ras Muhamed

Holothuria aculeata, Malaysia, Lankayan

Schlangen-Seewalze (Holothuria coluber, SEMPER 1883)

Schlangen-Seewalzen besitzen einen schlanken, zylindrischen und schwarzen Körper, der sich extrem lang ausstrecken und zusammenziehen kann und der mit zahlreichen Papillen und kleinen, weißen Stacheln besetzt ist. Das Ende des schlangenförmigen Körpers der Tiere bleibt stets im Riff unter Korallen versteckt und darin verankert, während sich der Vorderkörper mit der Mundöffnung und den zahlreichen Mundtentakeln über den Grund schiebt, stets auf der Suche nach Nahrung. Bei Störungen ziehen sich die Seewalzen relativ schnell in ihr Korallenversteck zurück. Schlangen-Seewalzen werden ausgestreckt bis zu 80 cm groß. Sie sind vom Indischen Ozean und Australien bis nach Japan verbreitet und können mit einer anderen Schlangen-Seewalze, *Holothuria leucospilota*, leicht verwechselt werden. Der deutlich sichtbare Unterschied zwischen diesen beiden Seewalzen besteht darin, dass sie unterschiedlich gefärbte Mundtentakel besitzen. Bei *Holothuria coluber* sind sie gelb und bei *Holothuria leucospilota* sind sie schwarz.

Foto: Papua Neuguinea, Milne Bay

Braune Seewalze (Holothuria diffilis, Semper 1868)

Braune Seewalzen sind kleine Tiere, die bis zu 8 cm groß werden und die man im Riff leicht übersehen kann, da sie sich vom Untergrund aufgrund ihrer dunklen Körperfarbe kaum abheben. Sie leben versteckt, solitär, bewegen sich auf einer breiten und abgeflachten Fußsohle und verlassen erst in der Nacht ihre Tagesverstecke, um auf Nahrungssuche zu gehen. Sie ernähren sich von organischen Resten und von Sinkstoffen, die sie mit Hilfe ihrer zahlreichen und kurzen Mundtentakeln von der Substratoberfläche abtupfen. Braune Seewalzen sind an den Riffen im Indopazifik verbreitet, werden jedoch aufgrund ihrer versteckten und nächtlichen Lebensweise selten gesehen.

Foto: Papua Neuguinea, Milne Bay

Holothuria coluber, Papua Neuguinea, Milne Bay

Holothuria diffilis, Papua Neuguinea, Milne Bay

Essbare Seewalze (Holothuria edulis, LESSON 1830)

Essbare Seewalzen werden in ihrem Verbreitungsgebiet intensiv gesammelt und in den Lokalen in Südostasien als „Trepang" oder „Bech de mer" zum Verzehr angeboten. Der langgestreckte Körper der Seewalzen ist rund im Querschnitt. Trotz einer dicken und derben Haut fühlen sie sich weich an. Sie können entweder einheitlich rosa gefärbt sein, oder sie besitzen einen dunkelbraunen bis schwarzen Rücken und eine rosa Bauchseite. Essbare Seewalzen leben von der Niedrigwasserlinie bis in 30 m Wassertiefe auf verschiedenen Hartgründen, auf weichen Sedimenten und kommen auch in Seegraswiesen vor. Die ernähren sich von Detritus. Verbreitet sind sie im Roten Meer und kommen im Indopazifik von Ostafrika bis nach Australien und Hawaii vor.

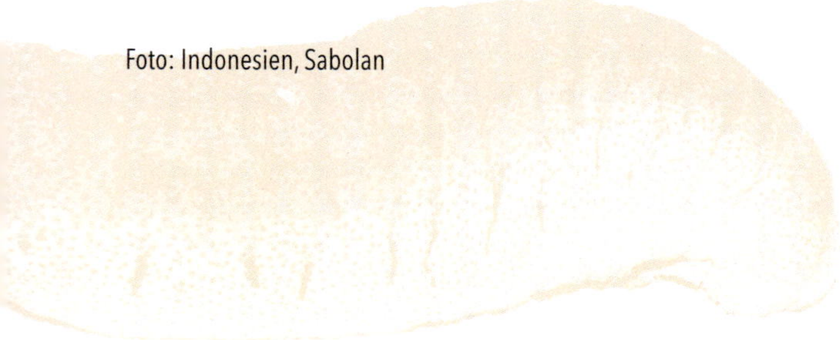

Foto: Indonesien, Sabolan

Warzige Seewalze (Holothuria fuscocinerea, JAEGER 1833)

Warzige Seewalzen besitzen einen langgestreckten und sehr weichen Körper, der mit zahlreichen spitzen Papillen bedeckt ist. Im Zentrum dieser Papillen befindet sich ein kleiner Stachel. Sie bewegen sich auf unterschiedlichen Substraten und kriechen auf Felsen, Muschel- und Korallenbruch und auf Sand und sind stets auf der Suche nach Nahrung. Mit Hilfe ihrer zahlreichen Mundtentakeln sammeln sie organisches Material vom Boden auf und verwerten es als Nahrung. Die Tiere besitzen Cuviersche Schläuche und schützen sich gegenüber ihrer Freßfeinde durch ihre Giftigkeit. Warzige Seewalzen werden bis zu 30 cm groß und sind von Ostafrika und Australien bis nach Hawaii und den Galapagos-Inseln verbreitet.

Foto: Indonesien, Zentral Sulawesi, Palu

Holothuria edulis, Indonesien, Sabolan

Holothuria fuscocinerea, Indonesien, Zentral Sulawesi

Gefleckte Seewalze (Holothuria fuscogilva, CHERBONNIER 1980)

Gefleckte Seewalzen können bis zu 50 cm groß werden und gehören damit zu den großen Seewalzen im Riff. Ihr brotleibförmiger Körper ist von harter Konsistenz, halbrund im Querschnitt und verschieden gefärbt. Man findet Tiere mit heller oder dunkel gefleckter Haut und auch solche, deren Rücken dunkelbraun bis rostrot gefärbt ist. Der breite Fuß ist gelbbraun und trägt an seiner Peripherie mehrere konische Papillen. Gefleckte Seewalzen sind Substratfresser, die Sand in sich hineinschaufeln und dabei die organischen Anteile des Sandlückensystems für ihre Ernährung nutzen. Sie liegen und weiden auf verschiedenen Böden und leben vom flachen Wasser bis in Tiefen von 40 m. Sie sind überwiegend an den Riffen im westlichen Pazifik verbreitet.

Foto: Papua Neuguinea, Milne Bay

Dunkelgepunktete Seewalze (Holothuria fuscopunctata, JAEGER 1833)

Dunkelgepunktete Seewalzen besitzen einen langgestreckten Körper, der einem Brotlaib ähnelt und eine dicke und derbe Haut, die mit Papillen und kleinen, dunklen Punkten übersät ist. Tiefe Querfalten überspannen den Seewalzenkörper und der braune Rücken der Tiere hebt sich farblich deutlich von den hellen Körperseiten ab. Seewalzen dieser Art werden bis zu 60 cm groß und leben auf verschiedenen Gründen. Sie sind Detritusfresser, die den organischen Belag des Bodens abweiden. Sie besitzen keine Cuvierschen Schläuche und sind im Indopazifik von den Malediven bis nach Australien, Mikronesien und Japan verbreitet.

Foto: Philippinen, Bohol

Holothuria fuscogilva, Papua Neuguinea, Milne Bay

Holothuria fuscopunctata, Philippinen, Bohol

Tigerschwanz-Seewalze (Holothuria hilla, LESSON 1830)

Tigerschwanz-Seewalzen leben einzeln oder sie kommen tagsüber versteckt in einer größeren Individuendichte vor. Erst bei Anbruch der Dämmerung kommen sie aus ihren Verstecken, um über das Riff zu kriechen und mit Hilfe ihrer 20 zarten Mundtentakel organisches Material aufzusammeln. Schon beim Schein einer Unterwasserlampe krümmen sie sich zusammen und ziehen, so schnell es geht, ihren Körper wieder in das Versteck. Der Körper der Seewalzen ist schlank, weich in seiner Konsistenz, annähernd rund im Querschnitt und kann bis zu einer Länge von 25 cm heranwachsen. Der braune Rücken trägt eine Vielzahl weißer Flecken, in deren Zentrum sich Papillen erheben, die weich und ohne Stacheln sind. Die Tiere besitzen Cuviersche Schläuche, die sie bei Störungen auswerfen, um Feinde abzuschrecken. Sie sind im Roten Meer, im Indopazifik und im Pazifik bis zu den Inseln der Galapagos verbreitet.

Foto: Malaysia, Lankayan

Impatiens-Seewalze (Holothuria impatiens, FORSKAL 1775)

Impatiens-Seewalzen sind überwiegend nachtaktive Tiere, die sich tagsüber im Riff verstecken. Sie sind Detritus- und Kleinpartikelfresser, die mit ihren 20 schildförmigen Mundtentakeln den Untergrund nach Nahrung abfegen und auftupfen und sich in den Schlund schieben. Ihr schlanker, weichhäutiger und mit Papillen dicht besetzter Körper kann verschieden gefärbt sein und bis zu einer Länge von 30 cm heranwachsen. Bei Störungen stoßen sie ihre Cuvierschen Schläuche aus. Sie leben im Roten Meer und sind im Indopazifik von Ostafrika und Australien bis nach Hawaii verbreitet.

Foto: Papua Neuguinea, Milne Bay

Holothuria hilla, Malaysia, Lankayan

Holothuria impatiens, Papua Neuguinea, Milne Bay

Martens Seewalze (Holothuria martensi, SEMPER 1868)

Martens Seewalzen sind schlanke, weichhäutige und im Querschnitt fast runde Tiere, die eine Länge von 35 cm erreichen können. Ihr graubrauner Körper ist übersät mit kleinen, zarten und spitzen Papillen, die das Tier bedecken. Tagsüber leben die Seewalzen versteckt unter Steinen und Korallen. Erst in der Nacht schieben sie sich auf ihren zarten Füßchen über das Riff auf der Suche nach Nahrung. Sie sind Sand- und Detritusfresser, die die organischen Reste des Sandlückensystems verwerten. Martens Seewalzen kommen vom flachen Wasser bis in Tiefen von über 100 m vor. Regelmäßig sind sie als Beifang in den Netzen von Shrimp Trawlern zu finden. Ihre Verbreitung reich von den Küsten Ostafrikas bis in den westlichen Pazifik.

Foto: Indonesien, Bali, Secret Bay

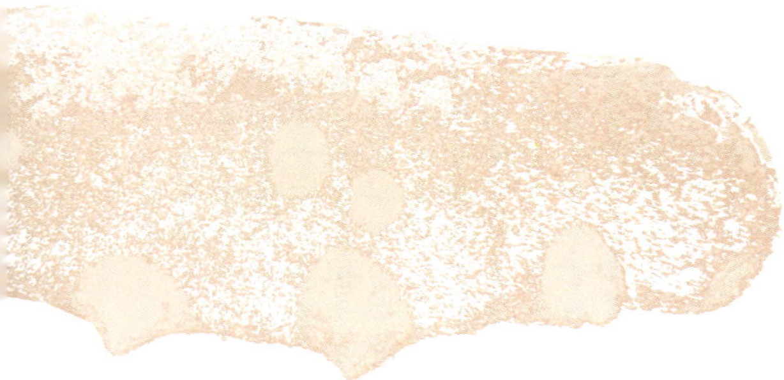

Weißfuß-Seewalze (Holothuria nobilis, SELENKA 1867)

Weißfuß-Seewalzen besitzen eine breite und weiße Fußsohle, die von vielen kleinen und zarten Füßchen bestanden ist. Ihr langer, dicker und brotähnlicher Körper ist derb und fest in seiner Konsistenz. Der dunkelbraune bis schwarze Rücken der Tiere trägt weiße Flecken unterschiedlicher Größe und Ausdehnung. Diese weißen Flecken können nur wenige oder große Teile des Seewalzenkörpers bedecken, so dass der fast weiß erscheint. Entlang der Fußperipherie befinden sich große und weiße Warzen. Auch Weißfuß-Seewalzen besitzen Cuviersche Schläuche, die sie bei Störungen auswerfen. Sie besitzen 20 Mundtentakel, mit deren Hilfe sie den Boden auf verschiedenen Substraten nach verwertbaren Nahrungspartikeln absuchen. Ausgewachsene Tiere können eine Länge von 40-50 cm erreichen. Sie sind im Roten Meer und im gesamten Indopazifik verbreitet.

Foto: Ägypten, Safaga

Holothuria martensi, Indonesien, Bali

Holothuria nobilis, Ägypten, Safaga

Eigensinnige Seewalze (Holothuria pervicax, SELENCA 1867)

Eigensinnige Seewalzen sind Substratfresser, die ständig Sand in sich hineinschaufeln, um das organische Material des Sandlückensystems für ihre Ernährung zu verwerten. Sie sind Tiere des flachen Wassers, die in seichten, mit Algen bestandenen, sandigen Lagunen, in Seegraswiesen und auf Korallenbruch vom Riffdach bis in 10 m Wassertiefe leben. Ihr schlanker Körper trägt eine Vielzahl großer und warzenähnlicher Papillen, die spitze Fortsätze haben. Die Farbe ihres Körpers kann variabel sein. Man findet braune, hellbraune, ockerfarbige und dunkelbraun gesprenkelte Tiere, wobei anzunehmen ist, dass die Farbe der Tiere von ihrem Verbreitungsgebiet abhängig ist. Eigensinnige Seewalzen werden bis zu 35 cm groß und sind im Roten Meer und im Indopazifik von Ostafrika und Australien bis nach Japan und Hawaii verbreitet.

Foto: Mauritius, Flick en Flack

Raue Seewalze (Holothuria scabra, JAEGER 1833)

Die Jungtiere der Rauen Seewalzen leben eingegraben im Boden, während die erwachsenen Tiere sich überwiegend darauf bewegen. Der Körper der Seewalzen ist schlank, zylindrisch, mit breiter und heller Fußsohle und einem hellbraunen, rauen Rücken, der stets etwas von feinem Sand gepudert ist. Um die Mundöffnung herum befinden sich 25 Mundtentakel, die Detritus vom Boden auftupfen. Cuviersche Schläuche fehlen den Tieren. Raue Seewalzen leben auf Sand, auf Korallenbruchfeldern und in Seegraswiesen. Sie sind vom Flachwasser bis in Tiefen von 25 m verbreitet und kommen im Indopazifik von Ostafrika und Australien bis nach Hawaii vor. In ihrem Verbreitungsgebiet werden sie seit vielen Jahren intensiv gesammelt und sind bereits so stark dezimiert, dass sie in absehbarer Zeit ausgestorben sein werden. In Japan werden sie als „Sandfish" auf den Märkten angeboten und erzielen hohe Preise.

Foto: Malaysia, Lankayan

Holothuria pervicax, Mauritius, Flick en Flack

Holothuria scabra, Malaysia, Lankayan

Braunrücken-Seewalze (Holothuria signata, LUDWIG 1882)

Braunrücken-Seewalzen leben einzeln auf Sand, Korallenbruch, in Seegraswiesen und auf Hartsubstraten. Sie ernähren sich von Detritus, den sie mit ihren 20 Mundtentakeln vom Untergrund auftupfen. Der langgestreckte und zylindrische Körper der Seewalzen trägt einen braunen Rücken und eine helle Fußsohle, die braun gesprenkelt ist. Cuviersche Schläuche fehlen den Tieren. Häufig werden Seewalzen dieser Art mit der Essbaren Seewalze, *Holothuria edulis*, verwechselt, die verschieden gefärbt ist und durchaus auch einen braunen Rücken besitzen kann. Braunrücken-Seewalzen sind an den Riffen im Indopazifik verbreitet, wo sie nicht gerade häufig anzutreffen sind.

Foto: Indonesien, Rinca

Schuppige Seewalze (Holothuria squamifera, SEMPER 1868)

Schuppige Seewalzen sind kleine Tiere, die bis zu 10 cm groß werden. Sie sind nachtaktiv und leben tagsüber verborgen im Sediment. Sie ernähren sich in der Nacht von Detritus und kleinen Algen, die sie vom Boden aufsammeln. Ihr Aussehen macht sie unverwechselbar zu anderen Seewalzen. Ihr länglicher Körper ist an beiden Enden leicht zugespitzt, im Querschnitt annähernd eckig und trägt auf seinem Körper und an den Seiten des Fußes viele stiftförmige Papillen, die Dornen ähneln. In der uns zur Verfügung stehenden Literatur ist nichts Wissenswertes nachzulesen und Abbildungen von diesen Seewalzen sind weitgehend unbekannt. Verbreitet sind sie an den Riffen im Indopazifik, doch fehlen hier die genauen Angaben über ihre geographische Verbreitung.

Foto: Indonesien, Nord Sulawesi, Lembeh-Straße

Holothuria signata, Indonesien, Rinca

Holothuria squamifera, Indonesien, Nord Sulawesi

Warzige Seewalze (Holothuria turricelsa, CHERBONNIER 1980)

Warzige Seewalzen sind nachtaktive Einzelgänger. Ihr schlanker und zylindrischen Körper ist mit einer Vielzahl kleiner und runder Papillen besetzt, die in spitzen und nadelförmigen Projektionen enden. Entweder sind die Seewalzen einheitlich grau, braun oder dunkelbraun gefärbt, oder ihr dunkelfarbiger Rücken hebt sich von einer gelben bis cremfarbenen Fußsohle ab. Warzige Seewalzen werden bis zu 30 cm groß und besitzen weiße und klebrige Cuviersche Schläuche, die sie bei Störungen auswerfen. Sie suchen ihre Nahrung auf verschiedenen Gründen und ernähren sich von Detritus und Kleinstorganismen. Im Indopazifik sind sie von Indonesien und Australien bis nach Mikronesien verbreitet.

Foto: Indonesien, Bali

Whitmas Seewalze (Holothuria whitmaei, BELL 1887)

Whitmas Seewalzen sind große Tiere, die eine Länge von 40 cm erreichen. Ihr Körper ist langgestreckt, breit, dorsoventral abgeflacht und im Querschnitt halbrund. Am Rand der Fußsohle befinden sich warzenähnliche Auswüchse. Die schwarze Farbe ihres Körpers ist in der Regel nicht sichtbar, da sie von feinen Sedimentauflagerungen verdeckt wird, die auch ausdauernd daran haften. Ihr Körper erscheint wie gepudert. Whitmas Seewalzen suchen ihre Nahrung auf verschiedenen Gründen und kommen vom flachen Wasser bis in 30 m Tiefe vor. Sie ernähren sich von den organischen Resten des Bodens. Ihre Verbreitung reicht im Indopazifik vom Indischen Ozean bis in den Westpazifik.

Foto: Papua Neuguinea, Milne Bay

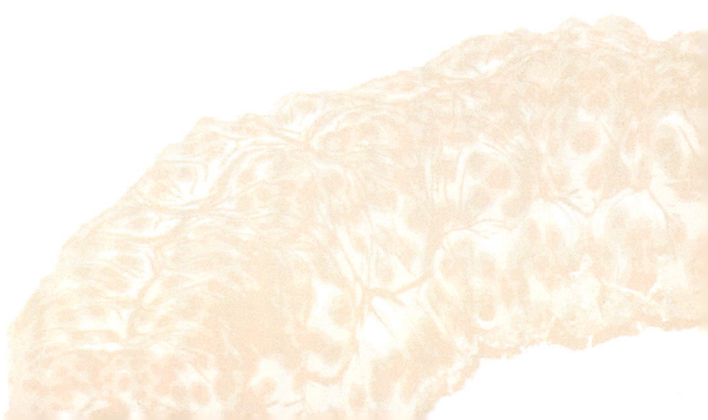

Holothuria turricelsa, Indonesien, Bali

Holothuria withmaei, Papua Neuguinea, Milne Bay

Strichel-Seewalze (Pearsothuria graeffei, SEMPER 1868)

Strichel-Seewalzen sind häufig an den Riffen im Roten Meer und im gesamten Indopazifik zu finden. Ihr heller Körper trägt braune Flecken unterschiedlicher Größe, eine Vielzahl schwarzer Pünktchen und schwarzer Querstriche entlang des Rückens. Viele schwach entwickelte Papillen enden in weißen und spitzen Dornen. Strichel-Seewalzen bewegen sich ausschließlich über Hartsubstrat. Bei ihren Streifzügen über das Riff wird der weiche Körper den Unebenheiten des Untergrundes angepasst und peristaltisch fortbewegt. Dabei werden breite, schwarze und weiß umrandete Mundtentakeln ausgestreckt, die den Boden nach organisch verwertbarer Nahrung absuchen, auftupfen und in den Schlund schieben. Die juvenilen Tiere sehen ganz anders aus als die erwachsenen Tiere. Man könnte sie für giftige Nacktschnecken halten, die sie auch imitieren. Im Verlaufe ihres Wachstums machen sie verschiedene Farb- und Formphasen durch, bis sie dann letztlich so aussehen wie die erwachsenen Tiere.

Foto: a: Malaysia, Mantanani, b: Ägypten, Golf von Aqaba

Pearsothuria graeffei, juvenil, Malaysia, Mantanani

Pearsothuria graeffei, adult, Ägypten, Golf von Aqaba

Zahnrad-Seewalzen (Stichopus chloronotus, BRANDT 1835)

Zahnrad-Seewalzen sind einheitlich dunkelgrün oder schwarz gefärbt und besitzen einen schlanken und im Querschnitt fast rechteckigen Körper. An jeder Körperkante befinden sich Doppelreihen konischer Papillen, deren Spitzen rötlich bis orange gefärbt sind. Die Mundöffnung ist dem Substrat zugewandt und wird von 20 Mundtentakeln umstanden. Diese suchen den Untergrund nach Detritus, kleinen Algen und Mikroorganismen ab, von denen sich die Seewalzen ernähren. Zahnrad-Seewalzen sind tag- und nachtaktiv. Sie leben von Flachwasser bis in größere Tiefen und werfen, nach einer dauerhaften Belästigung und bei einem Angriff ihrer Feinde, Teile ihres Körpers ab, dessen Rest schnell wieder regeneriert werden kann. Ein Schuppenwurm, *Gastrolepidia clavigera*, lebt als Kommensale auf der Seewalze. Ihr größter Feind ist die Tonnenschnecke, *Tonna perdix*, die sich von den Seewalzen ernährt. Die Verbreitung der Art reicht vom Indischen Ozean bis nach Japan und Hawaii.

Foto: Malaysia, Lankayan

Herrmanns Seewalze (Stichopus herrmanni, SEMPER 1868)

Herrmanns Seewalzen sind große Tiere, die bis zu 60 cm Länge heranwachsen können. Ihr brauner, graugrüner oder grüner Rücken trägt viele kleine und konische Papillen, die in Doppelreihen angeordnet sind. Viele Quer- und Längsfalten furchen den Körper. Ihr Fuß ist breit, abgeflacht und von Reihen von Füßchen bedeckt. Die Mundöffnung trägt 20 blattförmige Mundtentakel, die Detritus und Mikroorganismen vom Boden aufsammeln. Herrmanns Seewalzen leben vom flachen Wasser bis in Tiefen von über 30 m. Sie suchen ihre Nahrung auf Sand, auf Korallenbruch und in Seegraswiesen. Verbreitet sind sie im Roten Meer und im gesamten Indopazifik.

Foto: Malaysia, Lankayan

Stochopus chloronotus, Malaysia, Lankayan

Stichopus herrmanni, Malaysia, Lankayan

Schreckliche Seewalze (Stichopus horrens, SELENKA 1867)

Schreckliche Seewalzen sind überwiegend nachtaktive Tiere, die den Untergrund auf verschiedenen Gründen mit ihren 20 Mundtentakeln nach verwertbarer Nahrung abtasten und diese aufnehmen. Ihr Körper ist schlank, fast rechteckig im Querschnitt und mit großen Papillen besetzt, die in Reihen angeordnet sind. Diese Papillen sind konzentrisch geringelt, häufig verschiedenfarbig abgesetzt und enden spitz. Sie formen auch einen Ring um Mund- und Afteröffnung. Die Farbe der Seewalzen ist variabel. Ausgewachsene Tiere werden bis zu 40 cm groß und sind vom Indischen Ozean und Australien bis in den Ostpazifik von Kalifornien, Ecuador, den Inseln der Galapagos und Peru verbreitet.

Foto: Malaysia, Lankayan

Zipfel-Seewalze (Stichopus monotuberculatus, BRANDT 1835)

Zipfel-Seewalzen sind Bodenlieger, die sich tagsüber verstecken und Sandareale als Lebensraum bevorzugen. Sie kommen auf verschiedenen Weichböden und gelegentlich auf Korallenschutt vor und ernähren sich von den organischen Anteilen des Sandlückensystems, indem sie Sediment in sich hineinstopfen. Auf ihren Weg über den Untergrund hinterlassen sie eine Spur ausgeschiedener Sedimenthäufchen. Der langgestreckte und zylindrische Körper der Tiere kann bis zu 40 cm groß werden und ist bedeckt mit Doppelreihen zipfelförmiger Papillen, die den Tieren ein stacheliges Aussehen verleihen. Diese können in der Nacht ausgestreckt und tagsüber eingezogen sein. Zipfel-Seewalzen sind verschieden gefärbt und kommen vom flachen Wasser bis in moderate Tiefen vor. Sie sind im Roten Meer und im Indopazifik von Ostafrika bis nach Australien und dem westlichen Pazifik verbreitet.

Foto: Malediven, Baa-Atoll

Stochopus horrens, Malaysia, Lankayan

Stichopus monotuberculatus, Malediven, Baa-Atoll

Großnasige Seewalze (Stichopus aff. naso, SEMPER 1868)

Großnasige Seewalzen sind selten an indopazifischen Korallenriffen. Ihr langgestreckter Körper, der eine Länge von 45 cm erreichen kann, ist mit einer Vielzahl warziger Erhebungen bedeckt, die mit breiter Basis am Körper der Tiere ansetzen und nadelspitz enden. Sie sind verschieden groß, in Reihen angeordnet und können verschieden gefärbt sein. Häufig sind die Spitzen der Papillen schwarz abgesetzt. Großnasige Seewalzen sind nachtaktive Tiere, die sich tagsüber im Riff verstecken. Sie sind Sand- und Detritusfresser, kommen auf verschiedenen Gründen vor und sind vom flachen Wasser bis in größere Tiefen verbreitet. Sie kommen vom östlichen Indischen Ozean und Australien bis in den Westpazifik vor.

Foto: Papua Neuguinea, Milne Bay

Nachtaktive Seewalze (Stichopus noctivagus, CHERBONNIER 1980)

Nachtaktive Seewalzen verstecken sich tagsüber in dunklen Spalten, in Höhlen und unter Korallen und sind erst in der Nacht im Riff unterwegs auf Nahrungssuche. Mit Hilfe ihrer 20 Mundtentakel tupfen sie organisch verwertbares Material vom Untergrund und stopfen es in ihr Maul. Ihr zylindrischer Körper trägt eine abgeflachte Fußsohle. Ihr Rücken ist mit zahlreichen Hautpapillen bedeckt, die in feinen und spitzen Nadeln enden. Nachtaktive Seewalzen sind außerordentlich lichtempfindlich. Wenn sie in der Nacht das Licht einer Unterwasserlampe trifft, krümmen sie sich zusammen und versuchen so schnell wie möglich ein dunkles Versteck zu erreichen. Die Farbe der Tiere ist variabel. Rote und braune Farbtöne dominieren, durchsetzt von weißen und dunkelbraunen Flecken verschiedener Form und Ausdehnung. Die Verbreitung der Art reicht im Indopazifik von Malaysia und Indonesien bis nach Australien, Neukaledonien und Papua Neuguinea.

Foto: Papua Neuguinea, Milne Bay

Stichopus aff. naso, Papua Neuguinea, Milne Bay

Stichopus noctivagus, Papua Neuguinea, Milne Bay

Augen-Seewalze (Stichopus ocellatus, MASSIN et.al. 2002)

Augen-Seewalzen sind Substratfresser, die auf verschiedenen mobilen Böden vom flachen Wasser bis in größeren Tiefen leben und sich von den organischen Anteilen des Sandlückensystems ernähren. Ihr großer und hochrückiger Körper kann eine Länge von über 30 cm erreichen und trägt auf orangefarbenem Körpergrund große und warzenähnliche Erhebungen mit einer weißen oder hellblauen Basis, die wie Augen aussehen. Sie setzen sich bis zum Rand der Kriechsohle fort. Augen-Seewalzen sind an indopazifischen Riffen nicht häufig. Das dürfte auch der Grund dafür gewesen sein, dass sie erst 2002 als Art beschrieben wurden. Sie sind im Indopazifik von Malaysia und Indonesien bis nach Australien und dem westlichen Pazifik verbreitet.

Foto: Papua Neuguinea, Milne Bay

Zipfel-Seewalze (Stichopus pseudohorrens, QUOY & GAIMARD 1833)

Zipfel-Seewalzen sind von anderen Stichopus-Arten (Stichopus horrens und Stichopus monotuberculatus) schwer zu unterschieden. Sie alle tragen auf ihrer Körperoberfläche große und zugespitzte Hautpapillen, die es auch den Spezialisten schwer machen, sie voneinander zu unterschieden. Letztlich kann nur eine genetische Analyse eine befriedigende Aussage ergeben. Zipfel-Seewalzen bevorzugen Sedimentböden als Lebensraum, so dass man sie in Seegraswiesen und auf tiefen Sedimentböden findet. Sie werden bis zu 30 cm groß, besitzen 20 Mundtentakel und ernähren sich von den organischen Anteilen des Sandlückensystems. Auch sie werden in ihren Verbreitungsgebieten gesammelt, getrocknet und auf den Märkten verkauft. Ihr Vorkommen reicht von Ostafrika, dem Persischen Golf und Australien bis nach Japan und Hawaii.

Foto: Indonesien, Molukken

Stichopus ocellatus, Papua Neuguinea, Milne Bay

Stichopus pseudohorrens, Indonesien, Molukken

Sternlinien-Seewalze (Stichopus vastus, SLUITER 1887)

Sternlinien-Seewalzen sind aufgrund ihrer eigenwilligen Körperzeichnungen leicht zu erkennen und zu bestimmen. Keine andere Seewalze zeigt diese Strukturierung ihres Körpers. Ausgewachsene Tiere können eine Länge von 45 cm erreichen. Ihre Körperoberfläche zeigt 4 Reihen großer, dicker und stumpf endender Papillen und dunkle, sternförmigen Linienzeichnungen dazwischen. Sternlinien-Seewalzen leben auf verschiedenen Hartgründen und kommen auch auf Korallenbruchfeldern und in Seegraswiesen vor. Sie ernähren sich von organischen Sinkstoffen und sammeln diese mit Hilfe ihrer 20 blattförmigen Tentakel vom Boden auf. Bei Störungen kontrahieren sie ihren Körper halbmondförmig. Sie sind im Indopazifik von Indonesien und Australien bis nach Japan und Hawaii verbreitet.

Foto: Papua Neuguinea, Milne Bay

Riesen-Seewalze (Thelenota anax, CLARK 1921)

Riesen-Seewalzen sind die größten Seewalzen an indopazifischen Korallenriffen, die eine Länge von über 90 cm erreichen können. Sie sind überwiegend Weichbodenbewohner, die nur gelegentlich über Hartsubstrat klettern. Ihr weicher Körper ist im Querschnitt annähernd quadratisch. Mehrere tiefe Längs- und Querfalten furchen den Körper. Die Körperoberfläche ist bedeckt mit zahlreichen und unterschiedlich großen Papillen und vielen kleinen, schwarzen Pünktchen. Die Mundöffnung, die dem Substrat zugewandt ist, besitzt 80 kurze Tentakel, die die Sedimentoberfläche nach organischem Material abtasten. Zudem fressen sie Sand in großen Mengen und verwerten die organischen Bestandteile des Sandlückensystems für ihre Ernährung. Riesen-Seewalzen leben in Wassertiefen zwischen 20-30 m und sind im Indopazifik von Ostafrika bis nach Australien, Mikronesien und Japan verbreitet.

Foto: Indonesien, Bali, Menjangan

Stichopus ocellatus, Papua Neuguinea, Milne Bay

Thelenota anax, Indonesien, Bali, Menjangan

Ananas-Seewalze (Thelenota ananas, JAEGER 1833)

Ananas-Seewalzen gehören zu den größten Seewalzen an tropischen Riffen. Sie werden bis zu 80 cm groß. Charakteristische Hautauswüchse bedecken die gesamte Oberfläche der Tiere, die zu spitzen und fleischigen Papillen auslaufen. Diese können einfach, gegabelt oder dreiblättrig geformt sein. Ananas-Seewalzen leben vom flachen Wasser bis in größere Tiefen auf allen Gründen, so auch in Seegraswiesen. Sie sind tag- und nachtaktive Substratfresser, die mit Hilfe ihrer 20 großen Mundtentakel Sediment fressen und die organischen Anteile des Sandlückensystems für ihre Ernährung nutzen. Trotz ihrer nachgewiesenen Giftigkeit werden sie gesammelt, getrocknet und besonders vorbereitet gegessen. Sie sind im Roten Meer und im gesamten Indopazifik verbreitet.

Foto: Papua Neuguinea, Milne Bay

Rotstrichel-Seewalze (Thelenota rubralineata, MASSIN & LANE 1992)

Rotstrichel-Seewalzen sind seltene Tiere, die man nur gelegentlich sieht. Sie werden bis zu 60 cm groß und sind vom flachen Wasser bis in größere Tiefen auf allen möglichen Gründen unterwegs im Riff. Ihr zylindrisch langgestreckter Körper trägt auf cremefarbenem Grund eine rote bis rotorange Strichelzeichnung, die sehr kompliziert gestaltet ist. Aus diesem Grund ist diese Seewalze auch unverwechselbar. Typisch für diese Seewalzen sind auch die langen und spitzen Hautpapillen, die in kleinen Dornen enden. Sie sind wie Hörner angeordnet. Rotstrichel-Seewalzen sind Substratfresser, die sich von den organischen Anteilen im Sediment ernähren. Ihre Verbreitung reicht im Indopazifik von Indonesien und Australien bis zu den Philippinen, Salomonen, Vanuatu und Japan.

Foto: Papua Neuguinea, Kimbe Bay

Thelenota ananas, Papua Neuguinea, Milne Bay

Thelenota rubralineata, Papua Neuguinea, Kimbe Bay

Godeffroyis Wurmseewalze (Euapta godeffroyi, SEMPER 1868)

Seewalzen dieser Art sehen aus wie gigantische Würmer, die sich mit fast 200 cm Länge in der Nacht über das Riff bewegen. Tagsüber leben die Tiere verborgen im Riff. Ihr langer, weicher, flexibler und zylindrischer Körper trägt kleine Füßchen, ist unregelmäßig gefärbt und trägt gelbe Längslinien. Auf der Oberseite ihres Körpers befinden sich 3 Längsreihen von blasigen Auftreibungen des Körpers. Die Haut der Tiere besitzt feine Häkchen und fühlt sich, trotz des Fehlens eines schleimigen Überzuges, klebrig an. Godeffroyis Seewalzen leben solitär in Seegraswiesen, in Lagunen und sind vom Riffdach bis in Tiefen von 150 m verbreitet. Bei Belästigung können sie ihren Körper um ein Drittel der Gesamtlänge zusammenziehen. Mit ihren 15 langen und gefiederten Mundtentakeln fegen sie Detritus vom Untergrund und führen die organischen Bestandteile zur Mundöffnung. Sie sind im Roten Meer und im gesamten Indopazifik verbreitet und kommen im Ostpazifik bis zur Pazifikküste vom Mexiko und Panama vor.

Foto: Indonesien, Nusakode

Serpentinen-Wurmseewalze (Opheodesoma serpentina, MÜLLER 1778)

Serpentinen-Seewalzen leben entweder einzeln oder in einer größeren Individuendichte auf der Außenhaut von Schwämmen. Hier tupfen sie mit ihren langen und gefiederten Mundtentakel Detritus von der Oberfläche der Schwämme, von dem sie sich ernähren. Für die Schwämme sind sie durchaus nützlich, denn sie reinigen die Porenöffnungen der Schwämme von auflagernden Sinkstoffen und Detritus. Der Körper der kleinen Seewalzen ist langgestreckt und trägt blasenartige Verdickungen. Die dünne, weich und sehr dehnbare Haut trägt feine Häkchen, die der Fortbewegung dienen. Serpentinen-Wurmseewalzen werden bis zu 8 cm groß und kommen in verschiedenen Farben vor. An den Korallenriffen im gesamten Indopazifik sind sie weit verbreitet.

Foto: Indonesien, Rinca

Euapta godeffroyi, Indonesien, Nusakode

Opheodesoma serpentina, Indonesien, Rinca

Prächtige Wurmseewalze (Opheodesoma spectabilis, FISHER 1907)

Prächtige Wurmseewalzen sind auch unter der Bezeichnung Rotring-Seewalzen bekannt. Sie besitzen einen dünnen, langgestreckten, wurmförmigen und in Querschnitt fast runden Körper, dessen Haut weich, dünn und sehr elastisch ist. Die Mundöffnung umstehen lange und dünne Tentakel, die organisches Material für die Ernährung vom Boden fegen. Die einzelnen Tentakel werden nacheinander dem Mund zugeführt und die aufgesammelte Nahrung abgestreift. Die Körperoberfläche der Tiere ist blasig verdickt und die ballonähnlichen Erweiterungen in 5 Längsreihen angeordnet. Prächtige Wurmseewalzen kommen in verschiedenen Farben und Farbkompositionen vor und sind von nur wenigen Riffen im Indopazifik bekannt. Sie werden bis zu 80 cm groß und sind von Ostafrika bis nach Indonesien, Australien, Mikronesien und Hawaii verbreitet.

Foto: Indonesien, Bali, Secret Bay

Wurmseewalze (Opheodesoma sp.)

Wurm-Seewalzen besitzen einen langgestreckten, schlauchförmigen und im Querschnitt fast runden Körper. Die Haut ist sehr weich, dünn und bleibt bei Berührung an der menschlichen Hand kleben. Die Mundöffnung wird von langen und gefiederten Mundtentakeln umstanden, mit deren Hilfe die Seewalzen ihre Nahrung von Boden auffegen und in den Mund stopfen. Die Tentakel werden nacheinander in die Mundöffnung eingeführt und die Nahrung abgestreift. Wurm-Seewalzen leben auf verschiedenen Gründen und kommen auch in Seegraswiesen vor. Sie sind in der Lage, ihren Körper sehr lang auszustrecken und auch sehr schnell wieder zusammenzuziehen. Das Bild zeigt eine Seewalze mit einer besonders seltenen Farbkomposition aus Schwarz und Grau durchsetzt mit weißen Pünktchen und drei weißen Längslinien. Leider konnte das Tier nicht bis zur Art bestimmt werden.

Foto: Papua Neuguinea, Milne Bay

Opheodesoma spectabilis, Indonesien, Bali, Secret Bay

Opheodesoma sp., Papua Neuguinea, Milne Bay

Kefersteins Wurmseewalze (Polyplectana kefersteini, SELENKA 1867)

Kefersteins Wurmseewalzen können ausgestreckt eine Länge von über 200 cm erreichen. Ihr langer, schlauchförmiger, weichhäutiger und stark dehn- und kontrahierbarer Körper trägt eine weiche und dünne Haut mit ankerförmigen Kalkplättchen, die bei der Fortbewegung eingesetzt werden. Die nachtaktiven Tiere schieben sich mit Hilfe von peristaltischen Körperbewegungen über das Riff und fegen mit ihren 15-17 gefiederten Mundtentakeln den Untergrund nach Nahrung ab. Der schokoladenbraune bis schwarze Körper der Seewalzen trägt 5 Längsreihen ballonähnlicher Erweiterungen der Haut. Bei Störungen können sich die Tiere auf über ein Drittel ihrer Gesamtlänge zusammenziehen, was immer dann geschieht, wenn das Licht einer Unterwasserlampe sie trifft. Verbreitet sind sie im Roten Meer und kommen im Indopazifik von Ostafrika bis Australien und Hawaii vor.

Foto: Salomonen, Sankt Christobal

Schwarze Wurmseewalze (Polyplectana nigra, SEMPER 1868)

Nur der Zufall will es, dass man eine Schwarze Wurmseewalze unter Wasser sieht, so selten sind sie. Ihr schlanker, weichhäutiger und schwarzer Körper erreicht eine Länge von 150 cm und kann bei Störungen um die Hälfte schrumpfen. Mit Hilfe ihrer gefiederten Mundtentakel, die den Untergrund abtasten und abfegen, ernähren sich von den organischen Sinkstoffen, auch Detritus genannt. Schwarze Wurmseewalzen leben überwiegend auf mobilen Böden, die den Riffen vorgelagert sind. Sie bewegen sich mit peristaltischen Kontraktionen ihres Körpers im Wechselspiel ihrer Muskulatur durch Streckung und Kontraktion. Sie sind im Indopazifik bis Australien, Papua Neuguinea und den Philippinen verbreitet.

Foto: Papua Neuguinea, Milne Bay

Polyplectana kefersteini, Salomonen, Sankt Christobal

Polyplectana nigra, Papua Neuguinea, Milne Bay

Gefleckte Wurmseewalze (Synapta maculata, CHEMISSO & EYSENHARDT 1821)

Gefleckte Wurmseewalzen leben in Lagunen, auf Riffdächern, in Seegraswiesen, auf Korallenbruch und auf verschiedenen Weichböden. Der langgestreckte und schlangenförmige Körper der Seewalzen ist stark dehn- und kontrahierbar und kann eine Länge von 200 cm erreichen. Ihr Körper ist weich, trägt Quer- und Längsbänder und kann in der Farbe verschieden sein. 10 schlanke und verzweigte Mundtentakel fegen stetig den Untergrund nach Nahrung ab, die aus organischen Sinkstoffen und kleinen, wirbellosen Tieren besteht. Bei Berührung und intensiver Lichtreizung ziehen sich die Seewalzen bis auf ein Drittel ihrer Länge zusammen. Gefleckte Wurmseewalzen sind tag- und nachtaktiv, leben im Roten Meer und kommen im Indopazifik von Ostafrika und Australien bis zu den Philippinen und Japan vor.

Foto: Philippinen, Cebu

Gestreifte Wurmseewalze (Synaptula lamperti, HEDING 1928)

Gestreifte Wurmseewalzen leben einzeln oder in einer größeren Individuendichte, vorwiegend auf Schwämmen. Sie kommen aber auch auf Gorgonien und anderen im Riff lebenden Tieren vor. Ihr weicher und schlauchförmiger Körper kann braune, rotbraune, rosafarbene oder auch burgundfarbige Längsstreifen tragen. Auch die Grundfarbe ihres Körpers kann variieren. Man nimmt an, dass ihr massenhaftes Vorkommen gerade auf Schwämmen etwas mit ihrer Nahrungsaufnahme zu tun hat. Sie säubern mit ihren zarten und gefiederten Mundtentakeln die Oberfläche der Schwämme von Detritus und anderen organischen Sinkstoffen, von denen sie sich ernähren. Gestreifte Wurmseewalzen können eine Länge von bis zu 10 cm erreichen und sind im Indopazifik von Indonesien und Australien bis zu den Philippinen und Japan verbreitet.

Foto: Philippinen, Pescador

Synapta maculata, Philippoinen, Cebu

Synaptula lamperti, Philippinen, Pescador Island

HAARSTERNE:

Klasse: Crinoidea (Haarsterne)

Ordnung: **Comatulida** (Haar-und Federsterne)

Familie: Comasteridae
Gattungen: Comaster
Comatella
Comatula
Comanthus
Oxycomanthus

Familie: Himerometridae
Gattungen: Amphimetra
Heterometra
Himerometra

Familie: Mariametridae
Gattungen: Dichrometra
Lamprometra
Oxymetra

Familie: Colobometridae
Gattungen: Cenometra
Colobometra
Oligometra
Pontiometra

Familie: Tropiometridae
Gattung: Tropiometra

Familie: Stephanometridae
Gattung: Stephanometra

Familie: Zygometridae
Gattung: Cataptometra

Familie: Anthedonidae
Gattung: Anthedon

SEESTERNE:

Klasse: Asteroidea (Seesterne)

Ordnung: **Paxillosida** (Paxillenstern)

Familie: Luidiidae (Großplattensterne)
Gattung: Luidia

Familie: Archasteridae
Gattung: Archaster

Familie: Astropectinidae (Kammsterne)
Gattung: Astropecten
Bothriaster

Ordnung: **Valvatida** (Klappensterne)
Familie: Goniasteridae (Borstensterne)
Gattungen: Goniodiscaster
Iconaster
Familie: Oreasteridae (Kissensterne)
Gattungen: Amphiaster
Choriaster
Culcita
Halityle
Poraster
Pentaceraster
Protoreaster
Familie: Pentasteridae
Gattungen: Pentaster
Poraster
Familie: Ophidiasteridae (Schlangenseesterne)
Gattungen: Fromia
Gomophia
Leiaster
Linckia
Nardoa
Neoferdina
Ophidiaster
Celerina
Tamaria
Familie: Pentasteridae
Gattung: Euraster
Familie: Asteropidae
Gattung: Asteropsis

Ordnung: **Spinulosida** (Stachelsterne)
Familie: Acanthasteridae (Dornenkronen)
Gattung: Acanthaster
Familie: Asterinidae (Fünfecksterne)
Gattungen: Aquilonastra
Asterina
Nepanthia
Patiriella
Familie: Echinasteridae (Blutsterne)
Gattung: Echinaster

Familie: Mithrodiidae

Gattungen: Mithrodia
Thromidia

Familie: Goniodiscasteridae

Gattung: Goniodiscaster

SCHLANGENSTERNE:

Klasse: Ophiuroidea (Schlangensterne)

Ordnung: **Euryale**

Familie: Goniocephalidae (Gorgonenhäupter)

Gattung: Astroboa

Familie: Euryalidae

Gattung: Euryale

Ordnung: **Ophiura**

Familie: Ophiocomidae

Gattungen: Cryptopelta
Ophiarthrum
Ophiocoma
Ophiomastix

Familie: Ophiodermatidae

Gattungen: Ophiarachnella
Ophiarachna

Familie: Ophiotrichidae

Gattungen: Macrophyothrix
Ophiothrix
Ophiomaza
Ophiopsila
Ophiothela

Familie: Ophiuridae

Gattung: Ophiolepis

Familie: Ophiactidae

Gattung: Ophiactis

Familie: Amphiuridae

Gattung: Ophiocentrus

SEEIGEL

Klasse: Echinoidea (Seeigel)

Ordnung: **Cidaroida** (Lanzenseeigel)

Familie: Cidaridae

Gattungen: Eucidaris
Phyllacanthus
Prionocidaris

Ordnung: **Echinoida** (Echte Seeigel)
Familie: Echinometridae
Gattungen: Echinometra
Echinostrephus
Heterocentrotus

Ordnung: **Phymosomatoida**
Familie: Sromopneustidae
Gattung: Stomopneustes

Ordnung: **Echinothuroidea** (Lederseeigel)
Familie: Echinothuriidae
Gattung: Asthenosoma

Ordnung: **Diadematoida** (Diademseeigel)
Familie: Diadematidae
Gattungen: Astropyga
Diadema
Echinothrix

Ordnung: **Temnopleuroida**
Familie: Temnopleuridae
Gattungen: Mespilia
Salmacis
Salmaciella
Familie: Toxopneustidae (Giftzangenseeigel)
Gattungen: Toxopneustes
Tripneustes
Pseudoboletia

Ordnung: **Clypeasteroida** (Sanddollar)
Familie: Clypeasteridae
Gattung: Clypeaster
Familie: Laganidae
Gattungen: Laganum
Peronella

Familie: Mellitidae
Gattung: Echinodiscus

Ordnung: **Spatangoida** (Herzseeigel)
Familie: Brissidae
Gattungen: Brissus
Eurypatagus
Metalia
Familie: Loveniidae
Gattungen: Echinocardium
Lovenia
Maretia

SEEWALZEN

Klasse: Holothuroidea (Seewalzen)
Ordnung: **Dendrochirota** (Buschtentakel-Seewalzen)
Familie: Cucumariidae
Gattungen: Colochirus
Pseudocolochirus
Familie: Phyllophoridae (Blatt-Seewalzen)
Gattungen: Cladolabes
Neothyonidium

Ordnung: **Aspidochirota** (Schildtentakel-Seewalzen)
Familie: Holothuroidea
Gattungen: Actinopyga
Bohadschia
Holothuria
Pearsothuria
Familie: Stichopodidae (Vierkant-Seewalzen)
Gattungen: Stichopus
Thelenota

Ordnung: **Apoda** (Fußlose Seewalzen)
Familie: Synaptidae (Wurm-Seewalzen)
Gattungen: Euapta
Opheodesoma
Polyplectana
Synapta
Synaptula

A

abiotische Faktoren: Physikalische und chemische Faktoren der unbelebten Umwelt, die auf Organismen einwirken (Temperatur, Feuchtigkeit, Bodenbeschaffenheit uvm.)
aboral: von der Mundöffnung abgewandt
adult: geschlechtsreif, erwachsen
Aggregation: Vereinigung, Zusammenlagerung, Anhäufung von Organismen, Zellen oder Molekülen
Ambulakralfurche: bewimperte, von Ambulakralfüßchen gesäumte Rinne auf der Unterseite der Arme von Seesternen oder der Gehäuseoberseite von Seeigeln
Ambulakralfüßchen: Saugfüßchen der Stachelhäuter
Ambulakralgefäßsystem: ein für Stachelhäuter so charakteristisches System hydraulischer Kanäle, die sich vom Coelom ableiten und mit röhrenförmigen Ambulakralfüßchen in Verbindung stehen. Sie dienen dem Gasaustausch, sind für Bewegungen und Transport von Nahrungsteilchen verantwortlich und erfüllen die Funktion als Mechano- und Chemorezeptoren
aquatisch: im Wasser lebend oder zum Wasser gehörend
Artefakt: Kunstprodukt, der Wirklichkeit nicht entsprechend
Ästuar: Flussmündung, in der sich Süß- und Meerwasser miteinander vermischen
Atoll: Korallenriffe, die eine Lagune umwachsen
Autotomie: Selbstverstümmelung bei vielen Stachelhäutern (Echinodermata)

B

Benthisch: zum Gewässerboden gehörend und dort lebend
Benthos: Lebensgemeinschaft, die alle Tiere und Pflanzen des Ufers und des Grundes von Gewässern umfasst
Bilateralsymmetrie: anatomische Anordnung, bei der die rechte und die linke Hälfte eines Organismus oder Teile davon zueinander spiegelsymmetrisch sind
Biolumineszens: biochemische Erzeugung von Licht durch Organismen. Kommt bei Leuchtbakterien, Dinoflagellaten, Käfern, verschiedenen Weichtieren (spezielle bei Tintenfischen) und bei Fischen vor
Biomasse: Gesamtheit der in einem Lebensraum vorkommenden Lebewesen in Gramm, bezogen auf Frisch- und Trockengewicht pro Kubikmeter Volumen oder Quadratmeter Oberfläche
Biotop: Lebensraum eines bestimmten Organismus oder einer Lebensgemeinschaft
Bipinnaria: erstes Larvenstadium der Seesterne
Bivum: Rücken der Seewalzen, dieser besitzt nur noch selten Füßchen
Brachiolaria: planktische Larve der Seesterne. Sie besitzt bereits Fortsätze zur Festheftung bei der Gestaltsumwandlung (Metamorphose) ausgebildet

C

carnivor: Fleisch fressend und sich von lebenden Tieren ernährend
Chemorezeptoren: Gewebestrukturen zur Wahrnehmung chemischer Einflüsse
Chemotaxis: gerichtete Reaktion auf einen chemischen Reiz
Chromatophoren: Pigment tragende Zellen bei Pflanzen, Tieren und Bakterien
Cirren: feine Körperanhänge
Coelom: aus dem Mesoderm hervorgehende, echte Leibeshöhle

Coelomocyten: frei bewegliche Zellen in der Leibeshöhle (Coelom) von Tieren, die verschiedene Funktionen erfüllen.
Cuviersche Schläuche: Drüsige Anhänge am Enddarm verschiedener Seewalzen. Sie werden bei Gefahr ausgestoßen und bilden in Verbindung mit Seewasser klebrige und zähe Fäden, die den Feind und Angreifer umwickeln sollen. Sie werden als modifizierte Kiemen gedeutet
Detritus: lockeres, meist fein zerteiltes organisches Material
Diatomeen: Kieselalgen
Dichotom: gabelartige Verzweigung
Doliolaria: planktische Larve der Haarsterne
dorsal: zur Rückenseite gehörend
Echinopluteus: planktische Larve der Seeigel
endemisch: lokal begrenzte Verbreitung
Endoskelett: bezeichnet ein Innenskelett als Stützstruktur im Inneren mehrzelliger Organismen
Ektoderm: äußere Gewebeschicht des Körpers
Ektoparasit: auf anderen Organismen lebende Schmarotzer
Embryo: frühes Entwicklungsstadium eines vielzelligen Organismus
epibiontisch: auf der Oberfläche eines anderen Organismus lebend
Exogastrisch: Verdauung und Aufbereitung der Nahrung findet außerhalb des Magens statt
Fauna: Tierwelt
Fissiparie: vegetative Vermehrung durch Teilung des ganzen Organismus bei einigen Seesternen und Schlangensternen
Flimmerepithel: Gewebe, dessen Oberfläche mit Flimmerhaaren, Wimpern oder Geißeln besetzt ist
Gameten: Keimzellen, Geschlechtszellen, sexuelle Fortpflanzungszellen beiderlei Geschlechts
Geschlechtsdimorphismus: Ausprägung unterschiedlicher Körperformen bei Männchen und Weibchen
Gezeitenzone: Küstenzone, in der Ebbe und Flut wirksam sind
Globiferen: kugelförmige Pedicellarien bei den Stachelhäutern
Gonaden: Keimdrüsen, differenziert in Ovar (Eierstock) und Testes (Hoden)
Habitus: äußere Erscheinungsform des Körpers
Hermaphrodit: Zwitter. Ein Organismus, der weibliche und männliche Fortpflanzungsorgane besitzt
hermatypisch: Riffbildend. Die Polypen der Korallen besitzen einzellige Algen (Zooxanthellen) in ihrem Gewebe
Holothurin: Gift, das von Seewalzen produziert wird
irisieren: Durch Reflexion von Sonnenlicht in verschiedenen, überwiegend kurzwelligen Farben schillernd
Integument: Schutzhülle oder Haut
Isogamie: Die Verschmelzung zweier, gleich großer und gleich gestalteter Geschlechtszellen (Isogameten)

juvenil: noch nicht geschlechtsreif
Kieme: Spezielles, dem Sauerstoffaustausch dienendes Organ bei Wassertieren
Kolonie: Zellen oder mehrzellige Individuen der gleichen Art, die in permanenter, aber loser Gemeinschaft zusammenleben
Kommensale: Organismus, der von der Nahrung eines anderen Organismus profitiert, ihm aber weder schadet, noch nützt
Kopulation: Begattung
Kosmopoliten: In allen Meeren vorkommend
lamelliert: lamellenförmig
Larve: Entwicklungsstadium vieler Tiere, das sich klar von den geschlechtsreifen Adulten unterscheidet. Viele Larvenformen tragen bei den einzelnen Tierstämmen besondere Bezeichnungen
Laterne des Aristoteles: Fünfzahniger Kauapparat bei den Seeigeln
Litoral: Uferzone. Am Meer gegliedert in Supralitoral, Eulitoral und Sublitoral
Madreporenplatte: Gegenüber der Mundöffnung gelegene Öffnung des Kanalsystems der Stachelhäuter. Verbindet der Steinkanal mit dem Umgebungswasser
Metamorphose: häufig über mehrere Stufen laufende Umwandlung eines Organismus von der Larvenform bis zum geschlechtsreifen Tier
Metazoa: Vielzeller, vielzellige Tiere
Mikrophagen: Kleinpartikelfresser
Mikrovilli: Mikroskopisch feine Ausstülpungen der Zelloberfläche mit gleichzeitiger Vergrößerung. Dadurch Erleichterung des Stoffaustausches
Morphologie: Form und Struktur. Die Lehre und Beschreibung von Gestalt und Aufbau eines Lebewesens
Mudd: mit zersetzenden organischen Substanzen angereicherter Weichgrund des Meeres
Mutables Gewebe: Bindegewebe mit der extremen Eigenschaft zur Versteifung und Erschlaffung der Muskulatur
Ocellen: Primitive Lichtsinnesorgane bei verschiedenen Tiergruppen
ontogenetisch: Die Entwicklung eines Individuums betreffend
Oogamie: Eibefruchtung, wenn der weibliche Gamet seine Beweglichkeit verliert und zur Eizelle umgewandelt wird. Der bewegliche männliche Gamet wird Spermatozoid genannt
Ophiocephaliden: schlangenförmige Pedicellarien bei den Stachelhäutern
Ophiopluteus: Larvenform der Schlangensterne
Ossikel: sind kleine Skelettelemente, die mit Bindegewebsfasern oder Muskeln miteinander verbunden sind
Ovar: vielzelliges, weibliches Organ, das die Eizellen umschließt
Papille: kleiner Buckel oder Erhebung auf einer Oberfläche
Papulae: weichhäutige, bläschenartige Ausstülpung der Haut bei Seesternen. Sie dienen der Atmung
Parasit: Organismus, der auf oder in einem Wirt lebt und von diesem seine Nahrung bezieht. Auch Schmarotzer genannt

Paxillen: Strukturen auf der Körperoberseite verschiedener Seesterne
Pedicellarien: kleine Greiforgane bei den Stachelhäutern
pelagisch: zum offenen, freien Wasser gehörend und dort lebend
Pelagothuria: Seewalzen mit pelagischer Lebensweise, die mit dem Mund voran schwimmen. Die Form ihres Körpers weicht von denen anderen Seewalzen ab.
Pentacrinoidstadium: Larvenstadium der Haarsterne, in dem der noch nicht fertig ausgebildete Haarstern auf einem Stiel sitzt, der im Boden befestigt ist
Pinnulae: Federchen. Sie können als bewimperte Filamente an den Tentakeln von Ringelwürmern auftreten. Sie bilden aber auch die feinen Seitenäste der Arme bei den Haarsternen und Seelilien
Podien: Plasmaausstülpungen, auch Füßchen genannt
Planula: bewimperte, frei schwimmende Larve der Nesseltiere
Pluteus: Larve der Stachelhäuter
Polymorphismus: Vielgestaltigkeit der Individuen einer Art am gleichen Ort und in der gleichen Population
Radiärsymmetrie: Regelmäßige Anordnung von Strukturelementen an einem kreisförmigen Grundriss
Resorption: Atmung. Oxidativer Abbau von Nahrungsmolekülen zur Energiegewinnung
rezent: in der „modernen" Gegenwart lebend
Ringkanal: ringförmig verlaufender Kanal innerhalb des Ambulakralgefäßsystems der Stachelhäuter
Salinität: Salzgehalt des Meerwassers
Segment: Glied, Abschnitt
Segmentierung: Gliederung in hintereinander liegende Abschnitte (Segmente), die durch Wiederholung bestimmter Organe gekennzeichnet sind. Homonome Segmentierung = gleichförmige; heteronome Segmentierung = ungleichmäßige Segmentierung
sessil: festsitzend
Sipho: röhrenartig verlängerte, meist bewegliche Ein- und Ausströmöffnung
Spermatophore: vom Männchen abgegebenes und auf das Weibchen übertragenes, bzw. aufgenommenes Spermapaket
Steinkanal: kalkige Röhre, die den Ringkanal der Stachelhäuter über die Madreporenplatte mit der Außenwelt verbindet
Strigma: schlitzförmige oder runde Öffnungen von Atmungsorganen
Supralitoral: Küstenzone oberhalb der Wasserlinie. Wird auch als Spritzwasserzone bezeichnet
Symbiose: dauerhafte, meist enge Partnerschaft zwischen artverschiedenen Lebewesen zu beiderseitigem Nutzen
Tentakeln: Fangarme
toxisch: giftig, auf Giftwirkung beruhend
Tridactylen: dreifingrige Pedicellarien bei den Stachelhäutern
Trifolien: dreiblättrige Pedicellarien bei den Stachelhäutern

Trivium: Kriechsohle bei den Seewalzen. Dem Substrat zugewandte Unterseite mit drei Füßchenreihen
Trochophora: bewimpertes und frei schwimmendes Larvenstadium verschiedener Meerestiere
Tuberkel: knotenförmige Erhebungen
ventral: auf der Bauchseite gelegen
Zooplankton: im freien Wasser schwebende und driftende heterotrophe Organismen
Zwitter: besitzen die Fähigkeit, gleichzeitig weibliche und männliche Geschlechtsprodukte auszubilden

Allen, G.R. and R. Steene (1994): Indo-Pacific coral reef guide. Tropical Reef Research, Singapore.

Backus, G.J. (1973): The biology and ecology of tropical Holothurians. In: O.A. Jones and R. Endean: Biology and Geology of Coral Reefs, Vol. 1, p.325-368.

Busca, R.C. and G.J. Busca (1990): Invertebrates. Sinauer Associates, Publishers Sunderland, Massachusetts.

Cannon, L.R.G. and H. Silver (1986): Sea Cucumbers of Northern Australia. Queensland Museum, Art Section, Brisbane.

Clark, A.M. (1976): Notes on asteroids in the British Museum (Natural History) V. Nardoa and some other Ophidiasterids. British Museum of Natural History, London.

Clark, A.M. & F.W.E. Rowe (1971): Monograph of shallow-water Indo-West-Pacific echinoderms. Trustees of the British Museum of Natural History.

Clark, A.M. (1976): Echinoderms of coral reefs. In: O.A. Jones and R. Endean: Biology and Geology of Coral Reefs, Vol. 1, p.95-123.

Coleman, N. (1991): Encyclopedia of Marine Animals. Blandford, London.

Coleman, N. (2000): Marine Life of the Maldives. Atoll Edition, Victoria, Australien.

Coleman, N. (2007): Sea Stars, Echinoderms of the Asia/Indo-Pacific. National Library of Australia.

Colin, P.L. and C. Arneson (1995): Tropical Pacific Invertebrates. A field guide to the marine invertebrates occurring on tropical Pacific coral reefs, sea grass beds and mangroves, Coral reef Press, USA.

Debelius, H. und R. Kuiter (2009): Atlas der wirbellosen Meerestiere. Kosmos-Verlag, Stuttgart.

Erhardt, H. und H. Baensch (1998): Meerwasser-Atlas Band 4 Wirbellose. Mergus-Verlag, Melle.

Erhardt, H. und H. Baensch (2000): Meerwasser-Atlas Band 5 Wirbellose, Mergus-Verlag, Melle.

Erhardt, H. und H. Moosleitner (1995): Meerwasser-Atlas Band 2 und 3 Wirbellose. Mergus-Verlag, Melle.

Erhardt, H. & Chr. Krimke (2019): Tiere tropischer Korallenriffe. Druck und Design De Lange, Fritzlar.

Fossa, A.S. und A.J. Nilsen (1998): Korallenriff-Aquarium. Band 6, Schmettkamp-Verlag, Bornheim.

Fossa, S.A und A.J. Nielsen (1998): Korallenriff-Aquarium Band 6. Verlag Schmettkamp, Bornheim.

Fricke, H.W. (1971): Fische als Feinde tropischer Seeigel. Marine Biologie 9, p.328-329.

Fricke, H.W. (1976): Bericht aus dem Riff. Ein Verhaltensforscher experimentiert im Meer. Piper-Verlag, München, Zürich.

Geiss, G. (1990): Weichtiere, Krebse, Stachelhäuter des Mittelmeeres. Natur-Verlag, Augsburg.

Goldschmidt, A. (1996): Echinodermata - Stachelhäuter. In: Westheide,W. & R. Rieger: Spezielle Zoologie, 1. Teil: Einzeller und Wirbellose Tiere. Gustav Fischer Verlag, Stuttgart.
Gosliner, T.M., D.W. Behrens and G.C. Williams (1996): Coral reef animals of the Indo-Pacific. Sea Challengers, Monterey, California.
Gotshall, D.W. (1998): Sea of Cortez Marine Animals. A Guide to the Common Fishes and Invertebrates Baja California to Panama. Sea Challengers, Monterey, California, USA.
Grzimek, B. (1970): Grzimeks Tierleben. Band 3: Weichtiere und Stachelhäuter. Kindler-Verlag, Zürich.
Guile, A., Laboute, P. e J.-L. Menon (1986): Guide des ètoiles de mer, oursins et autres èchinodermes du lagoon Nouville-Caledonie. Edition de `l Orstom, Paris.
Halstead, B.W., P.S. Auerbach and D.R. Campbell (1990): A colour atlas of dangerous marine animals. Wolfe Medical Publications, London.
Hickman, C.P. (1998): Guia de campo sobre estrellas de mar y otros equinodermos de Galapagos. Sugar Spring Press, Lexington, Virginia, USA.
Hoover, J.P. (1998): Hawaii's Sea Creatures. A Guide to Hawaii's Marine Invertebrates. Mutual Publishing, Honolulu, Hawaii, USA.
Humann, P. (1992): Reef Creature Identification. Florida, Caribbean, Bahamas. Vaughan Press, Orlando, Florida, USA.
Humann, P. & N. Deloach (2010): Reef Creature Identification, Tropical Pacific. New World Publications, Inc., Florida, USA.
Kilias, R. (1975): Tentaculata und Echinodermata. In: Neue Große Tier-Enzyklopädie. Urania Tierreich, Band 6, Wirbellose Tiere (2). Fackelverlag, Brugg.
Kühlmann, F.M.B.A; Kilias, R.; Moritz, M. und M. Rauschert (1993): Wirbellose Tiere Europas. Neumann Verlag, Radebeul.
Mebs, D. (1989): Gifte im Riff. Wissenschaftliche Verlagsgesellschaft, Stuttgart.
Meyer, D.L. and D.B. Marcuda (1980): Ecology and Distribution of the Shallow-water Crinoids of Palau and Guam. Micronesia 16(1), pp.: 59-99.
Meyer, D.L. and W.I. Ausich (1983): Biotic Interaction among Recent and among Fossil Crinoids. In: Biotic Interactions in Recent and Fossil Benthic Communities. Edited by M.J.S. Tevesz and P.L. McCall, pp.: 377-427.
Patzner, R. and H. Erhardt (1993): Does the violet sea urchin, Sphaerechinus geranularis, aggregate for spawning? Nova Thalassia.
Patzner, R. und H. Erhardt (1995): Gruppenbildung bei Seeigeln ein Laichverhalten?, DAZ (298-299).
Riedel, R. (1983): Fauna und Flora des Mittelmeeres. Parey-Verlag, Hamburg.
Romer, A.S. (1959): The Vertebrate Story. University of Chicago Press, Chicago, London.
Schoppe, S. (2000): Echinoderms of the Philippines. Times Edition, Singapore.
Schuhmacher, H. und J. Hinterkircher (1996): Niedere Meerestiere. Schwämme, Korallen, Krebse, Schnecken, Seesterne und andere. BLV-Verlag, München, Wien, Zürich.

Sefton, N. and S.K. Webster (1986): Caribbean Reef Invertebrates. Seachallengers, Monterey, California, USA
Strenger, A.(1973): Sphaerechinus granularis. Violetter Seeigel. Großes Zoologisches Praktikum, Gustav-Fischer-Verlag, Stuttgart.
Unger, B. (1993): Untersuchungen zur Populationsdynamik des Violetten Seeigels Sphaerechinus granularis. Wiss. Hausarbeit, FB Biologie/Chemie, Universität Kassel.
Wirtz, P. und H. Debelius (2003): Niedere Tiere Mittelmeer und Atlantik. Jahr-Verlag, Hamburg.

Dr. Harry Erhardt
ist Jahrgang 1938 und geboren in Riga / Lettland.

Nach dem Abitur studierte er an der Universität in Gießen und promovierte im Fach Zoologie. Dr. Erhardt taucht und fotografiert seit 1963. Zuerst im Mittelmeer und später in fast allen tropischen und gemäßigten Meeren. Beginnend in der Karibik, später im Roten Meer und im Indischen Ozean. Es folgten Tauchexpeditionen in das Arabische Meer, in die Andamanensee, in das Südchinesische Meer, die Celebessee, Australien und die Korallensee. Im Indopazifik setzte Dr. Erhardt die Schwerpunkte seiner Unterwasserarbeit in Indonesien, Papua Neuguinea, der Inselwelt der Salomonen und Mikronesien. Weitere Expeditionen folgten in den Golf von Kalifornien und in die Inselwelt der Galapagos.

Erst 2011 hat Dr. Erhardt aus Altersgründen aufgehört, Tauchexpeditionen zu unternehmen. Heute widmet es sich der Sichtung und der Digitalisierung seines umfangreichen Unterwasser-Bildarchivs. Dr. Erhardt lebt heute in Fritzlar / Hessen.

Christina Krimke
ist Jahrgang 1976 und geboren in Fritzlar / Hessen.

Nach dem Abitur studierte sie an der Universität in Gießen im Fachbereich Sozial- und Kulturwissenschaften und beendete ihr Studium als Diplom-Pädagogin. Es folgte ein Zweitstudium an der gleichen Universität im Bereich Lehramt für Gymnasien mit den Schwerpunkten Biologie und Deutsch. Heute ist Frau Krimke als Studienrätin an einer Integrierten Gesamtschule in Grünberg / Vogelsberg tätig.

Frau Krimke hat schon als Kind recht frühzeitig Tauchen gelernt und später ihren Vater auf einigen seiner Tauchreisen begleitet. Seit sie jedoch Familie hat und einen Beruf ausübt, bleibt ihr wenig Zeit für Tauchreisen und für die Fotografie. Frau Krimke ist eine ausgezeichnete Taucherin und eine excellente Fotografin. Heute lebt Frau Krimke mit ihrer Familie in Buseck / Hessen.

Alle Bilder entstammen dem Unterwasserbildarchiv **Erhardt / Krimke**

Dr. Harry Erhardt & Christina Krimke

FISCHE
INDOPAZIFISCHER KORALLENRIFFE

INHALT

Fische gehören zu der ältesten und artenreichsten Wirbeltiergruppe, die seit 450 Millionen von Jahren auf unserem Planeten besteht. Sie bilden mit annähernd 20 000 geschätzten Arten die wohl umfangreichste Wirbeltiergruppe auf unserer Erde. Ihre Entwicklung begann im Meer. Und von hier aus besiedelten einige Arten auch das Süßwasser und fanden weitere Biotope in Flüssen und Seen.
Viele Fischarten sind in der Lage, sowohl im Süßwasser als auch im Meerwasser zu leben. So auch im Brackwasser, wo Süßwasser und Meerwasser sich mischen, sind sie in der Lage zu überleben. Für viele Jungfische ist das Brackwasser der Mangroven die Kinderstube, wo sie sich ungestört entwickeln können, ohne von stenohalinen Raubfischen gejagt und gefressen zu werden, bevor sie ihre Geschlechtsreife erreichen. Von den Brackwassergebieten aus wandern die erwachsenen Fische dann in stenohaline Gewässer (reines Meerwasser) ein.
Im Meer haben sich Fische den unterschiedlichsten Lebensbedingungen angepasst und besiedeln vom Flachwasser bis in die Tiefsee sowohl die Polarmeere als auch die gemäßigten und tropischen Meere auf unserer Erde. Selbst in sauerstoffarmen Tümpeln und in schlammigen Gebieten sind sie präsent.
Fische sind wechselwarme im Wasser lebende Wirbeltiere, die zeitlebens durch Kiemen atmen und deren Haut von Schuppen bedeckt ist. Das Wasser wird durch das Maul aufgenommen und über die Kiemenspalten wieder ausgestoßen. 95 % des im Wasser gelösten Sauerstoffs werden dabei extrahiert und zur Atmung genutzt. Im ausgestoßenen Wasser wird Kohlendioxyd an das Umgebungswasser abgegeben. Das Herz ist der Motor des Blutkreislaufsystems, das bei den Fischen einfach aufgebaut ist. Es pumpt das Blut durch die Kiemen. Fische sehen und schmecken wie alle Säugetiere auch. Nur riechen können sie nicht, da sie nicht mit Sauerstoff in Berührung kommen können. Sie bewegen sich mit Hilfe von Flossen fort, wobei paarige Brust- und Bauchflossen, sowie unpaare Rücken-, Schwanz- und Afterflossen bei fast allen Fischen gut ausgebildet sind. Nur ganz wenige Arten haben ihre Flossen zurückgebildet.
Fische zeigen eine große Vielfalt an Größe, Körperform, Farbe und Verhaltensweisen. Die Fische des freien Wassers besitzen einen mehr oder weniger gut ausgebildeten torpedoförmigen Körper. Grundfische sind dagegen häufig plump, aalartig oder scheibenförmig in ihrer Gestalt. Sie schwimmen durch wellenförmige Seitenbewegungen des Körpers und mit Hilfe der Schwanzflosse. Eine gut entwickelte Muskulatur ist für diese Energieleistung erforderlich, die 40 – 60 % des Körpergewichtes der Fische ausmachen kann.
Fische besitzen ein gut entwickeltes Nervensystem und ein Gehirn, das alle Sinnesleistungen steuert. Hierzu gehören die Augen, Nase und die Gleichgewichtsorgane. Speziell entwickelte Seitenlinienorgane gewährleisten die Wahrnehmung von Druckwellen und Strömungen. Auch elektrische Organe sind bei einer Vielzahl der Arten entwickelt. Es handelt sich dabei um modifizierte Muskelzellen, die elektrische Potentiale erzeugen. Bei vielen Fischen sind diese Organe nur schwach entwickelt. Sie nutzen ihren elektrischen Strom weitgehend zur innerartlichen Kommunikation. Zitteraale, Zitterrochen und Zitterwelse, deren elektrische Organe bis zu 100 000 Volt erzeugen können, nutzen den elektrischen Strom zur Betäubung

ihrer Beute und zur Feindabwehr.

Fische, die eine Schwimmbase besitzen, sind in ihrem Milieu schwerelos. Die Schwimmblase regelt den Auf- und Abtrieb und versetzt Fische in die Lage, das Gasvolumen ihrer Schwimmblase so zu regulieren, dass sie in jeder Wassertiefe ihr Körpergewicht neutralisieren können. Nur den Haien und vielen am Boden lebenden Fischarten fehlt eine Schwimmblase, so dass Haie ständig schwimmen müssen, um nicht auf den Grund zu sinken und zu ersticken. Damit ist die Schwimmblase ein wichtiges Organ, das sich ursprünglich vom Darm abgespalten und zu einem eigenen Organ entwickelt hat. Angler, die Fische aus der Tiefsee fischen und zu schnell an die Wasseroberfläche ziehen, kennen dieses Organ besonders gut, denn die Schwimmblase ragt dann weit aus dem Maul der Fische heraus. Die Zeit für eine Dekompression war für die Fische zu gering, um das Gasvolumen der Schwimmblase der jeweiligen Tiefe anzupassen, um einen Erstickungstod zu vermeiden.

Die meisten Fische ernähren sich vom Plankton, von Algen und von anderen Wasserpflanzen. Andere Fische ernähren sich von Insektenlarven, von Insekten, von Plankton, von Fischen, Amphibien und Schwämmen, von Stachelhäutern, Weichtieren und von vielen anderen wirbellosen Tieren und auch von Aas. Schwarmfische sind generell Planktonfresser, wie Heringe und Makrelen. Bodenfische hingegen sind überwiegend Carnivoren, also Fleischfresser, die sich von Würmern, Garnelen, Krabben, Tintenfischen, von kleinen Fischen und von einer ganzen Anzahl von Weichtieren ernähren. Andere, wie verschiedene Drückerfische, fressen Seeigel. Und so gibt es bei den Fischen eine Vielzahl an Ernährungsweisen in den verschiedenen Fischfamilien, die fast die gesamte biologische Vielfalt der Fauna und Flora im Meer mit einbezieht.

Fische pflanzen sich auf vielfältigste Weise fort. Die meisten sind getrennt geschlechtlich. Die Besamung der von den Weibchen in das Wasser abgegebenen Eizellen findet außerhalb der Körper im Wasser statt. Einige Fische betreiben Brutpflege, andere wiederum sind lebendgebärend. Manche Fische laichen in ihrem Leben nur einmal ab, während eine Vielzahl von ihnen als Spontan- oder Portionslaicher bekannt sind. Die als Laich bezeichneten Eier werden in großer Anzahl in das Wasser abgegeben, dort von den männlichen Samenzellen befruchtet und dann sich selbst überlassen. Entweder schweben sie im Wasser, sinken zu Boden oder sie werden an festen Gegenständen angeheftet. Die größte Anzahl der im Wasser treibenden Eier wird in der planktischen Lebensphase von Räubern gefressen. Die Entwicklung verläuft entweder über verschiedene planktische Larven oder sie erfolgt direkt. Aus den befruchteten Eizellen schlüpfen Larven, die sich in der ersten Lebensphase von einem sie umgebenden Dottersack ernähren.

Fische besitzen eine Haut, die mit Schuppen, Hautzähnen oder Knochenschuppen bedeckt sein kann. Zahlreiche Schleim-und Giftdrüsen liegen in ihr, sowie Drüsen, die Leuchtsekrete erzeugen. Die oft prächtige Färbung mancher Fische wird unter anderem durch verschiedene Pigmentzellen bewirkt, die direkt unter der Haut liegen.

Fische werden in Klassen eingeteilt. Zu ihnen gehören die Rundmäuler, vertreten durch die Neunaugen, die Knorpelfische, repräsentiert durch Haie und Rochen und die Knochenfische, die alle restlichen Arten mit einbezieht. Die Arten einer jeden Klasse unterscheiden sich von denen anderer Klassen.

Was unterscheidet Korallenfische von den Schwarmfischen im offenen Meer?
Während die Fische der offenen See meist einfarbig und silbrig glänzend sind, sind Korallenfische eng an Korallenriffe gebunden und meist bunt gefärbt. Diese Farbenpracht hat nicht nur einen, sondern viele Gründe. Bunte Farbmuster können tarnen, aber auch Warnfunktionen haben und der innerartlichen Kommunikation dienen. Sie können Beute anlocken oder Feinde abschrecken. Verhaltensforscher haben herausgefunden, dass Arten, die besonders aggressiv reagieren, in der Regel besonders auffällig bunt gefärbt sind. Hier dient die Signalpracht der Farben der Vermeidung von Revierkämpfen, denn nur wenn Farben im Korallenriff möglichst leuchtend und kontrastreich sind, werden sie eindeutig als Signal erkannt und wahrgenommen. Wer schon einmal in einem Korallenriff getaucht ist oder mit Hilfe einer Taucherbrille in die Tiefe geschaut hat, konnte feststellen, dass Korallenfische ganz anders aussehen, als sie in Abbildungen gezeigt werden. Das liegt daran, dass das rotwellige Licht schon in einer geringen Tiefe von 10m bis zu 98% absorbiert wird. Das bedeutet, dass Korallenfische sich in noch größerer Tiefe sich mit der Farbe Rot tarnen und somit als schwarze Schatten wahrgenommen werden.
Viele Korallenfische verstehen es, sich in einem Riff so zu tarnen, dass sie praktisch mit der jeweiligen Umgebung, in der sie sich gerade aufhalten, verschmelzen und so durch Färbung und Körperhaltung die Strukturen des Lebensraumes kopieren, also nachahnen. Man sieht sie erst, wenn sie sich bewegen. Als Beispiele wären Zackenbarsche, Skorpionsfische, Geisterpfeifenfische, Anglerfische, Seepferdchen und viele andere zu benennen. Hinzu kommen bei einigen Fischen Augenflecken, sog. Scheinaugen, die entweder auf der Schwanzflosse oder an der Rückenflosse der Fische zu finden sind. Da die Augenflecke viel stärker hervortreten, als die durch dunkle Augenbinden getarnten Augen, lenken sie Angreifer von den lebenswichtigen, echten Augen ab und schützen so ein außerordentlich wichtiges Sinnesorgan.
Die Körperfarben vieler Korallenfische verändern sich in der Nacht. Bei Anbruch der Dämmerung verstecken sich die tagaktiven Tiere im Riff und nehmen zum Schlafen ihre Nachtfärbung an. Dadurch sind sie viel schwerer von den nächtlichen Räubern zu entdecken. Papageifische umhüllen ihren Körper in der Nacht mit einem Schleimkokon, einem Schlafsack, der sie vor Entdeckungen durch Raubfische schützt. Und so gibt es viele weitere Beispiele, wie sich Korallenfische verhalten und schützen, um in ihrem Biotop zu überleben.
Fische haben schon immer eine große wirtschaftliche Bedeutung für die Ernährung der Menschen gehabt. Sie werden mit den unterschiedlichsten Methoden gefangen. Eine umfangreiche Fischereiindustrie basiert heute auf Fang, Züchtung, Verarbeitung und Vertrieb von Fischen. Durch eine steigende Nachfrage und bedingt durch eine explosionsartige Vermehrung der Bevölkerung auf unserer Erde sind in den letzten Jahrzehnten die Fischbestände weltweit radikal überfischt worden.

Nicht nur die Überfischung der Meere ist ein großes Problem für die Artenvielfalt im Meer. Besonders Speisefische sind durch die rigorose Ausbeutung der Meere selten geworden und die wenigen Bestände, die noch vorhanden sind, werden von einer riesigen Armada von schwimmenden Fischfabriken in feinmaschigen Fangnetzen abgefischt, wobei auch Grundschleppnetze mit großen und schweren Metallbrettern zum Einsatz kommen, die den Boden umpflügen und alles vernichten, was im Boden lebt und so ganze Biotope zerstört werden, die Jahrzehnte benötigen werden, um sich davon zu erholen und zu regenerieren. Auch die Langleinenfischerei wird in einem industriellen Ausmaß in der Hochseefischerei betrieben. Dabei werden an einer Hauptleine, die viele Seemeilen lang sein kann, Köderleinen befestigt, die mit einem Köder an einem Angelhaken bestückt in die Tiefe bis fast zum Grund versenkt werden. Sie dienen dem Fang von Tiefseefischen, wie dem Schwarzen Hecht, verschiedenen Thunfischen, Schwertfischen, Kabeljau, Heilbutt und anderen wertvollen Speisefischarten. Die Beifangraten sind bei dieser Art der Fischerei sehr hoch. Zu viele Haie, Rochen und Seevögel wie Albatrosse und Fregattvögel beißen in die beköderten Angelhaken beim Absenken der Langleinen und verenden elendig. So werden jährlich hunderttausende Seevögel bei der Langleinenfischerei getötet und selbst Schildkröten beißen in die beköderten Angelhaken und kommen dabei zu Tode. Haie und auch Rochen werden gezielt und als Beifang getötet. Schätzungen des WWF gehen davon aus, dass allein im Südostatlantik jährlich bis zu sieben Millionen Haie und Rochen als Beifang getötet werden. So ist es legitim anzunehmen, dass die Anzahl der getöteten Haie und Rochen weltweit bei über 15 Millionen liegen dürfte.
Aber nicht nur die intensiv betriebene Fischerei trägt dazu bei, dass die Fischbestände weltweit bedroht sind, denn auch die Schadstoffbelastung aus der Landwirtschaft, Flußverbauungen, die Erderwärmung, Austrocknung, das Aussetzen fremder Arten und die Dynamitfischerei tragen dazu bei, dass besonders die küstennahen Bestände gefährdet, wenn nicht sogar lokal bedingt, ausgestorben sind. In den letzten Jahrzehnten ist die Verschmutzung der Meere durch Plastikmüll zu einem fast unlösbaren Problem geworden, denn unsere Meere sind zu einer Plastikhalde verkommen. Nach Schätzungen von Unweltorganisationen schwimmen weit über 90 Millionen Tonnen Plastik in unseren Weltmeeren und es kommen jährlich weitere Millionen hinzu. So landet das Plastik in die Mägen von Haien, Delphinen, Walen, Schildkröten, Seevögeln und anderen Meerestieren und blockiert deren Atemwege und den Verdauungstrakt. Das führt unweigerlich zum Tod der betroffenen Tiere. Aber auch in den Fischernetzen, die an Wracks und unterseeischen Riffstrukturen zerreißen und im Meer liegen bleiben, verheddern sich viele Tiere wie Wale, Delphine, Seehunde, Seerobben, Haie, Rochen und Thunfische und verenden in den Netzen qualvoll. Es ist frustrierend zu beobachten, dass trotz der katastrophalen und weltweit bekannten Zustände, die in unseren Weltmeeren herrschen, weder ein Umdenken in der Fischereiindustrie noch in der Politik zu erkennen ist. Und so werden auch weiterhin die Weltmeere leer gefischt und das aus reiner Profitgier.

Blaukopf-Kaiserfisch (Pomacanthus xanthometopon), Malediven, Nord Male Atoll

Vagabund-Falterfisch *(Chaetodon vagabundus)*

Vagabund-Falterfische sind vom Roten Meer bis nach Hawaii und Französisch Polynesien weit verbreitet. Sie schwimmen paarweise oder in kleinen Schulen und ernähren sich überwiegend von kleinen Algen und von Korallenpolypen. Ihr gelblichweißer Körper trägt ein schwarzes Band über die Augen und ein weiteres an der Schwanzflosse. Der hintere Teil des Körpers wird durch ein schwarzes Band begrenzt. Vagabund-Falterfische dringen auch in brackige Gewässer vor, wo sie wenige Nahrungskonkurrenten vorfinden. Überwiegend jedoch sieht man sie im klaren Wasser küstennaher Riffe schwimmen, wo sie vom Flachwasser bis in Tiefen von 30m vorkommen. Die relativ kleinen Fische werden maximal 23cm groß.

Foto: Indonesien, Raja Ampad

Fähnchen-Falterfisch *(Chaetodon auriga)*

Fähnchen-Falterfische besitzen eine wimpelartig verlängerte Rückenflosse, die den Fisch wie ein Fähnchen begleitet. Ihr Körper zeigt diagonal verlaufende Streifen und einen schwarzen Fleck am Ende der Rückenflosse. Dieses „Scheinauge" soll Angreifer vom lebendwichtigen Auge ablenken, das in einem schwarzen Querband am Kopf versteckt ist. Fähnchen-Falterfische leben entweder einzeln oder paarweise. Nur selten schwimmen sie in kleinen Schulen. Im Riff oder in Seegraswiesen suchen sie sich ihre Nahrung. Diese besteht aus Korallenpolypen, Borstenwürmern, Garnelen, Muscheln, kleinen Schnecken und Algen. Eine Unterart, *Chaetodon auriga auriga*, lebt im Roten Meer. Ihr Fähnchen ist nicht so lang ausgebildet und der schwarze Fleck auf der Rückenflosse fehlt den Fischen. Verbreitet sind Fähnchen-Falterfische im Roten Meer und kommen im gesamten Indopazifik vor.

Foto: Malediven, Male-Atoll

Vagabund-Falterfisch (Caetodon vagabundus), Indonesien, Raja Ampad

Fähnchen-Falterfisch (Chaetodon auriga), Malediven

Goldtupfen-Falterfisch *(Chaetodon selene)*

Goldtupfen-Falterfische sind seltene Tiere im Riff. Sie leben einzeln oder paarweise und kommen vom flachen Wasser bis in Tiefen von 50m vor. Ihr cremeweißer Körper ist mit unterschiedlich großen und goldgetupften Schuppen bedeckt und ein dunkles Band zieht von der Stirn bis über das Auge. Ein dunkler und sichelförmiger Fleck zeiht von der Rückenflosse über den Schwanzstiel bis hin zur Afterflosse. Goldtupfen-Falterfische werden bis zu 17cm groß. Sie ernähren sich von Algen und von verschiedenen, kleinen, benthischen Wirbellosen und kommen im Indopazifik von Indonesien bis nach Papua Neuguinea und Japan vor.

Foto: Papua Neuguinea, Milne Bay

Philippinen-Falterfisch *(Chaetodon adiergastos)*

Philippinen-Falterfische sind im Indopazifik von Indonesien und Philippinen bis nach Taiwan und Australien verbreitet. Sie schwimmen überwiegend paarweise und sind in ihrem Verbreitungsgebiet nicht gerade häufig. Auffallend an den Fischen sind eine schwarze Augenbinde und ein schwarzer Stirnfleck. Der hellgrundige Körper der Fische ist von grauen und verwaschenen Diagonallinien bedeckt und die Flossen sind gelb. Die Jungtiere unterscheiden sich von den Erwachsenen durch einen dunklen Augenfleck am Ende der Rückenflosse, der aber mit zunehmendem Alter verschwindet. Philippinen-Falterfische werden bis zu 15cm groß und ernähren sich von Korallenpolypen, kleinen Krebsen und vom Plankton.

Foto: Philippinen, Cebu, Pescador Island

Goldtupfen-Falterfisch (Chaetodon selene), Papua Neuguinea

Philippinen-Falterfisch (Chaetodon adiergastos), Philippinen

Schwarzrücken-Falterfisch *(Chaetodon melanotus)*

Schwarzrücken-Falterfische sehen am Tag ganz anders aus als in der Nacht. Ihr Rücken wird in der Nacht zunehmend dunkler und bedeckt weitgehend beide Körperseiten. Zwei weiße Flecken befinden sich dann darauf. Tagsüber trägt ihr weißgrundiger Körper feine, schwarze und diagonal verlaufende Querstreifen, eine schwarze Augenbinde, einen schwarzen Rücken und gelbe Rücken-, Bauch- und Afterflossen. Juvenile Fische besitzen noch einen schwarzen Fleck am Schwanzstiel. Schwarzrücken-Falterfische sind entweder paarweise oder in kleineren Gruppen im Riff unterwegs. Sie werden bis zu 15cm groß, besitzen ein festes Revier und ernähren sich von Weich- und Hartkorallenpolypen. Verbreitet sind sie im Roten Meer und kommen im Indopazifik von Ostafrika bis nach Thailand, Indonesien, Samoa und Australien vor.

Foto: Indonesien, Rinca

Riesen-Falterfisch *(Chaetodon lineolatus)*

Riesen-Falterfische sind die größten Falterfische an den Riffen im Roten Meer und im Indopazifik. Sie können eine Größe von 30cm erreichen. Sie leben einzeln oder paarweise und kommen vom Flachwasser bis in Tiefen von über 150m in korallenreichen Lagunen und an Außenriffen vor. Sie ernähren sich hauptsächlich von Korallenpolypen und von Anemonententakeln, die sie abbeißen, zudem von Fischeiern, verschiedenen kleinen Wirbellosen und von Algen. Sie sind praktisch Allesfresser. In den Gewässern von Hawaii kommen diese Riesen-Falterfische in größeren Schwärmen vor. Ihr stark zusammengedrückter Körper trägt auf weißem Grund feine und schwarze Querstreifen, und eine breite Augenbinde, die von der Stirn über die Augen bis zum Kinn verläuft. Ein sichelförmiges, schwarzes Band verläuft über den Rücken bis zum Körperende. Die Rücken-, Schwanz- und Afterflossen sind gelb. Riesen-Falterfische können leicht mit einer anderen Art, *Chaetodon oxycephalus*, verwechselt werden.

Foto: Australien, GBR

Schwarzrücken-Falterfisch (Chaetodon melanotus), Indonesien

Schwarzrücken-Falterfisch (Chaetodon lineolatus), Indonesien

Kleins Falterfisch *(Chaetodon kleini)*

Kleins Falterfische leben einzeln oder schwimmen in kleineren Gruppen. Sie kommen vom flachen Wasser bis in Tiefen von über 60m vor und ernähren sich überwiegend von Algen, Krebsen und von Korallenpolypen. Ihr stark zusammengedrückter Körper trägt eine schwarze Augenbinde und eine weiß gerandete After- und Rückenflosse. Die Jungtiere unterscheiden sich von den erwachsenen Fischen durch das Vorhandensein von zwei hellen Querbändern hinter der dunklen Augenbinde. Die ganz jungen Fische bekommt man selten zu sehen, denn sie verstecken sich zwischen Korallengeäst. Kleins Falterfische zeigen nur wenige Farbmodifikationen. Sie werden bis zu 12cm groß und kommen an den Riffen von Ostafrika bis nach Australien, Tahiti und den Marshall-Inseln vor. Am häufigsten sind sie an den Riffen von Australien und Papua Neuguinea vertreten.

Foto: Papua Neuguinea, Milne Bay

Pyramiden-Falterfisch *(Hemiaurichthys polylepis)*

Pyramiden-Falterfische sind Schwarmfische, die im klaren Wasser küstennaher Korallenriffe oft zu Hunderten schwimmen und Plankton aus der Strömung des Wassers schnappen. Die nicht gerade scheuen Tiere formen mancherorts so dichte Schwärme, die sich nur langsam zu teilen beginnen, wenn ein Taucher hindurch schwimmt. Auffallend an den Fischen ist ein weißer Körperfleck in Pyramidenform in Körpermitte und gelbe Dreieckzeichnungen am Rücken und an der Afterflosse. Der Kopf ist braun. Die relativ kleinen Falterfische, die eine maximale Größe von 18cm erreichen, leben vom Flachwasser bis in Tiefen von 60m und kommen von Thailand und Indonesien bis nach Australien, Polynesien und Japan vor.

Foto: Indonesien, Bali, Alam Anda

Kleins Falterfisch (Chaetodon kleini), Papua Neuguinea

Pyramiden-Falterfisch (Hemiaurichthys polylepis), Indonesien

Bennetts Falterfisch *(Chaetodon bennetti)*

Bennetts Falterfische sind in ihrer Grundfarbe leuchtend gelb gefärbt. Unterbrochen wird dieses plakative Gelb durch einen großen, schwarzen und blau gesäumten Fleck unterhalb der Rückenflosse, einer schwarzen und hellblau gesäumten Augenbinde und zwei hellblauen Streifen an den Körperseiten. Während die Jungfische sich versteckt zwischen den Verzeigungenen von Acropora-Korallen aufhalten, schwimmen die erwachsenen Fische einzeln oder paarweise im Flachwasser die Riffe entlang, immer auf der Suche nach Nahrung. Ihre bevorzugten Lebensräume sind Riffe mit einem reichen Korallenbewuchs, denn Bennetts Falterfische sind omnivor und ernähren sich sowohl von Algen als auch von Korallenpolypen und von verschiedenen, kleinen wirbellosen Tieren. Erwachsene Fische werden bis zu 18cm groß. Die Verbreitung der Art reicht im Indopazifik von den Lagunen ostafrikanischer Küsten, quer über den Indischen Ozean und Australien bis nach Tonga, Vanuatu und Taiwan.

Foto: Indonesien, Nusakode

Mondsichel-Falterfisch *(Chaetodon lunula)*

Mondsichel-Falterfische leben entweder allein, paarweise oder in kleineren Gruppen an den Riffen im Indopazifik. Sie sind von Ostafrika bis Hawaii verbreitet und besonders häufig an den Riffen von Papua Neuguinea und dem tropischen Australien. Der gelbgrundige Körper der scheuen Falterfische ist zusammengedrückt und trägt rostbraune bis schwarze Schrägbänder an den Körperseiten, die sich zur Rückenflosse hin verdichten. Rücken-, Schwanz und Afterflossen sind schwarz gerandet und der Kopf trägt über den Augen eine schwarze Binde. Zwischen dieser und dem schwarzen Nacken verläuft ein weißes Stirnband. Der schwarze Fleck am Schwanzflossenstiel ist wichtig für die Unterscheidung dieses Falterfisches von einer ähnlichen Art aus dem Roten Meer, dem Tabak-Falterfisch, *Chaetodon fasciatus*. Mondsichel-Falterfische sind Allesfresser. Nur die, die an den Riffen der Marschall-Inseln leben, ernähren sich ausschließlich von Korallenpolypen. Die Fische werden maximal 30cm groß und unterscheiden sich in ihrem Farbkleid sehr stark von den juvenilen Tieren.

Foto: Malaysia, Sipadan

Bennetts Falterfisch (Chaetodon bennetti), Indonesien

Mondsichel-Falterfisch (Chaetodon lunula), Malaysia

Sattelfleck-Falterfisch *(Chaetodon ephippium)*

Dieser schöne Falterfisch ist in seinem Verbreitungsgebiet, das von der Andamanensee bis nach Hawaii und den Marquesas reicht, von der Farbkomposition der Körperfarben her betrachtet, ein imposanter, ja fast plakativ gefärbter Fisch, der überwiegend einzeln schwimmt, doch gelegentlich auch paarweise schwimmend gesehen wird. Auffallend an den Fischen ist ein schwarzer und weiß umrandeter Sattelfleck an der hinteren Hälfte des Rückens und blaue Längsstreifen auf den Bauchseiten. Die Jungfische sind sehr scheu und strikte Einzelgänger. Sattelfleck-Falterfische werden bis zu 23cm groß und ernähren sich als Allesfresser von Algen, Fischeiern, Würmern, kleinen Krebsen und auch von Korallenpolypen. Sie bevorzugen als Standorte korallenreiche Lagunen, seichte Riffhänge und schwimmen auch über ausgedehnte Sandflächen am Riffgrund, immer auf der Suche nach Nahrung.

Foto: Indonesien, Bali, Tulamben

Großschuppen-Falterfisch *(Chaetodon rafflesi)*

Großschuppen-Falterfische bevorzugen als Lebensraum sowohl seichte Lagunen als auch korallenreiche und geschützte Riffe und kommen hier vom flachen Wasser bis in Tiefen von 40m vor. Sie schwimmen entweder einzeln oder paarweise, doch nie in kleinen oder größeren Gruppen. Ihr gelbgrundiger Körper trägt goße und dunkelrandige Schuppen, die den Fischen ein netzartiges Aussehen verleihen. Breite und schwarze Bänder ziehen sich über Augen, Schwanzflosse und hintere Rückenflosse. Falterfische dieser Art werden bis zu 15cm groß. Sie ernähren sich von Korallenpolypen, Würmern und von kleinen Seeanemonen. Ihr Verbreitungsgebiet reicht im Indopazifik von Ostafrika und den Malediven bis nach Japan, Hawaii und Australien.

Foto: Papua Neuguinea, Milne Bay

Sattelfleck-Falterfisch (Chaetodon ephippium), Indonesien

Großschuppen-Falterfisch (Chaetodon rafflesi), Papua Neuguinea

Rotmeer-Falterfisch *(Caetodon semilarvatus)*

Rotmeer-Falterfische, auch Blaumasken-Falterfische oder Zitronen-Falterfische genannt, leben endemisch nur im Roten Meer. Die grellgelbe Farbe ihres Körpers, nur unterbrochen von dunklen, vertikalen Streifen und einem blauen, maskenhaften Augenfleck beiderseits des Körpers, wirkt über weite Strecken bereits als Signalfarbe. Ihr Körper ist seitlich stark abgeflacht. Das erlaubt den Fischen eine hervorragend angepasste Lebensweise im Spalten- und Lückensystem von Korallenriffen. Meist schwimmen die Tiere paarweise. Selten sieht man sie in kleinen Gruppen. Ihre aktive Phase beginnt in den Nachmittagsstunden. Dann patrouillieren sie die Riffe entlang und ernähren sich von benthischen Wirbellosen, wie kleinen Krebsen, Würmern, Korallenpolypen und auch von Algen, die sie mit ihrem zugespitzten Maul aufnehmen und fressen. In ihrer Ruhephase sieht man sie oft unter Schirm- und Tischkorallen fast bewegungslos „schweben". Bei Anbruch der Dunkelheit suchen sie sich Schlafplätze im Riff und verstecken sich zwischen Korallengeäst. Ausgewachsene Tiere können eine Größe von bis zu 30cm erreichen. Kleine und mittelgroße Blaumasken-Falterfische sind ausgezeichnete Aquarientiere, die sich in gut eingefahrenen Heimaquarien problemlos über viele Jahre pflegen lassen.

Foto: Ägypten, Safaga

Halsband-Falterfisch *(Chaetodon collare)*

Halsband-Falterfische, auch Samtgaukler genannt, leben überwiegend paarweise. Gelegentlich sieht man sie entlang der Riffe in kleineren Schulen schwimmen. Auffallend bei den Fischen ist ein weißes Halsband, das sich als Querbinde vom Nacken über die Kiemendeckel bis zum Kinn zieht. Eine dunkle Binde übergreift die Augen. Die tagaktiven Tiere ernähren sich hauptsächlich von Korallenpolypen und von Würmern. Gelegentlich sieht man sie auch an Algen zupfen. Bei Einbruch der Dämmerung suchen sie ihre Nachtquartiere zwischen den Korallenverzweigungen auf. Die Farbe ihres Körpers verändert sich dann und im Bereich der Rückenflosse erscheint ein großer und heller Fleck. Ihr Verbreitungsgebiet beginnt am Ausgang des Roten Meeres und erstreckt sich bis zu den Philippinen.

Foto: Malediven, Süd Male-Atoll

Rotmeer-Falterfisch (Chaetodon semilarvatus), Ägypten

Halsband-Falterfisch (Chaetodon collare), Malediven

Meyers Falterfisch *(Chaetodon meyeri)*

Meyers Falterfische leben in unmittelbarer Riffnähe und verstecken sich bevorzugt zwischen den Verzweigungen großer Geweihkorallen. Sie lieben Riffe mit einem reichen Korallenbewuchs, da sie sich ausschließlich von Korallenpolypen ernähren. Hier schwimmen sie entweder einzeln oder paarweise. Ihr stark zusammengedrückter Körper zeigt breite, schwarze und diagonale Bänder, die in Rückenhöhe kurvig verlaufen. Schwarze Querbänder umgreifen die Schnauze, die Augen und die Kiemendeckel. Die Rückenflossenstrahlen sind gelb abgesetzt. Meyers Falterfische leben an den Riffen im Indopazifik und im Westpazifik in Tiefen zwischen 5m und 30m. Sie werden maximal 15cm groß und werden trotz ihres weiten Verbreitungsgebietes selten gesehen.

Foto: Malediven, Baa-Atoll

Malaiischer Einfleck-Falterfisch *(Chaetodon speculum)*

Malaiische Einfleck-Falterfische, auch Ovalfleck-Falterfische genannt, besitzen einen leuchtend gelben Körper, der einen großen, ovalen und schwarzen Fleck am Rücken trägt. Eine schwarze Augenbinde verläuft am Kopf von der Stirn über die Augen bis zum Kinn. Die bis zu 18cm großen Fische schwimmen entweder einzeln oder paarweise und ernähren sich hauptsächlich von Korallenpolypen. Sie bevorzugen als Lebensraum an Korallen reiche Habitate, schwimmen gelegentlich auch in Lagunen und kommen vom flachen Wasser bis in Tiefen von 30m vor. Im Indopazifik sind sie von Indonesien, Malaysia und Westaustralien bis zu den Philippinen, Tonga und Japan weit verbreitet.

Foto: Indonesien, Bali, Alam Anda

Meyers Falterfisch (Chaetodon meyeri), Malediven

Malaiischer Einfleck-Falterfisch (Chaetodon speculum), Indonesien

Gelbkopf-Falterfisch *(Chaetodon xanthocephalus)*

Gelbkopf-Falterfische kommen ausschließlich im Indischen Ozean vor und leben in der Regel paarweise und in einer Dauerehe. Leider ist sehr wenig über die Biologie und über das Fortpflanzungsverhalten dieser Fische bekannt. Als tagaktive Fische schwimmen sie weite Strecken über Flachriffe und nutzen als Deckung stets schmale Durchbrüche und Korallennischen. Nachts verstecken sie sich im Riff und schlafen im Korallenlabyrinth. Auffallend an den Fischen ist die lang ausgezogene Schnauze. Sie ähnelt einer Pinzette und weist sie als Nahrungsspezialisten aus. Sie ernähren sich fast ausschließlich von Korallenpolypen, von kleinen Würmern und von Fischbrut. Den Jungfischen fehlt die Querstreifung des Körpers und der hellblaue Fleck unterhalb der Augen. Ausgewachsene Tiere werden bis zu 23cm groß.

Foto: Malediven, Nord Male Atoll

Segelpunkt – Pinzettenfisch *(Chelmon rostratus)*

Obwohl Segelpunkt-Pinzettenfische an den Riffen im Indopazifik weit verbreitet sind, begegnet man ihnen doch nur selten unter Wasser. Die sehr scheuen Fische schwimmen entweder einzeln oder paarweise und nutzen jede Deckung im Riff. Sie werden in der Aquarienliteratur als streitsüchtig beschrieben, was man in der Natur nicht beobachten kann. Ihre lange, röhrenförmige und pinzettenähnliche Schnauze weist sie als Nahrungsspezialisten aus, die ihre Beute aus tiefen Spalten, Löchern und schwer zugänglichen Ritzen saugen. Der stark zusammengedrückte und hellgrundige Körper der Fische trägt gelbe Querbinden, von denen die ersten dunkel umsäumt sind. Unterhalb der Rückenflosse befindet sich ein runder, schwarzer und hell umrandeter Fleck, ein so genanntes „Scheinauge". Der Schwanzflossenansatz trägt ein dunkles Band.

Foto: Malaysia, Lankayan

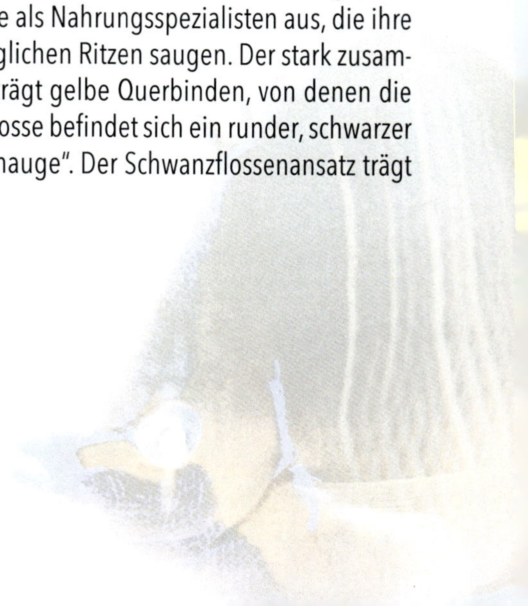

Gelbkopf-Falterfisch (Chaetodon xanthocephalus), Malediven

Segelpunkt-Pinzettenfisch (Chelmon rostratus), Malaysia

Doppelsattel-Falterfisch *(Chaetodon ulietensis)*

Doppelsattel-Falterfische werden im Durchschnitt meist größer als 20cm. Und damit gehören sie zu den größten Falterfischen an den Riffen im Indopazifik. Sie leben entweder einzeln, paarweise oder sie schwimmen in kleineren Gruppen. Ihr weißgrundiger Körper trägt zwei schwarze Sattelflecken auf dem Rücken, eine breite und schwarze Augenbinde, feine schwarze Querbänder am Körper und ein gelbes Hinterteil. Die Rücken-, After und Schwanzflossen sind gelb. Auf der Schwanzwurzel befindet sich ein schwarzer Fleck, der als ein Scheinauge gedeutet wird. Ihr Revier sind seichte Lagunen mit einem reichen Korallenbewuchs, da sie sich auch von Korallenpolypen ernähren. Entlang von Außenriffen sind sie seltener zu finden. Doppelsattel-Falterfische gelten als gefräßig. Auf ihrem Speiseplan stehen außer Korallenpolypen verschiedene Algen, Krebse, Würmer und tierisches Plankton. Ihre geographische Verbreitung reicht im Indopazifik von Indonesien und den Philippinen bis nach Japan, Neukaledonien und Australien.

Foto: Australien, Großes Barriereriff

Dreieck-Falterfisch *(Chaetodon triangulatus)*

Dreieck-Falterfische sind nicht gerade häufig im Riff zu sehen, doch wenn man gezielt und über einen längeren Zeitraum über größere Bestände von Geweihkorallen der Gattung *Acropora* taucht, ist die Wahrscheinlichkeit sie zu finden, relativ groß. Besonders die Jungfische verstecken sich im weiträumigen Geäst dieser Korallen. Der Körper dieser bis zu 16cm großen Fische ist flach, dreieckig in der Form und durch bläulich gezackte, vertikale Bänder auffällig. Zwei orangebraune Bänder ziehen sich über die Augen und über den Nacken. Der Mund ist orange. Der schwarze Schwanz trägt drei gelbe Bandstreifen. Dreieck-Falterfische sind Tiere des flachen Wassers, die bis in Tiefen von 15m vorkommen. Sie ernähren sich von Korallenpolypen, sind territorial und verjagen andere Falterfische aus ihrem Revier. Sie schwimmen meist paarweise und sind im Roten Meer und im Indopazifik von Madagaskar bis nach Australien und Japan verbreitet.

Foto: Indonesien, Komodo

Doppelsattel-Falterfisch (Chaetodon ulietensis), Australien

Dreieck-Falterfisch (Chaetodon triangulatus), Indonesien

Augenfleck-Coradion *(Coradion chrysozonus)*

Der helle Körper der Tiere ist seitlich stark zusammengedrückt und trägt breite orange bis orangebraune Bänder. Eine dunkle Augenbinde befindet sich am Kopf und ein schwarzer Fleck am Schwanzstiel. Unterhalb der Rückenflosse tragen die Fische ein kleines und schwarzes Scheinauge. Augenfleck-Falterfische sind seltene Fische im Riff, die überwiegend einzeln und nur gelegentlich paarweise schwimmen. Sie werden bis zu 13cm groß, ernähren sich von verschiedenen benthischen Wirbellosen und von Algen und kommen vom Flachwasser bis in Tiefen von 60m vor. Ihre bevorzugten Reviere sind Felsen- und Korallenriffe. Die Verbreitung der Art reicht im Indopazifik von Thailand und Indonesien bis nach Papua Neuguinea und Australien. Augenfleck-Falterfische kann man leicht mit den Hochflossen-Falterfischen, *Coradion altivelis*, verwechseln.

Foto: Indonesien, Nusakode

Hochflossen-Coradion *(Coradion altivelis)*

Falterfische dieser Art sind selten und daher auch wenig bekannt. Sie sind im Indopazifik an den Riffen von Thailand bis nach Südjapan und Australien verbreitet und leben dort sehr gut versteckt im Korallenlabyrinth. Entweder schwimmen sie einzeln, paarweise oder in kleineren Gruppen, häufig gemischt mit einer anderen Art, *Coradion chrysozonus*. Bei der Jungfischen sind die Rücken- und Afterflossen viel weiter ausgezogen als bei den erwachsenen Tieren und sie besitzen auch noch ein schwarzes und weiß umrandetes Scheinauge auf der weichen Rückenflosse. Sowohl die Jungtiere als auch die Erwachsenen tragen an ihrem hellen Körper 4 breite dunkelbraune bis schwarze Querbinden und ein schmales, schwarzes Band am Schwanzflossenansatz. Hochflossen-Coradion werden maximal 15cm groß und ernähren sich von Algen und kleinen benthischen Wirbellosen. Von der Gattung Chaetodon unterscheiden sie sich durch eine geringere Anzahl ihrer Rückenflossenstrahlen.

Foto: Indonesien, Komodo

Augenfleck-Coradion (Coradion chrysozonus), Indonesien

Hochflossen-Coradion (Coradion altivelis) Indonesien

Langmaul Pinzettenfisch *(Forcipiger longirostris)*

Langmaul-Pinzettfische sind wunderschöne, grell gelb gefärbte Fische, mit schwarzer Stirn und einem grauen Kinn, das zahlreiche kleine und schwarze Flecken trägt. Ein kleiner schwarzer Augenfleck befindet sich direkt unterhalb der Schwanzwurzel. Die Schnauze der Fische ist lang und röhrenförmig ausgezogen, ähnlich einer Pinzette. Mit ihrer Hilfe holen sie aus tiefen Spalten und Ritzen ihre Nahrung, die überwiegend aus kleinen Krebsen, Würmern, Asseln und Fischeiern besteht. Während die adulten Fische einzeln oder paarweise im Riff unterwegs sind und sich territorial gegenüber Artgenossen verhalten, schließen sich die Jungfische zu kleineren Gruppen zusammen. Langmaul-Pinzettfische können leicht mit Kurzmaul-Pinzettfischen, *Forcipiger flavissimus*, verwechselt werden. Bei ihnen ist die Schnauze jedoch kürzer und es fehlen auch die schwarzen Flecken auf dem Kinn. Eine fast schwarze Farbvariante kommt an den Riffen von Hawaii vor. Pinzettfische dieser Art werden maximal 22cm groß und sind an den Riffen im Indopazifik weit verbreitet.

Foto: Australien, Großes Barriereriff

Schlüsselloch-Zwergkaiserfisch *(Centropyge tibicen)*

Kaiserfische dieser Art sind relativ klein und erreichen eine maximale Größe von18cm. Doch innerhalb ihrer Gattung sind sie die größten Fische. Sie leben entweder einzeln oder in kleineren Gruppen und bevorzugen seichte Lagunen, flache Saumriffe oder ausgedehnte Sand-, Korallenbruch- und Schlammflächen als Lebensraum. Hier ernähren sie sich von verschiedenen Algen. Der Körper der recht scheuen Fische ist samtschwarz bis dunkelblau gefärbt und trägt in Körpermitte einen ovalen weißen Fleck. Die Rücken- und Schwanzflosse ist neonblau und die Afterflosse gelb gesäumt. Zwergkaiser dieser Art sind selten. Sie sind im Indopazifik von Indonesien und den Philippinen bis nach Melanesien, Mikronesien und die Korallensee relativ weit verbreitet, doch muß man lange nach ihnen suchen, wenn man sie überhaupt findet, so versteckt und scheu sind sie unterwegs im Riff.

Foto: Indonesien, Bali

Langmaul-Pinzettenfisch (Forcipiger longirostris), Australien

Schlüsselloch-Zwergkaiserfisch (Centropyge tibicen), Indonesien

Gelber Dreipunktkaiser *(Apolemichthys trimaculatus)*

Gelbe Dreipunktkaiserfische sind sehr scheue Tiere, die einzeln oder paarweise schwimmen. Nur dort sind sie etwas zutraulicher, wo Menschen tauchen und versuchen, sie anzufüttern. Ihr Revier sind klare Lagunen mit einem guten Korallenbestand und gut durchströmte Riffhänge mit Unterhöhlungen, die Versteckmöglichkeiten bieten. Der Körper der Fische ist gelb. Das Maul ist blau umrandet und an der Stirn befindet sich ein kleiner, schwarzer Fleck. Der untere Teil der abgerundeten Schwanzflosse ist schwarz. Dreipunkt-Kaiserfische werden maximal 30cm groß und ernähren sich überwiegend von Schwämmen und kolonialen Seescheiden. Wie bei fast allen Kaiserfischen, so sehen auch die Jungfische bei ihnen etwas anders aus als die erwachsenen Tiere. Sie besitzen einen schwarzen Fleck an der Basis der Rückenflosse und eine dunkle Querbinde zieht über die Augen. Dreipunkt-Kaiserfische leben an den Riffen im Indopazifik und kommen von Ostafrika bis nach Japan und Australien vor.

Foto: Malediven, Süd Male Atoll

Traumkaiserfisch *(Pomacanthus navarchus)*

Traumkaiserfische sind in der Regel Einzelgänger, doch schwimmen sie gelegentlich auch paarweise. Sie leben an korallenreichen Riffen und in seichten Lagunen und sind vom Flachwasser bis in Tiefen von über 30m verbreitet. Das Farbkleid erwachsener Fische ist sehr bunt und auffallend und macht sie so zu wunderschönen Riffbewohnern. Die Jungfische sind dagegen dunkelblau bis schwarz gefärbt und tragen 10-12 blaue, vertikale Bänder an Kopf und Körper. Traumkaiserfische werden bis zu 30cm groß. Sie ernähren sich von Schwämmen, Würmern und von Manteltieren und stoßen bei Störungen deutlich vernehmbare, tiefe Grunzlaute aus. Sie sind im Indopazifik von Indonesien bis nach Australien, Melanesien und Mikronesien weit verbreitet.

Foto: Papua Neuguinea, Milne Bay

Gelber Dreipunktkaiser (Apolemichthys trimaculatus), Malediven

Traumkaiserfisch (Pomacanthus navarchus), Papua Neuguinea

Imperator-Kaiserfisch *(Pomacanthus imperator)*

Der Imperator-Kaiserfisch ist einer der farbenprächtigsten Fische an den Riffen des Roten Meeres und im gesamten Indopazifik. Er ist in der Wahl seines Lebensraumes recht anspruchsvoll, denn überall dort, wo das Riff noch ein gesundes Wachstum zeigt, hat er seinen Standort und sein ausgedehntes Revier. Meist sind es die Bereiche des Außenriffes, die sie einzeln oder paarweise kontrollieren, wobei sie sehr aggressiv Artgenossen vertreiben. Ein außergewöhnlicher Farbwechsel zeichnet die Entwicklung der Jungfische bis zum erwachsenen Tier aus. Während die Jungfische dunkelblau bis schwarz gefärbt sind und weiße, konzentrische Ringe tragen, besitzen die erwachsenen Tiere etwa 25 gelbe, diagonale Streifen am Körper, die vom Kopf bis zum Schwanzflossenansatz verlaufen. Die Schwanzflosse ist abgerundet und gelb. Imperator-Kaiserfische sind omnivor, also Allesfresser. Sie ernähren sich sowohl von pflanzlicher als auch von tierischer Kost. Diese wunderschönen Fische in ihrem Revier beobachten zu können ist immer ein besonderes Vergnügen.

Fotos: Indonesien, Komodo Nationalpark

Imperator-Kaiserfisch (Pomacanthus imperator), Indonesien

Imperator-Kaiserfisch, juvenil, Indonesien

Pfauen-Kaiserfisch *(Pygoplites diacanthus)*

Pfauen-Kaiserfische sind sehr schöne, attraktive und plakativ gefärbte Fische, die als Lebensraum geschützte, doch korallenreiche Riffe bevorzugen, die viele Höhlen und Spalten als Verstecke aufweisen. Die relativ kleinen Kaiserfische, die ausgewachsen maximal 26cm groß werden, sind mit ihrem seitlich stark zusammengedrückten Körper hervorragend dem Korallenlabyrinth als Lebensraum angepasst. Beide Körperseiten zeigen eine Querstreifung, wobei sich die Farben Weiß, Schwarz und Gelb abwechseln. Die weißen und schwarzen Querbänder können gelegentlich in ein Blau übergehen. Der Kopf und die Schnauze sind gelb und zeigen schwarze und blaue Zeichnungen im Bereich der Augen. Der Rand der Kiemendeckel trägt einen für Kaiserfische typischen Stachel. Die Jungtiere sind ähnlich gefärbt wie die Erwachsenen, doch besitzen sie einen dunklen Fleck auf der Rückenflosse, der sich im Verlaufe ihres Wachstums verliert. Die Rücken-, Schwanz- und Afterflossen sind abgerundet, wobei die Afterflosse auffallend gelb-blau gestreift ist. Pfauen-Kaiserfische sind unermüdliche Schwimmer, die stets im Riff unterwegs sind und jede Deckung nutzen. Sie schwimmen entweder einzeln oder paarweise und sie sind tagaktiv. Auf ihren Tagesausflügen ernähren sich überwiegend von Schwämmen, von Seescheiden und von Algen. Sie sind im Roten Meer und im Indopazifik von Ostafrika bis nach Tahiti und Australien weit verbreitet.

Foto: Indonesien, Komodo

Ring-Kaiserfisch *(Pomacanthus annularis)*

Die Jungtiere der Ring-Kaiserfische besitzen grundsätzlich eine andere Körperfärbung als die erwachsenen Tiere. So wird die Körperfarbe in Verlaufe ihres Wachstums mehrfach gewechselt. Dadurch können die Jungfische noch unbehelligt und ohne Gefahr im Revier der erwachsenen Fische verbleiben, ohne als Konkurrenten erkannt und angegriffen zu werden. Sobald jedoch die Umfärbung zum erwachsenen und damit geschlechtsreifen Tier erfolgt ist, werden sie aus dem Revier verjagt und müssen sich nun selbst ein neues Revier suchen. Ring-Kaiser sind zuerst Männchen; später werden sie zu Weibchen. Auffallend sind bei den großen und durchwegs männlichen Tieren die leuchtend blaue Streifung des Körpers und die weiße Schwanzflosse. Ein blauer Ring befindet sich im Nacken der Fische. Ring-Kaiser leben entweder einzeln oder paarweise. Nur gelegentlich formieren sie sich zu kleineren Gruppen. Sie bevorzugen Felsenriffe als Lebensraum, wo sie sich bevorzugt von Plankton, Algen, von Schwämmen, Moostierchen und von anderen kleinen Wirbellosen ernähren. Ihre geographische Verbreitung reicht im Indopazifik von der Andamanansee bis in den Westpazifik.

Foto: Thailand, Similan-Inseln

Pfauen-Kaiserfisch (Pygoplites diacanthus), Indonesien

Ring-Kaiserfisch (Pomacanthus annularis), Thailand

Koran-Kaiserfisch *(Pomacanthus semicirculatus)*

Koran-Kaiserfische kommen an den Riffen von Ostafrika bis nach Japan, Fiji und Australien vor und wachsen bis zu einer Maximalgröße von 40cm heran. Im Roten Meer sind sie noch nicht nachgewiesen worden. Wie bei fast allen Kaiserfischen so sehen auch die Jungfische dieser Art ganz anders aus als die erwachsenen Tiere. Die Jungfische sind tiefblau bis schwarz in der Grundfarbe ihres Körpers und besitzen weiße bis hellblaue, mondsichelähnliche Streifen an den Körperseiten. Sie sind außerordentlich scheu, schwimmen hektisch und verstecken sich im Korallenlabyrinth. Die erwachsenen Fische sind majestätisch schön und strikte Einzelgänger, die ein großes Revier besitzen, das sie vehement und aggressiv verteidigen. Sie bevorzugen als Lebensraum Reviere mit einem reichen und gesunden Korallenbestand und lieben schattige und geräumige Höhlen und Unterstände. Ihre Nahrung besteht überwiegend aus Schwämmen und kolonialen Manteltieren. In einem geringen Umfang fressen sie auch Meeresalgen.

Foto: Mikronesien, Palau

Sechsband-Engelfisch *(Pomacanthus sexstriatus)*

Der Körper dieser großen und wunderschön gefärbten Fische trägt sechs breite und dunkle Querbinden und ein breites, weißes Band, das von der Stirn über die Kiemendeckel zum Kinn zieht. Die großen Körperschuppen sind blau gepunktet. Die Jungfische unterscheiden sich in ihrem Farbkleid grundsätzlich von den erwachsenen Fischen. Sie besitzen weiße und vertikale Körperstreifen und führen eine versteckte Lebensweise. Sechsband-Engelfische leben in der Regel paarweise. Sie sind sehr schreckhaft und scheu und stoßen in Bedrängnis Grunzlaute aus. Sie werden bis zu 50cm groß und ernähren sich von Schwämmen, Seescheiden und von Algen. Sie benötigen große Reviere und verteidigen diese auch vehement gegen Artgenossen. Im Indopazifik sind sie von Malaysia und Indonesien bis nach Papua Neuguinea, den Solomonen und Australien verbreitet.

Foto: Indonesien, Komodo

Koran-Kaiserfisch (Pomacanthus semicirculatus), Mikronesien

Sechsband-Engelfisch (Pomacanthus sexstriatus)

Blaukopf-Kaiserfisch *(Pomacanthus xanthometopon)*

Blaukopf-Kaiserfische sind überwiegend an den Korallenriffen im Indo-West-Pazifik beheimatet und kommen auch auf den Malediven und in Australien vor. Sie leben überwiegend einzeln, schwimmen gelegentlich paarweise und bevorzugen klare Lagunen, steile Riffhänge und große Unterhöhlungen als Lebensraum. Die Grundfarben des Körpers sind gelb und blau. Große, dunkelblaue Schuppen, die gelb umrandet sind, bedecken den Körper der Fische. Sie formen ein netzartiges Muster. Der Kopf ist dunkelblau und trägt helle, gelbe Flecken. Eine gelbe Maske umgibt die Augen. Die Rückenflosse trägt einen schwarzen Augenfleck, der aber auch fehlen kann. Alle Flossen sind blau gesäumt und abgerundet. Die Jungfische unterscheiden sich in ihrer Färbung grundsätzlich vom Farbkleid der Erwachsenen. Sie sind schwarz-blau-weiß quergestreift. Erst ab einer Länge von 12cm beginnt die Farbumwandlung. Mit zunehmender Länge und Größe werden sie den erwachsenen Fischen immer ähnlicher. Blaukopf-Kaiserfische können 40cm groß werden. Sie sind tagaktiv und ernähren sich überwiegend von Algen, Schwämmen und von kolonialen Manteltieren.

Foto: Papua Neuguinea, Milne Bay

Arabischer Kaiserfisch *(Pomacanthus maculosus)*

Arabische Kaiserfische sind strikte Einzelgänger. Sie leben an den Saumriffen des Roten Meeres und kommen im Indopazifik von den Küsten Ostafrikas bis in den Persischen Golf vor. Die bis zu 50cm großen Kaiserfische besitzen auf graublauem Körpergrund einen großen und gelben Fleck auf beiden Körperseiten. Ihre Stirn ist mit großen und schwarzen Schuppen bedeckt. Die Rücken- und Afterflossen sind sichelförmig verlängert, wobei die Rückenflossenfahnen bei den Männchen besonders lang ausgezogen sind. Die Schwanzflosse ist abgerundet. Arabische Kaiserfische sind omnivor, also Allesfresser. Sie ernähren sich von Algen, von Schwämmen, von Manteltieren und vielen anderen benthischen Organismen. Erwachsene Tiere sind streng territorial und sehr scheu. Nur wenn sie angefüttert werden, sind sie zutraulich. Nachts verstecken sich die tagaktiven Kaiserfische im Labyrinth der Korallenriffe.

Foto: Ägypten, Sinai, Sharm el Sheikh

Blaukopf-Kaiserfisch (Pomacanthus xanthometopon), Papua Neuguinea

Arabischer Kaiserfisch (Pomacanthus maculosus), Ägypten

Rotmeer-Lyrakaiserfisch *(Genicanthus caudovittatus)*

Kaiserfische dieser Art sind in ihrer Verbreitung auf bestimmte Faunengebiete begrenzt und kommen nur im Roten Meer und im Indopazifik von der ostafrikanischen Küste bis nach Mauritius vor. Die bis zu 25cm großen Fische besitzen zugespitzte und weit ausgezogene Rücken- und Afterflossen und eine sichelförmig und stark verlängerte Schwanzflosse. Sie leben häufig in kleineren Gruppen, wobei die Körperfarbe der Weibchen und Männchen verschieden ist. Der cremefarbene Körper der Weibchen trägt eine hellbraune bis schwarze Binde über Augen und Stirn. Die Männchen haben schwarze Querbänder auf ihrem Körper (siehe Bild). Rotmeer-Lyrakaiserfische sind tagaktiv und ernähren sich vom Plankton, wobei sie die Planktonorganismen aus dem Freiwasser schnappen.

Foto: Ägypten, Sinai, Insel Tiran

Sattelfleck-Anemonenfisch *(Amphiprion polymnus)*

Sattelfleck-Anemonenfische leben mit nur zwei verschiedenen Seenanemonen in einer Symbiose: Mit *Heteractis crispa* und mit *Stichodactyla haddoni*. Während diejenigen, die mit *Heteractis crispa* zusammen leben, fast schwarz in ihrer Körperfarbe sind, sind die, die mit *Stichodactyla haddoni* vergesellschaftet leben, hell- oder dunkelbraun gefärbt. Das weiße Nackenband hinter den Augen, der weiße Sattelfleck am Rücken und die weiß umrandete Schwanzflosse bleiben bei beiden Farbvarianten erhalten. Sattelfleck-Anemonenfische sind Planktonfresser, die vom Flachwasser bis in Tiefen von 30m vorkommen. Sie sind gegenüber anderen Fischen streitsüchtig und rauflustig. Auch Taucher werden vehement angegriffen. Die Weibchen sind in der Regel etwas größer als die Männchen. Ihr Vorkommen reicht im Indopazifik von Thailand und Malaysia bis nach Indonesien, den Philippinen und Solomonen bis nach Australien.

Foto: Malaysia, Lankayan

Rotmeer-Lyrakaiserfisch (Genicanthus caudovittatus), Ägypten

Sattelfleck-Anemonenfisch (Amphiprion polymnus), Malaysia

Samt-Anemonenfisch *(Premnas biaculeatus)*

Samt-Anemonenfische leben entweder mit der Blasenanemone, *Entacmaea quadricolor,* oder mit der Prachtanemone, *Heteractis magnifica*, vergesellschaftet. Die Weibchen sind in der Regel doppelt so groß wie die Männchen und können eine Maximalgröße von 15cm erreichen. Möglicherweise können aus kleineren Männchen auch Weibchen werden, wenn diese einem Räuber zum Opfer fallen. Ein kräftiger Stachel befindet sich auf den Kiemendeckeln. Die intensiv rotorange gefärbten Weibchen sind bei der Verteidigung ihrer Wirtsanemonen gegenüber Angreifern auch wesentlich aggressiver als die Männchen. Sie führen die Attacken zur Verteidigung ihrer Anemone durch, während sich die Männchen hinten den Weibchen oder im Tentakelwald der Anemone verstecken. Die rotorange Farbe ihres Körpers kann sehr rasch intensiviert werden, wenn sich die Tiere belästigt oder angegriffen fühlen. Drei weiße Querbinden umlaufen den Körper. Sie können bei den Weibchen mehr grau als weiß sein. Samt-Anemonefische leben, wie auch ihre Wirtsanemonen, in flachen und strömungsarmen Riffbereichen nahe der Wasseroberfläche. Sie ernähren sich vom tierischen Plankton und von Algen, die sie vom Substrat abfressen. Ihr Verbreitungsgebiet reicht vom Indo-Malayischen-Archipel bis nach Nord Queensland, Australien.

Foto: Indonesien, Nord Sulawesi

Samt-Anemonenfisch (Premnas biaculeatus), Papua Neuguinea

Rotmeer-Anemonenfisch *(Amphiprion bicinctus)*

Rotmeer-Anemonenfische kommen im Roten Meer und an den Riffen des Chagos Archipels im Indischen Ozean vor. Die Anemonenfische leben in einer echten Symbiose mit ihren Wirtsanemonen, die sie gegen tentakelfressende Angreifer aggressiv verteidigen, da viele Schmetterlingsfische der Gattung Chaetodon sich auf Anemonententakeln als Nahrung spezialisiert haben. Rotmeer-Anemonenfische leben mit den Prachtanemonen *Heteractis magnifica* und *Entacmaea quadricolo*r vergesellschaftet. Der gelborange bis gelbbraune Körper der Tiere besitzt zwei weiße, dunkel umrandete Querbänder. Das erste Band beginnt direkt hinter den Augen, während sich das zweite Band von der Mitte der Rückenflosse bis zum Beginn der Afterflosse zieht. Viele Arten aus dieser Gattung besitzen ein ähnliches Zeichnungsmuster auf ihrem Körper, doch nur *Amphiprion bicinctus* hat als einzige Art davon eine gelbe Schwanzflosse.

Foto: Ägypten, Safaga

Clarks Anemonenfisch *(Amphiprion clarkii)*

Clarks Anemonenfische leben mit 10 verschiedenen Wirtsanemonen in einer engen Symbiose. Gewöhnlich ist der Körper der Tiere schwarz. Drei weiße Querbinden befinden sich am Kopf, am Körper und am Schwanzflossenansatz. In Indopazifik kommt diese Art jedoch in verschiedenen Spielfarben vor, wobei die Färbung der Fische von einem hellen Orange bis hin zu braunschwarz reicht. Die Jungfische sind meist einheitlich orange gefärbt und haben schwarz abgegrenzte, weiße Querbinden. Bei den Anemonenfischen sind sowohl männliche als auch weibliche Keimdrüsen angelegt. Ihre Reife wird unterdrückt durch die Anwesenheit eines kräftigen und dominanten Weibchens. Stirbt dieses oder fällt es einem Räuber zum Opfer, dann verwandelt sich das kräftigste Männchen zu einem Weibchen, das in der Lage ist, die Art zu sichern. Sie heftet ihre befruchteten Eier in unmittelbarer Nähe und im Schutz der Anemone auf felsigem Gestein an, pflegt, bewacht und befächert sie. Von allen Anemonenfischen besitzt Amphiprion clarkii das größte Verbreitungsgebiet, das vom Arabischen Golf bis nach Japan reicht.

Foto: Philippinen, Silquijor

Rotmeer-Anemonenfisch (Amphiprion bicinctus), Ägypen

Clarks Anemonenfisch (Amphiprion clarkii), Philippinen

Orangeflossen-Anemonenfisch *(Amphiprion chrysopterus)*

Orangeflossen-Anemonenfische leben mit einer ganzen Anzahl von Seeanemonen vergesellschaftet. Die Grundfarbe ihres Körpers kann braun oder schwarz sein. Zwei weiße oder bläulichweiße Bänder verlaufen vertikal darauf. Bis auf die weiße Schwanzflosse sind alle anderen Flossen orange. Nur die Anemonenfische aus Melanesien zeigen Abweichungen. Sie besitzen schwarze Bauch- und Afterflossen. Eine Wirtsanemone wird in der Regel von einem Pärchen bewohnt. Dabei fällt auf, dass die Männchen stets kleiner sind als die Weibchen. Orangeflossen-Anemonenfische sind selten und kommen nur im westlichen Pazifik vor. Sie leben von der Flachwasserzone bis in Tiefen von 15-20m. Ihre Verbreitung reicht im westlichen Pazifik von Papua Neuguinea bis an die Riffe von Mikronesien, Vanuatu, Fiji, Samoa, den Salomonen und dem Tuamotu Archipel.

Fotos: Papua Neuguinea, Kimbe Bay

Orangeflossen-Anemonenfisch (Amphiprion chrysopterus), Mikronesien, Palau

Glühkohlen-Anemonenfisch *(Amphiprion ephippium)*

Glühkohlen-Anemonenfische leben mit der Blasenanemone *Entacmaea quadricolor* und der Lederanemone *Heteractis crispa* vergesellschaftet. Ihr orangeroter Körper trägt bei den Jungfischen nur einen kleinen, runden bis ovalen, schwarzen Fleck auf den Körperseiten, der sich jedoch im Verlaufe des weiteren Wachstums verändert und bei den erwachsenen Tieren einen großen Teil des hinteren Körperabschnittes einnimmt. Die maximal 12cm großen Fische leben einzeln oder paarweise in ihren Wirtsanemonen und verteidigen diese vehement gegen jeden Angreifer. Jungfische sind strikte Einzelgänger. Die Weibchen sind stets größer als die Männchen. Anemonenfische ernähren sich vom Plankton, das ihnen die Strömung des Wassers zuträgt und von kleinen Krebsen, die an ihrer Wirtsanemone vorbeimarschieren. Die Verbreitung der Art reicht von der Andamanensee bis nach Malaysia, Indonesien und Hawaii.

Foto: Malaysia, Lankayan

Orangeringel-Anemonenfisch *(Amphiprion ocellaris)*

Orangeringel-Anemonenfische leben in einer Symbiose mit Riffanemonen der Gattungen *Heteractis* und *Stichodactyla* vergesellschaftet. Gewöhnlich teilen sich mehrere Anemonenfische eine Wirtsanemone, wobei ein ausgewachsenes Pärchen und einige Jungfische eine Gemeinschaft bilden. Der Körper der Fische ist kräftig orange gefärbt. Er trägt drei weiße Querbinden, die schwarz gesäumt sind. Die mittlere Querbinde ist zum Kopf hin ausgebuchtet. Orangeringel-Anemonenfische leben bevorzugt an Küsten- und Lagunenriffen von Thailand, Indonesien und Malaysia und kommen bis zu den Riffen von Papua Neuguinea, Neukaledonien und Australien vor. In Nordwestaustralien, in der Nähe von Darwin, kommen melanistische Formen vor, deren Körper bis auf die weißen Querbänder schwarz gefärbt sind. Anemonenfische sind omnivor und ernähren sich von Algen und von Zooplankton. Erwachsene Tiere können eine Maximalgröße von 9cm erreichen. Gewöhnlich sind sie jedoch kleiner.

Foto: Papua Neuguinea, Milne Bay

Glühkohlen-Anemonenfisch (Amphiprion ephippium), Malaysia

Orangeringel-Anemonenfisch (Amphiprion ocellaris), Papua Neuguinea

Roter Anemonenfisch *(Amphiprion frenatus)*

Bei den Roten Anemonenfischen unterscheiden sich die beiden Geschlechter grundsätzlich voneinander: Während die Weibchen wesentlich größer sind als die Männchen und schwarze Körperseiten tragen, sind die Männchen wesentlich kleiner und besitzen auch nicht diese Schwarzfärbung. Sie sind einheitlich orange gefärbt. Zudem sind bei den Weibchen die Schnauze, die Brust, der Bauch und die Flossen rotorange. Beiden gemeinsam ist das weiße Band über Wangen und Stirn. Nur die Jungtiere besitzen 2-3 weiße Streifen. Rote Anemonenfische leben mit der Anemone *Entacmaea quadricolor* in einer Symbiose. Ein besonderes Schauspiel erwartet die Taucher immer dann, wenn Hunderte dieser Anemonen den Korallenfels bedecken und es in und über ihnen nur so von tausenden Roter Anemonenfischen wimmelt. Anemonenfische dieser Art werden bis zu 14cm groß und sind im Südchinesischen Meer von Indonesien und den Philippinen bis nach Japan und Australien weit verbreitet.

Fotos: Philippinen, Cabilao

Roter Anemonenfisch (Amphiprion frenatus), Philippinen

Roter Anemonenfisch (Amphiprion frenatus), Weibchen

Malediven-Anemonenfisch *(Amphiprion negripes),* Male-Atoll

Kommt nur auf den Malediven vor. Lebt mit der Seeanemone *Heteractis magnifica* vergesellschaftet. Bis 15cm groß. Planktonfresser. Körper orange mit einem weißen Kopfstreifen. Der einzige Anemonenfisch im Indischen Ozean, der nur einen weißen Kopfstreifen besitzt. Verbreitung von Sri Lanka bis zum Chagos Archipel.

Foto: Malediven, Male Atoll

Halsband-Anemonenfisch *(Amphiprion perideraion)*

Körper rosa bis rosaorange gefärbt. Flossen sind blass. Ein schmaler und weißer Kopfstreifen verläuft von der Rückenflosse über die Kiemendeckel bis zum Kinn. Weißer Rückenstreifen beginnt auf dem Kopf zwischen den Augen und zieht die Rückenflosse entlang zum Schwanzflossenansatz. Leben mit 4 verschiedenen Riffanemonen vergesellschaftet. Planktonfresser. Verbreitung: Indischen Ozean bis nach Taiwan und dem Indo-Australischen Archipel.

Foto: Indonesien, Nusakode

Oranger Anemonenfisch *(Amphiprion sandaracinos)*

Verbreitungsgebiet reicht von Malaysia und Indonesien, bis zu den Philippinen, Solomonen und Nordwestaustralien. Leben mit den Seeanemonen *Stichodactyla mertensi* und *Heteractis crispa* vergesellschaftet. Körper schlank, maximal 14cm groß. Körper kräftig orange gefärbt. Ein weißer Rückenstreifen verläuft von der Oberlippe bis zur Schwanzflosse. Leben von der Niedrigwasserlinie bis in Tiefen von 30m.

Foto: Malaysia, Lankayan

Fledermausfisch *(Platax teira)*

Fledermausfische sind imposante Erscheinungen im Freiwasser tropischer Riffe. Ihre stattliche Größe von 50cm und der hochrückige und seitlich abgeflachte Körper mit den abstehenden Brustflossen macht sie zu wahren Schwebekünstlern. Bei schwacher Strömung schwimmen sie oftmals in Seitenlage, was ihnen das Aussehen von schwebenden Fledermäusen verleihen soll. Die meisten der Tiere sind sehr scheu. Angefüttert jedoch können sie zu aufdringlichen Plagegeistern werden. Die Jungfische leben in großen Schulen im Freiwasser nahe den Riffen. Die semiadulten Fische dagegen bewegen sich paarweise oder in kleinen Gruppen in Bodennähe. Stimmungsabhängig können Fledermausfische ihr Farbkleid verändern. In der Nacht, in Ruheposition, verblassen alle Streifen und Farben. Tagsüber trägt ihr silbrig glänzender Körper dunkle Streifen, die mit dem Alter verschwinden. Die Jungfische zeigen eine große Variabilität. Sie besitzen außerordentlich lang ausgezogene Rücken- und Afterflossen. Ihre Ernährungsweise ist vielseitig. Zum einen fressen sie Zooplankton und Quallen aus dem freien Wasser, zum anderen kleine Krebse und viele kleine wirbellose Tiere des Bodens. Ihre Verbreitung reicht vom Roten Meer bis in den Westpazifik.

Fotos: Malediven, Ari Atoll

Fledermausfisch (Platax teira), Malediven

Fledermausfisch (Platax teira), Malediven

Rotsaum-Fledermausfisch *(Platax pinnatus)*

Die Jungfische dieser Fledermausfische besitzen einer roten bis rotorangen Saum um ihren gesamten dunkelbraunen bis schwarzen Körper, der mit fortlaufendem Wachstum verschwindet. Man nimmt an, dass sie so gefärbt einen giftigen Meeresstrudelwurm der Gattung Pseudoceros imitieren, um mögliche Fressfeinde abzuschrecken und zu warnen. Man findet diese hektisch schwimmenden und sich um die eigene Achse drehenden Jungfische als Einzelgänger in Mangroven, unter schattigen Überhängen und in Höhlen. Sie messen nur wenige Zentimeter. Als semiadulte Tiere besitzen sie außerordentlich lang ausgezogene Rücken- und Afterflossen und schwimmen häufig in kleineren Schulen. Bei Gefahr schwimmen sie in Seitenlage oder legen sich platt auf den Untergrund, um im Wasser treibende Mangrovenblätter zu imitieren. Als erwachsene Tiere sind sie strikte Einzelgänger mit zwei breiten dunkelbraunen bis schwarzen Querbändern über dem Körper. Die lang ausgezogenen Rücken- und Afterflossen haben sich bis zur Geschlechtsreife der Fische zurückgebildet. Rotsaum-Fledermausfische werden bis zu 35cm groß und bewohnen Felsen- und Korallenriffe im Indo-Westpazifik. Sie sind Allesfresser und ernähren sich von Algen, benthischen Wirbellosen und von Quallen. Die Jungtiere sind hochgeschätzte Aquarienfische, haben aber kaum Überlebenschancen in Gefangenschaft.

Fotos: Malaysia, Lankayan

Rotsaum-Fledermausfisch (Platax pinnatus), Malaysia

Rotsaum-Fledermausfisch (Platax pinnatus), semiadult, Malaysia

Batavia-Fledermausfisch *(Platax batavianus)*

Erwachsene Fledermausfische dieser Art besitzen einen silbergrauen Körper, werden bis zu 60cm groß und leben überwiegend solitär im tiefen Wasser der Korallenriffe. Nur gelegentlich schwimmen sie in kleineren Gruppen. Die Jungfische sehen dagegen ganz anders aus. Sie besitzen außerordentlich lang ausgezogene Rücken-, After- und Brustflossen. Ihr schwarzer bis dunkelbrauner Körper zeigt feine Längsbänder, die im Verlaufe ihres Wachstums weniger werden und schließlich ganz verschwinden. Auch die Länge der Flossen wird drastisch reduziert. Die ganz kleinen Jungfische, die nur wenige Zentimeter groß sind, findet man zwischen den Armen oder in der Nähe von Haarsternen. Die etwas größeren Tiere nutzen auf ausgedehnten Sandflächen die Seegrasflecken als Deckung. Erst wenn die Fische eine Größe von 20-25cm erreichen, migrieren sie in offene Gewässer. Junge Batavia-Fledermausfische zu beobachten bedeutet immer ein besonderes Vergnügen. Sie sind im tropischen Westpazifik verbreitet und werden selten gesehen.

Foto: Indonesien, Raja Ampad

Batavia-Fledermausfisch (Platax batavianus), Indonesien

Batavia-Fledermausfisch (Platax batavianus), Malaysia

Boers Fledermausfisch *(Platax boersi)*

Wie bei allen Fledermausfischen, so sehen die Jungfische dieser Fledermausfischart völlig anders aus als die erwachsenen Tiere. Die Jungfische besitzen lang ausgezogene Rücken- und Afterflossen, die wie kleine Fähnchen im Wasser flottieren. Breite und dunkle Querbänder bedecken die Körperseiten. Den erwachsenen Fischen fehlen alle diese Körperzeichnungen. Sie präsentieren sich dann als große, silbrig glänzende Fledermausfische mit einer Größe von über 40cm. Boers Fledermausfische erkennt man an die schwarz gesäumten Rücken-, Schwanz- und Afterflossen. Die schwimmen stets einzeln, paarweise oder in kleinen Gruppen und ernähren sich vom Plankton, von kleinen Krebsen und vielen benthischen Wirbellosen. Verbreitet sind sie im Indopazifik und kommen von Ostafrika bis nach Papua Neuguinea und Australien vor.

Foto: Indonesien, Menjangan

Boers Fledermausfisch (Platax boersi) Indonesien, Menjangan

Boers Fledermausfisch (Platax boersi), semiadult, Papua Neuguinea

Rundkopf-Fledermausfisch *(Platax orbicularis)*

Wie bei allen Fledermausfischarten, so sehen auch bei den Rundkopf-Fledermausfischen die Jungtiere ganz anders aus als die erwachsenen Fische. Zudem schwimmen die Jungfische einzeln, paarweise oder in kleineren Schulen immer in Bodennähe über Sandflächen und zwischen Mangrovestelzwurzeln, während die erwachsenen Tiere in tieferes Wasser migrieren und das Freiwasser für ihre Streifzüge nutzen. Hier leben sie entweder einzeln oder sie formieren sich zu kleineren Schulen. Der Körper der adulten Tiere ist diskusähnlich, seitlich stark zusammengedrückt, silbrig und mit 3-4 dunklen Querbinden ausgestattet. Die Jungfische besitzen lang ausgezogene Rücken-, Bauch- und Afterflossen, die mit zunehmender Größe und Alter kürzer werden. Häufig schwimmen sie auf der Seite, wenn ein Taucher oder ein Feind sich ihnen nähert. So imitieren sie, auch in ihren rötlichbraunen Farbkleid, driftende Mangrovenblätter, die in der Strömung hin- und herbewegt werden. Rundkopf-Fledermausfische sind tagaktive Tiere, die sich in Riffnähe aufhalten, wo sie geeignete Nachtverstecke finden. Während die Jungtiere überwiegend Plankton aus dem freien Wasser schnappen, ernähren sich die erwachsenen Fische von Krebsen, Quallen und von vielen benthischen Wirbellosen. Die Art ist im Roten Meer und im gesamten Indopazifk verbreitet und kann bis zu 50cm groß werden.

Foto: Papua Neuguinea, Milne Bay

Rundkopf-Fledermausfisch (Platax orbicularis), Papua Neuguinea

Rundkopf-Fledermausfisch (Platax orbicularis), semiadult, PNG

Östlicher Segelflossendoktor *(Zebrasoma veliferum)*

Östliche Segelflossendoktorfische schwimmen einzeln oder paarweise in Lagunen und an Außenriffen in ihrem Verbreitungsgebiet. Das erstreckt sich von Indonesien bis nach Japan, Hawaii und Australien. Sie sind Algenfresser. Die Rücken- und Afterflossen können wie ein Segel hoch aufgestellt werden. Am Schwanzstiel befinden sich scharfe, einklappbare Skalpelle, die der Verteidigung dienen und die bei Revierkämpfen eingesetzt werden. Tagaktiv, nachts verstecken sie sich im Riff. Ausgewachsene Fische werden 40cm groß, wobei die weiblichen Tiere immer etwas größer sind als die Männchen.

Foto: Indonesien, Bali

Östlicher Segelflossendoktor (Zebrosoma veliferum), Indonesien, Bali

Indischer Segelflossendoktor *(Zebrasoma desjardinii)*

Indische Segelflossendoktorfische besitzen sehr hohe und durchgehende After- und Rückenflossen, die wie Segel wirken, wenn sie ausgestellt werden. Ihr Körper trägt zahlreiche feine, gelbe Querstreifen, die breite und dunkle Bänder einsäumen und die auf der Bauchseite in ein Strichmuster auslaufen. Sehr feine und weiße Punkte befinden sich am Kopf, an den Kiemendeckeln und an der Schwanzflosse. Indische Segelflossendoktorfische schwimmen einzeln oder paarweise. Über ihre Biologie ist wenig bekannt. Nur zur Paarungszeit bilden sie kleine Schulen. Sie ernähren sich überwiegend von Algen und von verschiedenen, kleinen, benthischen Lebewesen und verteidigen ihr Revier sehr angriffslustig gegen Nahrungskonkurrenten. Erwachsene Tiere werden bis zu 40cm groß und sind im Roten Meer und im gesamten Indopazifik weit verbreitet.

Foto: Indonesien, Bali

Indischer Segelflossendoktor (Zebrasoma desjadinii), Indonesien

Weißkehl-Doktorfisch *(Acanthurus leucosternon)*

Weißkehl-Doktorfische leben einzeln oder bilden riesige Fressgemeinschaften, die aus Hunderten von Tieren bestehen können. Als Pflanzenfresser weiden sie die Riffe nach Algen ab und ziehen gemächlich über Riffdächer und Lagunen. Alle Tiere sind durch eine kräftige, fast plakative Färbung ausgezeichnet. Unterhalb des dunkelblauen Kopfes besitzen die Fische weiße Kehlen. Der ovale Körper ist seitlich zusammengedrückt und hellblau gefärbt. Die Rückenflosse ist gelb; die Brust- und Afterflossen sind weiß. Beiderseits des Schwanzflossenansatzes befinden sich messerscharfe Skalpelle, die die Fische bei Revierkämpfen einsetzen und dem Gegner tiefe Wunden zufügen können. Die weiblichen Tiere sind in der Regel etwas größer als die Männchen. Zur Paarungszeit, die offensichtlich an Mondphasen gekoppelt ist, laichen die Tiere paarweise oder in Gruppen im Freiwasser ab. Die befruchteten Eier werden dem Plankton überlassen und das Larvenstadium dauert lange. Weißkehl-Doktorfische sind tagaktive Fische, die sich nachts im Riff verstecken. Da sie sich fast ausschließlich mit Hilfe ihrer Brustflossen fortbewegen, muss man sie als langsame Schwimmer bezeichnen. Sie zeigen ein ausgesprochenes Revierverhalten und verteidigen ihren Lebensraum aggressiv gegen Artgenossen. Weißkehl-Doktorfische leben an den Riffen im Indischen Ozean und werden maximal 25cm groß.

Foto: Thailand, Surin Inseln

Schwarzdorn-Doktorfisch *(Acanthurus mata)*

Schwarzdorn-Doktorfisch leben entweder einzeln oder in kleineren Schulen. Man sieht sie über Korallenriffe, ausgedehnten Sandflächen und in seichten Lagunen schwimmen, wo sie genügend Nahrung finden. Sie ernähren sich überwiegend vom Zooplankton und von benthischen Algen, die sie vom Untergrund abweiden. Ausgewachsene Tiere können eine Größe von 50cm erreichen, doch sind sie in der Regel kleiner. Die Körperfarbe ist stimmungsabhängig und kann zwischen hell- und dunkelbraun und blau variieren. Dicht stehende gelbe und parallel und diagonal verlaufende Bänder zeichnen die Körperseiten. Eine gelbe Zone aus parallel verlaufenden Bändern umgibt das Auge und der Schwanzdorn ist dunkel, fast schwarz. Schwarzdorn-Doktorfische leben vom Flachwasser bis in Tiefen von 50m und sind im Roten Meer und im Indopazifik von Ostafrika bis Japan und Mikronesien verbreitet.

Foto: Indonesien, Komodo

Weißkehl-Doktorfisch (Acanthurus leucosternon), Thailand

Schwarzdorn-Doktorfisch (Acanthurus mata), Indonesien

Arabischer Doktorfisch *(Acanthurus sohal)*

Arabische Doktorfische leben im Roten Meer und im Arabischen Golf. Sie werden maximal 40cm groß und besitzen einen schlanken und stark zusammengedrückten Körper, der eine auffällige Streifenzeichnung zeigt. Diese fehlt den Tieren am Kopf unterhalb der Augen. Die Schwanzflosse ist gegabelt und das Skalpell im Schwanzflossenstiel orange umrandet. Rücken-, After und Schwanzflossen sind hellblau umrandet. Arabische Doktorfische sind Flachwasserfische, deren Lebensräume extrem niedrige Riffdächer mit gutem Algenbestand sind, die sie einzeln oder in Gruppen abweiden. Obwohl sie sich fast ausschließlich mit ihren Brustflossen fortbewegen, sind sie schnelle und gewandte Schwimmer. Normalerweise sind Arabische Doktorfische Einzelgänger, die ihr Territorium aggressiv verteidigen. Dennoch bilden sie zeitweise Schwärme von über hundert Individuen, die ein zeitlich begrenztes Sozialverhalten zum Schutz gegen Fressfeinde während der Nahrungsaufnahme zeigen. Auch das Ablaichen erfolgt in Gruppen. Die befruchteten Eizellen werden in das freie Wasser entlassen und treiben pelagisch im Plankton. Mit Hilfe einer kleinen Ölkugel werden sie am Absinken gehindert.

Foto: Ägypten, Ras Muhamed

Blaustreifen- Doktorfisch *(Acanthurus lineatus)*

Blaustreifen-Doktorfische leben einzeln oder in kleineren Gruppen und sind im Indopazifik von Ostafrika bis nach Australien, Neukaledonien, den Marquesas und Japan weit verbreitet. Sie bevorzugen Außenriffe mit starken Brandungszonen als Lebensraum und kommen von Flachwasser bis in Tiefen von 20m vor. Ihre abwechselnd blauen und gelben Längsstreifen am Körper machen sie zu auffallenden Fischen in einem Korallenriff. Die territorialen Männchen sind in der Regel etwas größer als die Weibchen. Sie kontrollieren einen Harem und sind sehr aggressiv gegenüber anderen Fischen. Auffallend ist die sichelförmige Schwanzflosse, die bei den adulten Tieren stark verlängert ist. Ein skalpellförmiger Schwanzstachel ist sehr giftig und kann schmerzhafte Wunden reißen. Blaustreifen-Doktorfische sind Algenfresser und werden bis zu 38cm groß.

Foto: Papua Neuguinea, Milne Bay

Arabischer Doktorfisch (Acanthurus sohal), Ägypten

Blaustreifen-Doktorfisch (Acanthurus lineatus), Papua Neuguinea

Vlamings Nasendoktor *(Naso vlamingii)*

Vlamings Nasendoktorfische tragen statt eines Einhorns einen kräftigen Nasenbuckel an der Stirn und eine dunkelblaue „Maske" zieht über den Nasenbuckel zu den Augen. Junge und alte Tiere sind unterschiedlich gefärbt. Außerdem ist die Körperfarbe der Fische stimmungsabhängig. Bei den balzenden Männchen z.B. kann die blaue Körperzeichnung bei Erregung blitzschnell zu einem leuchtenden und irisierenden Blau wechseln. An der Schwanzbasis befinden sich versenkbare Stacheln, die zur Verteidigung gegen Artgenossen und gegen Feinde eingesetzt werden. Die Schwanzflossensäume sind zu langen Fähnchen ausgezogen. Der Lebensraum dieser Fische ist das Freiwasser in unmittelbarer Riffnähe. Hier schwimmen sie in größeren Gruppen und zeigen gelegentlich Schwarmverhalten. Taucher scheinen für sie interessante Objekte zu sein. Sie nähern sich ihnen ohne jegliche Scheu und zupfen gelegentlich an ihren Haaren und an der Tauchausrüstung. Ihre Nahrung besteht aus Zooplankton, das sie aus der Strömung schnappen. Nachts suchen sich die Tiere einen Schlafplatz im Riff. Ihre Verbreitung reich im Indopazifik von Ostafrika bis in die Andamanensee, Papua Neuguinea und Australien. Auch im Roten Meer sind sie beheimatet.

Foto: Indonesien, Bali

Vlamings Nasendoktor (Naso flamingii), Indonesien

Vlamings Nasendoktor (Naso flamingii), dunkle Phase

Gefleckter Kaninchenfisch *(Siganus guttatus)*

Gefleckte Kaninchenfische sind im Indopazifik an Küstenriffen adaptiert, wo sie einzeln, paarweise oder in kleineren Schulen schwimmen. Sie sind tagaktiv, sehr gefräßig und den ganzen Tag mit der Nahrungssuche beschäftigt. Sie sind Allesfresser, die sich sowohl von Algen als auch von verschiedenen benthischen Wirbellosen ernähren. So findet man sie über Sandflächen, zwischen Mangrovenstelzwurzeln und sehr oft im sedimentreichen, trüben Wasser. Der seitlich zusammengedrückte Körper der Fische ist übersät mit goldenen Flecken, Punkten und mit unterbrochenen Linienmustern. Ein großer und goldener Fleck befindet sich oberhalb der Schwanzwurzel. Gefleckte Kaninchenfische leben im Indopazifik von der Andamenensee bis in der Westpazifik. Sie sind sehr gute Speisefische, die mit Angeln und mit Wandnetzen gefangen werden. Vorsicht ist bei der Handhabung dieser Fische ist geboten: Fast alle Flossen tragen giftige Stacheln und können böse Verletzungen hervorrufen.

Foto: Malaysia, Lankayan

Gefleckter Kaninchenfisch (Siganus guttatus), Malaysia

Gefleckter Kaninchenfisch (Siganus guttatus), Malediven

Java-Kaninchenfisch *(Siganus javus)*

Java-Kaninchenfische leben einzeln oder in kleineren Gruppen und werden selten beobachtet, weil sie sich sehr scheu gegenüber uns Menschen verhalten. Hinzu kommt, dass sie sich häufig in Brackwassergebieten und in Mangroven aufhalten. Ihr hellgrauer bis hellbrauner Körper ist am Kopf und auf dem Rücken mit zahlreichen bläulich weißen Punkten bedeckt, die sich auf der Bauchseite zu wellenförmigen Längslinien formieren. Ein großer und schwarzer Fleck befindet sich auf der Schwanzflosse. Dieser ist leider hier auf dem Bild nicht zu sehen, da der Fisch sich abwendete, bevor diese Aufnahme entstand. Java-Kaninchenfische sind Freiwasserfische, die sich in Riffnähe aufhalten. Sie werden bis zu 50cm groß und kommen vom Flachwasser bis in Tiefen von 25m vor. Sie gelten als Nahrungsspezialisten, die sich vorwiegend von Algen und von Quallen ernähren. Ihre geographische Verbreitung reicht vom Arabischen Golf und Sri Lanka bis nach Vanuatu, Australien und dem südlichen Japan.

Foto: Malaysia, Lankayan

Masken-Kaninchenfisch *(Siganus puellus)*

Masken-Kaninchenfische sind tagaktive Tiere, die nachts im Riff schlafen und zur Tarnung eine Nachtfärbung annehmen. Tagsüber sind die gefräßigen Fische einzeln oder paarweise in Lagunen und an Küstenriffen unterwegs, stets auf der Suche nach Nahrung. Als Allesfresser ernähren sie sich von Algen, Seegras, von Schwämmen und von Seescheiden. Der gelbe Körper der Fische ist seitlich zusammengedrückt. Der kleine Kopf trägt große Augen und einen kleinen „Mümmelmund", der verdickte Lippen besitzt. Gelbe Längs- und Querbänder verlaufen auf den Körperseiten und der Kopf trägt ein schwarzes Band, das sich von der Stirn über die Augen bis zum Maul zieht. Es beginnt an der Stirn mit einem Punktemuster. Masken-Kaninchenfische werden etwa 30cm groß und sind vom östlichen Indischen Ozean bis nach Neukaledonien und Australien verbreitet. Vorsicht bei der Handhabung dieser Fische: Alle Flossen sind mit giftigen Stacheln ausgestattet.

Foto: Indonesien, Bali

Java-Kaninchenfisch (Siganus javus), Malaysia

Masken-Kaninchenfisch (Siganus puellus), Indonesien

Tüpfel-Kaninchenfisch *(Siganus stellatus)*

Tüpfel-Kaninchenfische leben küstennah und besitzen kein festes Revier. Überall da, wo sie sich gerade aufhalten, sind sie auch zuhause. Sie schwimmen meist paarweise über lange Strecken die Riffe entlang immer auf der Suche nach Nahrung. Ihr Körper ist mit vielen kleinen, schwarzen und dicht beieinander liegenden Punkten übersät, die auch den Kopf und die Flossen bedecken. Gelbe Areale an der Stirn,- Rücken und Schwanzflossen unterbrechen die getüpfelten Zeichnungen des Körpers. Beobachtungen haben gezeigt, dass sich die Fische nicht nur von Algen, sondern auch von Korallenpolypen ernähren. Eine Unterart, *Siganus stellatus laqueus*, unterscheidet sich nur in der Färbung der Flossen. Tüpfel-Kaninchenfische sind im Roten Meer und im gesamten Indopazifik verbreitet.

Foto: Ägypten, Safaga

Kopfband-Kaninchenfisch *(Siganus virgatus)*

Tagsüber trägt der silbriggraue Körper der Kopfband-Kaninchenfische zwei dunkle und breite Bänder, wovon sich das eine von der Stirn über die Augen bis zum Kinn zieht und das andere vom Nacken über die Kiemendeckel bis zur Brustflosse reicht. Diese Streifen verschwinden in der Nacht und machen einer braunen Marmorierung Platz. Die blauen Linien an Stirn und Nasenwurzel bleiben jedoch erhalten. Kaninchenfische dieser Art werden bis zu 30cm groß und leben von Flachwasser korallenreicher Lagunen bis in 20m Tiefe von Außenriffen. Sie sind Allesfresser, wobei sie sich überwiegend von Algen ernähren, jedoch auch in geringerem Maße kleine, benthische Wirbellose aufnehmen. Ihre Verbreitung im Indopazifik reicht von Indonesien bis zum Indo-Australischen Archipel. Kopfband-Kaninchenfische sind selten. Man kann sie leicht mit *Siganus doliatus* verwechseln, die feine gelbe und wellige Linien am Kopf und am Rücken tragen.

Foto: Indonesien, Bali

Tüpfel-Kaninchenfisch (Siganus stellatus), Ägypten

Kopfband-Kaninchenfisch (Siganus virgatus), Indonesien

Harlequin-Süßlippe *(Plectorhinchus chaetodontoides)*

Harlekin-Süßlippen sind im geschlechtsreifen Alter große Einzelgänger, die sich tagsüber unter schattigen Überhängen und Tischkorallen aufhalten. Erst nachts gehen sie auf Nahrungssuche und erbeuten Krebse, Weichtiere und kleine Fische. Das breite Maul trägt wulstige Lippen. Diese können vorgestreckt und so die Mundöffnung erweitert werden. Während ihrer Entwicklung machen die Fische vom Jungtier bis zum ausgewachsenen Fisch einen extremen Farbwechsel durch. Die Jungfische tragen auf braunem Grund große und weiße Flecken und erinnern in ihrer Farbzeichnung an einen Harlekin. Sie schwimmen in recht hektischen und schlängelnden Bewegungen ohne nennenswerten Raum zu gewinnen und imitieren, so interpretiert man es in der Literatur, giftige Plattwürmer und Nacktschnecken, um nicht von Räubern gefressen zu werden. Möglicherweise sind sie in diesem Entwicklungszustand selbt giftig, so dass ihre Fortbewegungsweise für mögliche Angreifer eine Warnung darstellt. Wenn man Glück hat, sieht man Harlekin-Süßlippen an Putzerstationen, wo sie sich entweder von Putzergarnelen oder von Putzerfischen von ihren Hautparasiten befreien lassen. Harlekin-Süßlippen werden maximal 65cm groß und sind von den Küsten Ostafrikas bis nach Fiji und Samoa verbreitet. Aufgrund ihrer geringen Fluchtdistanz werden sie häufig harpuniert. Ihr Fleisch ist trocken und mehr oder weniger geschmacklos.

Foto: Malaysia, Mabul

Harlequin-Süßlippe (Plectorhynchus chaetodontoides), Malaysia

Harlequin-Süßlippe (Plectorhynchus chaetodontoides), Mabul

Harlequin-Süßlippe (Plectorhynchus chaetodontoides), juvenil

Goldstreifen-Süßlippe *(Plectorhynchus polytaenia)*

Goldstreifen-Süßlippen werden auch Goldmanns Süßlippen genannt, da sie früher in der Systematik unter den Namen *Plectorhynchus goldmanni* geführt wurden. Während die Jungtiere einzeln leben, sieht man die erwachsenen Fische sich tagsüber in kleineren Gruppen und sehr oft dichtgedrängt unter Korallenstöcken aufhalten. Als Lebensraum bevorzugen sie geschützte Außenriffe, tiefräumige Überhänge und Höhlen. Man sieht sie aber auch in größeren Schulen im Freiwasser der Riffe gemächlich und fast auf der Stelle schwimmen. Die Jungfische tragen auf ihrem Körper nur 9 horizontale, gelb-schwarz-hellblau gefärbte Bänder. Die Zahl der Bänder nimmt mit dem Alter der Fische zu und steigert sich auf 18. Auch die Bewegungsart der Jung- und Altfische ist unterschiedlich. Während die Jungfische lebhaft und graziös „tanzen", werden die älteren Fische mit zunehmendem Alter ruhiger und ihr Bewegungsdrang flacht ab. Die Flossen der Fische sind gelb. Goldstreifen-Süßlippen sind dämmerungsaktive Fische. Mit ihren wulstigen Lippen, die von gummiartiger Konsistenz sind, durchstöbern sie den Untergrund nach Krebsen und Würmern, nach anderen benthischen Wirbellosen und nach kleinen Fischen. Bei der Zerkleinerung der Beute können die Mahlzähne Geräusche verursachen, die durch die Schwimmblase verstärkt werden und die dann auch der Taucher zu hören bekommt. Goldstreifen-Süßlippen sind im gesamten Indopazifik und im Westpazifik verbreitet. Sie sind gute Speisefische und werden mit Handleinen gefangen.

Foto: Indonesien, Komodo

Schrägstreifen-Süßlippe *(Plectorhynchus lineatus)*

Bei den Schrägstreifen-Süßlippen leben die Jungtiere einzeln und die erwachsenen Fische in kleineren Gruppen. Während die Jungfische 5 schwarze Längsstreifen auf ihrem Körper tragen, sind diese bei den Erwachsenen diagonal und in Punktlinien angeordnet. Der Bauch ist weiß und die Brustflossenbasis ist rot. Auch die Schwanz-, After- und Rückenflossen zeigen schwarze Punktreihen. Schrägstreifen-Süßlippen sind überwiegend nachtaktiv. Sie suchen auf Riffdächern, über Sand und Korallenbruch nach Wirbellosen, speziell nach Krebsen, von denen sie sich ernähren. Tagsüber schweben sie unter Tischkorallen und unter Überhängen. Sie werden bis zu 60cm groß und kommen vom Flachwasser bis in Tiefen von 50m vor. Verbreitet sind sie im Indopazifik von Malaysia und Indonesien bis nach Neukaledonien, Australien und Japan.

Foto: Indonesien, Nord Sulawes

Goldstreifen-Süßlippe (Plectorhynchus polytaenia), Indonesien

Schrägstreifen-Süßlippe (Plectorhynchus lineatus), Indonesien

Celebes-Süßlippe *(Plectorhynchus celebicus)*

Celebes-Süßlippen sind im westlichen Pazifik von Indonesien bis Neukaledonien, Australien und Japan verbreitet. Sie leben vom Flachwasser bis in mittlere Tiefen und sind sowohl in ihrer Jugend als auch im erwachsenen Stadium Einzelgänger, die sich an Küstenriffen und in Lagunen aufhalten und sich hier von verschiedenen Wirbellosen, speziell jedoch von Krebsen, ernähren. Die Jungtiere und die erwachsenen Fische sehen sich ähnlich. Sie tragen auf ihrem silbrig glänzenden Körper gelbe Längslinien, die jedoch bei den Jungtieren weniger zahlreich doch etwas breiter sind. Die Flossen sind gelb. Celebes-Süßlippen werden bis zu 50cm groß und gelten als gute Speisefische.

Foto: Indonesien, Moyo

Schwarztupfen-Süßlippe *(Plectorhynchus gaterinus)*

Schwarztupfen-Süßlippen leben entweder einzeln, in kleineren Gruppen oder im Schwarm entlang von Korallenriffen oder unter großräumigen Überhängen. Die Jungfische sind strikte Einzelgänger und stets anders gefärbt als die adulten Tiere. Sie tragen 6 schwarze Längsbänder am Kopf und am Körper, die sich später bei den erwachsenen Fischen in Tupfen auflösen. Die adulten Fische tragen auf ihren silbrig glänzenden Körper zahlreiche schwarze Tupfen auf dem Rücken, an den Körperseiten und am Schwanz. Der große Kopf ist dunkelgrau und die wulstigen Lippen und die Flossen sind gelb. Süßlippen dieser Art leben vom Flachwasser bis in Tiefen von über 50m an den Riffen im Roten Meer und kommen im Indischen Ozean von den Komoren und Mauritius bis in den Golf von Oman vor. Sie werden bis zu 60cm groß, ernähren sich von Fischen und Krebsen und gelten als gute Speisefische.

Foto: Ägypten, Safaga

Celebes-Süßlippe (Plectorhynchus celebicus), Indonesien

Schwarztupfen-Süßlippe (Plectorhynchus gaterinus), Ägypten

Orangetupfen-Süßlippe *(Plectorhinchus flavomaculatus)*

Orangetupfen-Süßlippen sind Einzelgänger, die an geschützten Küsten- und Lagunenriffen, über ausgedehnte Sandflächen und in Seegraswiesen leben und sich von verschiedenen benthischen Wirbellosen ernähren. Sie kommen vom flachen Wasser bis in Tiefen von 30m vor und sind sowohl im Roten Meer als auch im gesamten Indopazifik weit verbreitet. Die Jungfische unterscheiden sich im Farbkleid wesentlich von den adulten Tieren, denn sie besitzen gelbe Längsstreifen am Körper, die sich im Verlaufe der Entwicklung auflösen und zu Punktstreifen werden. Nur am Kopf bleiben die Linien erhalten. Süßlippen dieser Art werden bis zu 60cm groß und werden mit Handleinen gefangen. Sie gelten als gute Speisefische und erzielen auf den Märkten hohe Preise.

Foto: Indonesien, Nusakode

Phantom-Süßlippe *(Plectorhynchus lessonii)*

Der weiße Körper erwachsener Tiere trägt 4-5 braune Längstreifen auf jeder oberen Körperseite, die am Kopf jedoch unterbrochen werden. Die gelben Rücken-, After- und Schwanzflossen sind mit zahlreichen braunen bis schwarzen Flecken bedeckt. Phantom-Süßlippen leben einzeln und rasten unter Überhängen und Tischkorallen, wo sie sich tagsüber aufhalten. In der Nacht suchen sie in Seegraswiesen, auf ausgedehnten Sandflächen und in Lagunen nach kleinen, benthischen Wirbellosen, von denen sie sich ernähren. Die Jungfische tragen zwei helle Seitenstreifen auf schwarzem Grund. Der Bauch ist stets weiß. Süßlippen dieser Art kommen von Malaysia bis nach Neukaledonien, Australien und Japan vor und werden bis zu 50cm groß.

Foto: Mikronesien, Palau

Orangetupfen-Süßlippe (Plectorhynchus flavomaculatus), Indonesien

Phantom-Süßlippe (Plectorhynchus lessonii), Mikronesien

Silber-Süßlippe (Diagramma pictum), Papua Neuguinea, Milne Bay

Silber-Süßlippe *(Diagramma pictum)*

Die Bilder zeigen Silber-Süßlippen im Schwarm, ein noch nicht geschlechtsreifes Tier und einen Jungfisch. Sie unterscheiden sich sowohl in der Körperform als auch in der Körperfarbe deutlich voneinander. Während die juvenilen Tiere strickte Einzelgänger sind, leben die adulten Fische in kleinen Schulen. Sind die adulten Fische weitgehend einfarbig silbergrau, zeigen im Gegensatz dazu die juvenilen Tiere Längsstreifen und durchgehende Bänder von gelb bis dunkelbraun und schwarz auf hellem Grund. Mit fortschreitendem Alter nehmen die Bänder zu und brechen zu Punktreihen auf, bis sie schließlich ganz verschwinden. Bedingt durch die stetige Änderung ihres Farbkleides während des Wachstums nennt man diese Fischart auch Verwandlungs-Süßlippe. Silber-Süßlippen sind gute Speisefische, die sich von Krebsen und von Fischen ernähren. Sie sind im Roten Meer und im Indopazifik von Ostafrika bis nach Japan, Neukaledonien und Australien weit verbreitet.

Foto: Papua Neuguinea, Milne Bay

Silber-Süßlippe (Diagramme pictum), Malaysia, Lankayan

Silber Süßlippe (Diagramme pictum), juvenil, Indonesien, Molukken

Streifen-Süßlippe *(Plectorhynchus vittatus)*

Streifen-Süßlippen, auch Orient-Süßlippen genannt, leben tagsüber in kleinen Schulen dicht gedrängt unter Tischkorallen, in Unterhöhlungen und unter schattigen Überhängen. Ihr silbrig weißer Körper trägt breite und schwarze Längsstreifen, die sich vom Kopf bis zum Schwanzflossenansatz ziehen. Die Schwanz-, After- und Rückenflossen zeigen schwarze Flecken auf gelben Grund. Die Jungtiere leben einzeln und versteckt zwischen Korallen und unterschieden sich sowohl in ihrem Verhalten als auch in ihrem Aussehen von den erwachsenen Fischen. Ihr Bewegungsdrang ist außergewöhnlich, weil sie nicht zielgerichtet schwimmen, sondern schnelle und schlängelnde Bewegungen ausführen, ohne dabei nennenswerten Raum zu gewinnen. Verhaltensforscher deuten diese Mimikry als eine Imitation giftiger Wirbelloser (Nacktschnecken, Strudelwürmer), die kaum Fressfeinde besitzen. Ihr dunkelbrauner Körper besitzt große, gelborange und cremefarbene Flecken (unteres Bild). Die nachtaktiven Orient-Süßlippen verlassen ihren lockeren Verband bei Einbruch der Dunkelheit und gehen auf Nahrungssuche. Ihre Nahrung besteht hauptsächlich aus benthischen Wirbellosen, so aus Krebsen, Schnecken, Muscheln und aus kleinen, bodenlebenden Fischen. Ausgewachsene Orient-Süßlippen können 50cm groß werden und sind von Ostafrika bis Mikronesien, Japan und Neukaledonien verbreitet. Ihre Fluchtdistanz scheint gering zu sein, da sie sehr zutraulich zu Tauchern sind und sie nahe an sich heranlassen.

Indonesien, Bali

Streifen-Süßlippe (Plectorhynchus vittatus), Indonesien

Streifen-Süßlippe (Plectorhynchus vittatus), juvenil, Malaysia

Spitzkopf-Zackenbarsch *(Anyperodon leucogrammicus)*

Der Körper der Fische ist schlank, seitlich zusammengedrückt und der Kopf ist wesendlich schlanker als bei allen anderen Zackenbarschen. Jungtiere und adulte Fische unterscheiden sich besonders in ihrer unterschiedlichen Körperfarbe voneinander. Während die Jungfische noch grünlichgrau gefärbt sind und entlang des Kopfes und der Körperseiten 3-5 weiße Längsstreifen tragen, sind die erwachsenen Fische heller gefärbt. Stets ist der Fischkörper übersät mit orangen Punkten unterschiedlicher Größe. Die Jungfische imitieren in ihrem Aussehen und in ihrer Schwimmweise Pflanzen fressende Lippfische der Gattung Halichoeres, um als Fleischfresser (Carnivoren) nahe genug an ihre Beute zu kommen. Man bezeichnet dieses Verhalten als aggressive Mimikry. Schlanke Zackenbarsche leben versteckt in Lagunen und an Außenriffen. Sie lieben Riffe mit reichem Korallenbewuchs und halten sich stets in der Nähe von Spalten und Höhlen auf. Die weiblichen Fische sind stets kleiner als die Männchen. Sie fressen Fische und größere Krebse und werden maximal 50cm groß. Ihr Fleisch ist genießbar doch nicht gerade wohlschmeckend. Sie sind im Roten Meer und im Indopazifik von Ostafrika bis Samoa, Neukaledonien und Australien verbreitet.

Foto: Malaysia, Sipadan

Spitzkopf-Zackenbarsch (Anyperodon leucogrammicus), Malaysia

Spitzkopf-Zackenbarsch (Anyperodon leucogrammicus), Indonesien

Rotmeer-Forellenbarsch *(Plectropomus pessuliferus marisrubri)*

Rotmeer-Forellenbarsche leben im Roten Meer. Im nördlichen Teil des Roten Meeres sind sie wesentlich häufiger verbreitet als im südlichen Teil und im Golf von Aden. Außerhalb der Fortpflanzungszeit sind die erwachsenen Fische strikte Einzelgänger. Sie leben in Wracks, in Seegraswiesen, in Lagunen, schwimmen über ausgedehnte Sandflächen, verstecken sich unter schattigen Überhängen und lauern hier auf Beute. Diese besteht vorwiegend aus Fischen, Krebsen und aus Tintenschnecken. Rotmeer-Forellenbarsche sind große Fische, die eine Gesamtlänge von 110cm erreichen können und als ausgezeichnete Speisefische bekannt sind. Auf den Märkten entlang des Roten Meeres erzielen sie hohe Preise. Auffallend an den Fischen ist ihr attraktives Aussehen. Sie besitzen einen rötlich bis rötlichbraunen Körper, der mit dunkelblauen bis violettfarbenen Punkten und Flecken unterschiedlicher Größe und Form bedeckt ist. Leider sind aufgrund der gestiegenen Nachfrage die Bestände im Roten Meer drastisch geschrumpft, weil zu viele Fische gefangen wurden und werden. Selbst die noch nicht geschlechtsreifen Tiere werden gefangen, was letztlich bedeutet, dass es kaum noch Nachkommen geben wird.

Fotos: Ägypten, Ras Muhamed

Rotmeer-Forellenbarsch (Plectropomus pressuliferus marisrubri), Ägypten

Rotmeer-Forellenbarsch (Plectropomus pressuliferus marisrubri), Ägypten

Baskenmützen-Zackenbarsch (Epinephelus fasciatus), Malaysia

Baskenmützen-Zackenbarsch *(Epinephelus fasciatus)*

Baskenmützen-Zackenbarsche sind Einzelgänger, die vom flachen Wasser der Riffe bis in große Tiefen leben. Die Farbe ihres Körpers ist stimmungsabhängig und kann bei Erregung schnell verblassen. Dann verschwinden 5 orangerote bis rötlichbraune Querbänder auf den Körperseiten, so dass nur noch ein großer, rotbrauner Fleck übrig bleibt, der von der Schnauze über die Augen zur Stirn zieht. Die Form des Fleckes erinnert an eine Baskenmütze (Name!). Baskenmützen-Zackenbarsche lauern, aufgestützt auf ihre breiten Brustflossen und zwischen Korallen eingekeilt, auf vorbeischwimmende Beute. Fische und Krebse werden aus dem Hinterhalt erspurtet, angegriffen und überwältigt. Die Nahrungsbeschaffung erfolgt rund um die Uhr. Verbreitet sind die Fische im Roten Meer und im gesamten Indopazifik.

Fotos: Malaysia, Lankayan

Baskenmützen-Zackenbarsch (Epinephelus fasciatus), Malaysia

Baskenmützen-Zackenbarsch (Epinephelus fasciatus), Malaysia

Mondsichel-Zackenbarsch *(Variola louti)*

Mondsichel-Zackenbarsche sind große Raubfische, die als erwachsene Tiere eine Länge von 80cm erreichen können. Ihre Beute besteht überwiegend aus Fischen. Als Beikost werden auch kleinere Krebse, Muscheln, Schnecken und Tintenschnecken gefressen. Ihr Lebensraum ist der Riffhang bis in Tiefen von 100m. Sie zeigen ein ausgesprochenes Revierverhalten und können über einen längeren Zeitraum in ihrem Revier angetroffen werden. Der rostbraune, rotorange oder rotviolette Körper der Fische trägt zahlreiche kleine, irreguläre Punkte und Streifen, die verschieden gefärbt sein können. Die Schwanzflosse ist mondsichelartig eingebuchtet und die Rücken-, Schwanz- und Brustflossen besitzen gelbe Ränder. Nachts, wenn die Tiere ihre Tarnfarbe annehmen, erscheinen auf dem Rücken der Fische breite und helle Bänder. Die Verbreitung der Art reicht vom Roten Meer bis in den Indopazifik.
Foto: Ägypten, Safaga

Weißsichel–Juwelenbarsch *(Variola albimarginata)*

Weißsichel-Juwelenbarsche sind Räuber, die sich überwiegend von Fischen ernähren. Sie jagen ihre Beute vom Flachwasser bis in Tiefen von 200 m und sind strickte Einzelgänger. Die Weibchen sind in der Regel etwas kleiner als die Männchen. Der schlanke Körper der Fische, der bis zu 45cm Länge heranwachsen kann, ist braunorange bis rotorange gefärbt und trägt viele kleine Flecken an Kopf und Körper. Die Schwanzflosse besitzt einen weißen Saum (= albimarginata), ein sicheres Erkennungsmerkmal für die Artbestimmung. Weißsichel-Juwelenbarsche leben in Lagunen und an Flecken- und Küstenriffen und sind im Indopazifik von Ostafrika bis nach Samoa, Japan und Australien verbreitet. Sie gelten als gute Speisefische.

Foto: Indonesien, Bali

Mondsichel-Zackenbarsch (Variola louti), Rotes Meer

Weißsichel-Juwelenbarsch (Variola albimarginata), Indonesien

Leopard-Zackenbarsch *(Plectropomus leopardus)*

Leopard-Zackenbarsche sind listige und verschlagene Räuber, die verschiedene Fangtechniken benutzen, um an Beute zu gelangen. Oftmals treiben sie, ohne Flossenantrieb, in starker Strömung, um aus ihr heraus die Beute zu erspurten. Das kräftige Wolfsgebiss weist sie als Räuber aus, die sich fast ausschließlich von Fischen ernähren. Die Grundfarbe ihres schlanken Körpers kann rotbraun, orangerot oder rot sein. Die blauen Punkte am Körper der Fische sind kleiner und in der Anzahl größer als die der anderen Arten aus dieser Gattung. Ein fast durchgehender, blauer Ring um beide Augen ist ein sicheres Bestimmungsmerkmal. Die Weibchen sind in der Regel kleiner als die Männchen. Leopard-Zackenbarsche sind Einzelgänger und Zwitter, die im Verlaufe ihrer Entwicklung das Geschlecht wechseln. Nachts schlafen sie versteckt im Riff und ändern ihr Körpermuster. Sie ziehen praktisch ihr Tarnkleid an. Mit einer Länge von über 60cm und einem ordentlichen Gewicht sind Leopard-Zackenbarsche gefragte Speisefische. Aber Vorsicht: Da sie fast am Ende der Nahrungskette stehen und auch Fische fressen, die von Ciguatera befallen sind, können auch sie diese Krankheit besitzen. Verbreitet sind sie im Westpazifik bis Japan, Fiji und Australien.

Fotos: Malaysia, Lankayan

Leopard-Zackenbarsch (Plectropomus leopardus), Malaysia

Leopard-Zackenbarsch (Plectropomus leopardus), Malaysia

Honigwaben-Zackenbarsch *(Epinephelus merra)*

Honigwaben-Zackenbarsche sind die wohl häufigsten Zackenbarsche im Flachwasser der Lagunen und wahre Tarnungskünstler. Ihr Körper trägt eine Vielzahl brauner, wabenrartiger und dicht stehender Flecken, die hell umsäumt sind. Diese nehmen verschiedene geometrische Formen an, sind aber vielfach in Form sechseckiger Waben ausgebildet. Die dunkle Farbe der Fische löst sie in ihrer Umgebung weitgehend auf und macht sie fast unsichtbar. So liegen sie, gut getarnt und aufgestützt auf ihre kräftigen Brustflossen, im Flachwasser seichter Lagunen, um auf vorbeischwimmende Beute zu warten. Diese erjagen sie in einem kurzen und schnellen Spurt. Ihre Beute sind überwiegend Fische. Als Beikost knacken sie nachts auch Krebse und fressen in einem anteilsmäßig geringen Umfang auch Kopffüßler. Honigwaben-Zackenbarsche werden bis zu 30cm groß und kommen im Indopazifik von Ostafrika bis Japan und Australien vor. Sie fehlen jedoch im Roten Meer und im Arabischen Golf.

Fotos: Malaysia, Lankayan

Honigwaben-Zackenbarsch (Epinephelus merra), Malaysia

Honigwaben-Zackenbarsch (Epinephelus merra), Malaysia

Juwelen-Zackenbarsch *(Cephalopholis miniata)*

Der farbenprächtige Juwelen-Zackenbarsch ist einer der schönsten und auffälligsten Zackenbarsche an den Riffen des Roten Meeres und im gesamten Indopazifik. Der rote bis rotorange Körper der Fische ist übersät mit einer Vielzahl blauer Punkte, die vom Kopf bis hin zum Schwanzflossensaum reichen. In Streßsituationen kann sich auf ihrem Körper ein Streifenmuster abzeichnen. Die Jungtiere sind gelb bis golden gefärbt und tragen auf ihrem Körper nur wenige blaue Punkte. Sie formieren sich zu kleineren Gruppen und verstecken sich zwischen Korallengeäst. Sie besitzen noch kein erkennbares Territorialverhalten, wie die Erwachsenen. Ausgewachsene Juwelen-Zackenbarsche leben einzeln, doch selten auch paarweise oder in kleinen Gruppen. Als Einzelgänger haben sie Territorialansprüche gegenüber ihren Artgenossen. Je älter sie werden, umso größer wird ihr Revier. Als Lebensraum bevorzugen sie gut zerklüftete Riffhänge im klaren Wasser, die einen gesunden Korallenbestand aufweisen. Hier lauern sie in Spalten und in Unterhöhlungen auf vorbeischwimmende Beute, um sie in einem schnellen Spurt zu erjagen. Sie ernähren sich hauptsächlich von Fischen und schnappen als Beifang sozusagen hier und dort mal einen Krebs. Juwelen-Zackenbarsche sind Zwitter, die sich von einem weiblichen Tier in ein männliches umwandeln können. Sie werden etwa 45cm groß und gelten als gute Speisefische.

Fotos: Malediven, Baa-Atoll

Juwelen-Zackenbarsch (Cephalopholis miniata), Malediven

Juwelen-Zackenbarsch (Cephalopholis miniata), Malediven

Weißtüpfelbarsch, Schneeflockenbarsch *(Epinephelus caeruleopunctatus)*

Weißtüpfelbarsche leben im Indopazifik von Ostafrika bis Japan und Neukaledonien. Die Art fehlt im Roten Meer. In ihrem Verbreitungsgebiet leben die Fische bevorzugt an Riffhängen, in Lagunen, in stark durchströmten Kanälen und am Riffgrund. Stets sieht man sie tagsüber in Höhlen und in weiträumigen, schattigen Unterhöhlungen. Die etwa 60cm großen Fische sind graubraun gefärbt. Eine unterschiedlich große Anzahl kleiner und großer, meist verwaschener und an Schneeflocken erinnernde helle Flecken befinden sich auf ihrer Körperoberfläche. Die Brust-, After- und Schwanzflossen sind abgerundet. Eine breite und helle Querbinde befindet sich am Schwanzflossenansatz. Schneeflockenbarsche, auch Weißtüpfelbarsche genannt, sind nächtliche Räuber, die sich überwiegend von Fischen, Krebsen und von Tintenschnecken ernähren. Sie sind Zwitter, die als Männchen ihr Leben beginnen, um sich im Verlaufe ihrer Entwicklung zu Weibchen umzuwandeln. Die Männchen sind stets größer als die Weibchen. Weißtüpfelbarsche sind selten. Sie werden mit Handleinen und in Südostasien auch mit Dynamit gefangen. Ihr Fleisch ist außerordentlich schmackhaft und erzielt hohe Markpreise.

Foto: Malediven, Nord Male Atoll

Kartoffel-Zackenbarsch *(Epinephelus tukula)*

Kartoffel-Zackenbarsche gehören mit über 200cm Länge zu den größten Zackenbarschen in tropischen Meeren. In der Regel sind sie strikte Einzelgänger. Nur in der Paarungszeit suchen und finden sich die unterschiedlichen Geschlechter. Am Großen Barriereriff in Australien, am „Cod Hole" nahe Lizard Island, haben Fischer vor vielen Jahren 10 dieser großen Zackenbarsche angefüttert. Standorttreu erwarten sie von den ankommenden Tauchergruppen mitgebrachte Fische und andere Nahrungsmittel. Dabei werden sie sehr aufdringlich und mitunter auch gefährlich für die Taucher, wenn diese ihnen nichts zu fressen geben. Der gewaltige große Körper der Fische ist grau und von vielen unterschiedlich großen und schwarzen Flecken bedeckt. Männliche und weibliche Tiere sind nicht voneinander zu unterscheiden. Kartoffel-Zackenbarsche gehören zu den wenigen Fischen, die im Verlaufe ihres Lebens ihr Geschlecht wechseln können. Ihre vertikale Verbreitung reicht vom Flachwasser bis in Tiefen von über 150m. Ihre geographische Verbreitung reicht vom nördlichen Roten Meer und Ostafrika bis nach Japan. Die Inselgruppe der Malediven ist dabei ausgenommen, denn hier kommen sie merkwürdigerweise nicht vor.

Foto: Australien, Großes Barriereriff

Weißtüpfelbarsch (Epinephelus caeruleopunctatus), Malediven

Kartoffen-Zackenbarsch (Epinephelus tukula), Australien

Blaustreifen-Forellenbarsch *(Plectropomus oligacanthus)*

Da Blaustreifen-Forellenbarsche außerordentlich selten zu sehen sind, weiß man sehr wenig über ihre Biologie. Sie sind die wohl seltenste Art in ihrer Gattung und haben nur im westlichen Pazifik ihre Verbreitung. Die Fische werden bis zu 70cm groß und galten früher als gute Speisefische. Heute sind sie alle seit einigen Jahren ciguateratoxisch, so dass der Verzehr ihres Fleisches zu schweren Erkrankungen und im schlimmsten Fall zum Tod führen kann. In ihrer Jugend imitieren die kleinen Fische die Brasse *Cheilinus celebicus*. Als erwachsene Tiere trägt ihr Körper am Kopf und im Nacken blaue, horizontale Wellenlinien und blaue, vertikale Streifen und Punkte an den Körperseiten. Forellenfische dieser Art leben vom flachen Wasser bis in 50m Tiefe. Als gefräßige Räuber ernähren sie sich von Fischen aller Art und übernehmen so von den Algenfressern unter ihnen die Ciguaterakrankheit.

Foto: Indonesien, Süd Sulawesi

Erdbeer-Zackenbarsch *(Cephalopholis spiloparaena)*

Erdbeer-Zackenbarsche sind prächtig rot gefärbte Zackenbarsche, die in ihrer Jugend noch ein rot-weiß geflecktes Erscheinungsbild zeigen. Erst wenn die Tiere erwachsen sind, verschwinden die kleinen und weißen Flecken auf ihren Körperseiten. Ein wichtiges Identifikationsmerkmal ist die bläuliche Begrenzung der Schwanzflosse. Erdbeer-Zackenbarsche sind Einzelgänger und Räuber, die sich von Fischen und verschiedenen Wirbellosen ernähren. Sie werden über 30cm groß und sind gute Speisefische, die auf den Märkten hohe Preise erzielen. Ihre Verbreitung im Indopazifik reicht von Ostafrika und Australien bis nach Polynesien und Japan.

Foto: Indonesien, Molukken

Blaustreifen-Forellenbarsch (Plectropomus oligacanthus), Indonesien

Erdbeer-Zackenbarsch (Cephalopholis spiloparaena), Indonesien

Rotmaul–Zackenbarsch *(Aetaloperca rogaa)*

Rotmaul-Zackenbarsche sind Räuber, die sich von Fischen und Krebsen ernähren. Sie sind strikte Einzelgänger, die sich in der Nähe von Höhlen, Unterhöhlungen und tiefen Nischen aufhalten, in die sie bei Gefahr verschwinden. Sie leben vom Flachwasser bis in 50m Tiefe und lieben korallenreiche Areale als Lebensraum, die gute Beute versprechen. Ihre dunkelbraune bis schwarzbraune Körperfarbe macht sie im Schatten ihrer Standorte fast unsichtbar. Sie werden bis zu 50cm groß und sind im Roten Meer und im Indopazifik von Ostafrika bis nach Australien, Fiji und Südjapan verbreitet. Ihr Trivialname weist darauf hin, dass die Innenseiten ihres Maules rot gefärbt sind.

Foto: Papua Neuguinea, Milne Bay

Blauflecken- Zackenbarsch *(Cephalopholis cyanostigma)*

Der braune bis rötlichbraune Körper der Fische ist übersät mit einer Vielzahl unterschiedlich großer und blauer Flecken, die schwarz umrandet sind. Die Jungtiere unterscheiden sich von den Erwachsenen dadurch, dass ihr Kopf und Körper sehr dunkel gefärbt und die Flossen gelb sind. Blauflecken-Zackenbarsche werden bis zu 30cm groß und gelten als gute Speisefische. Sie sind Einzelgänger, die sich in Seegraswiesen, in küstennahen Lagunen und in seewärts gelegenen Riffen aufhalten, wo sie sich von Fischen und Krebsen ernähren. Über die Fortpflanzungsbiologie dieser Fische ist so gut wie nichts bekannt. Die Weibchen sind in der Regel etwas kleiner als die Männchen, was auf eine Geschlechtsumwandlung zurückzuführen ist. Sie kommen im Indopazifik von Thailand und Australien bis nach Papua Neuguinea und den Philippinen vor.

Foto: Papua Neuguinea, Milne Bay

Rotmaul-Zackenbarsch (Aetaloperca rogaa), Papua Neuguinea

Blauflecken-Zackenbarsch (Cephalopholis cyanostigma), PNG

Korallen-Zackenbarsch *(Epinephelus corallicola)*

Korallen-Zackenbarsche sind scheue Fische, die sich in Riffnähe aufhalten und sofort in Deckung gehen, wenn größere Fische oder Taucher sich ihnen nähern. Dann verschwinden sie in Spalten, Ritzen und in Höhlen. Die Jungtiere sind fast schwarz gefärbt und tragen leuchtend weiße Punkte auf ihrem Körper. Diese verblassen im Verlaufe des Wachstums. Die erwachsenen Fische besitzen dann auf graubraunem Grund eine Vielzahl schwarzer Punkte und Flecken am Körper und an den Flossen. Auffallend ist ein großer Dorn an den Kiemendeckeln. Korallen-Zackenbarsche sind gefräßige Einzelgänger und Räuber, die sich von Fischen, Tintenschnecken und von Krebsen ernähren. Sie suchen ihre Beute über Sand, Schlamm und am Riff und wandern auch in brackige Gewässer ein. Ausgewachsene Tiere werden über 50cm groß und gelten als gute Speisefische. Im Indopazifik sind sie von Indonesien, Thailand und Malaysia bis nach Japan und Australien verbreitet.

Foto: Indonesien, Zentral Sulawesi

Braunflecken-Zackenbarsch *(Epinephelus tauvina)*

Braunflecken-Zackenbarsche sind sowohl im Roten Meer als auch im gesamten Indopazifik weit verbreitet. Nur im Golf von Persien fehlen sie. Die Zackenbarsche sind Einzelgänger und Räuber, die sich hautsächlich von Fischen und Tintenschnecken ernähren. Sie werden bis zu 80cm groß und sind begehrte Speisefische. Ihr Körper ist übersät mit braunen bis orangebraunen Punkten und Tupfen verschiedener Größe. Kaum zu sehen, doch zu erahnen, erscheinen gelegentlich 5 dunkle Querbänder auf den Körperseiten der Fische. Braunflecken-Zackenbarsche leben bevorzugt in Lagunen und an Außenriffen und kommen vom Flachwasser bis in Tiefen von 50m vor. Jungfische findet man gelegentlich in Ebbetümpeln. Die Fische sind Zwitter, die zuerst weiblichen, später männlichen Geschlechts sind. Die Umwandlung von einem Weibchen zu einem Männchen erfolgt bei einer Körpergröße von 50-70cm.

Foto: Ägypten, Safaga

Korallen-Zackenbarsch (Epinephelus corallicola), Indonesien

Braunflecken-Zackenbarsch (Epinephelus tauvina), Ägypten

Gefleckter Zackenbarsch *(Epinephelus fuscoguttatus)*

Gefleckte Zackenbarsche sind große und scheue Einzelgänger, die schwer zu beobachten und noch schwieriger zu fotografieren sind. Nur dort, wo viel getaucht wird, an den Putzerstationen im Riff, in Höhlen und in Wracks kann man ihnen begegnen und die Chance zu einem Foto nutzen. Die Körperfarbe der Fische zeigt auf hellbraunem Grund eine gewisse Marmorierung, die durch viele dunkelbraune Flecken und Punkte hervorgerufen wird. Man kann diese Art leicht mit einem anderen Zackenbarsch, mit *Epinephelus microdon*, verwechseln. Gefleckte Zackenbarsche leben bis in Wassertiefen von 50m und sind mit einer maximalen Länge von 90cm relativ gute Speisefische. An verschiedenen Küsten im Indopazifik kann ihr Fleisch jedoch ciguateratoxisch sein, da sie sich auch von Fischen ernähren, die reine Algenfresser sind. Neben Fischen fressen sie aber auch große Krebse und Tintenschnecken. Verbreitet sind sie im Roten Meer und kommen im Indopazifik von Ostafrika und Australien bis nach Samoa und Neukaledonien vor.

Foto: Ägypten, Ras Muhamed

Perlenketten-Zackenbarsch *(Epinephelus ongus)*

Perlenketten-Zackenbarsche werden häufig mit Summana-Zackenbarschen, *Epinephelus summana*, verwechselt, die im Roten Meer endemisch leben. Die Jungfische tragen auf ihrem Körper leuchtend weiße Flecken. Diese verlieren sich im Verlaufe des Wachstums und machen hell gefleckten Wellenlinien am Körper und an den Flossen Platz. Der Kopf ist frei von Flecken und stets dunkelbraun gefärbt. Die hintere Rückenflosse sowie die Schwanz- und Afterflosse sind von einem dunklen Band mit weißen Rand gesäumt. Perlenketten-Zackenbarsche leben an Küstenriffen und in Lagunen und kommen vom Flachwasser bis in Tiefen von 30m vor. Sie verstecken sich im Labyrinth der Riffe. Sie sind Einzelgänger und gefräßige Räuber, die sich von Fischen und Krebsen ernähren. Sie werden von der Küstenbevölkerung mit Handleinen gefangen und gelten als ausgezeichnete Speisefische. Verbreitet sind sie m Indopazifik von Ostafrika bis nach Fiji und Australien.

Foto: Indonesien, Zentral Sulawesi

Gefleckter Zackenbarsch (Epinephelus fuscoguttatus), Ägypten

Perlenketten-Zackenbarsch (Epinephelus ongus), Indonesien

Sechsflecken-Zackenbarsch *(Cephalopholis sexmaculatus)*

Sechsflecken-Zackenbarsche sind entweder einzeln oder in kleineren Gruppen an den Riffen im Roten Meer und im Indopazifik von der Ostküste von Afrika bis in den Westpazifik und Australien zuhause. Sie verstecken sich tagsüber in Höhlen, Spalten und unter Überhängen und sind überwiegend erst in der Nacht unterwegs, um Beute zu jagen. Diese besteht hauptsächlich aus Fischen und Garnelen. Sechsflecken-Zackenbarsche suchen sie in Tiefen von 10-150m und werden maximal 50cm groß. Ihr orangeroter Körper ist mit hellblauen Punkten übersät, die am Kopf zu Linien sich formieren. Unterhalb der Rückenflosse befinden sich 6 dunkle Flecken, die zum Bauch hin verblassen. Die Flossen sind abgerundet. Sechsflecken-Zackenbarsche sind gute Speisefische, die mit Handleinen gefangen werden und gute Preise auf den Märkten erzielen.

Foto: Mikronesien, Palau

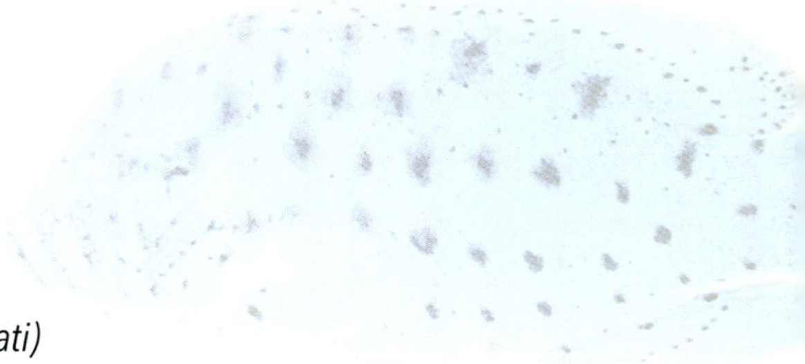

Tomaten-Zackenbarsch *(Cephalopholis sonnerati)*

Tomaten-Zackenbarsche sind Einzelgänger, die in tiefen Lagunenriffen, zwischen Lavafelsen und solitären Korallenblöcken, die sich inmitten von Schlamm-, Sand- und Mischböden befinden, leben. Ihre Tiefenverbreitung reicht vom flachen Wasser bis in 150m Tiefe, wobei erwähnt werden muß, dass sie nur ganz selten in flachere Gewässer migrieren. Tiere, die im Indischen Ozean leben, besitzen eine tomatenrote Farbe, während die des Pazifischen Ozeans dunkelbraun gefleckt sind. Nur die kleinen Jungfische sind schwarz, besitzen einen blauen Kopf und eine weiße Begrenzung der Schwanzflosse. Die bis zu 65cm großen Fische sind Zwitter, wobei die weiblichen Tiere kleiner sind als die männlichen. Bei einer Körpergröße von 30cm wandelt sich das Geschlecht eines Weibchens in das Geschlecht eines Männchens um, so dass die großen Tiere stets Männchen sind. Tomaten-Zackenbarsche sind im Indopazifik von Ostafrika und Australien bis nach Tonga, Samoa und Japan weit verbreitet. Sie ernähren sich von kleinen Fischen, Krebsen, Garnelen und Heuschschreckenkrebsen.

Foto: Mauritius, Flick en Flack

Sechsflecken-Zackenbarsch (Cephalopholis sexmaculatus), Mikronesien

Tomaten-Zackenbarsch (Cephalopholis sonnerati), Mauritius

Feuer-Zackenbarsch *(Cephalopholis urodeta)*

Feuer-Zackenbarsche sind generelle Einzelgänger im Riff, die im Flachwasser leben und in verschiedenen Farbmorphen vorkommen. Das Bild zeigt ein feuerrotes Exemplar, wie der deutsche Trivialname es auch ausdrückt. Je nach Verbreitungsgebiet können die Fische in ihrer Körperfarbe von Braun bis Rot variieren, wobei häufig die Brust-, Schwanz- und Afterflossen dunkler gefärbt sind. Die beiden weißen Streifen an der Schwanzflosse fehlen den Tieren im Indischen Ozean. So ist *Cephalopholis nigripinnis* z. B. ein Synonym und bezieht sich gerade auf diese Farbvariante im Indischen Ozean. Feuer-Zackenbarsche sind Räuber und Überraschungsjäger, die in der Regel aufgestützt auf ihre Brustflossen auf vorbeischwimmende Beute lauern und diese im kurzen Spurt überwältigen. So überwältigen sie kleine Fische, Krebse und Tintenschnecken. Die Weibchen sind kleiner als die Männchen. Alle Fische beginnen ihr Leben als Zwitter, die sich im Verlaufe ihrer Entwicklung dann von einem Weibchen in ein Männchen umwandeln. Über ihr Fortpflanzungsverhalten ist sehr wenig bekannt. Ihre Verbreitung reicht im Indopazifik von Ostafrika bis nach Japan, Neukaledonien und Australien. Bei einer Maximalgröße von 30cm zählen sie zu den kleinen Zackenbarschen. Da sie zudem noch selten sind, haben sie keine wirtschaftliche Bedeutung. Ihr Fleisch soll auch nicht besonders schmackhaft sein.

Foto: Malaysia, Lankayan

Polygon-Zackenbarsch *(Epinephelus areolatus)*

Polygon-Zackenbarsche, auch Wabenbarsche genannt, leben im Indopazifik an felsigen Küstenriffen, schwimmen über ausgedehnte Feinsandareale, über Korallenbruch und in Seegraswiesen. Sie ernähren sich als Räuber von Fischen und von Krebsen. Ihr Körper trägt braune bis rotbraune, polygonale Flecken, die auch den Kopf und die Flossen bedecken, doch bei den Jungfischen noch nicht so deutlich ausgebildet sind. Je größer der Fisch, umso heller die Flecken. Die Schwanzflosse ist gerade ausgebildet und hell begrenzt. Ausgewachsene Tiere können eine Größe von fast 50cm erreichen, doch sind in der Regel die meisten Tiere wesentlich kleiner. Sie kommen vom Flachwasser bis in Tiefen von über 200m vor und gelten als gute Speisefische.

Foto: Malaysia, Mantanani

Feuer-Zackenbarsch (Cephalopholis urodeta), Malaysia

Polygon-Zackenbarsch (Epinephelus areolatus), Malaysia

Langflossen-Zackenbarsch *(Epinephelus maculatus)*

Langflossen-Zackenbarsche sind Einzelgänger und Lauerjäger, die ihre Beute in einem Spurt überwältigen und fressen. Zu ihren Beutetieren gehören vor allem kleine Fische, Krebse und kleine Kraken. Im Verlaufe ihrer Entwicklung machen sie einige Veränderungen durch. Zuerst sind die Fische weiblichen, später männlichen Geschlechts. Aus diesem Grund sind die Weibchen auch stets kleiner als die Männchen. Auch die Farbe ihres Körpers verändert sich. Während die Jungfische sehr dunkel gekennzeichnet sind und weiße Flecken und Sattelflecken besitzen, ist der Körper der erwachsenen Tiere rotbraun bis dunkelbraun gefärbt und mit einem „Bienenwabenmuster" bedeckt. Die Jungfische leben versteckt oder halten sich in geschützten Schlammlagunen und Ästuaren auf. Die erwachsenen Fische leben vom Flachwasser bis in Tiefen von 100m und werden bis zu 50cm groß. Sie gelten als gute Speisefische. Die Verbreitung der Art reicht von Malaysia bis nach Indonesien, Japan und Australien.

Foto: Indonesien, Komodo

Sechseck-Zackenbarsch *(Epinephelus hexagonatus)*

Sechseck-Zackenbarsche leben im Indopazifik von Ostafrika bis nach Samoa, Südjapan und Neukaledonien. Sie fehlen im Roten Meer. Sie sind Fische des Flachwassers, die vom seichten Wasser der Lagunen bis in Tiefen von 10m auf verschiedenen Substraten leben. Es sind kleine Fische, die selten eine Länge von 25cm erreichen und die durch die wabenartige Musterung ihrer Haut auffallen. Das Fleckenmuster ihrer Haut kommt einer Tarnung gleich, so dass man sie als Bodenlieger kaum vom Untergrund unterscheiden kann. Als Überraschungsjäger ernähren sie sich von Fischen und Krebsen, die sie als tag- und nachtaktive Tiere erbeuten. Sechseck-Zackenbarsche sind Zwitter, die ihr Geschlecht im Verlaufe ihrer Entwicklung ändern. Zuerst sind sie weiblichen, dann männlichen Geschlechts. Die Weibchen sind dabei stets kleiner als die Männchen. In ihrem Verbreitungsgebiet werden sie als Speisefische sehr geschätzt.

Foto: Mauritius, Flick en Flack

Langflossen-Zackenbarsch (Epinephelus maculatus), Indonesien

Sechseck-Zackenbarsch (Epinephelus hexagonatus), Mauritius

Blaupunkt-Zackenbarsch *(Cephalopholis argus)*

Blaupunkt-Zackenbarsche, auch Pfauenaugen-Zackenbarsche genannt, sind die wohl häufigsten Zackenbarsche an den Riffen des Roten Meeres und des Indopazifiks. Sie leben sowohl in seichten Lagunen als auch an gut durchströmten Außenriffen und lieben dichten Korallenbewuchs als Lebensraum, der ihnen genügend Deckung bietet, um sich bei Gefahr darin zu verstecken. Die Körperfarbe der Fische kann variieren. Doch in der Regel ist ihr dunkelbrauner und schlanker Körper mit dunkel umrandeten weißblauen bis blauen Flecken übersät, wobei sich das Punktemuster bis über die Flossen erstreckt. Die hintere Körperhälfte ist mit 5 hellen Querbändern versehen. Die prächtig gefärbten Jungfische bekommt man so gut wie nie zu Gesicht, da sie sehr scheu sind und sich im Korallendickicht verstecken. In ihrem Revier sind die Blaupunkt-Zackenbarsche entweder einzeln, paarweise oder in kleineren Gruppen unterwegs. Sie sind gefräßige Räuber, die sich zu 80% von Fischen und zu 20% von benthischen Krebsen ernähren. Sie sind tag- und nachtaktiv und werden maximal 50cm groß. Ihr Fleisch wird geschätzt. In der älteren Literatur wird dieser Fisch noch unter dem wissenschaftlichen Namen *Cephalopholis guttata* (BLOCH) geführt.

Foto: Malaysia, Mabul

Paddelbarsch *(Cromileptis altivelis)*

Das Bild zeigt einen erwachsenen Paddelbarsch. Die sehr großen und schwarzen Flecken am Körper der Jungfische nehmen im Verlauf des Wachstums an Zahl zu, werden jedoch auch immer kleiner. Auffallend ist der in der Proportion zum Körper relativ kleine Kopf mit der etwas nach oben gebogenen Schnauze, die bei den adulten Tieren noch deutlicher in Erscheinung tritt. Junge Paddelbarsche führen in ihrer Jugend mit ihren breiten Brustflossen paddelnde Bewegungen aus, die die Fische in pendelnde Schwimmbewegungen versetzen. Sie schwimmen dann nicht zielgerichtet geradeaus, sondern stets in einem Zickzackkurs. Das ist auffällig im Riff und zieht ganz besonders aufmerksame Taucher an. Erst die erwachsenen Fische verlieren diese Art zu schwimmen. Paddelbarsche leben sowohl in klaren Lagunen als auch an seichten oder steil abfallenden Riffhängen. Es sind scheue Fische, die stets Deckung suchen, sobald Gefahr droht. Als tag- und nachtaktive Räuber ernähren sie sich von Fischen und Krebsen. In der Regel sind die Weibchen kleiner als die Männchen. Im Durchschnitt werden sie etwa 40cm groß und sind ausgezeichnete Speisefische mit einem hohen Marktwert. Die Jungtiere sind beliebte Aquarienfische und werden zu diesem Zweck auch gefangen. Paddelbarsche leben im Indopazifik von den Küsten von Ostafrika bis nach Südjapan, Vanuatu und Neukaledonien.

Foto: Indonesien, Molukken

Blaupunkt-Zackenbarsch (Cephalopholis argus), Malaysia

Paddelbarsch (Cromileptis altivelis), Indonesien

Einfleck-Schnapper *(Lutjanus monostigma)*

Einfleck-Schnapper leben einzeln oder in kleinen Schulen im stark strömenden Freiwasser der Riffhänge, unter Überhängen und in großen Spalten und Höhlen. Ihr hochrückiger Körper trägt gelbe Flossen und bei den Jungfischen einen dunklen Fleck in der Mitte der hinteren Körperhälfte. Dieser ist bei großen und erwachsenen Tieren nicht mehr vorhanden. Die nachtaktiven Fische ernähren sich überwiegend von anderen Fischen und von einer Vielzahl von Krebsen und Krabben, die sie mit ihrem wolfsähnlichen Gebiss knacken. An viel betauchten Riffen gehören sie nachts zur Begleitung der Taucher, wo sie aufgeschreckte Fische erbeuten. Das Fleisch dieser bis zu 65cm großen Raubfische kann gelegentlich ciguateratoxisch sein und wird heute nur noch unter Vorbehalt verkauft und gegessen. Verbreitet sind sie im Roten Meer und kommen im Indopazifik von Ostafrika bis nach Japan und Neukaledonien vor.

Fotos: Malediven, Male-Atoll

Einfleck-Schnapper (Lutjanus monistigma), Malediven

Einfleck-Schnapper (Lutjanus monostigma), Malediven

Bengalen-Schnapper *(Lutjanus bengalensis)*

Bengalen-Schnapper sind relativ kleine Fische von 15 bis 30cm Größe, die tagsüber sich einzeln oder in kleineren Schulen häufig unter schattigen Überhängen leben oder in tunnelartigen Gewölben sich verstecken. Erst bei Anbruch der Dunkelheit schwimmen sie auf Nahrungssuche und ernähren sich hauptsächlich von kleinen Fischen und von Krebsen. Der Körper der Fische scheint zweigeteilt zu sein, denn ihr Rücken ist gelb und trägt je drei blaue Längsstreifen auf beiden Körperseiten, während der Bauch dagegen silbrig-weiß gefärbt ist. Man könnte Bengalen-Schnapper leicht mit Lutjanus kasmira verwechseln, der auch die blauen Rückenstreifen trägt. Nur fehlt diesem der weiße Bauch und er besitzt auch einen Rückenflossenstrahl mehr. Bengalen-Schnapper sind im Roten Meer, im Arabischen Golf und im Indowestpazifik von Mauritius und Reunion bis zu den Seychellen und Sri Lanka verbreitet. Sie sind gute Speisefische und werden entlang der Küste in Tiefen bis zu 30m mit Handleinen in geringen Stückzahlen gefangen und erreichen aus diesem Grund in ihrem Verbreitungsgebiet auch keine große wirtschaftliche Bedeutung.

Foto: Mauritius, Flick en Flack

Zweipunkt-Schnapper *(Lutjanus biguttatus)*

Zweipunkt-Schnapper sind kleine und schön gefärbte Fische, die eine maximale Größe von 25cm erreichen. Ihr schlanker und brauner Körper trägt einen bronzefarbenen Rücken und ein breites, silberweißes Band entlang der unteren Körperhälfte. Die Schwanz-, After- und die hintere Rückenflosse sind gelb. Zwei weiße Punkte befinden sich auf dem hinteren Teil des Rückens (Name!). Zweipunkt-Schnapper sind nachtaktive Tiere, die sich von Fischen, Krebsen und von anderen benthischen Wirbellosen ernähren. Tagsüber schwimmen sie in kleinen Schulen, die bis zu 100 Fische umfassen können, die Riffe entlang. Ihre bevorzugten Reviere sind Lagunen und korallenreiche Außenriffhänge. Ihr Vorkommen reicht im Indopazifik von den Malediven über die Philippinen, Malaysia, den Solomonen und Mikronesien bis nach Australien.

Foto: Malaysia, Mabul

Bengalen-Schnapper (Lutjanus bengalensis), Mauritius

Zweipunkt-Schnapper (Lutjanus biguttatus), Malaysia

Schachbrett-Schnapper *(Lutjanus decussatus)*

Schnapper dieser Art leben überwiegend einzeln und können nur gelegentlich in kleineren Gruppen gesichtet werden, wobei man annimmt, dass es sich dabei um eine Laichversammlung handelt. Auffallend sind die Fische durch ein schachbrettartiges Muster auf ihrem Rücken und zwei Längsstreifen auf der Bauchseite, wobei der braune Farbton je nach Gebiet zwischen einem rötlichbraun ein einem graubraun schwankt. Schachbrett-Schnapper sind überwiegend nachtaktiv und verstecken sich tagsüber in Höhlen, in dunklen Unterhöhlungen und unter großräumigen Korallenformationen. Erst mit Einbruch der Dunkelheit schwimmen sie auf Nahrungssuche und ernähren sich von kleinen Fischen und verschiedenen Wirbellosen, hauptsächlich von Krebsen. Schnapper dieser Art werden maximal 30cm groß. Sie leben vom Flachwasser der Lagunen bis in 30m Tiefe und kommen vom Indischen Ozean bis in den Westpazifik vor.

Foto: Malaysia, Sipadan

Schwarzschwanz-Schnapper *(Lutjanus fulvus)*

Schwarzschwanz-Schnapper besitzen, wie der Name es besagt, eine schwarze bis dunkelbraune Schwanz- und weichstrahlige Rückenflosse, die weiß umrandet sind. Der lange und schlanke Körper der Fische trägt einen spitzen Kopf und gelbe, laterale Streifen. Während die juvenilen Tiere in kleineren Gruppen in brackigen Gewässern von Mangroven und Flusseinmündungen vorkommen, sind die erwachsenen Fische solitär im Meer unterwegs und formieren sich nur gelegentlich zu kleinen Schulen. Sie leben bevorzugt im Flachwasser der Lagunen und an geschützten Riffen, wo sie nachts Jagd auf kleine Fische und Krebse machen. Die bis zu 40cm großen Fische werden in Reusen und mit Grundschleppnetzen gefangen. Ihr Fleisch kann an verschiedenen Küsten in ihrem Verbreitungsgebiet ciguateratoxisch sein. Schwarzschwanz-Schnapper leben im Roten Meer und kommen im Indopazifik von Südafrika bis nach Japan, Mikronesien und Australien vor.

Foto: Mauritius, Flick en Flack

Schachbrett-Schnapper (Lutjanus decussatus), Malaysia

Schwarzschwanz-Schnapper (Lutjanus fulvus), Mauritius

Gewöhnlicher Schnapper *(Lutjanus lutjanus)*

Gewöhnliche Schnapper sind kleine und überwiegend nachtaktive Fische, die tagsüber in Schulen von 50-100 Tieren schwimmen. Sie werden kaum größer als 20cm. Große Einzelgänger können dagegen eine Länge von 35cm erreichen. Da sie an küstennahen Riffen schwimmen und oft gemischt mit anderen Arten von Schnappern (Lutjanus kaschmira und Lutjanus fulviflamma) im Schwarm zu finden sind, werden sie nicht mit Grundschleppnetzen, sondern, wie im zentralen Teil des Indopazifiks, mit Dynamit gefischt. Schnapper dieser Art erkennt man an einem breiten gelben Band, das sich vom Auge bis zum Schwanzflossenansatz zieht. Die Bauchseite trägt eine Serie gelber Längsstreifen, die auf dem Rücken diagonal verlaufen. Als Räuber ernähren sie sich von kleinen Fischen und von einer Vielzahl von Wirbellosen, speziell von Krebsen. Verbreitet sind Gewöhnliche Schnapper im Roten Meer und kommen im Indopazifik von Südafrika bis zu den Solomonen und Japan vor.

Foto: Malaysia, Lankayan

Blauband-Schnapper *(Lutjanus kasmira)*

Blauband-Schnapper sind die häufigsten Schnapper an tropischen Korallenriffen. Die adulten Fische schwimmen tagsüber dichtgedrängt im Freiwasser der Riffe und formieren sich zu kleinen oder großen Schulen. Nicht selten befinden sich über 1000 Tiere in einem Schwarm. Bei Einbruch der Dunkelheit löst sich die Fischformation auf und die Tiere begeben sich auf Nahrungssuche. Gefressen werden überwiegend benthische Krebse und Fische. Selten findet man Einzelgänger unter ihnen. Ihr Lebensraum reicht von flachen Lagunen, bis in Wassertiefen von über 200m. Die Jungfische leben bevorzugt in Seegraswiesen. Sie besitzen noch einen großen und schwarzen Fleck unterhalb der Rückenflosse. Der lang gestreckte, gelbe Körper der erwachsenen Tiere trägt 4 dunkel umrandete, horizontal verlaufende, blaue Streifen, die sich vom Kopf bis zum Schwanzflossenansatz ziehen. Der Bauch ist weißlich und die Flossen gelb. Blauband-Schnapper tauschen während der Paarungszeit ihre Geschlechtsprodukte in der Dämmerung aus. Die Männchen bedrängen die Weibchen, indem sie gegen ihren Bauch stupsen. Daraufhin steigen die Weibchen spiralförmig zur Oberfläche auf, und entlassen ihre Eier im Freiwasser. Diese werden von den Männchen sofort befruchtet. Blauband-Schnapper werden maximal 30cm groß. Sie sind ausgezeichnete Speisefische und werden mit Langleinen gefangen und mit Dynamit gefischt. Ihre Verbreitung reicht vom Roten Meer und dem Indopazifik von Ostafrika bis nach Japan, Hawaii und Australien.

Foto: Malediven, Baa-Atoll

Gewöhnlicher Schnapper (Lutjanus lutjanus), Malaysia

Blauband-Schnapper (Lutjanus kasmira), Malediven

Kaiserschnapper *(Lutjanus sebae)*

Das Bild zeigt einen Jungfisch dieser Art. Der Körper dieser Jungfische besitzt diese so typisch weiß-braune bis weiß-purpurne Bänderung, die jedoch mit fortschreitendem Wachstum der Tiere verschwindet, so dass die erwachsenen Fische einfarbig rötlich oder bräunlich aussehen. Die Jungfische findet man häufig in kleinen Schulen im Brackwasser, zwischen den Stelzwurzeln der Mangroven, zwischen den Stacheln langstacheliger Seeigel der Gattung Diadema und über Sand- und Schlammgrund. Die erwachsenen Fische sind rein stenohalin und leben im tieferen Wasser entlang von Saum-, Küsten- und Barriereriffen. Sie sind dämmerungsaktiv, außerordentlich gefräßig und ernähren sich überwiegend von Weichtieren, Fischen und von Krebsen. Sie wachsen auch sehr schnell. Bei einer Länge von etwa 100cm sind sie ausgewachsen und können ein Gewicht von 20kg und mehr erreichen. Man schätzt sie in ihrem Verbreitungsgebiet als ausgezeichnete Speisefische. Verbreitet sind sie sind im Roten Meer und kommen im Indopazifik von Ostafrika bis nach Japan und Australien vor.

Foto: Malediven, Nord Male Atoll

Roter Riffschnapper *(Lutjanus bohar)*

Rote Riffschnapper sind große Fische, die eine Maximallänge von 90cm erreichen können. In der Regel sind Tiere aus dieser Gattung ausgezeichnete Speisefische, die auf allen Märkten der Welt gute Preise erzielen. Das trifft aber nicht für den Roten Riffschnapper zu: Er ist einer der am häufigsten von der Ciguatera befallenen Fische und darf in manchen Gegenden innerhalb seines Verbreitungsgebietes nicht verkauft werden. Rote Schnapper leben einzeln oder in größeren Schulen. Sie sind keine ausdauernden Schwimmer und leben in Lagunen, an Außenriffen, an Fleckenriffen und um Atolle. In ihrer Jugend besitzen sie zwei weiße Flecken auf ihren Rücken, die sich im Verlaufe ihres Wachstums verlieren. Ab einer Länge von 45cm werden die Tiere geschlechtsreif und ändern ihre Körperfarbe von silbriggrau auf eine rötliche Kupferfarbe und haben dann ein gestreiftes Aussehen. Der bullige und hochrückige Körper der Fische trägt einen großen Kopf, dessen Maul mit großen Wolfszähnen besetzt ist. Rote Riffschnapper sind nachtaktive Fische, die sich von Fischen, Krebsen, Tintenfischen und von verschiedenen Weichtieren ernähren. Verbreitet sind sie im Roten Meer und kommen im Indopazifik von Südafrika bis nach Polynesien und Japan vor.

Foto: Malaysia, Lankayan

Kaiserschnapper (Lutjanus sebae), Malediven

Roter Riffschnapper (Lutjanus bohar), Malaysia

Buckel-Schnapper *(Lutjanus gibbus)*

Erwachsene Buckel-Schnapper sind Schwarmfische, die sich tagsüber im Vorriff aufhalten und stationäre Schulen bilden. Erst in der Nacht sind sie einzeln auf Nahrungssuche unterwegs im Riff und erbeuten Seeigel, Krebse, Tintenschnecken, Meeresborstenwürmer und kleinere Fische. Der Körper der Tiere ist seitlich zusammengedrückt und hochrückig. Er trägt einen ausgeprägten Buckel. Erwachsene Fische sind rotbraun bis rostrot gefärbt und besitzen dunkle Rücken-, Schwanz- und Afterflossen. Die Jungfische sind ähnlich gefärbt, doch haben sie noch einen großen, runden und schwarzen Fleck am Schwanzflossenansatz. Während sich die Jungfische im Seegras, in Mangroven und im Flachwasser der Lagunen aufhalten, schweben die erwachsenen Fische in Schulen von über 100 Tieren an den Außenriffen und an Steilabfällen. Für den Unterwasserfotographen ist es sehr schwer, sich den Tieren zu nähern. Bis auf eine Entfernung von 10m kommt man an sie heran. Dann weichen sie aus und vergrößern immer wieder den Abstand. Selbst große Exemplare, die vorwiegend in schattigen Wracks leben, sind außerordentlich scheu. Buckel-Schnapper werden maximal 60cm groß. Ihr Fleisch wird nicht gegessen, da es vielerorts ciguateratoxisch ist. Verbreitet sind die Tiere vom Roten Meer und kommen im Indopazifik von Ostafrika bis zum Tuamotu Archipel, Neukaledonien und Australien vor.

Foto: Indonesien, Raja Ampad

Braunstreifen-Schnapper *(Lutjanus vitta)*

Junge Schnapper dieser Art sind Schwarmfische, die tagsüber in kleinen Schulen im Vorriff schwimmen. Die älteren Tiere sind stets Einzelgänger. Man erkennt Braunstreifen-Schnapper an ihren schwarzbraunen Längsstreifen in Körpermitte, der von den Augen bis zur Schwanzwurzel verläuft und der eine obere Körperhälfte mit braunen Diagonallinien von einer unteren Hälfte mit horizontalen Streifen voneinander trennt. Die Flossen sind gelb. Ausgewachsene Tiere werden bis zu 40cm groß. Sie sind überwiegend nachtaktiv und ernähren sich von kleinen Fischen und Krebsen. Man findet sie an Küsten- und Außenriffen, wo sie vom Flachwasser bis in Tiefen von 70m vorkommen. Ihre Verbreitung reicht im Indopazifik von den Seychellen bis nach Mikronesien, Japan und Australien.

Foto: Indonesien, Molukken

Buckel-Schnapper (Lutjanus gibbus), Indonesien

Braunstreifen-Schnapper (Lutjanus vitta), Indonesien

Segelflossen-Schnapper *(Symphorichthys spilurus)*

Segelflossen-Schnapper leben im seichten Wasser der Küsten und kommen in weiträumigen Lagunen vor, wo sie sich von verschiedenen Weichtieren ernähren. Gelegentlich sieht man sie auch in 50m Wassertiefe schwimmen. Die Jungfische besitzen sehr lang ausgezogene Rücken- und Afterflossen, die mit fortschreitendem Alter reduziert werden und letztlich verschwinden. Alle Flossen der Fische sind gelb. Ihr Körper trägt auf gelbem Grund eine Vielzahl blauer Längsstreifen und einen schwarzen Fleck oberhalb der Schwanzwurzel. Erwachsene Tiere sind Einzelgänger und werden bis zu 50cm groß. Sie gelten als gute Speisefische und sind im Indopazifik von Malaysia und den Philippinen bis nach Japan und Australien verbreitet.

Foto: Malaysia, Lankayan

Zimt-Schnapper *(Symphorus nematophorus)*

Die Grundfarbe des Körpers dieser Fische ist zimtfarben. Hellblaue Längsstreifen, die sich mit unterbrochenen Punktlinien abwechseln, bedecken den Körper. Die Rückenflossenstrahlen sind sehr lang ausgezogen und überragen die Schwanzflosse. Gerade bei den Jungfischen sind sowohl die Rücken-, als auch die Afterflossenstrahlen besonders lang. Gelegentlich tragen sie noch eine dunkle Querbänderung. Zimtschnapper werden bis zu 90cm groß und gelten als gute Speisefische. Sie fressen verschiedene benthische Wirbellose und sind Einzelgänger im Freiwasser von Außenriffen und ausgedehnten Sandzonen. Sie sind vom östlichen Indischen Ozean bis in den Westpazifik verbreitet.

Foto: Papua Neuguinea, Milne Bay

Segelflossen-Schnapper (Symphorichthys spilurus), Malaysia

Zimt-Schnapper (Symphorus nematophorus), Papua Neuguinea

Gelbkopf-Schnapper *(Macolor macularis)*

Gelbkopf-Schnapper besitzen einen hochrückigen und seitlich zusammengepressten Körper und einen abgerundeten, stumpfen Kopf mit wulstigen Lippen und großen Augen. Das breite Maul ist weit vorstülpbar und mit auffallend großen Zähnen bewehrt. In ihrem Farbkleid unterscheiden sich die erwachsenen Fische von den Jungtieren erheblich. Juvenile und subadulte Tiere besitzen schwarzweiße Längsstreifen am Körper und weiße Flecken auf dem Rücken. Diese verschwinden mit zunehmendem Wachstum und Alter. Die erwachsenen Fische haben dagegen eine gelblich-braune Grundfarbe, blaue Linien und Flecken an den Schuppen und ein feines Netzwerk von dunkelblauen Linien und Flecken am Kopf. Die Jungfische sind strikte Einzelgänger. Erst die subadulten und adulten Tiere neigen dazu, sich in kleine Schulen zu formieren. Erst bei einer Größe von 60cm sind sie erwachsen. Im Flachwasser der Lagunen und an den Außenriffen kann man sie schweben sehen. Erst in der Nacht werden sie aktiv und schnappen Zooplankton und kleineren Fische aus dem Wasser. Gelbkopf-Schnapper sind geschätzte Speisefische. Ihre Verbreitung reicht vom Roten Meer bis zu den Philippinen, Indonesien, den Solomonen, Malaysia, Taiwan, Neukaledonien und Australien.

Foto: Malediven, Male-Atoll

Gelbkopf-Schnapper (Macolor macularis), Malediven

Gelbkopf-Schnapper (Macolor macularis), Juvenil, Malediven

Schneeflocken-Seifenbarsch *(Pogonoperca pinctata)*

Schneeflocken-Seifenbarsche sind im Indopazifik weit verbreitet und kommen von Ostafrika bis nach Südjapan und Neukaledonien vor. Trotz dieser weiten Verbreitung sieht man die Fische selten. Als Einzelgänger leben sie versteckt an Riffwänden und suchen hier in Spalten und Nischen Deckung. Ihr hellbrauner und torpedoförmiger Körper ist übersät mit kleinen und weißen Punkten, die Schneeflocken ähneln. Grosse und dunkelbraune Flecken entlang des Rückens und eine breite Binde über die Augen gehören, wie auch die „Schneeflocken", zur Standartfarbe der Barsche. Auffallend sind jedoch die Kinnbarteln am Kopf der Fische. Juvenile Tiere besitzen nur wenige weiße Flecken am Körper und sind tief schokoladenbraun gefärbt. Schneeflocken-Seifenbarsche sind Räuber, die sich hauptsächlich von Fischen ernähren. Sie werden bis zu 40cm groß und sind keine guten Speisefische.

Foto: Indonesien, Komodo

Goldstreifen-Seifenbarsch *(Grammistes sexlineatus)*

Goldstreifen-Seifenbarsche sind scheue Einzelgänger, die nur zur Fortpflanzungszeit in kleineren Gruppen schwimmen. Tagsüber verstecken sie sich in Spalten, Löchern und in Unterhöhlungen. Erst bei Einbruch der Dunkelheit werden sie aktiv und machen Jagd auf kleinere Fische und Krebse. Im Verlaufe ihres Lebens verändern die Fische ihr Aussehen. Dabei wird der Unterschied zwischen juveniler und adulter Phase deutlich. In ihrer Jugend tragen die schwarzgrundigen Fische noch runde, hellgelbe Flecken, die zu den Flossenrändern hin rot werden. Als erwachsene Tiere besitzen sie die für sie typischen sechs Längsstreifen am Körper. Ein zäher, seifenartiger Hautschleim bedeckt ihren Körper. Er enthält das Gift Grammistin, das die Fische immer dann erzeugen, wenn sie erschreckt oder angegriffen werden. Es dient zur Verteidigung gegenüber Fressfeinden, die beim Zuschnappen den Appetit an ihrer Beute verlieren. Goldstreifen-Seifenbarsche leben vom Flachwasser bis in größere Tiefen. Als Lebensraum bevorzugen sie zerklüftete Riffdächer, Lagunen und steil abfallende Außenriffe mit guten Versteckmöglichkeiten. Ihr Verbreitungsgebiet reicht vom Roten Meer bis in den Indopazifik. Einige Tiere sind vom Roten Meer über den Suezkanal in das Mittelmeer eingewandert, wo man sie vor Kreta gefangen hat. Faunenverfälschung nennt man das, wenn Menschen dafür sorgen, dass Tiere dorthin kommen, wo sie eigentlich nicht hingehören.

Foto: Ägypten, Safaga

Schneeflocken-Seifenbarsch (Pogonoperca pinctata), Indonesien

Goldstreifen-Seifenbarsch (Grammistes sexlineatus), Ägypten

Langschnauzen-Büschelbarsch *(Oxycirrhites typus)*

Der zugespitzte Kopf der Fische trägt eine stark verlängerte Schnauze, die wie eine Pinzette ausgezogen ist und die sie als Nahrungsspezialisten ausweist. Sie ernähren sich von einer Vielzahl planktischer und benthischer Kleinkrebse, die sie aus Spalten und Löchern heraussaugen. Auch kleine Fische sind gelegentlich ihre Beute. Die Rückenflosse ist meist aufgerichtet und die 10 Rückenflossenstacheln mit kleinen Büscheln (Name!) an den Spitzen gut erkennbar. Die Weibchen sind immer etwas größer als die Männchen. Dafür sind die Männchen gelegentlich auch etwas kräftiger gefärbt. Die rotorange Fächerung ihres Körpers dient der Tarnung. In den Verzweigungen einer roten Hornkoralle, in buschigen rotbraunen Schwarzen Korallen oder auf gleichfarbigen Schwämmen sind sie kaum zu erkennen, es sei denn, sie bewegen sich. Langschnauzen-Büschelbarsche sind Tiere des tieferen Wassers. Erst ab 25-30m Wassertiefe sind sie zu finden. Dort sieht man sie aufgestützt auf ihren Brustflossen bewegungslos ruhen und ihr Revier, wie von einem Hochstand aus, beobachten. Nur die Augen rollen lebhaft hin und her. Zur Laichzeit schwimmen die Fische in der Dämmerung oder in der Nacht paarweise ins Freiwasser und laichen ab. Die befruchteten Eizellen schweben zu Boden. Das Larvenstadium dauert mehrere Wochen. Langschnauzen-Büschelbarsche werden etwa 12cm groß und sind vom Roten Meer über den gesamten Indopazifik und Pazifik bis nach Panama verbreitet.

Foto: Mikronesien, Palau

Monokel-Büschelbarsch *(Paracirrhites arcatus)*

Monokel-Büschelbarsche sind kleine Fische, die selten eine Größe vom 15cm erreichen. Auch als Korallenwächter bekannt, ruhen sie auf ihren breiten Brustflossen aufgestützt auf Korallen der Gattungen *Acropora, Pocillopora* oder *Stylopora* und warten hier auf Beute, die sie in einem schnellen Spurt erjagen. Es sind kleine Fische, Garnelen und verschiedene andere Krebse, die sie fressen. Ihr schlanker Körper trägt einen großen Kopf, der durch einen zweifarbigen Bogen hinter den Augen besondere Aufmerksamkeit erzeugt. Der Körper der kleinen Fische kann rotbraun oder olivfarben sein, wobei ein breites und weißes Band am Rücken unterhalb der Rückenflosse auffällt. Monokel-Büschelbarsche leben vom flachen Wasser bis in mittleren Tiefen von 20-30m. Man findet sie in Lagunen und an Außenriffen, wo sie einzeln oder paarweise zwischen den verzweigten Korallen lauern. Ihre Verbreitung im Indopazifik reicht von Südafrika bis nach Australien, Französisch Polynesien und Hawaii.

Foto: Philippinen, Silquijor

Langschnauzen-Büschelbarsch (Oxycirrhites typus), Mikronesien

Monokel-Büschelbarsch (Paracirrhites arcatus), Philippinen

Forsters Büschelbarsch *(Paracirrhites forsteri)*

Büschelbarsche sind bodennahe Lauerjäger, die zwischen den Ästen von Steinkorallen, aufgestützt auf ihre breiten Brustflossen, auf vorbeischwimmende oder krabbelnde Beute lauern, um diese in einem kurzen Spurt zu überwältigen. Auf diese Weise schnappen sie sich kleine Fische und Krebse, vor allem Shrimps. Sie leben einzeln und sie sind territorial. Ihr gelblicher Körper trägt ein breites und schwarzbraunes Band auf der oberen Körperhälfte, das am Kopf beginnt und an der Schwanzflosse endet. Der Kopf und die Kiemendeckel besitzen viele dunkelrote Punkte unterschiedlicher Größe. Regional sind die Körperfarbe und die Körperzeichnung der Fische verschieden, so dass die des Roten Meeres anders aussehen als die des Indischen Ozeans. Büschelbarsche sind kleine Fische mit einer Maximalgröße von 25cm. Sie leben sowohl im Flachwasser der Lagunen als auch an den Außenriffen. Haremsbildung ist obligatorisch, so dass ein Männchen sich in der Regel mehrere Weibchen hält. Forsters Büschelbarsche sind die häufigsten Korallenwächter an den Riffen im Indopazifik. Sie sind vom Roten Meer und im Indopazifik von Ostafrika bis Japan, Hawaii und Australien weit verbreitet.

Fotos: Indonesien, Nationalpark Komodo

Forsters Büschelbarsch (Paracirrhites forsteri), Indonesien

Forsters Büschelbarsch (Paracirrhites forsteri), Indonesien

Forsters Büschelbarsch (Paracirrhites forsteri), Indonesien

Gefleckter Büschelbarsch *(Cirrhitichthys aprinus)*

Gefleckte Büschelbarsche sind Einzelgänger und Lauerjäger, die aus erhöhter Position heraus ihr Revier überblicken und auf vorbeischwimmende Beute warten. Von dieser Aussichtsplattform aus erjagen sie kleine Fische und Krebse. Die Körperfarbe der Fische ist verschieden und weitgehend abhängig von ihrem Lebensraum in den jeweiligen Verbreitungsgebieten, in denen sie leben. Die Grundfarbe ihres Körpers kann hellgrau, weißlich, grünlich, rötlich und bräunlich sein, wobei auf jeder Körperseite mehr oder weniger deutliche Querbänder verlaufen. Sind diese unterbrochen, dann entstehen Fleckenlandschaften auf den Körperseiten der Fische. Typisch für die Art ist ein dunkler Fleck hinter dem Auge. Sehr schön zeigt das Bild die kleinen „Büschel" an den Enden der Rückenflossenstrahlen, die der gesamten Fischfamilie den Namen gaben. Gefleckte Büschelbarsche werden maximal 12cm groß, wobei die Männchen stets größer sind als die Weibchen. Verbreitet sind in mittleren Wassertiefen und kommen vom Indischen Ozean bis in den Westpazifik vor.

Fotos: Indonesien, Bali

Gefleckter Büschelbarsch (Cirrhitichthys aprinus), Indonesien

Gefleckter Büschelbarsch (Cirrhitichthys aprinus), Indonesien, nachts

Großdorn-Eichhörnchenfisch *(Sargocentron spiniferum)*

Großdorn-Eichhörnchenfische sind die größten Fische aus der Familie der Soldatenfische (Holocentridae). Sie erreichen eine Maximalgröße von 45cm. Ihre großen und lebhaften Augen, die sie als dämmerungsaktive Fische ausweisen und die an die Augen von Eichhörnchen erinnern sollen, haben ihnen im englischen Sprachgebrauch diesen einprägsamen Namen eingebracht. Der Körper der Fische ist hochrückig, seitlich zusammengepresst und die Kiemendeckel sind mit einem sehr großen und nach hinten gerichteten Dornen versehen. Diese Dornen sind giftig. Möglicherweise werden sie bei der Revierverteidigung eingesetzt. Eichhörnchenfische sind nachtaktive Räuber, die sich von benthischen Wirbellosen, wie Krabben, Garnelen und Würmern ernähren und die auch kleine, am Boden lebende Fische, erbeuten. Tagsüber schweben sie fast bewegungslos entweder einzeln, paarweise oder in kleinen Gruppen in Unterhöhlungen und unter Überhängen oder sie verstecken sich hinter großen Gorgonien, Schwämmen und Korallen. Offensichtlich haben sie die Möglichkeit, sich über Laute zu verständigen. Zumindest hört der Taucher diese Geräusche, die sie erzeugen, wenn er sich ihnen nähert. In vielen Gebieten des Indopazifiks ist das Fleisch dieser Tiere giftig und mit Ciguateratoxin verseucht. Es wird über die Nahrungskette aufgenommen. Beim Menschen kann der Genuss dieses Fleisches zu einer Todesfalle werden. Das Verbreitungsgebiet dieser Fischart reicht vom Roten Meer und im Indopazifik von Ostafrika bis nach Japan, Hawaii und Australien. Hier leben sie vom Flachwasser bis in Wassertiefen von über 100m.

Foto: Malediven, Ari-Atoll

Silberfleck-Husar *(Sargocentron caudomaculatum)*

Fische dieser Art gehören zu den häufigsten Soldatenfischen an den Riffen im Indopazifik. Sie leben einzeln oder in kleineren Gruppen und kommen vom flachen Wasser bis in Tiefen von über 40m vor. Als nachaktive Tiere suchen sie ihre Nahrung in Lagunen und an korallenreichen Außenriffen und ernähren sich hauptsächlich von benthischen Krabben und Garnelen. Der Körper der Fische ist rot und nur das letzte Drittel ist weiß. Der zugespitzte Kopf trägt große Augen, die das Restlicht in der Dämmerung und in der Dunkelheit noch aufnehmen. Silberfleck-Husarenfische sind keine Speisefische, denn ihr Körper enthält einen giftigen Stoff, der auch für uns Menschen gefährlich ist. Ausgewachsene Tiere werden bis zu 25cm groß und sind im Indopazifik von Ostafrika, den Seychellen und der Andamanensee bis nach Australien, Mikronesien, Tonga, Vanuatu und Französisch Polynesien weit verbreitet.

Foto: Indonesien, Raja Ampad

Großdorn-Eichhörnchenfisch (Sargocentron spiniferum), Malediven

Silberfleck-Husar (Sargocentron caudomaculatum), Indonesien

Schwarzbinden-Soldatenfisch *(Myripristis adusta)*

Schwarzbinden-Soldatenfische leben einzeln oder in kleineren Gruppen. Die nachtaktiven Tiere halten sich tagsüber in schattigen Höhlen, Unterhöhlungen und unter Überhängen auf oder verstecken sich in geräumigen Spalten. Obwohl sie an den Korallenriffen im Indopazifik weit verbreitet sind, sind sie nicht allzu häufig zu sehen. Ihr silbriger und lachsfarbener Körper trägt große Schuppen, die schwarz gesäumt sind. Die Rücken-, Schwanz- und Afterflossen besitzen schwarze Flossenränder und einen schmalen, rostroten Bereich davor. Ein schwarzer Punkt befindet sich am Kiemendeckel. Schwarzbinden-Soldatenfische sind scheue Tiere mit einer großen Fluchtdistanz. Sie werden maximal 22cm groß und ernähren sich von verschiedenen kleinen Fischen und Krebsen, die sie nachts erbeuten. Im Roten Meer sind sie noch nicht nachgewiesen worden.

Foto: Malaysia, Lankayan

Großschuppen-Soldatenfisch *(Myripristes berndti)*

Großschuppen-Soldatenfische leben einzeln oder in kleinen Schulen und kommen vom Flachwasser bis in Tiefen von 50m an den Riffen von Ostafrika bis nach Japan, Hawaii und Australien vor. Die bis zu 25cm großen Fische sind nachtaktiv und verstecken sich tagsüber in dunklen Höhlen, unter Überhängen und in Tunneln der Außenriffe. Erst in der Nacht schwimmen sie in das offene Wasser und ernähren sich von kleinen Krebsen und anderen wirbellosen Tieren, die sie aus dem Plankton schnappen. Die hier vorgestellte Art ist schwer von Myripristes murdjan und von Myripristes seychellensis zu unterscheiden. Die wichtigsten Kennzeichen sind: Ein vorspringender Unterkiefer, eine gelbe bis gelborange Rückenflosse (die hier auf dem Bild nicht zu sehen ist) und schwarze Linien im roten Bereich der weichstrahligen Rücken-, After und Schwanzflosse.

Foto: Mauritius, Flick en Flack

Schwarzbinden-Soldatenfisch (Myripristes adusta), Malaysia

Großschuppen-Soldatenfisch (Myripristes berndti), Mauritius

Roter Soldatenfisch *(Myripristes murdjan)*

Rote Soldatenfische, auch Weißsaum-Soldatenfische genannt, schwimmen überwiegend in großen Schulen von hunderten Einzelindividuen. Dabei versuchen die Fische tagsüber das schützende Riff als Deckung zu nutzen und halten sich in der Nähe von Höhlen und geräumigen Unterhöhlungen auf. Bei Anbruch der Dunkelheit löst sich der Fischschwarm auf und die Fische schwimmen ins offene Wasser, um Plankton für ihre Ernährung aus dem vorbeiströmenden Wasser zu schnappen. Dabei sind die Larven verschiedener Krebse ihre Hauptnahrung. Der Kopf der Fische trägt eine stumpfe Schnauze und große Augen, die in der Dämmerung noch in der Lage sind, Restlicht des Tages wahrnehmen zu können. Die Rücken-, After-, Brust- und Schwanzflossen sind hell gesäumt. Rote Soldatenfische erzeugen Laute unter Wasser, die möglicherweise der Verständigung im Schwarm dienen. Ausgewachsene Tiere werden bis zu 30cm groß und sind im Roten Meer und im gesamten Indopazifik verbreitet.

Foto: Indonesien, Nusakode

Großaugenbarsch *(Priacanthus hamrur)*

Großaugenbarsche leben tagsüber entweder einzeln, paarweise oder in kleinen Gruppen. Eine Schwarmbildung kommt sehr selten vor. Dabei schweben die Fische vor Höhlen, in schattigen Überhängen, in Spalten oder sie verstecken sich unter Tischkorallen. Nachts schwimmen sie in das Freiwasser und schnappen mit ihrem schräg nach oben gerichtetem Maul nach Makroplankton oder sie jagen kleine Fische, Krebse und andere kleine Wirbellose. Es ist beobachtet worden, dass sie auch tagsüber gelegentlich im Freiwasser fressen. Die auffallend großen Augen weisen bereits darauf hin, dass die Fische dämmerungs- und nachtaktiv sind. Der Körper der Tiere ist schlank, seitlich stark zusammengedrückt und in der Regel einheitlich rot gefärbt. Die Körperfarbe kann aber, je nach Stimmung, schnell gewechselt werden. Dann kann er silbrige Flecken bekommen, marmoriert, gestreift oder einheitlich silbern sein. Großaugenbarsche kommen in ihrem natürlichen Verbreitungsgebiet von Südafrika, dem Roten Meer und dem Indopazifik bis nach Tahiti vor. Vor Jahren sind einige Tiere vor der Küste Tunesiens gefangen worden. Ihnen ist es offensichtlich gelungen, über den Suezkanal in das südöstliche Mittelmeer einzudringen, wo sie sich akklimatisiert haben. Man nennt es Faunenverfälschung, wenn Tiere über künstliche, von Menschen errichtete Bauten, in ein fremdes Gebiet eindringen, wo sie eigentlich nicht hingehören. Großaugenbarsche erreichen eine Größe von über 30cm.

Foto: Thailand, Surin-Inseln

Roter Soldatenfisch (Myripristes murdjan), Indonesien

Großaugenbarsch (Priacanthus hamrur), Thailand

Blochs Großaugenbarsch *(Priacanthus blochi)*

Blochs Großaugenbarsche schwimmen tagsüber einzeln oder in kleinen Gruppen im Flachwasser der Riffe und nutzen hier als Deckung Nischen, Überhänge und Tischkorallen. Erst in der Nacht sind sie unterwegs im Riff, um Beute zu jagen. Sie ernähren sich überwiegend von kleinen Fischen, Tintenfischen, Garnelen, Krebsen und von Makroplankton. Ihr stark zusammengedrückter Körper ist sehr variabel an Röte und Silbrigkeit und ist übersät mit vielen silbrigen Flecken unterschiedlicher Form, Größe und Ausdehnung. In Stresssituationen zeigt die Haut ihres silbrigen Körpers breite, rote Querbänder, die wieder verschwinden, wenn sich die Situation für sie beruhigt hat. Rücken- und Afterflossen sind auffallend groß und stets abgewinkelt. Alle Flossenstrahlen sind rot-weiß gebändert. Auffallend sind die großen Augen, die die Tiere als nachtaktiv ausweisen. Sie werden bis zu 35cm groß und leben vom Flachwasser bis in Tiefen von über 35m. Sie sind im gesamten Indopazifik vom Golf von Aden bis nach Samoa, Südjapan und Australien weit verbreitet.

Foto: Philippinen, Silquijor

Blochs Großaugenbarsch (Priacanthus blochi), Philippinen

Blochs Großaugenbarsch (Priacanthus blochi), Papua Neuguinea

Schärpen-Scheinschnapper *(Scolopsis bilineatus)*

Schärpen-Scheinschnapper besitzen auf ihren Körperseiten zwei parallel verlaufende Linien, die diagonal vom Maul bis zum Rücken führen. Die Grundfarbe ihres Körpers ist entweder weiß, silbergrau oder beigefarben. Von der Stirn führt ein dunkles Band über den gesamten Rücken. Die Iris der Augen ist gelb. Die Jungtiere sind cremefarben und besitzen drei Längsstreifen in der oberen Körperhälfte. Schärpen-Scheinschnapper sind fast ausschließlich Einzelgänger. Ohne viel Bewegungsaufwand „stehen" oder „schweben" sie über Sandflächen, vor Nischen und in kleinen Unterhöhlungen. Ihre Fluchtdistanz ist gering, so dass man sich ihnen sehr gut nähern kann. Sie ernähren sich hauptsächlich von Krebsen und verschiedenen bodenbewohnenden Wirbellosen. Eine sozial gesteuerte Geschlechtsumwandlung vom Weibchen zum Männchen konnte bei ihnen nachgewiesen werden. Ihre Verbreitung reicht vom östlichen Indischen Ozean bis in den Westpazifik.

Foto: Malaysia, Mabul

Perlen-Scheinschnapper *(Scolopsis margaritifer)*

Perlen-Scheinschnapper sind kleine Fische, die maximal 20cm groß werden. Sie kommen vom flachen Wasser bis in Tiefen von 15m vor und schwimmen über Sand, Korallenbruch und halten sich stets in Riffnähe auf. Sie sind Einzelgänger und Räuber, die sich von Krebsen, verschiedenen Weichtieren, von Würmern und von kleinen Fischen ernähren. Der helle Körper besitzt einen braunen bis dunkelbraunen Rücken. Ein gelbes, horizontales Band verläuft vom Kiemendeckel bis zu Schwanzflossenansatz. Scheinschnapper sind Hermaphroditen, die zuerst weiblichen, später männlichen Geschlechts sind. Aus diesem Grund sind die Weibchen stets kleiner als die Männchen. Die Verbreitung der Art reicht im Indopazifik von Indonesien und Neukaledonien bis nach Australien.

Foto: Indonesien, Raja Ampad

Schärpen-Scheinschnapper (Scolopsis bilineatus), Malaysia

Perlen-Scheinschnapper (Scolopsis margaritifer), Indonesien

Reginas Scheinschnapper *(Scolopsis regina)*

Reginas Scheinschnapper leben an oder in der Nähe von Korallenriffen, über Sandböden und in flachen Lagunen bis in Tiefen von 50 m. Ihr Körper ist schlank, seitlich abgeflacht und der kleine Kopf trägt große und bunt geränderte Augen. Reginas Scheinschnapper werden maximal 30cm groß und sind Räuber, die sich von kleinen Fischen, Krebsen, Borstenwürmern und von Weichtieren ernähren. Zwei blaue Bänder ziehen sich von Auge zu Auge und dunkle Streifen bedecken den Rücken der Fische. Reginas Scheinschnapper sind protogyne Zwitter, die zuerst Weibchen sind, dann aber nach dem ersten Ablaichen ihr Geschlecht wechseln. Die Männchen sind stets größer als die Weibchen. Die Verbreitung der Art reicht im Indopazifik von den Andamanen im Indischen Ozean bis nach Nordaustralien und Papua Neuguinea.

Foto: Papua Neuguinea, Milne Bay

Silberstreifen-Scheinschnapper *(Scolopsis ciliatus)*

An ihren Körperseiten tragen Silberstreifen-Scheinschnapper 2-4 Längsreihen gelber bis gelboranger Flecken und einen silbrigen Längsstreifen dicht unterhalb der Rückenflosse. Die bis zu 20cm großen Fische leben einzeln oder in kleineren Gruppen in gut bewachsenen Lagunen, über Sandflächen in Riffnähe und ernähren sich möglicherweise von verschiedenen benthischen Wirbellosen. Hinweise über Magenuntersuchungen fehlen in der Literatur. Ihre vertikale Verbreitung reicht vom Flachwasser bis in Tiefen von 30m. Die geographische Verbreitung der Art reicht im Indopazifik von der Andamanensee bis zu den Solomonen, Vanuatu und dem nördlichen Japan.

Foto: Indonesien, Bali, Tulamben

Reginas Scheinschnapper (Scolopsis regina), Papua Neuguinea

Silberstreifen-Scheinschnapper (Scolopsis ciliatus), Indonesien

Goldstreifen-Straßenkehrer *(Lethrinus obsoletus)*

Goldstreifen-Straßenkehrer besitzen einen gelben bis gelborangen Längsstreifen entlang ihrer Körpermitte, der vom Kiemendeckel bis zur Schwanzflosse reicht. Da sie zu einer raschen Farbveränderung ihrer Haut befähigt sind, sehen diese Streifen immer etwas verschieden aus. Die recht scheuen Fische leben im Seegras, in seichten Lagunen, über Sand- und Geröllflächen und kommen hier einzeln oder in kleineren Gruppen bis zu 10 Individuen vor. Sie ernähren sich von verschiedenen Weichtieren, von Krebsen und von Stachelhäutern, die sie tagsüber erbeuten. In der Nacht verstecken sie sich im Riff, um zu schlafen. Goldstreifen-Straßenkehrer werden bis zu 40cm groß und kommen vom Flachwasser bis in Tiefen von 35m vor. Sie sind im Roten Meer und im Indopazifik von Ostafrika bis Samoa und Japan verbreitet.

Foto: Ägypten, Safaga

Schwarzfleck-Großkopfschnapper *(Lethrinus harak)*

Schwarzfleck-Großkopfschnapper sind leicht an ihrem schwarzen Fleck auf beiden Körperseiten zu erkennen, der gelb unterlegt ist. Die Fische sind strikte Einzelgänger und leben in Lagunen über Sand und Korallen, in Seegraswiesen und über Korallenschutt, wo sie sich von benthischen Wirbellosen ernähren. Sie leben vom Flachwasser bis in Tiefen von 35m und werden maximal 60cm groß. Ihr Fleisch wird gegessen, gilt jedoch nicht als wohlschmeckende Delikatesse. Schwarzfleck-Großkopfschnapper kommen im Roten Meer und im Indopazifik von Südafrika und Mauritius bis nach Neukaledonien und Japan vor.

Foto: Indonesien, Bali

Goldstreifen-Straßenkehrer (Lethrinus obsoletus), Ägypten

Schwarzfleck-Großkopfschnapper (Lethrinus harak), Indonesien

Schwarzflossen-Husarenfisch *(Neoniphon opercularis)*

Schwarzflossen-Husarenfische sind schlanke Tiere mit einem spitzen Maul, einem vorspringenden Unterkiefer, rötlichen Längsstreifen an den Körperseiten, einer schwarzen Rückenflosse, deren Flossenstrahlen weiß abgesetzt sind und dunkelroten bis schwarzen Flecken auf den Schuppen, die den silbrigen Körper bedecken. Die Fische leben einzeln oder in kleineren Gruppen und kommen vom flachen Wasser bis in Tiefen von 25m vor. Die Jungfische führen eine versteckte Lebensweise zwischen den Verzweigungen von Acropora-Korallen und sind nur selten zu sehen. Husarenfische sind Räuber, die sich von benthischen Krabben und Garnelen ernähren. Sie werden bis zu 35cm groß und sind im Roten Meer und im Indopazifik von Ostafrika und Australien bis nach Französisch Polynesien und Japan weit verbreitet.

Foto: Ägypten, Safaga

Blutfleck-Husar *(Neoniphon sammara)*

Fische dieser Art leben als erwachsene Tiere überwiegend einzeln und verstecken sich tagsüber an gut bewachsenen Riffen in Spalten und unter schattigen Überhängen. Oder sie leben zwischen den Verzweigungen von Korallen. Ihre sehr großen Augen weisen sie als nachtaktive Räuber aus, die sich überwiegend von Krebsen ernähren. Ihr silbriger und lang gestreckter Körper trägt dunkelrote Punkte auf den Schuppen, die sich zu Längslinien formieren. Ein großer und rotschwarzer Fleck („Blutfleck") befindet sich auf den ersten Rückenflossenstrahlen und hat zur Namensfindung beigetragen. Blutfleck-Husaren werden bis zu 30cm groß und kommen im Roten Meer und im Indopazifik von Ostafrika bis nach Mikronesien, Neukaledonien, Australien, Japan und Hawaii vor.

Foto: Ägypten, Ras Muhamed

Schwarzflossen Husarenfisch (Neoniphon opercularis), Ägypten

Blutfleck-Husar (Neoniphon sammara), Ägypten

Goldstreifen-Straßenkehrer *(Gnathodentex aurolineatus)*

Goldstreifen-Straßenkehrer besitzen das Aussehen von Husarenfischen der Gattung Audioryx. Im Gegensatz zu ihnen sind sie fast ausschließlich Schwarmfische, die dicht gestaffelt im Freiwasser der Riffe in starker Strömung mehr oder weniger schweben. Ihr silbrig glänzender Körper ist hochrückig und trägt einen zugespitzten Kopf und große Augen. Annähernd 8 goldene bis kupferfarbene Längsstreifen befinden sich an den Körperseiten und ein großer gelber Fleck zeigt sich an der Rückenflosse in der Nähe des Schwanzansatzes. Ein Schwarmverhalten der Fische am Tag bedeutet auch gemeinsam Schutz vor angreifenden Fressfeinden zu suchen. Erst in der Nacht löst sich der Schwarm auf und die Fische schwimmen einzeln auf Nahrungssuche. Sie fressen am Boden lebende Wirbellose wie Schnecken, Krabben, Krebse, Garnelen und gelegentlich auch kleine, schlafende Fische. Goldstreifen-Straßenkehrer leben in klaren und strömungsreichen Riffgewässern im gesamten Indopazifik. Im Roten Meer fehlen sie.

Foto: Mauritius, Flick en Flack

Robinsons Großkopfschnapper *(Gymnocranius griseus)*

Das Bild zeigt einen Jungfisch. Dieser trägt auf silbernem Rücken 5-6 irreguläre, schwarzbraune Querbänder, die unterbrochen sind. Ein bereites Band zieht sich am Kopf über die Augen. Die erwachsenen Tiere sind einheitlich silbergrau und tragen auf ihren Schuppen silbrige Flecken. Ausgewachsene Fische werden bis zu 80cm groß. Sie schwimmen einzeln oder in kleineren Gruppen und suchen ihre Nahrung über Sandgrund und Korallenbruch vor allem in Lagunen und an den Außen- und Küstenriffen. Diese besteht überwiegend aus kleinen Fischen und am Boden lebenden Wirbellosen. Verbreitet sind sie im Roten Meer und kommen im Indopazifik von Ostafrika bis nach Australien und Japan vor.

Foto: Indonesien, Bali

Goldstreifen-Straßenkehrer (Gnathodentex aurolineatus), Mauritius

Robinsons Großkopfschnapper (Gymnocranius griseus), Indonesien

Großaugen-Straßenkehrer *(Monotaxis grandoculis)*

Großaugen-Straßenkehrer durchlaufen mehrere Entwicklungsstadien auf ihrem Weg zum erwachsenen Tier. Bei den semiadulten Tieren besitzt der braune Körper mit dem dunklen Rücken noch feine, weiße Querbinden, die bei den juvenilen Tieren wesentlich breiter ausgebildet sind. Die erwachsenen Fische verlieren diese hellen Querbinden und sind einheitlich silbern gefärbt. Außerdem ist der Kopf der Jungfische wesentlich spitzer ausgebildet als der der erwachsenen Tiere. Fälschlicherweise werden Großaugen-Straßenkehrer gelegentlich in der Literatur auch als Schnapper bezeichnet. Großaugen-Straßenkehrer sind nachtaktive Räuber, die sich von Schnecken, Muscheln, Krebsen, Seeigeln und gelegentlich auch von Seewalzen und von Fischen ernähren. Ihr großer Kopf trägt große Augen, die die Stirn ausbeulen. Ein kurzes Maul läuft in wulstige Lippen aus. Die Jungfische leben einzeln. Tagsüber halten sie sich an schattigen Orten der Riffe versteckt. Die erwachsenen Tiere dagegen schweben in unterschiedlich großen Schulen im Freiwasser der Riffe. Erst bei Einbruch der Dämmerung lösen sich die Tiere aus dem lockeren Verband und schwimmen einzeln auf Nahrungssuche über Sandflächen in der Tiefe oder über Sandareale, die zwischen den Riffen zu finden sind. Großaugen-Straßenkehrer sind als gute Speisefische bekannt, doch kann ihr Fleisch in manchen Gegenden Südostasiens giftig sein. Sie können bis zu 60cm groß werden und sind im Roten Meer und im Indopazifik von Ostafrika bis nach Hawaii und Neukaledonien weit verbreitet.

Foto: Israel, Golf von Elat

Großaugen-Straßenkehrer (Monotaxis grandoculis), Israel

Großaugen-Straßenkehrer (Monotaxia grandoculis), semiadult, PNG

Gewöhnlicher Rotfeuerfisch *(Pterois volitans)*

Gewöhnliche Rotfeuerfische kommen an den Riffen des Roten Meeres und des gesamten Indopazifiks vor. Die Fische leben einzeln oder in kleinen Gruppen und schweben über Sandflächen, leben im Seegras oder schwimmen am Riffhang. Die juvenilen Tiere sind in der Regel etwas dunkler gefärbt, während die geschlechtsreifen Fische rotbraun gebändert sind. Die Rückenflossenstrahlen sind stark verlängert und die Membranen daran wirken wie kleine Fähnchen. Auch die Brustflossen sind stark verbreitert und verlängert und über Membranen miteinander verbunden. Es ist außerordentlich schwierig, unter Wasser den Gewöhnlichen Rotfeuerfisch von dem Soldaten-Rotfeuerfisch, Pterois miles, zu unterscheiden. Beide Arten sind sich so ähnlich, dass es sich hier möglicherweise um die gleiche Art handelt. Im Moment jedoch werden sie in der Bestimmungsliteratur noch als zwei verschiedene Arten geführt. Rotfeuerfische sind nächtliche Räuber, die sich überwiegend von Fischen und Krebsen ernähren. Sie jagen einzeln oder in kleinen Gruppen und treiben ihre Beute mit abgespreizten Flossen in die Enge. Dann wird sie mit weit aufgerissenem Maul eingesaugt. Auch Zooplankton wird im Freiwasser als Beute geschnappt. Beim Umgang mit einem Rotfeuerfisch ist Vorsicht geboten: Ein Stich verursacht höllische Schmerzen und kann zu lokalen Lähmungen führen. Man kann die Wirkung des Giftes mit Hitze bekämpfen, indem man die Stichwunde in heißes Wasser taucht, um das Gift auf diese Weise weitgehend zu denaturieren und so zu neutralisieren.

Foto: Indonesien, Nusakode

Gewöhnlicher Rotfeuerfisch (Pterois volitans), Indonesien

Gewöhnlicher Rotfeuerfisch (Pterois volitans), juvenil, Papua Neuguinea, MUCK/GÜNTHER

Antennen-Rotfeuerfisch *(Pterois antennata)*

Antennen-Rotfeuerfische besitzen über ihren Augen sehr variabel ausgebildete „Antennen", die bei den Jungfischen sehr lang und bei den älteren Tieren zurückgebildet sein können. Ihre weißen Brustflossenstrahlen sind im unteren Drittel über Membranen miteinander verbunden, die dunkle Flecken besitzen. Die Grundfarbe des Fischkörpers ist rötlich-braun. Zahlreiche, unterschiedlich breite, helle und dunkle Querbinden wechseln einander ab. Antennen-Rotfeuerfische werden maximal 25cm groß und leben vom Flachwasser bis in große Tiefen entlang von Küstenriffen, auf Riffterrassen und in Lagunen. Sie schwimmen häufig auch über ausgedehnte Sandflächen und über Schlammgrund. Tagsüber sieht man sie einzeln oder in kleinen Gruppen in Höhlen und unter Überhängen mehr oder weniger schweben oder auf dem Boden ruhen. Erst nach Einbruch der Dämmerung gehen sie auf Jagd und erbeuten Krabben, Garnelen und kleine Fische, die sie mit einer ganz bestimmten Jagdmethode in die Enge treiben und blitzschnell verschlingen. Ihre Verbreitung reicht von Ost-Afrika bis nach Polynesien.

Foto: Philippinen, Cabilao

Grunzender Rotfeuerfisch *(Parapterois heterurus)*

Das Bild zeigt ein noch juveniles Tier, das noch nicht ausgewachsen und damit noch nicht geschlechtsreif ist. Diese besitzen auf den gebänderten Brustflossen auf schwarzem Grund zahlreiche leuchtend blaue und irisierende Flecken, die erst sichtbar werden, wenn sich der Fisch bewegt und dabei seine Brustflossen ausbreitet. Die Rückenflossenstrahlen tragen fähnchenähnliche und transparente Hautfilamente. Grunzende Rotfeuerfische werden bis zu 25cm groß. Sie sind Einzelgänger auf Sand- und Schlammböden und kommen vom flachen Wasser bis in Tiefen von über 300m vor. Gelegentlich sieht man sie auch teilweise oder ganz vom Sediment bedeckt oder sich in den Untergrund eingraben. Sie ernähren sich von kleinen Fischen, Krebsen und von Borstenwürmern. Im Indopazifik sind sie von Indonesien bis in den Norden Japans verbreitet. Ihren Trivialnamen verdanken sie grunzenden Lautäußerungen, die sie ausstoßen, wenn sie in Netzen, Reusen oder mit Angeln gefangen werden.

Foto: Malaysia, Mantanani

Antennen-Rotfeuerfisch (Pterois antennata), Philippinen

Grunzender Rotfeuerfisch (Parapterois heterurus), Malaysia

Zebra-Zwergfeuerfisch *(Dendrochirus zebra)*

Zebra-Zwergfeuerfische sind nachtaktive Tiere, die tagsüber auf dem Boden liegen oder sich in Spalten, Höhlen und in Unterhöhlungen verstecken. Als Grundfische sind sie sehr schlechte Schwimmer, die aber bei Bedrängnis aus dem Stand heraus beachtlich schnell vorwärtsschnellen können. Die Männchen sind stets größer als die Weibchen. Auch bei der Verteidigung ihres Territoriums sind sie weitaus aggressiver. Auffallend an den Zebra-Zwergfeuerfischen sind der zebraförmig gebänderte Körper, ein T-Muster auf der Schwanzwurzel und die großen, schaufelförmigen Brustflossen. Bei ihnen sind die langen Brustflossenstrahlen über Membranen miteinander verbunden, wobei nur die Spitzen frei davon sind. Die langen Rückenflossenstrahlen, die an ihren Enden kleine „Fähnchen" tragen, sind extrem giftig. Ein Stich kann beim Menschen starke Schmerzen, Schwellungen und Lähmungen verursachen. Zur Zeit der Paarung treiben die Männchen die kleineren Weibchen in das freie Wasser, wo die Eiablage erfolgt. Etwa 2000-15000 befruchtete Eier werden in eine gelatineartige Masse eingepackt und der Strömung überlassen. Die Entwicklung der Fische erfolgt im Plankton, wobei bereits nach 36 Stunden die ersten Larven schlüpfen. Zebra-Zwergfeuerfische ernähren sich überwiegend von Garnelen, Krabben und kleinen Fischen, die sie nachts mit ausgebreiteten Flossen in die Enge treiben und erbeuten. Die Verbreitung der Art reicht vom südlichen Roten Meer und dem Indopazifik bis nach Samoa und Australien.

Foto: Indonesien, Bali

Zwerg-Zebrafeuerfisch (Dendrochirus zebra), Indonesien

Zwerg-Zebrafeuerfisch (Dendrochirus zebra), Papua Neuguinea

Kurzflossen-Zwergfeuerfisch *(Dendrochirus brachypterus)*

Kurzflossen-Zwergfeuerfische sind in der Regel nicht größer als 15cm. Es sind sehr scheue Tiere, die einzeln oder in kleineren Gruppen leben und die von einem dominanten Männchen angeführt werden. Diese kleinen Gruppen setzen sich aus einigen Weibchen und einem kleineren Männchen zusammen. Beide Geschlechter unterscheiden sich sowohl in der Farbe als auch in der Form. Die Männchen besitzen größere Köpfe als die Weibchen und auch breitere Brustflossen, die 6-10 dunkle Bänder tragen. Die Brustflossen der Weibchen besitzen maximal nur 6 dieser dunklen Bänder. Kurzflossen-Zwergfeuerfische leben vom Flachwasser der Lagunen bis in moderate Tiefen in Seegraswiesen, an Fleckenriffen und an solitären Korallenfelsen (Bommis) inmitten ausgedehnter Sandflächen. Hier suchen sie Schutz- und Versteckmöglichkeiten. Da, wo es kaum Versteckmöglichkeiten gibt, schmiegen sie sich eng an Seegurken oder verstecken sich unter Zivilisationsmüll, wie Jutesäcke und Plastikbeutel. In der Nacht sind sie auf Nahrungssuche unterwegs im Riff und ernähren sich von kleinen Krebsen und Garnelen. Auch freilebende Borstenwürmer und Isopoden werden nicht verschmäht. Verbreitet sind sie im Roten Meer und kommen im Indopazifik von Ostafrika und Australien bis nach Samoa, Tonga und Japan.

Fotos: Indonesien, Nord Sulawesi

Kurzflossen-Zwergfeuerfisch (Dendrochirus brachypterus), Indonesien

Kurzflossen-Zwergfeuerfisch (Dendrochirus brachypterus), Indonesien

Algen-Schluckspecht *(Rhinopias aphanes)*

Algen-Schluckspechte sind in ihrem Verbreitungsgebiet außerordentlich selten. Man sucht fast ein ganzes Taucherleben lang nach ihnen. Hat man sie einmal gefunden, dann kann man sicher sein, dass man sie auch noch nach Tagen, Wochen und vielleicht auch noch nach Monaten am gleichen Riff wieder findet, denn sie sind sehr standorttreu. Sie verlassen ihr Revier erst dann, wenn das Nahrungsangebot so gering ist, dass es zum Überleben nicht mehr ausreicht. Ihr schlanker Körper ist seitlich stark zusammengedrückt und die vielen verzweigten Tentakeln an der Schnauze, über den Augen und an der Haut der Körperseiten, lösen die Gestalt des Fisches in seiner Umgebung auf. Als schlechte Schwimmer sind sie Bodenlieger und Überraschungsjäger, die aufgestützt auf ihre breiten Brustflossen auf vorbeischwimmende Beute lauern. Diese wird durch einen Überraschungsangriff oder durch ein plötzliches Aufreißen des Maules geschnappt und gefressen. Es sind vor allem kleine Fische, die sie erbeuten. Algen-Schluckspechte werden bis zu 25cm groß und kommen in verschiedenen Farbkompositionen vor. Sie sind im Indopazifik von den Philippinen, Australien, Neukaledonien, Papua Neuguinea und Japan bekannt.

Foto: Papua Neuguinea, Milne Bay

Algen-Schluckspecht (Rhinopias aphanes), Papua Neuguinea

Algen-Schluckspecht (Rhinopias aphanes), Papua Neuguinea. MUCK / GÜNTHER

Bärtiger Drachenkopf *(Scorpaenopsis oxycephala)*

Der Bärtige Drachenkopf ist ein Meister der Tarnung und mit seiner rötlichbraunen Fleckenzeichnung farblich ausgezeichnet seiner jeweiligen Umgebung angepasst. Diese Tarnung ist ein wichtiger Bestandteil seines Beuteverhaltens, denn Bärtige Drachenköpfe sind geduldige Lauerjäger, die stundenlang darauf warten können, bis Beute vorbeigeschwommen kommt und sich dem breiten und oberständigem Maul nähert, um dann zuzuschnappen. Die vielen Körperanhänge und flottierenden Hautfetzen und hier besonders die am Kinn der Fische sorgen für eine perfekte Auflösung der Tiere in ihrer natürlichen Umgebung. Nur bei einem Standortwechsel ändern sie in der Regel kurzfristig ihre Körperfarbe. Der Kopf der Tiere ist groß und das breite Maul schräg nach oben gerichtet. Die breiten Brustflossen, auf denen sie liegen, weisen sie als schnelle Sprinter aus, die ihre Beute auch aus dem Hinterhalt in einem kurzen aber schnellen Spurt erjagen können. In der Regel jedoch warten sie, bis eine Beute sich ihrem riesigen Maul nähert. Beim plötzlichen Aufreißen des Maules entsteht ein Sog, der die Beute in den Schlund reißt. So und mit einem kurzen Spurt erjagen sie erstaunlich große Beute, die hauptsächlich aus Fischen und Krebsen besteht. Die ersten Rückenflossenstrahlen und die Bauch- und Afterflossen tragen Giftstacheln, die für die Verteidigung eingesetzt werden. Ein Stich in die Haut eines Menschen verursacht heftige Schmerzen und kann zu kurzfristigen Lähmungserscheinungen führen. Die Verbreitung der Art reicht vom Roten Meer bis in den Indopazifik. Ausgewachsene Drachenköpfe erreichen eine Länge von über 40cm.

Foto: Philippinen, Silquijor

Bärtiger Drachenkopf (Scorpaenopsis oxycephala), Philippinen

Bärtiger Drachenkopf(Scorpaenopsis oxycephala), Portrait

Falscher Steinfisch *(Scorpaenopsis diabolus)*

Man muss schon sehr genau hinsehen, um die gut getarnten Buckel-Drachenköpfe, wie sie auch genannt werden, zu entdecken. In der Regel nimmt man sie erst wahr, wenn sie sich bewegen. Sie liegen als Lauerjäger auf Geröll, Korallenbruch und von Algen bestandenem Korallenfels, auf Riffplattformen, in Lagunen und auf Felsvorsprüngen der Außenriffe. Und je nach Untergrund sind sie einmal grau, manchmal grünlich aber auch rötlich gefärbt. Eine Kombination aus all diesen Farben ist auch möglich. Zudem tarnen sie sich noch mit Algen. Ihrem Aussehen nach ähneln sie Steinfischen. Doch erstens sind sie anders gefärbt, zweitens sind sie viel kleiner als die echten Steinfische und drittens besitzen sie einen Buckel. Der Körper der Fische ist plump, der Kopf groß und die Mundspalte nach oben gerichtet. Bei Gefahr und wenn sie ihren Standort wechseln, spreizen und drehen sie ihre breiten Brustflossen, deren Unterseite plakativ gelb, orange und schwarz gekennzeichnet ist. Diese Farbenpracht wird zur Abschreckung dem möglichen Feind präsentiert. Buckel-Drachenköpfe sind Bodenfische, die im Flachwasser der Riffe, stets gut getarnt, auf Beutetiere lauern. Vorbeischwimmende Fische werden durch ein plötzliches Aufreißen des Maules einfach eingesaugt. Doch auch aus dem Hinterhalt heraus erjagen sie kleine Fische und Krebse. Buckel-Drachenköpfe werden maximal 25cm groß und sind im Roten Meer und im gesamten Indopazifik verbreitet.

Foto: Mauritius, Flick en Flack

Kurzschnauzen-Skorpionsfisch *(Scorpaenopsis brevifrons)*

Skorpionsfische dieser Art leben an Korallenriffen im Roten Meer und im gesamten Indopazifik und kommen vom Flachwasser bis in 35m Tiefe vor. Die Fische sind Bodenlieger und Lauerjäger, die ihre Beute in einem kurzen Spurt erjagen. Sie fressen bevorzugt Fische und als Beifang auch kleinere Krebse. Die Farbe ihres Körpers ist variabel, doch es überwiegen Braun- und Rottöne. Der breite Kopf trägt eine kurze Schnauze, die nicht größer ist als der Augendurchmesser. Hautanhänge am Kopf, wie man sie bei den anderen Fischen aus dieser Gattung kennt, fehlen den Kurzschnauzen-Skorpionsfischen. Die nur 15cm großen Fische stellen bei Gefahr die Stacheln ihrer Rückenflosse auf, die mit Giftdrüsen in Verbindung stehen. Ein Stich in die menschliche Haut ist außerordentlich schmerzhaft, doch nicht gefährlich oder sogar lebensbedrohlich.

Foto: Indonesien, Rinca

Falscher Steinfisch (Scorpaenopsis diabolus), Mauritius

Kurzschnauzen-Skorpionsfisch (Scorpaenopsis berevifrons), Indonesien

Weißgesicht-Wespenfisch *(Richardsonichthys leucogaster)*

Weißgesicht-Wespenfische sind wenig bekannt und in der Fischliteratur auch selten abgebildet. Das liegt daran, dass die Fische tagsüber im Boden versteckt leben und erst bei Einbruch der Dunkelheit an die Sedimentoberfläche kommen, um nach Beute zu jagen. Dann fressen sie freilebende Borstenwürmer und kleine Krebse. Die nur maximal 10cm großen Tiere besitzen einen großen Kopf, der häufig eine weiße Stirn und weiße Wangen trägt. Auch Teile des Rückens können weiß sein. Ansonsten ist die Körperfarbe der Fische variabel. Braun- und Rottöne überwiegen dabei. Die kräftigen Rückenflossenstacheln sind außerordentlich giftig und auch für den Menschen nicht ungefährlich. Weißgesicht-Wespenfische sind Einzelgänger, wobei man immer wieder beobachtet, dass sich in der Nacht in einer geringen Entfernung immer noch ein anderes Tier aufhält. Auffallend ist, dass sich gerade in Indonesien Weißgesicht-Wespenfische das gleiche Areal mit anderen Froschfischen, mit Ambon-Skorpionsfischen und mit verschiedenen Krokodilfischarten teilen, die alle Weichböden als Biotop bevorzugen. Die Verbreitung der Art reicht vom Indischen Ozean bis nach Melanesien und Australien.

Foto: Papua Neuguinea, Milne Bay MUCK/GÜNTHER

Kleiner Teufelsfisch *(Inimicus didactylus)*

Kleine Teufelsfische sind Bodenlieger, die sich auf Sand- und Schlammböden aufhalten und auch in Seegraswiesen einwandern. Sie benutzen Makroalgen, Schwämme und Zivilisationsmüll als Tarnung und können tagsüber teilweise eingegraben im Sediment leben. Ihr Körper ist fast immer mit Sand bedeckt und aus diesem Grund auch gut getarnt. Erst bei Störungen durch einen Feind spreizen Teufelsfische ihre flügelartig verbreiterten Brustflossen und die Schwanzflosse ab, die Schreckfarben signalisieren. Sie können weiß, gelb oder orange sein und besitzen ein schwarzes Areal, das vom Brustflossenansatz bis in Flossenmitte reicht. Ein dunkles Band mit farbigen Flecken säumt den Flossenrand. Der Körper der Fische ist variabel in der Farbe: er kann braun, schokoladenbraun, rosa, rötlich oder grell orange gefärbt sein. Die 15-16 langen Rückenflossenstacheln sind giftig und die ersten beiden Flossenstrahlen der Brustflossen frei beweglich. Sie werden zur Lokomotion eingesetzt. Kleine Teufelsfische sind Einzelgänger, die aus ihrer ruhenden Position heraus tagsüber kleine Fische fangen, die ihnen zu nahe kommen. Nachts gehen sie auf Jagd und erbeuten Krebse und Fische. Ihre Maximalgröße beträgt 12cm. Die Verbreitung der Art reicht im Indopazifik von Thailand bis nach Vanuatu und dem südöstlichen China.

Foto: Philippinen, Silquijor

Weißgesicht-Wespenfisch (Richardsonichthys leucogaster), PNG

Kleiner Teufelsfisch (Inimicus didactylus), Philippinen

Possis Drachenkopf *(Scorpaenopsis possi)*

Possis Drachenköpfe sind erst sehr spät als Art beschrieben worden. Sie sind unauffällige Grundfische und gut getarnte Lauerjäger, die ihre Beute überlisten und sie aus dem Hinterhalt in einem kurzen Spurt erjagen. Ihre Nahrung besteht ausschließlich aus Fischen. Possis Drachenköpfe sind kleine Drachenköpfe, die ausgewachsen maximal eine Größe von 17cm erreichen. Die Standardgröße ist jedoch wesentlich geringer. Auffallend an den Fischen ist der große Kopf, das breite Maul und die beiden hervorstehenden Augen. Hautanhänge am Kopf, am Körper und speziell am Unterkiefer lösen den Fischkörper in seiner Umgebung auf. Ein großer weißer Fleck unterhalb der Rückenflosse ist besonders auffällig. Possis Drachenköpfe sind sowohl im Roten Meer als auch im Indopazifik von Ostafrika bis Guam, Palau, Samoa und Polynesien verbreitet.

Foto: Indonesien, Rinca

Papua –Skorpionsfisch *(Scorpaenopsis papuensis)*

Auch Papua-Skorpionsfische sind Lauerjäger, die gut getarnt, unbeweglich und oft stundenlang auf Beute warten, bis ein ahnungsloses Opfer ihnen vor das Maul schwimmt. Dann verschlingen sie ihre Beute durch ein blitzschnelles Aufreißen des großen Maules. So werden kleine Fische und Krebse praktisch in das geräumige Maul eingesaugt. Papua-Skorpionsfische werden bis zu 20cm groß. Sie besitzen einen großen Kopf, breite Brustflossen, vorstehende Augen und ein großes Maul. Die rötliche Grundfarbe des Körpers wird durch unregelmäßige helle Zeichnungen und Hautfetzen in der Umgebung aufgelöst und besonders die bäumchenartigen Hautfransen am Kopf und am Unterkiefer dienen der besseren Tarnung des Kopfes. Bei Skorpionsfischen ist immer Vorsicht geboten, wenn man sich ihnen nähert und sie anfassen will. Sie besitzen giftige Stacheln an den Rücken-, Bauch- und Afterflossen, die auch dem Menschen gefährlich werden können. So kann ihr Gift beim Menschen lokale und lang anhaltende Schmerzen auslösen. Im Indopazifik sind Papua-Skorpionfische von Indonesien, den Philippinen, Papua Neuguinea und Fiji bis nach Australien verbreitet.

Foto: Indonesien, Batu Ata

Possis Drachenkopf (Scorpaenopsis possi), Indonesien

Papua Skorpionsfisch (Scorpaenopsis papuensis), Indonesien

Schrecklicher Steinfisch *(Synaceia horrida)*

Von ihrem Aussehen her sind diese Fische nicht nur außerordentlich hässlich, sondern auch sehr giftig. 13 ihrer Rückenstacheln tragen jeweils zwei Giftdrüsen an ihrer Basis. Das Gift, einmal in eine Wunde eines Menschen gespritzt, kann auch zum Tode führen. Warzen-Steinfische, wie sie auch genannt werden, besitzen einen mit Warzen und Hautfetzen besetzten Körper, der in seiner natürlichen Umgebung kaum erkannt werden kann. Dieser kann dunkelbraun, grau oder sogar rosa gefärbt und von Algen bewachsen sein, so dass der Fisch, der faul und bewegungslos auf dem Grund liegt, perfekt mit seiner Umgebung korrespondiert. Der Körper der Fische ist plump, er verjüngt sich nach hinten, wobei der Schwanz wie ein Haken seitlich gelegt wird. Der Kopf ist riesig und trägt einen Knochenbogen über und zwischen den Augen. Das Maul ist fast senkrecht nach oben gerichtet. So liegen die giftigen Fische auf Sand- und Schlammgrund flacher Küstenbuchten, in Lagunen, im Seegras und auf Riffdächern und kommen auch im Brackwasser vor. Als Lauerjäger warten sie auf das, was an ihrem Maul vorbeischwimmt oder am Boden vorbei kriecht. So sind es überwiegend Fische und Krebse, von denen sie sich ernähren. Warzen-Steinfische werden bis zu 60cm groß und sind vom Indischen Ozean bis nach Australien und den Norden Chinas verbreitet.

Foto: Thailand, Surin-Inseln

Echter Steinfisch *(Synaceia verrucosa)*

Echte Steinfische sind die giftigsten Fische im Meer. Ihr Gift hat auf Säugetiere und damit auch auf dem Menschen eine schlimme Wirkung, die tödlich verlaufen kann. Da die Fische Meister der Tarnung sind und bereits im Flachwasser vorkommen, sind sie eine ständige Gefahr für Badende und Strand- und Riffwanderer. Aber auch Taucher, die durch ihre Taucherbrille das Geschehen unter Wasser beobachten können, sind gefährdet. Steinfische leben auf und im Sand der Lagunen, auf Riffdächern, Korallenbruch und auf seicht abfallenden Riffhängen. Sie sind in der Regel so tief im Sediment vergraben, dass nur noch die große Maulspalte und die Augen hervorschauen. Da sie die Farbe ihrer Haut weitgehend ihrer Umgebung anpassen können, sind sie fast unsichtbar. Zudem zeigen sie auch gegenüber dem Menschen keine Flucht. Ihr massiger Körper ist nach hinten verjüngt und der Kopf im Verhältnis zum Körper überproportional groß. Die Augen liegen hoch und die Rückenflosse trägt bis zu 14 giftige Stacheln, die mit einer Haut überzogen sind. Das Gift wird nur zur Verteidigung eingesetzt und nicht aktiv beim Beutefang genutzt. Zur Injektion muss der Stacheln in Fleisch eindringen, so dass es in die Wunde gelangt. Wenn große Raubfische schnell reagieren und den Steinfisch sofort ausspucken, können sie so ihr Leben retten. Man hat selten Steinfische im Magen großer Räuber gefunden. Die Brustflossen, auf denen sie liegen, sind sehr groß und fleischig und tragen am Rand gerundete Zacken. Der gesamte Fisch ist praktisch mit Hautfetzen und Warzen übersät, die der Tarnung dienen. Als Lauerjäger sind Steinfische schlechte Schwimmer. Ihre Schwimmleistung reicht nicht aus, um Beute aktiv zu jagen. Sie warten einfach, bis etwas vorbeigeschwommen kommt und schnappen dann zu. Sie sind durchaus in der Lage, Fische von ihrer eigenen Größe zu verschlingen. Steinfische leben im Roten Meer und im gesamten Indopazifik.

Foto: Papua Neuguinea, Milne Bay

MUCK/GÜNTHER

Schrecklicher Steinfisch (Synaceia horrida), Thailand

Echter Steinfisch (Synaceia verrucosa), Papua Neuguinea

Ambon-Skorpionsfisch *(Pteroidichthys amboinensis)*

Ambon-Skorpionsfische sind kaum bekannt und man muss sehr lange in ihrem Verbreitungsgebiet nach ihnen suchen, bis man sie findet, so gut getarnt leben sie entweder einzeln, paarweise oder zu dritt auf verschiedenen Weichböden in Gebieten mit einem reichen Anteil an filamentösen Algen. Sie kommen auch in Ästuaren vor, die von Tauchern fast nie besucht werden. Trifft man die Fische paarweise oder zu dritt an, dann fällt der Größenunterschied auf. Möglicherweise gibt es bei ihnen einen deutlich ausgeprägten Sexualdimorphismus, wobei eines der beiden Geschlechter größer ist. Die Farbe der Fische ist variabel. Sie reicht von goldbraun und rostrot bis hin zu kastanienbraun. Die Körper der Jungfische sind übersät mit feinen und filamentösen Körperanhängen, die in weiteren Verlauf des Wachstums reduziert werden. Sie lassen aber den kleinen Fisch in seiner Umgebung wie einen Algenklumpen aussehen. Zwei längere „Hörner" am Kopf über den Augen und ein „Schnauzbart" an den Kiemendeckeln sind weitere auffällige Körperanhängsel, die aber erst bei den erwachsenen Tieren deutlich sichtbar ausgeprägt sind. Ambon-Skorpionsfische sind Bodenlieger, die sich nur ungern und wenn es sein muß nur langsam fortbewegen. Dann folgt das kleinere Tier immer dem größeren. Aus ihrer Lauerstellung heraus schnappen sie kleine, vorbeischwimmende Krebse, überwiegend Mysidaceen, auch als Schwebegarnelen bekannt. Über die Biologie und Fortpflanzung dieser Fische ist leider nicht viel in der verfügbaren Literatur bekannt. Ihre Verbreitung reicht von Indonesien und Papua Neuguinea bis nach Südjapan.

Foto: Indonesien, Bali

Ambon-Skorpionsfisch (Pteroidichthys amboinensis), Indonesien

Ambon-Skorpionsfisch (Pteoidichthys amboinensis), juvenil, Malaysia

Schaukelfisch *(Taenianotus triacanthus)*

Schaukelfische sind am Boden lebende Skorpionsfische, die nicht größer als 12 cm werden. Ihr seitlich abgeflachter Körper trägt große, aufstellbare Rückenflossen. Die Jungfische ähneln in ihrer Körperform Blatt- oder Tangbüscheln und sie schaukeln, wie auch die erwachsenen Fische, von einer Seite auf die andere, so, als ob sie von der Dünung des Wassers hin- und herbewegt würden. Bei Gefahr legen sie sich flach auf eine der Körperseiten. Die Farbe der Fische ist außerordentlich variabel. Sie reicht von zitronengelb bis hin zu rot, grünlich und schwarz. Alle Farbkompositionen sind möglich. Zudem kann der Körper der Fische helle oder dunkle Flecken tragen. Schaukelfische leben vom Flachwasser bis in große Tiefen, vorwiegend jedoch am Riffhang. Sie sind Lauerjäger, die sich von kleinen Fischen und Krebsen ernähren. Sie warten beharrlich so lange, bis sich die Beute soweit genähert hat, dass sie mit weit aufgerissenem Maul eingesaugt werden kann. In Abständen von Wochen häuten sich Schaukelfische regelmäßig. An den Riffen im Indopazifik sind sie häufig und weit verbreitet doch wegen ihrer guten Tarnung werden sie selten zu sehen.

Foto: Indonesien, Rinca

Schaukelfisch (Taenianotus triacanthus), Indonesien

Schaukelfisch (Taenianotus triacanthus), Indonesie

Schaukelfisch (Taenianotus triacanthus), Philippinen

Kakadu-Schaukelfisch *(Ablabys taenianotus)*

Kakadu-Schaukelfische besitzen eine hoch aufstellbare Rückenflosse, die mit giftigen Stacheln besetzt ist. Bei Gefahr werden die vorderen Rückenflossenstrahlen ruckartig nach vorne bewegt, ähnlich einem Kakadu, der seine Kopffedern bei Irritationen nach vorne wirft. Kakadu-Schaukelfische sind kleine Tiere, die eine Maximallänge von 15cm erreichen. Sie sitzen, abgestützt auf ihrer breiten Brustflosse, unbeweglich und gut getarnt am Boden und lassen sich von der Strömung des Wassers hin- und herbewegen. Sie lieben geschützte Buchten mit wenig Strömung und halten sich gerne in Seegraswiesen und zwischen Makroalgen auf. Als tagaktive Fische sind sie Lauerjäger, die nach benthischen Wirbellosen, wie Krabben, Shrimps und kleinen Fischen schnappen, die ihnen zu nahe kommen. In der Regel sind Kakadu-Schaukelfische Einzelgänger. Nur zur Paarungszeit treffen sich die Geschlechter. Die Bereitschaft wird durch eine Farbveränderung ihres Körpers von braun nach schwarz angezeigt. Zur Ei- und Spermienabgabe schwimmen beide Partner am späten Nachmittag ins freie Wasser und laichen ab. Die Befruchtung findet im Meer statt. Eier und Larven sind pelagisch. Die Farbe der Fische ist variabel. Braun- und Rottöne sind vorherrschend. Die weiblichen Tiere besitzen einen weißen Fleck am Körper. Kakadu-Schaukelfische sind von der Andamanensee bis nach Fiji, Südjapan und Australien verbreitet.

Fotos: Indonesien, Nusakode

Kakadu-Schaukelfisch (Ablabys taenianotus), Indonesien

Kakadu-Schaukelfisch (Ablabys taenianotus), Indonesien

Schaukel-Stirnflosser *(Ablabys macracanthus)*

Schaukel-Stirnflosser sind kleine Fische von maximal 20cm Länge, die sich auf verschiedenen Bodenarten zuhause fühlen, so auf Schlamm, Mudd, Kies und in Ästuaren, wo sie vom Flachwasser bis in Tiefen von 20m vorkommen. Ihr seitlich stark zusammengedrückter Körper trägt einen spitzen Kopf, ein kleines Maul und ein hohes Segel am Kopf, das über den Augen beginnt. Dabei handelt es sich um die stark verlängerte Rückenflosse. Schaukel-Stirnflosser sind Bodenlieger, die sich, aufgestützt auf ihre großen Brustflossen, nur bei einem Stellungswechsel oder bei der Nahrungsfindung bewegen. Nur die Strömung des Wassers bewegt ihren Körper, so dass dieser in der Bewegung des Wassers „schaukelt", was Verhaltensforscher als ein Imitieren von abgestorbenen Mangrovenblättern interpretieren. Der Körper der Tiere ist überwiegend dunkel gefärbt, wobei dunkelbraune bis schwarz gefärbte Tiere überwiegen. Auf einem dunklen Boden ist es sehr schwierig, die kleinen Fische zu erkennen, so dass man sie einfach übersieht. Sie kommen vom flachen Wasser bis in Tiefen von über 40m vor und sind überwiegend im Indopazifik von der Andamanensee, den Malediven, Indonesien, Australien und Papua Neuguinea bis nach Tonga, den Philippinen und Taiwan verbreitet.

Foto: Malaysia, Lankayan

Bemerkenswerter Schaukelfisch *(Ablabys binotatus)*

Schaukelfische dieser Art können unterschiedlich gefärbt sein und sich auf unterschiedlichen Böden sich aufhalten. So findet man sie auf Geröll, auf Sand, Schlick und in Seegrasbeständen, wo sie von Flachwasser bis in moderate Tiefen vorkommen. Ihr schlanker Körper, der bis zu 15cm groß werden kann, ist bei einigen hellbraun gefärbten Tieren semitransparent. So auch die hoch aufgerichtete Rückflosse und die großen Brustflossen, auf denen sie kleinen Fische als Bodenlieger ruhen. Beide Körperseiten zeigen feine, dunkle Länglinien und schwarze Punkte unterhalb der Rückenflosse. Auch diese kleinen Fische werden von der Strömung das Wasser hin- und herbewegt, was wie ein Schaukeln aussieht und als Imitation von abgestorbenen Blättern und anderen Gegenständen gedeutet wird. Schaukelfische dieser Art sind im Indopazifik von Ostafrika und den Malediven bis nach Australien und den Philippinen verbreitet.

Foto: Malaysia, Lankayan

Schaukel-Stirnflosser (Ablabys macracanthus), Malaysia

Bemerkenswerter Schaukelfisch (Ablabys binotatus), Malaysia

Phantom-Samtfisch *(Paraploactis kagoshimensis)*

Fische dieser Art sind wenig bekannt und gehören zu den sonderbarsten Wesen an indopazifischen Korallenriffen. Als Bodenlieger sind sie in ihrem Lebensraum außerordentlich gut getarnt. Hinzu kommt, dass sie sich kaum bewegen, dem Untergrund farblich perfekt angepasst und stets mit einer feinen Schicht Sediment bedeckt sind. Als schlechte Schwimmer und Einzelgänger verstecken sie sich tagsüber in Grasbeständen und zwischen Korallen und Korallenbruch. In der Lembeh-Straße in Nord Sulawesi findet man sie auch unter Zivilisationsmüll. Ihre graubraune bis schwarzgraue, schuppenlose Haut ist mit Hautfetzen bedeckt, so dass sich die Gestalt ihres Körpers in ihrer Umgebung fast auflöst und so kaum sichtbar wird. Über die Biologie dieser Fische ist sehr wenig bekannt. Ihr langgestreckter Körper trägt einen großen Kopf, der mit Hautfetzen bedeckt ist. Der Mund ist breit und spaltenförmig. Wovon sich die nachtaktiven Fische ernähren ist auch nur unzureichend bekannt. Mit großer Wahrscheinlichkeit werden sie sich von verschiedenen Wirbellosen ernähren, die sie in der Nacht erbeuten. Erwachsene Tiere werden bis zu 15cm groß. Sie kommen im Indopazifik von Indonesien und den Philippinen bis nach Mikronesien, Japan und Taiwan vor.

Foto: Papua Neuguinea, Milne Bay

Drachenfisch *(Dactylopus dactylopus)*

Drachenfische besitzen einen schlanken und zylindrischen, schuppenlosen Körper und einen zugespitzten Kopf mit buckeliger Stirn. Die nur maximal 17cm großen Fische sind überwiegend nachtaktiv und suchen ihre Nahrung auf Sand, Schlamm und im Seegras. Tagsüber leben sie im Sediment eingegraben. Die Rückenflosse der Fische ist geteilt. Die 1. Rückenflosse besitzt 4 lange und biegsame Hartstrahlen; die 2. Rückenflosse kann als Segel steil aufgestellt werden. Die ersten Flossenstrahlen der breiten Brustflossen sind zu fingerförmigen Fortsätzen ausgezogen und dienen der Lokomotion am Boden. Drachenfische sind unterschiedlich gefärbt und stets farblich gut ihrer Umgebung angepasst. Sie ernähren sich ausschließlich von kleinen Krebsen, die sie nachts erbeuten. Ihre Verbreitung reicht von Ostafrika bis in den Westpazifik.

Foto: Papua Neuguinea, Milne Bay

Phantom-Samtfisch (Paraploactis kagoshimensis), Papua Neuguinea

Drachenfisch (Dactylopus dactylopus), Papua Neuguinea

Dickkopf-Brunnenbohrer *(Opistognathus dendriticus)*

Brunnenbohrer leben einzeln oder paarweise, bauen tiefe Höhlen in Sand- und Geröllböden und verstärken ihre Röhren mit Steinen, Korallenbruch und Muschelschalen. Die Fische sind sehr scheu, führen ein verstecktes Dasein und nur ihr Kopf schaut zuweilen aus ihrer Behausung heraus. Bei Störungen verschwinden sie sehr schnell in ihre Wohnröhre. Am Höhlenausgang lauern sie auf vorbeischwimmendes Plankton, von dem sie sich ernähren. Die bis zu 25cm großen Fische besitzen einen großen Kopf, große und hervorquellende Augen und ein großes Maul. Um die Augen herum tragen sie eine braune „Maske". Brunnenbohrer sind Maulbrüter. Die Männchen behüten die Brut und tragen die Eier im Maul. Die Entwicklung der Jungfische verläuft schnell: Bereits nach 15 Tagen beginnen sie sich eine Höhle zu graben. Brunnenbohrer dieser Art kommen vom flachen Wasser bis in Tiefen von 40m vor. Sie sind im Indopazifik von Malaysia bis zu den Philippinen verbreitet. Aufgrund ihrer versteckten Lebensweise werden sie selten gesehen.

Foto: Indonesien, Komodo

Solor-Brunnenbauer *(Opistognathus solorensis)*

Solor-Brunnenbauer sind relativ kleine Fische, die in der Regel nur eine Größe von 10cm erreichen. Sie leben einzeln in selbstgebauten Wohnröhren in Sand, Korallenbruch und zwischen Bruchsteinen und führen ein mehr oder weniger verstecktes Dasein. Wenn man sie findet, dann schaut fast immer nur der große Kopf mit den großen Augen aus dem Wohnloch heraus und die Fische verschwinden sofort in ihre Behausung, sobald sie gestört werden und ihre Fluchtdistanz unterschritten wird. Da sie sich vom vorbeidriftenden Plankton ernähren und hier besonders die Krebstiere aus der Strömung des Wassers herausfischen, sind sie auf der Jagd nach Futter gezwungen, kurzzeitig ihre Wohnröhre zu verlassen. Solor-Brunnenbauer leben bevorzugt riffgebunden im Südchinesischen Meer und kommen bis nach Taiwan und Australien in Wassertiefen zwischen 10–45m vor. Über ihre Biologie ist in der verfügbaren Literatur nur sehr wenig nachzulesen.

Foto: Papua Neuguinea, Milne Bay

Dickkopf-Brunnenbohrer (Opistognathus dendriticus), Indonesien

Solor-Brunnenbauer (Opistograthus solorensis), Papua Neuguinea

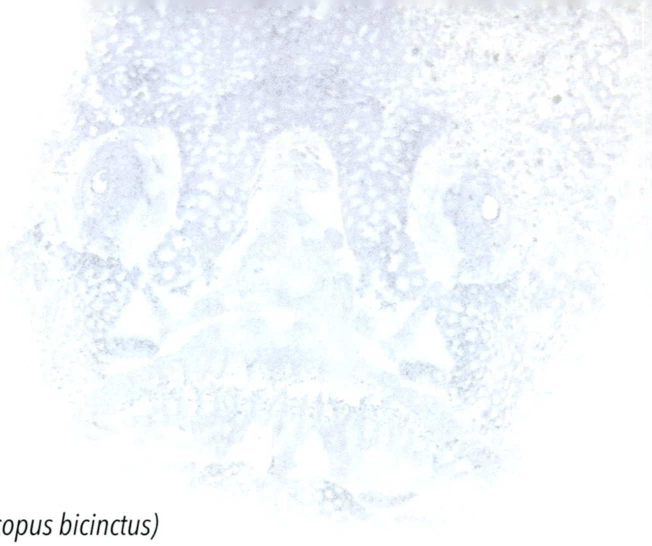

Marmorierter Himmelsgucker *(Uranoscopus bicinctus)*

Himmelsgucker sind auch für aufmerksame Taucher, die direkt nach ihnen suchen, eine schwer auffindbare Fotobeute. Sie leben eingegraben in Sand und Schill, so dass nur noch die großen Augen und die breite Maulspalte aus dem Sediment herausschauen. Nur von Shrimptrawlern, die mit Grundschleppnetzen in großen Tiefen fischen, werden sie stets als Beifang angelandet und erzielen als exzellente Speisefische hohe Marktpreise. Der große und verknöcherte Kopf der Fische trägt einen fein bezahnten Kiefer, der die Beute festhalten soll. Die Augen liegen auf der Kopfoberseite und sind „zum Himmel" gerichtet. Dieser Tatsache verdanken sie ihren Trivialnamen. Himmelsgucker sind Fische, die ihre Beute anlocken. Ein Hautlappen der Unterkieferschleimhaut, der am Mundboden befestigt ist, wird aus dem Maul gestreckt und mit schlängelnden Bewegungen hin- und hergeschwenkt. Zupft ein neugieriger Fisch daran, wird er in das große und weit aufgerissene Maul des Himmelsguckers eingesaugt. Bei Nichtgebrauch wird die „Angel" einfach wieder eingezogen. Viele Himmelsgucker sind giftig und damit in ihrer Handhabung für den Menschen gefährlich. Der hier vorgestellte Fisch soll es nicht sein, da seine Rücken- und Brustflossen keine giftigen Flossenstrahlen besitzen sollen. Himmelsgucker dieser Art sind im Indopazifik von Indonesien und den Philippinen bis nach Australien, Japan und China verbreitet und kommen vom Flachwasser bis in größere Tiefen vor.

Fotos: Indonesien, Rinca

Marmorierter Himmelsgucker (Uranoscopus bicinctus), Indonesien

Marmorierter Himmelsgucker (Uranoscopus bicinctus), Indonesien

Schwefliger Himmelsgucker *(Uranoscopus sulfureus)*

Himmelsgucker sind strikte Einzelgänger, die sich in weichen Sedimenten eingraben und damit fast unauffindbar sind. Nur die kleinen Augen und das oberständige, breite Maul sind dann noch sichtbar. Als Lauerjäger und Saugschnapper erbeuten sie kleine Fische, Krebse und Würmer. Ihr Körper trägt einen riesig großen Kopf. Die Augen sind weit oberhalb des Kopfes positioniert und schauen „zum Himmel". Ein großer, schwarzer Fleck auf der vorderen Rückenflosse ist für diese Art charakteristisch und zudem ein Bestimmungsmerkmal. Ein nach hinten gerichteter Dorn oberhalb der Brustflosse steht mit einer Giftdrüse in Verbindung, der zur Feindabwehr eingesetzt wird. Ein Stich in die menschliche Haut ist äußerst schmerzhaft, jedoch nicht bedrohlich. Fischer, die mit Grundschleppnetzen fischen, haben großen Respekt vor diesen Fischen. Schweflige Himmelsgucker werden bis zu 25cm groß und sind vom Roten Meer bis nach Mikronesien, Tonga und Samoa weit verbreitet.

Foto: Philippinen, Cebu

Clown-Froschfisch, Warziger Froschfisch *(Antennarius maculatus)*

Clown-Froschfische, auch Warzige Froschfische genannt, sind Flachwasserfische, die vom Spülsaum bis in eine Tiefe von 15m vorkommen. Sie bevorzugen als Biotop seicht abfallende Riffhänge mit einem guten bis sehr guten Schwamm-, Weichkorallen- und Makroalgenbewuchs und lieben überhaupt keine starken Strömungen. Während die erwachsenen Tiere sich zwischen Riffbewuchs verstecken, sitzen die juvenilen Tiere häufig im offenen Gelände. Clown-Froschfische sind relativ klein. Sie werden nur maximal 10cm groß. Ihr Körper zeigt warzige Protuberanzen und kann sehr variabel gefärbt sein: Weiß, Zitronengelb, Gelb, Braun, Schwarz, Rosa und Rostrot sind die wohl häufigsten Farben. Unterschiedlich gefärbte Flecken am Kopf und als „Sattel" auf dem Rücken sind obligatorisch. Clown-Froschfische sind außerordentlich aggressiv zu anderen Froschfischen und besonders gegenüber der eigenen Art. Das sollten Aquarianer berücksichtigen, die beabsichtigen, sich ein solches Tier zuzulegen. Verbreitet sind Clown-Froschfische im Indopazifik von der Küste Ostafrikas bis zu den Salomonen, Vanuatu und Westaustralien.

Foto: Indonesien, Nord Sulawesi

Schwefliger Himmelsgucker (Uranoscopus sulfureus), Philippinen

Clown-Froschfisch, Warziger Froschfisch (Antennarius maculatus), Indonesien

Riesen-Anglerfisch *(Antennarius commersoni)*

Riesen-Anglerfische sind träge und in ihrer Körperform plump wirkende Fische von zum Teil bizarrem Aussehen. Der schuppenlose Körper trägt einen riesigen Kopf, vielgestaltige Auswüchse und einen fleischigen Köder an einer „Angel", der hin- und hergeschwenkt werden kann und der ahnungslose Fische anlocken soll. Sind diese nahe genug herangekommen, werden sie durch das Aufreißen des riesigen Maules blitzschnell verschlungen. Ihre Fangtechnik ist ein Saugschnappen, wobei das Opfer in Bruchteilen von Sekunden in das Maul des Fisches gesaugt wird. Das große und schräg stehende Maul kann aber auch Beute verschlingen, die größer ist als der Anglerfisch selbst. Die Kehle und der Magen der Fische sind auf diese große Beute ausgelegt und aus diesem Grund stark dehnbar. Riesen-Anglerfische leben gut getarnt im Labyrinth der Korallenriffe und kommen in einem breiten Spektrum an Farben vor. Selbst eine einzige Art kann sich in orange, rot, grau, blau, gelb oder in einer anderen Farbe der Umgebung anpassen und der Haut ein vielfach nuanciertes Farbmuster verleihen. Viele von ihnen leben in oder an Schwämmen und sind farblich von diesen fast nicht zu unterscheiden. Ihre Entdeckung ist in den meisten Fällen reiner Zufall. Wenn genug Beute vorhanden ist, sind Anglerfische über viele Monate standorttreu. Ist das Revier abgegrast, dann bewegen sie sich als schlechte Schwimmer auf ihren zu fußähnlich umgewandelten Brustflossen fort. Ganz selten sieht man sie ihren Standort schwimmend verlassen. Verbreitet ist diese Art im Roten Meer und kommt im Indopazifik von Afrika bis zur pazifischen Küste von Panama vor.

Foto: Papua Neuguinea, Milne Bay

Riesen- Anglerfisch (Antennarius commersoni), Papua Neuguinea

Riesen-Anglerfisch (Antennarius commersoni), Papua Neuguinea

Riesen-Anglerfisch (Antennarius commersoni), Indonesien

Orientalischer Flugknurrhahn *(Dactyloptena orientalis)*

Orientalische Flugknurrhähne sind bodengebundene Fische mit schlechten Schwimmeigenschaften, die in der Nachbarschaft von Korallenriffen über Sand und Geröll leben, wo sie auf ihren Brustflossen, die sie wie Beine einsetzen, mehr oder weniger „laufen" können und die Sedimentoberfläche nach Beutetiere abtasten. Sie fressen Krebse, Schnecken, Würmer und auch kleine Fische. Die typischen Merkmale dieser Fische sind: Ein stark gepanzerter und verknöcherter Kopf, der auf der Wange einen langen Dorn trägt. Dazu flügelähnlich verbreiterte Brustflossen, die bei der Flucht und bei der Balz ausgebreitet werden. Ohne die ausgebreiteten Flossen leben die Tiere sehr gut getarnt und sind auf dem Untergrund, den sie bewohnen, kaum zu sehen. Erst dann, wenn sie sich bewegen, wird man auf sie aufmerksam. Flugknurrhähne sind fast ausschließlich Einzelgänger, die im Roten Meer, im Arabischen Golf und im gesamten Indopazifik bis Japan, Hawaii und Neuseeland vorkommen. Sie besitzen ein langes Larvenstadium und ihre Larven werden weit in den Ozeanen verdriftet. Die Fische werden maximal 40cm groß und leben vom Flachwasser bis in Tiefen von über 60m. Hochseefischer finden sie häufig im Magen größerer ozeanischer Raubfische.

Foto: Philippinen, Silquijor

Orientalisches Flugknurrhahn (Dactyloptena orientalis), Philippinen

Orientalischer Flugknurrhahn (Dactyloptena orientalis), Papua Neuguinea, MUCK/GÜNTHER

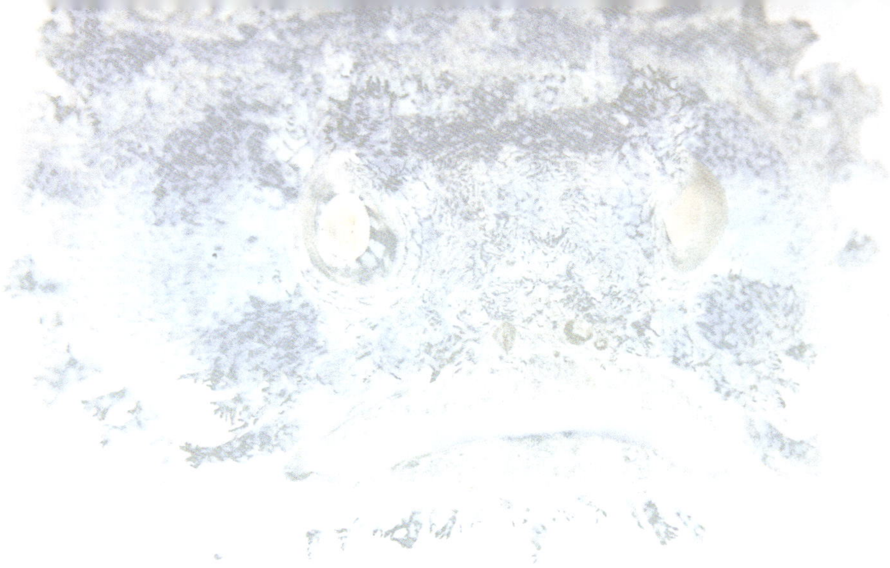

Gebänderter Krötenfisch *(Halophryne diemensis)*

Krötenfische sind außerordentlich selten im Riff zu sehen. Das liegt daran, dass sie sehr scheu und außerdem nachtaktiv sind. Ihr zylindrischer Körper verjüngt sich bis zur Schwanzflosse hin und der breite Kopf mit den großen Augen, den fleischigen Barteln am Maul und den dicken Lippen ist sehr auffallend. Der dunkelfarbige Körper der Fische, der eine Farbkomposition aus Braun-, Grün- und Grautönen darstellt, trägt dunkle Querbänder und passt sich seiner Umgebung farblich sehr gut an. Aufgestützt auf breite Brustflossen betätigen sich die Fische als Lauer- und Überraschungsjäger. Als schlechte Schwimmer sind sie Bodenlieger, die einen Stellungswechsel mehr hüpfend als schwimmend vornehmen. Krötenfische ernährten sich von Weichtieren, Krabben, von Stachelhäutern und von Fischen und vergreifen sich auch schon einmal an der eigenen Nachkommenschaft, wenn wenig Beute vorhanden ist. Sie sind also auch Kannibalen. Gebänderte Krötenfische werden bis zu 26cm groß und sind im Indopazifik von der Andamanensee bis nach Australien und Papua Neuguinea verbreitet.

Foto: Papua Neuguinea, Milne Bay

Gebänderter Krötenfisch (Halophryne diemensis), Papua Neuguinea

Gebänderter Krötenfisch (Halophryne diemensis), Portrait

Flügelroßfisch *(Eurypegasus draconis)*

Flügelroßfische, auch Kleine Drachenfische genannt, sind bizarre Tiere mit einem dorsoventral stark abgeplatteten Körper, der aus harten Knochenplatten besteht. Auffallend sind die daran ansetzenden breiten Brustflossen, die vielfarbig, hellblau oder weiß gesäumt sein können, der lange und kräftige Schwanz und am Kopf das extrem lang ausgezogene Rostrum mit dem den Boden zugewandten Maul, das kleine Zähne trägt. Kleine Drachenfische leben überwiegend paarweise, wobei die Weibchen etwas größer sind als die Männchen. Das kleinere Männchen folgt in der Bewegung stets dem vorauseilenden Weibchen. Ihre Reviere sind verschiedene Sand- und Schlammböden und gelegentlich auch Seegraswiesen, wobei sie Caulerpa-Bestände bevorzugen. Die kleinen Fische sind farblich dem jeweiligen Untergrund sehr gut angepasst und nur dann zu sehen, wenn sie sich bewegen. Als sehr schlechte Schwimmer bewegen sie sich gemächlich auf den Brustflossen voran. Kommen sie in Bedrängnis, dann wird die Schwanzflosse als Antriebsorgan eingesetzt und die breiten Brustflossen zu Steuerung und Richtungsänderung benutzt. Kleine Drachenfische ernähren sich als Bodenlieger von kleinen Wirbellosen wie Isopoden und deren Eigelege, von Meeresborstenwürmern, Nematoden, Trematoden und von kleinen Knallkrebsen. Sie werden maximal 10cm groß und sind im Roten Meer und im Indopazifik von Ostafrika bis nach Südjapan und Australien in Tiefen von 1-90m verbreitet.

Foto: Indonesien, Nord Sulawesi

Flügelroßfisch (Eurypegasus draconis), Indonesien, Nord Sulawesi

Flügelroßfisch (Eurypegasus draconis), Indonesien

Schwarzfleck-Sandbarsch *(Parapercis hexothalma)*

Sandbarsche dieser Art erkennt man sofort an ihrem großen und schwarzen Fleck an der Schwanzflosse. Der langestreckte und zylindrische Körper der Fische trägt ein typisches Flecken- und Strichmuster und nur an den verschiedenen Kopfzeichnungen kann man sehr schnell die Männchen von den Weibchen unterschieden. Während die Männchen am Kopf dunkle Linien tragen, besitzen die Weibchen dagegen dunkle Punkte. Das Bild zeigt ein Weibchen. Sandbarsche sind Lauerjäger, die reglos und aufgestützt auf ihren breiten Brustflossen auf vorbeischwimmende Beute lauern, die sie in einem kurzen Spurt überwältigen. Es sind verschiedene Wirbellose und vor allem kleine Fische, die sie erbeuten. Sie kommen im Roten Meer und im Indopazifik von Südafrika bis nach Australien, Fiji und Japan vor.

Foto: Ägypten, Ras Muhamed

Snyders Sandbarsch *(Parapercis snyderi)*

Snyders Sandbarsche sind überwiegend Bodenlieger, die relativ häufig ihren Standort wechseln. Dann hüpfen und springen sie mehr, als dass sie schwimmen. Zudem sind sie neugierig und interessieren sich für das, was ein Taucher so unter Wasser macht. Ganz speziell dann, wenn er Steine und tote Korallen umdreht, um zu sehen, was sich darunter befindet, denn es könnte auch eine kleine Beute für sie dabei sein. Snyders Sandbarsche ernähren sich von kleinen, benthischen Wirbellosen und von kleinen Fischen. Sie werden etwa 10cm groß. Auf hellem bis rötlichen Grund befinden sich am Körper 5 braune bis rotbraune Sattelstreifen, die am Rücken breit beginnen und in eine V-Form auslaufen. Die Verbreitung der Art reicht im Indopazifik von Indonesien bis nach Australien, Papua Neuguinea, Korea und Japan.

Foto: Papua Neuguinea, Milne Bay

Schwarzflecken-Sandbarsch (Parapercis hexothalma), Ägypten

Snyders Sandbarsch (Parapercis snyderi), Papua Neuguinea

Augenstreifen-Sandbarsch *(Parapercis tetracantha)*

Augenstreifen-Sandbarsche besitzen einen lang gestreckten und zylindrischen Körper, der ein auffälliges Fleckenmuster trägt. Die Anzahl und die Anordnung dieser Flecken ist ein wichtiges Bestimmungsmerkmal. Männchen und Weibchen haben stets ein unterschiedliches Muster. Sandbarsche sind Lauerjäger, die reglos auf dem Boden, aufgestützt auf ihren Brustflossen, auf Beute warten. Die deutlich vorstehenden Augen beobachten das Umfeld aufmerksam und wenn sich Beute nähert, wird diese in einem kurzen Spurt überwältigt. Die Beute besteht überwiegend aus kleinen Fischen und verschiedenen Wirbellosen. Alle Jungtiere sind Weibchen. Sie können später ihr Geschlecht ändern und sich zu Männchen umwandeln. Die Männchen besitzen einen kleinen Harem und sind stets territorial. Augenstreifen-Sandbarsche leben vom Flachwasser bis in Tiefen von 30m. Sie sind vom Indischen Ozean bis nach Japan und Australien verbreitet.

Foto: Indonesien, Nord Sulawesi

Augenstreifen-Sandbarsch (*Parapercis tetracantha*), Indonesien

Augenstreifen-Sandbarsch (*Parapercis tetracantha*), Portrait

Spitzkopf-Sandbarsch *(Parapercis cylindrica)*

Spitzkopf-Sandbarsche, auch zylindrische Sandbarsche genannt, leben im Flachwasser der Riffe und sind Lauer- und Überraschungsjäger. Aufgestützt auf ihre kräftigen Brustflossen überwachen sie von einem erhöhten Standort aus ihr Revier und stürzen sich auf ihre Beute. Diese besteht aus Krebsen und anderen Wirbellosen und gelegentlich auch aus kleinen Fischen. Auffallend sind die breiten und kräftig braun bis schwarzbraun gefärbten Querbänder an den Körperseiten, die den Rücken aussparen. Geringe Farbunterschiede kommen bei beiden Geschlechtern vor. Sandbarsche dieser Art sind im tropischen Indopazifik bis Indonesien, den Philippinen, Mikronesien, Fiji und Australien bis nach Japan verbreitet.

Foto: Philippinen, Cebu

Vielflecken-Meerbarbe *(Upeneus tragula)*

Vielflecken-Meerbarben leben einzeln, paarweise oder in kleineren Gruppen. Sie schwimmen über Sand- und Schlickflächen, um darin kopfüber nach Krebsen, Schnecken, Muscheln und Würmern zu suchen, die sie mit Hilfe ihrer Barteln aufspüren und fressen. Unermüdlich sind sie in Bewegung und gönnen sich tagsüber nur kleine Ruhepausen. Bis zum Einbruch der Dämmerung sind sie praktisch auf Nahrungssuche. In den kurzen Ruhepausen liegen sie dann, aufgestützt auf ihren versteiften Brust- und Afterflossen, auf dem Untergrund. Die Nacht verbringen sie versteckt im Riff. Offensichtlich sind die Fische in der Lage, große Salinitätsschwankungen zu ertragen, denn sie wandern auch in stark ausgesüßte Flussmündungen ein. Die Weibchen sind stets größer als die Männchen. Sie laichen bevorzugt zur Zeit des Neumondes ab. Zudem sind die Tiere in der Lage, blitzschnell ihre Farbe zu wechseln. Ihr Fleisch wird gegessen und gilt als besondere Delikatesse. Nur um Hawaii können diese Barben zu bestimmten Jahreszeiten toxisch sein. Der Verzehr ihres Fleisches kann bei Menschen Halluzinationen auslösen. Vielflecken-Meerbarben werden bis zu 30cm groß. Sie sind im Indopazifik von Ostafrika bis nach Mikronesien, Japan und Hawaii verbreitet. Im Roten Meer und im Arabischen Golf sind sie noch nicht nachgewiesen worden.

Foto: Indonesien, Raja Ampad

Spitzkopf-Sandbarsch (Parapercis cylindrica), Philippinen

Vielflecken-Meerbarben (Upeneus tragula), Indonesien

Gelbsattel-Meerbarbe *(Parupeneus cyclostomus)*

Gelbsattel-Meerbarben, auch Gelbe Meerbarben oder Zitronenbarben genannt, sind entweder einheitlich gelb gefärbt oder ihr Körper trägt einen blauen Rücken und blaue Rücken- und Schwanzflossen. Die tagaktiven Fische schwimmen in der Regel in kleineren Gruppen und suchen mit Hilfe Ihrer Barteln am Kinn nach Fressbarem im Untergrund. Dabei werden sie häufig von Makrelen, Caranx melampygus, begleitet, die ihnen die gefundene Beute streitig machen. Meerbarben dieser Art leben im klaren Wasser von Lagunen und Saumriffen bis in Tiefen von 80m. Sie fressen Fische, Krebse, Weichtiere und Würmer. Ihr Fleisch kann an manchen Küsten in ihrem weiträumigen Verbreitungsgebiet ciguateratoxisch sein. Verbreitet sind sie im Roten Meer und kommen im Indopazifik von Ostafrika bis nach Hawaii und Australien vor.

Foto: Ägypten, Safaga

Kurzstreifen-Barbe *(Parupeneus macronema)*

Die Kurzstreifen-Barbe sucht ihre Nahrung, die überwiegend aus Krebsen und Würmern besteht, entlang weiter Sand- und Geröllflächen und in Seegraswiesen. Aus diesem Grund wird sie überwiegend in flachen Lagunen angetroffen. Dennoch migriert sie in tiefere Gewässer ein und kann auch noch in 40m Wassertiefe gelegentlich gesehen werden. Auffallend an den schlanken Fischen ist ein dunkles Band, das vom Auge bis fast zum Schwanzflossenansatz reicht. Ein großer schwarzer Fleck befindet sich in der Mitte der Schwanzflossenbasis. Die bis zu 40cm großen Fische sind überwiegend Einzelgänger, werden aber auch paarweise und in kleinen Gruppen angetroffen. Sie sind im Roten Meer und im Indopazifik von Ostafrika bis Mikronesien und Papua Neuguinea weit verbreitet. Sie sind geschätzte Speisefische und erreichen hohe Preis auf den heimischen Märkten.

Foto: Indonesien, Bali

Gelbsattel-Meerbarbe (Parupeneus cyclostomus), Ägypten

Kurzstreifen-Barbe (Parupeneus macronema), Indonesien

Sattelstreifen-Meerbarbe *(Parupeneus bifasciatus)*

Sattelstreifen-Meerbarben besitzen einen lang gestreckten Körper, der tagsüber zwei breite, dunkle und sattelförmige Querbinden über dem Rücken trägt. In Anpassung an ihre Lebensweise liegen die Augen der Fische sehr hoch und sind weit am Kopf zurückgesetzt. Die tagaktiven Tiere ziehen einzeln, paarweise oder in kleinen Gruppen Nahrung suchend über ausgedehnte Sandareale, über Korallenbruchfelder und über den Grund sandiger Lagunen und wühlen mit ihrer Schnauze im lockeren Untergrund nach Beutetieren. Sie fressen benthische Wirbellose, wie Borstenwürmer und Krebse. Ihre Tätigkeit zieht eine Vielzahl kleiner Fische, so genannte Kommensahlen (=Tischgenossen) an, die ihnen die freigewühlte Nahrung streitig machen. Das auffälligste Merkmal der Fische sind zwei lange Barteln am Kinn, die beim Schwimmen nach hinten gerichtet werden. Sie können in Rinnen versenkt werden und sind mit Tast- und Geschmacksnerven ausgestattet. Bei der Nahrungssuche werden sie vorgestreckt, um Beutetiere im Untergrund aufzuspüren. Das breite Maul trägt wulstige Lippen, die ausstreckbar sind. In der Nacht schlafen die Tiere am Riffgrund oder zwischen den Korallen. Sie ziehen dann ihr „Nachtkleid" an und wechseln die Farbe (unteres Bild). Die dunklen Querbinden auf dem Rücken verschwinden dann ganz oder nur teilweise und der Körper der Fische wird rot bis rotorange. Verbreitet sind sie im Roten Meer und im gesamten Indopazifik.

Foto: Malaysia, Lankayan

Sattelstreifen-Meerbarbe (Parupeneus bifasciatus), Malaysia

Sattelstreifen-Meerbarbe (Parupeneus bifasciatus), Indonesien

Wangenstreifen-Lippfisch *(Cheilinus diagrammus)*

FWangenstreifen-Lippfische oder auch Prachtlippfische genannt, besitzen einen lang gestreckten und barschähnlichen Körper, der große Randschuppen trägt. Der Körper der Fische ist häufig sehr farbig gezeichnet und innerhalb einer einzigen Art können viele Farbvarianten vorkommen. Die tagaktiven Fische werden maximal 35cm groß und leben vom Flachwasser bis in Tiefen von über 100m. Sie sind Einzelgänger in Lagunen und an Außenriffen und ernähren sich von Krebsen, Schlangensternen, von verschiedenen Weichtieren, Borstenwürmern und auch von kleinen Fischen. Bei Einbruch der Nacht suchen sie im Riff ein sicheres Versteck zum Schlafen auf. Die Grundfarbe ihres Körpers ist orangerot bis orangebraun. Der Kopf und der Rücken sind grünlich. Die Wangen zeigen rötliche, braune oder violette Schrägstreifen. Der Körper der Jungtiere ist im Gegensatz zu dem der erwachsenen Fische dunkelbraun marmoriert und besitzt ein dunkelbraunes Längsband in der Körpermitte. Wangenstreifen-Lippfische folgen häufig als Kommensalen Futter suchenden Barbenschulen, um von der freigelegten Beute im Sand zu profitieren. Im Verlaufe ihres Wachstums findet eine Geschlechtsumwandlung statt: zuerst sind sie weiblichen Geschlechts und werden später dann zu Männchen. Verbreitet sind sie im Roten Meer und im gesamten Indopazifik. Als neugierige Fische kommen sie auch einem Taucher sehr nahe, umkreisen ihn neugierig, um dann im Riff wieder Deckung zu suchen.

Foto: Philippinen, Cabilao

Wangenstreifen-Lippfisch (Cheilinus diagrammus), Philippinen

Wangenstreifen-Lippfisch (Cheilinus diagrammus), Indonesien

Wangenstreifen-Lippfisch (Cheilinus diagrammus), Portrait

Napoleon–Lippfisch *(Cheilinus undulatus)*

Napoleon-Lippfische sind die größten und an Gewicht die schwersten, riffgebundenen Lippfische, die vom Roten Meer bis nach Tahiti, Neukaledonien und Australien vorkommen. Erwachsene Tiere können über 200cm groß werden und ein Gewicht von über 100kg erreichen. Die Körperfarbe der Fische kann unterschiedlich sein. Die ausgewachsenen Männchen tragen einen ausgeprägten Stirnbuckel und dicke, fleischige Lippen. Die Jungtiere besitzen dunkle Diagonalstreifen, die die Augen kreuzen. Erwachsene Napoleonfische leben in der Regel einzeln, manchmal auch paarweise. Sie sind standort- und reviertreu und besitzen für die Nacht einen speziellen Unterschlupf. Die Jungtiere sind außerordentlich scheu und verstecken sich im Labyrinth der Korallen. Unter den Tauchern besteht leider die Unsitte, Napoleonfische mit hartgekochten Eiern vom Frühstücksbüffet zu füttern. Mitunter verlieren die Fische ihre Scheu und werden angriffslustig, wenn sie nichts zu fressen bekommen. Tagsüber bewegen sie mit ihrem wulstigen Maul Korallenbruch, um darunter nach Wirbellosen zu suchen. So besteht ihre Nahrung hauptsächlich aus Schnecken, Muscheln, Krebsen und gelegentlich aus kleinen Fischen. Für giftige Tiere, wie Koffer- und Igelfische und für die Dornenkrone sind sie potentielle Feinde. Ihr schmackhaftes Fleisch ist sehr geschätzt. Das hat dazu geführt, dass sie intensiv gefischt und an den meisten Riffen in ihrem Verbreitungsgebiet selten wurden. In manchen Gegenden Südostasien ist ihr Fleisch ciguateratoxisch.

Foto: Malediven, Ari-Atoll

Napoleon-Lippfisch (Cheilinus undulatus), Malediven

Napoleon-Lippfisch (Cheilinus undulatus), subadult, Ägypten

Schneeflocken-Lippfisch *(Cheilinus chlorourus)*

Erst bei einer eingehenden Betrachtung erkennt man den Schneeflocken-Lippfisch auf dem unteren Bild. Er hat die Farbe seiner Haut stimmungsbedingt gewechselt. Der etwas hochrückige Körper der Fische trägt ein variables Fleckenmuster mit vielen weißen und rosafarbenen Punkten und einen zugespitzten Kopf mit feinen, orangefarbenen Punkten und irregulären Linien. Die Schwanz-, After- und Brustflossen sind abgerundet und mit weißen Punkten und Flecken ausgestattet. In der Regel leben die Tiere paarweise und suchen ihre Nahrung in Lagunen, an Korallenriffen und über Korallenbruch. Um am Boden lebende Wirbellose wie Weichtiere, Krebse und Würmer zu gelangen, heben sie aktiv Korallenbrocken auf, um ihre Beute darunter zu suchen. Schneeflocken-Lippfische werden maximal 35cm groß. In der Regel sind sie jedoch kleiner. Sie sind im Indopazifik von Ostafrika bis nach Sri Lanka, den Malediven, Chagos, Australien bis nach Französisch Polynesien und Japan weit verbreitet.

Fotos: Indonesien, Komodo

Schneeflocken-Lippfisch (Cheilinus chlorourus), Indonesien

Schneeflocken-Lippfisch (Cheilinus chloururus), Indonesien

Rotbrust-Lippfisch *(Cheilinus fasciatus)*

Bei den Rotbrust-Lippfischen variiert die Intensität ihrer Körperzeichnungen. Die Grundfarbe ihres Körpers kann mittel- bis dunkelbraun sein und schwarzweiße Querbinden tragen. Häufig ist der Hinterleib der Fische auch vollkommen schwarz. Nur der Kopf und die Brust sind rötlichorange in ihrer Grundfarbe. Die Jungfische durchlaufen während ihres Wachstums verschiedenen Farbstadien, wobei männliche und weibliche Tiere stets unterschiedlich gefärbt und gemustert sind. Die Männchen sind in der Regel auffallender und brillanter in ihrer Farbzeichnung. Der Körper der Fische ist seitlich abgeflacht und etwas hochrückig. Im Verlaufe ihrer Entwicklung wechseln die Fische ihr Geschlecht, da sie zuerst weiblich sind und später männlich werden. Rotbrust-Lippfische werden maximal 40cm groß. Sie ernähren sich überwiegend von benthischen Fischen und von verschiedenen Wirbellosen. Verbreitet sind sie im Roten Meer und kommen im Indopazifik von Ostafrika bis nach Samoa und Australien vor.

Foto: Malaysia, Mabul

Zweifarben-Dicklippe *(Hemigymnus melapterus)*

Der Körper dieser Fische ist in zwei Farben geteilt: Kopf und Vorderkörper sind grau und das Hinterende ist schwarz. Hinter den dunklen Augen befindet sich ein schwarzer Fleck. Die Lippen sind groß und wulstig. Die Geschlechter unterscheiden sich nicht. Nur zwischen Jung- und Altfischen bestehen Farbunterschiede. Während die Jungfische in kleinen Gruppen zwischen Korallen leben, sind die erwachsenen Fische Einzelgänger. Sie schwimmen über Sandflächen und Korallenbruch bis in Tiefen von 30m und ernähren sich von verschiedenen Weichtieren, von Würmern, Haarsternen, Schlangensternen, Seeigeln und von Krebsen. Der Tisch ist für ihre Ernährungsweise in einem Korallenriff reich gedeckt. Die bis zu 60cm großen Fische sind im Roten Meer und im Indopazifik von Ostafrika bis nach Polynesien und Japan verbreitet.

Foto: Indonesien, Nord Sulawesi

Rotbrust-Lippfisch (Cheilinus fasciatus), Malaysia

Zweifarben-Dicklippe (Hemigymnus melapterus), Indonesien

Schmucker Junker *(Halichoeres solorensis)*

Die Farbmuster des Körpers sind bei den verschiedenen Geschlechtern unterschiedlich. Das Bild zeigt ein ausgewachsenes Männchen. Der Körper des Fisches ist torpedoförmig schlank, in den Farben Grün und Orange durchwirkt und zeigt eine schachbrettähnliche Anordnung der Farbzeichnungen. Auffallend sind ein schwarz-gelber Augenfleck auf den ersten Rückenflossenstrahlen und ein kleiner blauer Fleck an der Basis der Brustflossen. Die Rücken- und Afterflosse sind ungeteilt und die Schwanzflosse abgerundet. Am Kopf strahlen orange Bänder nach allen Seiten. Schmucke Junker sind Tiere des Flachwassers. Sie sind Einzelgänger und ernähren sich von kleinen, benthischen Wirbellosen, die sie tagsüber erbeuten. In der Nacht schlafen sie verkeilt zwischen den Korallen im Riff. An den Korallenriffen im Indopazifik sind verbreitet, jedoch nicht gerade häufig zu sehen.

Foto: Indonesien, Rinca

Schachbrett-Lippfisch *(Halichoeres hortulanus)*

Der Trivialname des Fisches weist bereits darauf hin: Die Schuppen beiderseits des Fischkörpers zeigen ein Schachbrettmuster. Nur der Kopf ist frei davon. Dafür trägt dieser verschiedene rosa Punkte und Bänder. Jungfische und erwachsene Tiere leben in unterschiedlichen Riffbereichen. Während die Jungtiere Versteckmöglichkeiten in Geröllhalden und zwischen Korallenbruch suchen, schwimmen die erwachsenen Tiere in klaren Lagunen und über ausgedehnte Sandflächen, wo sie sich von kleinen Schnecken, Muscheln, Krebsen und Meeresborstenwürmern ernähren. Oftmals folgen sie den Meerbarben, die den sandigen Untergrund nach Fressbarem aufwühlen. Dabei versuchen die Schachbrett- Lippfische einen Teil der freigelegten und aufgescheuchten Beute zu ergattern. Diese Tischgemeinschaft, auch als Kommensalismus bezeichnet, fügt keinem der Tiere Schaden zu und ist damit eine friedliche Gesellschaft. Die tagaktiven Lippfische, die sehr neugierig und zutraulich sind, wühlen sich nachts im Sand ein, immer in der Hoffnung, von ihren Feinden nicht aufgestöbert zu werden. Seeschlangen sind ihre größten Feinde, die sie mit Hilfe ihres ausgezeichneten Riechvermögens auch im tiefen Sediment finden und fressen. Schachbrett-Lippfische leben im Roten Meer und an den Riffen im gesamten Indopazifik.

Foto: Indonesien, Bali

Schmucker Junker (Halichoeres solorensis), Indonesien

Schachbrett-Lippfisch (Halichoeres hortulanus), Indonesien

Krokodilfisch *(Cymbacephalus beauforti)*

Krokodilfische liegen gut getarnt auf allen nur möglichen Substraten und häufig auch eingegraben im Sediment, so dass nur noch die Augen und die breite Maulspalte daraus hervorschauen. Ihre Körperfarbe passt sich dabei weitgehend der Farbe des Untergrundes an. Diese Tarnung verfolgt auch einen ganz bestimmten Zweck: Beute möglichst ungesehen aufzulauern! Als schlechte Schwimmer sind sie darauf angewiesen, sich überfallartig auf vorbeischwimmende Beutetiere zu stürzen. So fressen sie vor allem Fische und im geringen Umfang auch Krebse, Schnecken und freilebende Borstenwürmer. Der langgestreckte Körper der Fische trägt einen überdimensionalen großen und abgeplatteten Kopf, der dem eines Krokodils ähnlich sieht. Der Unterkiefer ist vorstehend und die großen, kugeligen und vorstehenden Augen besitzen ein netzartiges Organ, das sie vor zu intensiver Sonneneinstrahlung schützt. Krokodilfische sind Tiere des Flachwassers. Sie leben überwiegend einzeln, kommen gelegentlich auch paarweise vor und werden maximal 50cm groß. Da sie kaum Feinde haben vertrauen sie ihrer Tarnung so sehr, dass sie auch dann noch liegen bleiben, wenn ein Taucher sie fast berührt. Krokodilfische dieser Art sind im Indopazifik von Singapur und den Philippinen bis nach Malaysia, Mikronesien und Neukaledonien verbreitet. Ihr Fleisch wird nicht gegessen. Schwarze Krokodilfische sind außerordentlich selten in ihrem Verbreitungsgebiet zu finden.

Foto: Indonesien, Hoga

Krokodilfisch (Cymbacephalus beauforti), Indonesien

Krokodilfisch (Cymbacephalus beauforti), Ägypten

Krokodolfisch (Cymbacephalus beauforti), Portrait

Gefleckter Krokodilfisch *(Cociella punctata)*

Krokodilfische besitzen einen stark abgeflachten Kopf und Körper. Beide sind übersät mit kleinen und schwarzen Punkten und größeren Flecken. Die Rückenflosse trägt ein breites und dunkles Band. Als Einzelgänger betätigen sich die Fische als Lauerjäger, liegen oft bis unter die Sedimentoberfläche eingegraben, so dass nur noch die Augen hervorschauen. Vorbeischwimmende Beute wird durch das Aufreißen des großen Maules einfach eingesogen. Als schlechte Schwimmer und dann noch ohne ihre Schwimmblase müssen sie, wenn sie sich schon mal bewegen, stetig gegen den eigenen Abtrieb anschwimmen. Das kostet Kraft und so bleiben die Plattkopf-Krokodilfische lieber am Boden liegen. Gefleckte Krokodilfische leben riffgebunden und sind weitgehend standorttreu. Sie werden maximal 35cm groß und sind im Roten Meer und im Indopazifik von Ostafrika bis Vanuatu und Taiwan weit verbreitet. Ihre vertikale Verbreitung reich vom flachen Wasser bis in Tiefen von 300m, wo sie als Beifang von Schleppnetzfischern gefischt und an Land gezogen werden.

Foto: Indonesien, Komodo

Gefleckter Krokodilfisch (Cociella punctata), Indonesien

Gefleckter Krokodilfisch (Cociella punctata), Portrait

Welanders Plattkopf *(Rogadius welanderi)*

Welanders Plattköpfe sind kleine Fische, die maximal eine Länge von 15cm erreichen. Sie sind Bodenlieger und Lauerjäger, die sich im Sediment eingraben, so dass nur noch die Augen und Teile der Schnauze sichtbar sind. Sie leben als Einzelgänger in seichten Lagunen, in ausgedehnten Sandarealen und im Flachwasser seewärts gerichteter Korallenriffe, wo sie in Tiefen von 5–40m vorkommen. Ihr Körper ist hellbraun und mit schwarzen Flecken durchsetzt. Die Schnauze ist lang und flach. Die Verbreitung der Art reicht im Indopazifik von Indonesien bis nach Mikronesien und Samoa. Welanders Plattköpfe besitzen keinen ökonomischen Wert und werden auf einheimischen Märkten nicht gehandelt.

Foto: Indonesien, Molukken

Welanders Plattkopf (Rogadius welanderi), Indonesien

Welanders Plattkopf (Rogadius welanderi), Portrait

Büffelkopf-Papageifisch *(Bolbometopon muricatum)*

Büffelkopf-Papageifische sind die größten Papageifische im tropischen Indopazifik und im Roten Meer. Tagsüber weiden sie paarweise oder in großen Schulen die Saum- und Außenriffe ab und ernähren sich von lebenden Korallenpolypen und von Algen. Bei Anbruch der Dunkelheit verstecken sie sich in Wracks, in Höhlen oder unter großen Tischkorallen. Es ist stets ein imposantes Schauspiel, wenn eine größere Herde von Büffelkopf-Papageifischen in ein Riffgebiet einfällt und die Fische mit ihren kräftigen Papageischnabel lebende Korallen brechen oder abschaben. Spezialisierte Kiefer, bei denen die Schlundknochen in Reihen angeordnet sind, zermahlen beim Fressen die aufgenommenen Korallenbrocken zu einem feinen Brei. Die so aufgebrochenen Algen- und Polypenzellen werden im Magen verdaut und das fein zermahlene Korallengestein wird über den Darm ausgeschieden und rieselt als Sediment zu Boden. Wenn man bedenkt, dass ein ausgewachsenes Tier im Jahr im Durchschnitt ein Kubikmeter Korallengestein bricht, frisst und zermahlt, dann kann man ermessen, was eine Herde von über 50 Tieren an Schaden im Riff anrichtet. Ihr Beitrag zu Bioerosion und zur Sedimentbildung der Riffe ist also erheblich. Ihre Mahlgeräusche beim Zerkleinern der Korallen sind unter Wasser deutlich zu hören, meist lange bevor der Schwarm am Taucher vorbeizieht. Büffelkopf-Papageifische besitzen eine steile Stirn und einen Kopfbuckel, der mit zunehmendem Wachstum der Tiere an Größe zunimmt. Geschlecht und Farbe werden während ihres Wachstums gewechselt. Ausgewachsene Fische werden über 120cm groß, sind gute Speisefische und werden mancherorts mit Schleppnetzen gefischt.

Fotos: Malaysia, Sipadan

Büffelkopf-Papageifisch (Bolbometopon muricatum), Portrait

Büffelkopf-Papageifisch (Bolbometopon muricatum), Malaysia

Rotmeer-Buckelkopf *(Scarus gibbus)*

Papageifische dieser Art leben endemisch im Roten Meer. Die Männchen, die Weibchen und die Jungtiere sehen alle verschieden aus. Das Bild zeigt einen männlichen Fisch mit einem ausgeprägten Stirnbuckel. Die tagaktiven Algenfresser leben im klaren Wasser von Lagunen, an Saumriffen und an Außenriffen und kommen hier vom Flachwasser bis in über 40m Tiefe vor. Sie schlafen nachts im Riff und produzieren einem Schleimkokon, der sie einhüllt und wirkungsvoll gegen nachtaktive Fressfeinde, überwiegend Muränen, schützt. Ausgewachsene Tiere werden über 70cm groß und gelten als gute Speisefische. In der Literatur werden sie häufig mit Scarus strongylocephalus verwechselt, einer Art, die ähnlich aussieht und die an den Riffen im Indopazifik vorkommt.

Foto: Ägypten, Sharm el Sheigh

Rostkopf-Papageifisch *(Scarus ferrugineus)*

Das Bild zeigt ein männliches Tier. Ein Weibchen würde man sofort an der gelben Schwanzflosse erkennen. In der Terminalphase sind die Männchen sehr variabel doch der rückwärtige Teil des Kopfes und der Vorderkörper sind gelborange bis rostrot und die Schuppen zum Schwanz hin sind kräftig blaugrün gefärbt. Sie besetzen große Reviere an Saum- und Fleckenriffen und am unteren Riffhang und halten sich regelrechte Harems. Ale Allesfresser ernähren sie sich von Korallenpolypen und von Algen, indem sie große Korallenbrocken mit Hilfe ihrer kräftigen Zahnleisten abbrechen und verschlingen. Mit Hilfe von Schlundzähnen werden die Korallenbrocken zermahlen und die organische Nahrung freigesetzt. Den unverdaulichen „Korallensand" stoßen sie in Form kleiner und weißer Wolken aus, der langsam zu Boden rieselt. So tragen sie ständig zur Erosion der Riffe bei. Große Teile des weißen Korallensandes an den Stränden sind so entstanden. Rostkopf-Papageifsiche werden 45cm groß und kommen im Roten Meer, entlang der arabischen Halbinsel und im Persischen Golf vor.

Foto: Ägypten, Aharm el Sheigk

Rotmeer-Buckelkopf (Scarua gibbus), Ägypten

Rostkopf-Papageifisch (Scarus ferrugineus), Ägypten

Schwarzer Papageifisch *(Scarus niger)*

Schwarze Papageifische sind nicht wirklich schwarz, denn sie erscheinen nur so, wenn sie nicht von einer Lichtquelle angestrahlt werden. Sie lieben Biotope mit einem guten Korallenbewuchs und sind strikte Einzelgänger. In ihrer ersten Initialphase sind die Fische stets Weibchen; in ihrer letzten Terminalphase sind sie dann Männchen. So, wie die Tiere ihre verschiedenen Phasen durchlaufen, so unterschiedlich sind sie auch in ihrer Farbgebung: In der initialen Phase sind sie überwiegend rötlichbraun, in der terminalen Phase dunkelgrün bis dunkelblau gefärbt. Auffallend an den Fischen sind die rotorange bis lila Brustflossen und die rote Iris der Augen. Das Einzelgängerdasein der Fische wird nur in der Zeit der Reproduktion unterbrochen. Dann laichen die beiden Geschlechter gleichzeitig und gemeinsam in Freiwasser ab. Schwarze Papageifische ernähren sich von Algen, die sie mit Hilfe ihres Papageischnabels vom Untergrund schaben. Verbreitet sind sie im Roten Meer und kommen im Indopazifik von Ostafrika bis in den Westpazifik vor.

Foto: Ägypten, Sharm el Sheikh

Buckelkopf-Papageifisch *(Scarus microrhinos)*

Buckelkopf-Papageifische leben entweder einzeln oder paarweise und kommen gelegentlich in kleineren Gruppen vor. Das Bild zeigt ein männliches Tier mit einem kleinen Kopfbuckel, dass sich gerade in der Dämmerung einen Schlafplatz gesucht hat und nun einen Kokon erzeugt, um die Nacht darin zu verbringen. Drüsen hinter den Kiemendeckeln erzeugen eine Schleimhülle, die den ganzen Fisch zum Schutz gegen nächtliche Fressfeinde, die sich olfaktorisch orientieren, einhüllt. Die Muräne ist einer dieser Feinde. Die Jungfische dieser Papageifischart besitzen einen schwarzgrundigen Körper mit hellen Längsstreifen darauf. Buckelkopf-Papageifische ernähren sich von Algen, die sie mit Hilfe ihres Papageischnabels vom Untergrund abschaben und in Korallen beißen. Erwachsene Tiere werden bis zu 70 cm lang und sind von Indonesien bis Mikronesien und den Lord Howe Inseln in Australien verbreitet. Gemessen an der Häufigkeit anderer Arten sind sie in ihrem Verbreitungsgebiet selten.

Foto: Indonesien, Palu

Schwarzer Papageifisch (Scarus niger), Ägypten

Buckelkopf-Papageifisch (Scarus microrhinos), Indonesien

Langnasen-Papageifisch *(Hipposcarus harid)*

Langnasen-Papageifische leben im Roten Meer und kommen in großer Individuendichte speziell an der Südspitze der Sinai vor. Sie vereinigen sich zu großen Schwärmen, schwimmen nahe der Wasseroberfläche und weiden Riffdächer, den Riffhang und sandige Areale des Untergrundes von Algen und Korallenpolypen ab. Ausgewachsene Tiere, die eine Länge von 70cm erreichen können, sind in der Regel Einzelgänger. Ihr Körper ist langgestreckt und im Licht der einfallenden Sonne fast fleischfarben. Der Kopf trägt bläuliche Bänder, die sich bis zu den Lippen ziehen. Die Flossen sind blau gefärbt. Verbreitet sind sie im Roten Meer und kommen im Indopazifik von Ostafrika bis nach Indonesien und Australien vor.

Foto: Ägypten Ras Muhamed

Bleekers Papageifisch *(Scarus bleekeri)*

Bleekers Papageifische schlafen nachts in Löchern, Spalten, Ritzen und zwischen Korallen und erzeugen einen Schlafkokon aus Schleim, einen sogenannten „Schlafsack", der sie geruchlich vor der Verfolgung ihrer Freßfeinde schützen soll. Das Bild zeigt ein schlafendes Männchen in der Terminalphase, dass bereits die Nachtfärbung angenommen hat, die sich wesentlich von der Tagesfärbung der Haut unterschiedet. Auffallend ist ein heller Fleck an der Wange des Fisches, der grün umrandet ist. Der obere Streifen korrespondiert mit dem blassgrünen Band am Kinn. Alle Schuppen des Körpers besitzen lachsfarbene Ränder. Bleekers Papageifische werden bis zu 30cm groß und sind im westlichen Pazifik von Papua Neuguinea bis nach Mikronesien und Fiji verbreitet.

Foto: Papua Neuguinea, Milne Bay

Langnasen-Papageifisch (Hipposcarus harid), Ägypten

Bleekers Papageifisch (Scarus bleekeri), Papua Neuguinea

Zweifarben-Papageifisch *(Cetoscarus bicolor)*

Junge und erwachsene Zweifarben-Papageifische, auch Masken-Papageifische genannt, sehen grundsätzlich verschieden aus. Junge Papageifische sind auffällig in ihrer Färbung. Der weiße Körper trägt über dem großen Auge bis zur hinteren Kopfhälfte ein breites, schwarz eingefasstes, rostrotes Band und einen gelbumrandeten, schwarzen Fleck hinter den ersten Rückenflossenstrahlen. Die Spitzen der Schwanzflosse sind gelb abgesetzt. Diese bis zu 15cm großen Jungfische sind strikte Einzelgänger, die sich flink zwischen Korallen bewegen und die sehr scheu sind. Sie kommen sowohl in Lagunen als auch an Außenriffen vor. Bis zum erwachsenen Tier machen Zweifarben-Papageifische einen extremen Farbwechsel durch, wobei in allen Entwicklungsphasen das gelbe Auge der Fische präsent ist. In der Initialphase sind die Fische dunkel gefärbt und besitzen einen gelblichen Rücken und schwarz gerandete Schuppen. Die Männchen sind in der Terminalphase blaugrün gefärbt und besitzen orange gerandete Schuppen und orange Punkte an Kopf und Vorderkörper. Die Tiere werden bis zu 80cm groß und kommen vom flachen Wasser bis in größere Tiefen vor. Als Allesfresser ernähren sie sich von Korallenpolypen und von Algen. Verbreitet sind sie im Roten Meer und kommen im Indopazifik von Ostafrika bis nach Polynesien vor. Zweifarben-Papageifische werden auch Masken-Papageifische genannt.

Foto: Indonesien. Rinca

Zweifarben-Papageifisch (Cetoscarus bicolor), Indonesien, Rinca

Zweifarben-Papageifisch (Cetoscarus bicolor), Philippinen, Cabilao

Grünwangen-Papageifisch *(Scarus passiognathus)*

Grünwangen-Papageifische sind relativ große Fische, die ausgewachsen eine Größe von 70cm erreichen. Sie sind überwiegend in größeren Schulen unterwegs in Riff, wo sie im Flachwasser der Lagunen und an den Außenriffen ihre Nahrung suchen und vom Untergrund benthische Algen mit Hilfe ihres Papageigebisses abschaben und fressen. Ihr schlanker Körper ist überwiegend grün gefärbt, wobei ein kräftigeres Grün die Kehle bedeckt und ein breites Band von einem Auge über die Stirn zum anderen Auge zieht. In der Nacht, wenn die Tiere sind im Riff zur Ruhe begeben und im Riff verkeilen, wechseln die Farben von Kehle und Stirnband in ein kräftiges Blau. Grünwangen-Papageifische sind im Indopazifik von den Seychellen und den Malediven bis nach Australien, Papua Neuguinea und Japan weit verbreitet.

Foto: Papua Neuguinea, Milne Bay

Gebänderter Papageifisch *(Scarus caudofasciatus)*

Der Gebänderte Papageifisch auf dem Bild hat sich bei Einbruch der Dunkelheit in einer Spalte des Korallenriffes zur Ruhe gelegt, hat die Körperfarbe der Nacht angenommen, was die veränderten Kopf- und Körperzeichnungen anzeigen. Einen Schleimkokon hat er noch nicht ausgebildet, der den Fisch in der Dunkelheit vor nächtlichen Räubern schützen soll. Männliche und weibliche Tiere sind grundsätzlich anders gefärbt. Das Männchen ins blaugrün in der Grundfarbe des Körpers und er besitzt eine intensive, Blaugrüne Zeichnung am Kopf. Papageifische haben kräftig ausgebildete Kieferplatten, die an einen Papageischnabel erinnern. Mit ihrer Hilfe beißen sie Korallenbrocken aus einer Kolonie und zermahlen sie zwischen ihren Schlundzähnen. Der unverdauliche Kalk wird ausgeschieden und rieselt als feines Sediment zu Boden. So entstehen Korallensande, die zwischen den Korallenverzweigungen abgelagert werden und so zu einer Verfestigung des Riffes beitragen. Die Verbreitung der Art reicht von Ostafrika bis zu den Malediven.

Foto: Malediven, Süd Male-Atoll

Grünwangen-Papageifisch (Scarus passiognathus), Papua Neuguinea

Gebänderter Papageifisch (Scarus caudofasciatus), Maledive

Leoparden-Drückerfisch *(Balistoides conspicillatum)*

Leoparden-Drückerfische sind besonders plakativ gefärbte Fische mit einem seitlich zusammengedrückten, fast schwarzen Körper, der auf der unteren Hälfte eine Vielzahl sehr großer und weißer Flecken trägt. Der Rücken zeigt nur eine samtschwarze Netzzeichnung auf gelben Untergrund. Das Maul ist gelb umrandet und unterhalb der Augen tragen die Fische, ähnlich einer Kriegsbemalung, eine weiße bis gelbe Querbinde. Die Augen sind am Kopf weit zurückgesetzt und liegen sehr hoch. Die Jungtiere sind ähnlich gefärbt nur tragen sie die weißen Flecken am ganzen Körper. Leoparden-Drücker sind außerhalb der Brutzeit Einzelgänger, scheu und friedlich. Sie leben stets in Riffnähe, sind ortstreu und verteidigen ihr Revier aggressiv und vehement gegen jeden Eindringling. Nur zur Paarungszeit, wenn sie ihre Eigelege bewachen, sind sie aggressiv und greifen auch Taucher an. Leoparden-Drücker sind tagaktive Fische, die nachts in Höhlen und Ritzen schlafen und sich hier mit ihren Rückenflossenstahlen verkeilen. Sie sind omnivor und ernähren sich von Algen und vielen benthischen Wirbellosen wie Schwämmen, Hydroiden, Moostierchen und Würmern. Angefüttert sind sie für Taucher unberechenbar. Ihre kräftigen Kiefer können schmerzhafte Wunden reißen. Ihre Verbreitung reicht im Indopazifik von Ostafrika bis nach Samoa. Ausgewachsene Tiere können eine Größe von fast 45cm erreichen.

Foto: Malediven, Süd Male-Atoll

Riesen-Drückerfisch *(Balistoides viridescens)*

Riesen-Drückerfische sind, wenn sie Gelege bewachen, gefährliche Fische auch für Taucher und Schnorchler. Während ihrer Fortpflanzungszeit werden von ihnen Laichgruben angelegt, die mehrere Meter Durchmesser haben können und in die sie ihre Eigelege deponieren. Laichgrube und Gelege werden bewacht und gegen alles verteidigt, was sich ihnen nähert. In der Regel bewachen die männlichen Tiere die Gelege und betreiben Brutpflege. Gelegentlich wechseln sie sich in der Bewachung der Brut mit den Weibchen ab. Kopfüber blasen sie dem Eigelege sauerstoffreiches Wasser zu, während die rollenden Augen die Umgebung beobachten. Alles, was dem Nest zu nahe kommt, wird entweder im vollen Speed gerammt oder gebissen. Dabei ist das große und kräftige Gebiss der Fische eine gefährliche und nicht zu unterschätzende Waffe. Es kann große, tiefe und schmerzhafte Wunden reißen. Außerhalb der Brutzeit leben Riesen-Drückerfische einzeln, sind friedlich und scheu. Sie schlafen nachts in Höhlen und Nischen und verkeilen sich mit ihrem kräftigen Rückenflossenstachel zwischen Korallen. Tagsüber knacken sie mit ihrem kräftigen Gebiss Korallen, Schnecken, Muscheln und Krebse und überwältigen Seeigel mit einer besonderen Angriffstechnik. Riesen-Drückerfische werden bis zu 75cm groß. Ihre Verbreitung reicht vom Roten Meer bis in den Indopazifik.

Foto: Malediven, Ari-Atoll

Leoparden-Drückerfisch (Balistoides conspicillatum), Malediven

Riesen-Drückerfisch (Balistoides viridescens), Malediven

Blaustreifen-Drückerfisch *(Pseudibalistes fuscus)*

Blaustreifen-Drückerfische, auch Gelbstreifen-Drückerfische genannt, besitzen einen seitlich stark zusammengedrückten Körper, ein kräftiges Maul, große After- und Rückenflossen und einen kräftigen Dorn, der sich aus dem 1. Rückenflossenstrahl entwickelt hat. Während der Körper der Jungfische von vielen unterschiedlich großen und gelben Punkten bedeckt ist, besitzen die adulten Tiere meandrische Muster an den Körperseiten, die sich entlang des Rückens jedoch sich in Streifenmuster formieren. Bei starker Erregung verändern sie ihre Farbe und können von Blau zu Schwarz wechseln. Erwachsene Tiere sind Einzelgänger, die über Sandboden und Korallenbruch am Riffgrund leben und sich von verschiedenen Stachelhäutern, Muscheln. Krebsen, Borstenwürmer und von Schnecken ernähren. Verbreitet sind diese schönen Drücker im Roten Meer und kommen im Indopazifik von Südafrika und Australien bis nach Mikronesien, Melanesien, den Philippinen und Japan vor. Das obere Bild zeigt einen erwachsenen Drücker, bei dem sich ein Schiffshalter *(Echineis naucrates)* am Kiemendecken angeheftet hat und so als blinder Passagier mitreist.

Fotos: Papua Neuguinea, Milne Bay

Blaustreifen-Drückerfisch (Pseudobalistes fuscus), Papua Neuguinea

Blaustreifen-Drückerfisch (Pseudobalistes fuscus), Papua Neuguinea

Witwen-Drückerfisch *(Melichthys vidua)*

Witwen-Drückerfische besitzen einen hellbraunen bis dunkelbraunen und torpedoförmigen Körper, der seitlich stark zusammengedrückt ist. Auffallend sind der weiße Schwanzflossenstiel und die blauen, schwarz gesäumten Rücken- und Afterflossen. Witwen-Drückerfische leben einzeln oder in kleineren Gruppen. Sie fressen Algen, verschiedene Wirbellose und auch kleine Fische. Ihre Jagdreviere sind gut mit Korallen bewachsene Außenriffe, wo sie sich vom Flachwasser bis in Tiefen von 60m aufhalten. Die bis zu 40cm großen Drücker sind im Indopazifik von Ostafrika bis nach Hawaii, den Marquesas, Japan und Australien verbreitet.

Foto: Indonesien, Bali, Tulamben

Blaukehl-Drückerfisch *(Xanthichthys auromarginatus)*

Männliche Blaukehl-Drückerfische besitzen an ihrer Kinnregion einen großen und blauen Fleck, der den weiblichen Tieren fehlt. Und während die unpaaren Flossen der Weibchen braun gefärbt sind, sind die der Männchen goldgelb umrandet (auromarginatus). Blaukehl-Drückerfische sind Tiere des flachen Wassers. Hier sieht man sie allein und ohne Partner schwimmen. Im tiefen Wasser jedoch formieren sie sich zu kleinen Gruppen, was die Vermutung zulässt, dass sich die Fische zu Ablaichen ihrer Gameten formieren. Der Lebensraum der Blaukehl-Drücker sind gut durchströmte Außenriffe mit vielen Versteckmöglichkeiten, die sie bei Gefahr nutzen. Sie ernähren sich vom Plankton, das sie aus dem vorbeiströmenden Wasser schnappen. Erwachsene Tiere werden bis zu 20cm groß und sind im Indopazifik vom östlichen Indischen Ozean bis in den Westpazifik verbreitet.

Foto: Philippinen, Cebu

Witwen-Drückerfisch (Melichthys vidua), Indonesien, Bali

Blaukehl-Drückerfisch (Xanthichthys auromarginatus), Philippinen

Rotzahn-Drückerfisch *(Odonus niger)*

Rotzahn-Drückerfische schwimmen in großen Gruppen entlang steiler und stark strömender Außenriffe, Steilabfällen und Riffterrassen, ohne jedoch ein Schwarmverhalten zu zeigen. Ihr Lebensraum ist das Freiwasser in unmittelbarer Riffnähe. Bei Gefahr verschwinden sie kopfüber in Riffspalten und Löchern, so dass nur noch ihre langen Schwanzflossenfahnen daraus hervorschauen. Bei Berührung dieser stoßen sie knackende Laute aus. Rotzahn-Drücker sind tagaktiv und ernähren sich von Planktonorganismen, die sie aus dem Freiwasser schnappen. Der eiförmige Körper der Fische trägt hohe After- und Rückenflossen und eine gegabelte Schwanzflosse, deren Enden weit ausgezogen sind. Die Körperfarbe ist variabel, überwiegend jedoch in Blau gehalten und mit breiten, violetten Bändern versehen. Rote bis rotbraune Zähne haben dem Fisch den Trivialnamen eingebracht. Ausgewachsene Rotzahn-Drücker werden maximal 40cm groß und sind vom Roten Meer bis Tahiti, Neukaledonien und Australien weit verbreitet.

Foto: Malediven, Ari-Atoll

Gelbsaum - Drückerfisch *(Pseudobalistes flavimanginatus*

Gelbsaum-Drücker sind große Fische, die als erwachsene Tiere eine Größe von über 60cm erreichen können und die einen seitlich abgeflachten und rhombusförmigen Körper besitzen. Die großen Kulleraugen sind weit und hoch zurückgesetzt und das zugespitzte Maul trägt kräftige Zähne. Deutlich und auffallend sind die großen und kräftigen Schuppen, die wie ein Panzer den Körper bedecken und die kräftigen Stacheln der Rückenflosse, die versenkt werden können. Gelbsaum-Drücker sind tagaktive Fische, die sich nachts im Riff in Höhlen und Spalten beim Schlafen mit ihren Stacheln und Flossen verkeilen. Tagsüber leben sie in geschützten Lagunen, an Fleckenriffen und in Seegraswiesen und können in allen Lagen schwimmen: einmal horizontal, dann vertikal und wenn es sein muss auch schräg. Außerhalb ihrer Brutsaison sind die Fische friedlich und scheu. Nur dann, wenn sie ihre Gelege bewachen, werden sie gegen jeden aggressiv, den sie als Eindringling und Nesträuber ansehen. Diese werden in immer wiederkehrenden Attacken gerammt und gebissen. Ihre Gelege werden in tiefen und 1-2m breiten Nestmulden deponiert und die 300000-500000 Eier bewacht und befächert. Die Larven sind pelagisch. Gelbsaum-Drückerfische ernähren sich vorwiegend von Korallenpolypen, indem sie ganze Korallenäste abbeißen, außerdem von Krebsen, verschiedenen Weichtieren, von Algen und von Seeigeln. Ihre Technik, gerade langstachelige Seeigel zu überlisten, sie umzupusten und zu knacken, ist in der Literatur eindrucksvoll beschrieben worden. Die Verbreitung der Art reicht vom Roten Meer bis nach Polynesien. Das Fleisch dieser Fische ist in einigen Gegenden ihres Verbreitungsgebietes ciguateratoxisch und sollte nicht gegessen werden.

Foto: Malaysia, Lankayan

Rotzahn-Drückerfisch (Odonus niger), Malediven

Gelbsaum-Drückerfisch (Pseudobalistes flavimanginatus), Malaysia

Blasser Drückerfisch *(Sufflamen bursa)*

Blasse Drückerfische besitzen einen ovalen und seitlich stark zusammengedrückten Körper, mit langer und konischer Schnauze. Der blasse Fisch trägt 2 markante und bumerangförmige Streifen am Kopf und am Kiemendeckel und ein schwarzumrandetes Auge, das in einem der Bumeragstreifen einfließt. Drückerfische dieser Art sind überwiegend Einzelgänger, doch sieht man sie auch gelegentlich paarweise schwimmen. Sie lieben gut bewachsene Riffe mit vielen Versteckmöglichkeiten und besitzen ein breites Nahrungsspektrum. Zu ihrer Beute gehören Krebse, Muscheln, Schnecken, verschiedene Stachelhäuter, Würmer, Seescheiden und auch Algen. Sie werden bis zu 25cm groß und kommen im Indopazifik von Ostafrika bis nach Indonesien, Hawaii und Japan vor.

Foto: Indonesien, Nusakode

Orangestreifen-Drückerfisch *(Balistapus undulatus)*

Orangestreifen-Drückerfische sind territorial, zudem schnelle Schwimmer und sie besitzen eine Vielzahl oranger Linien auf ihrem olivgrünen Körper, die teilweise schräg verlaufen und nicht festgelegten Mustern folgen. 2-3 orange Streifen ziehen vom Maul bis über den Bauch der Fische. Die beiderseits des Schwanzansatzes gelegenen Stacheln sind schwarz. Das Maul trägt ein kräftiges, papageiähnliches Gebiss, das den Tieren erlaubt, hartschalige Schnecken, Muscheln, Krebse und Seeigel zu knacken. Aber nicht nur von diesen Tieren ernähren sie sich. Sie fressen auch Schwämme, Seescheiden, Würmer und Algen. Bei der Überwindung von Seeigeln gehen die Tiere systematisch zu Werke. Zuerst werden die langen Stacheln Stück für Stück gekürzt. Dann packen die Drücker den Seeigel am Stachelstumpf, zerren ihn in das offene Wasser und lassen ihn fallen. Während der Seeigel zu Boden sinkt, beißen sie ihn in die ungeschützte Mundseite und überwinden so ihre Beute. Drückerfische dieser Art werden maximal 35cm groß. An wenig betauchten Riffen sind sie relativ scheu. Nur da, wo sie angefüttert werden, sind sie eine Plage. Sie begleiten die Taucher über lange Strecken und beißen in alles, was ihnen entgegengestreckt wird. Ihr Verbreitungsgebiet ist das Rote Meer und der gesamte Indopazifik.

Foto: Malaysia, Sipadan

Blasser Dückerfisch (Sufflamen bursa), Indonesien

Orangestreifen-Drückerfisch (Balistapus undulatus), Malaysia

Gelbflossen Demoiselle *(Neoglyphidon xanthurus)*

Das Bild zeigt ein kleines, noch nicht geschlechtsreifes Tier, das in der Biologie als juvenil bezeichnet wird. Der Körper und die Flossen des Fisches sind leuchtend gelb gefärbt und zwei breite und schwarze Längsbänder überziehen den Körper. Gelbflossen Demoisellen leben über Korallen, Korallenbruch, in Höhlen und über Sandflächen und kommen vom Indischen Ozean bis in den Westpazifik vor. Sie leben in Tiefen von 2-25m und ernähren sich als Allesfresser von Zooplankton und von Algen. Die erwachsenen Fische werden bis zu 12cm groß sind in der vorderen Hälfte ihres Körpers gräulichbraun gefärbt und besitzen eine helle Kehle. Nur der letzte Drittel des Körpers der Erwachsenen ist noch gelb gefärbt, einschließlich der Rücken-, Schanz- und Analflossen. Die Brustflossen sind schwarz. Damit sind sie gegenüber den Jungfischen weniger auffällig im Riff.

Foto: Indonesien, Molana

Goldener Riffbarsch *(Amblyglyphydon aureus)*

Goldene Riffbarsche sind vom Indischen Ozean bis in den westlichen Pazifik weit verbreitet. Diese kleinen Fische, die nicht größer als 15cm werden, besitzen eine goldgelbe Körperfarbe, die von feinen, blauen Linien und Punkten durchwirkt wird. Die Iris ihrer Augen ist leuchtend blau eingefasst. Goldene Riffbarsche leben und schwimmen in kleinen Gruppen in mittleren Wassertiefen und bevorzugen als Lebensraum Außenriffe und steil abfallende Riffhänge, wo die Strömung des Wassers ihnen das für die Ernährung notwendige Plankton zuträgt. Die Jungfische führen ein recht unauffälliges Dasein und verstecken sich zwischen den Verzweigungen der Korallen. Goldene Riffbarsche sind Haftlaicher. Sie befestigen ihre Gelege an abgestorbene Gorgonien und Korallen, bewachen diese und verteidigen sie aggressiv. Selbst Taucher werden angegriffen, wenn sie sich ihrem Gelege nähern.

Foto: Indonesien, Menjangan

Gelbflossen Demoiselle (Neoglyphidon xanthurus), Indonesien

Goldener Riffbarsch (Amblyglyphydon aureus), Indonesien

Indopazifischer Sergeant *(Abudefduf vaigensis)*

Riffbarsche dieser Art leben einzeln oder in kleineren Gruppen und besetzen verschiedene Riffbereiche. Sie sind Allesfresser, die sich vom Zooplankton, von Algen und von verschiedenen benthischen Wirbellosen ernähren. Ihr heller Körper trägt 5 leuchtend blaue Querbinden und gelbe Schuppen auf dem Rücken. Oft wird dieser Fisch mit einer ähnlichen Art, mit *Abudefduf saxatilis*, verwechselt, wobei sich beide Arten nur in der Ausdehnung der 4. Querbinde voneinander unterscheiden. Indopazifische Sergeanten werden bis zu 17cm groß und kommen im Roten Meer und an den Riffen im Indopazifik von Ostafrika bis nach Indonesien, Australien und Japan vor.

Foto: Indonesien, Nusakode

Leuchtender Riffbarsch *(Amblypomacentrus clarus)*

Leuchtende Riffbarsche sind erst vor wenigen Jahren beschrieben worden. Der Grund dafür ist, dass sie am Grund tiefer Riffe und an Korallenflecken auf weiten Sandflächen versuchen in Deckung zu bleiben, sobald sich in ihrer Umgebung etwas rührt. Die nur kleinen Fische, die vielleicht 8cm Größe erreichen, leben einzeln oder in kleinen Gruppen. Ihr leuchtend weißer Körper trägt 3 breite und dunkle Querbänder. Die Stirn ist bedeckt mit einer Vielzahl feiner und leuchtend weißer Punkte. Auffallend sind die großen Augen. Sie weisen darauf hin, dass die kleinen Fische dämmernungsaktiv sind. Beide Augen werden von einer breiten und dunklen Querbinde bedeckt. Leuchtende Riffbarsche sind Planktonfresser, die sich in der Nacht von Plankton ernähren, das aus der Tiefe des Meeres an die Oberfläche aufsteigt. Sie sind im Indopazifik weit verbreitet, werden aber aufgrund ihrer versteckten Lebensweise selten gesehen.

Foto: Malaysia, Mantanani

Indopazifischer Sergeant (Abudefduf vaigensis), Indonesien

Leuchtender Riffbarsch (Amblypomacentrus clarus), Malaysia

Irisierender Kardinalbarsch *(Apogon kallopterus)*

Irisierende Kardinalbarsche sind im Roten Meer und im gesamten Indopazifik beheimatet und kommen hier von Ostafrika bis nach Australien und Polynesien vor. Die nur 15cm großen Fische sind überwiegend Einzelgänger, die sich tagsüber in Spalten und unter Überhängen verstecken. Erst in der Nacht schwimmen sie auf Nahrungssuche. Sie sind Allesfresser. Auffallend an den rötlich-braunen Fischen sind die blaugrünen, glänzenden und irisierenden Schuppen, die dunkle Randbegrenzungen tragen. Ein breiter und dunkler Längsstreifen zieht vom Kopf bis zur Schwanzwurzel. Die Flossen sind fein und durchscheinend.

Foto: Indonesien, Rinca

Samoa-Kardinalbarsch *(Apogon savayensis)*

Samoa-Kardinalbarsche sind kleine Fische, die selten eine Größe von 12cm erreichen. Die Farbe ihres Körpers ist eine Mischung aus Silber und Kupfer, wobei die Flossen mit einbezogen sind. Lediglich ein dunkelbrauner Sattel am Schwanzstiel und ein kupferfarbener Balken unter den Augen sind kennzeichnend für diese Fischart. Die Augen sind groß und weisen darauf hin, dass die Tiere dämmerungs- und nachtaktiv sind. Sie „stehen" schwebend im Wasser und drehen sich mit ruckartigen Bewegungen. So schnappen sie das an sie vorbeidriftende Plankton aus dem Wasser. Jedoch nicht nur die Larven des Zooplanktons gehören zu ihrer Nahrung, denn die fressen auch kleine, benthische Krebse, die sie nachts erbeuten. Ihre geographische Verbreitung reicht im Indopazifik von Ostafrika bis nach Polynesien.

Foto: Indonesien, Bali, Tulamben

Irisierender Kardinalbarsch (Apogon kallopterus), Indonesien

Samoa-Kardinalbarsch (Apogon savayensis), Indonesien

Goldener Kardinalbarsch *(Apogon aureus)*

Der Körper der Kardinalbarsche ist entweder golden, kupfern oder rötlich gefärbt. Ein breites und schwarzes Band umgreift den Schwanzflossenansatz. Der Kopf und die Augen sind groß. Sie weisen bereits darauf hin, dass die Fische dämmerungs- und nachtaktiv sind. Zwei blaue Linien ziehen über die Augen und den Oberkiefer hinweg. Goldene Kardinalbarsche sind kleine Schwarmfische, die gelegentlich in großer Individuendichte vorkommen und die maximal nur 14cm groß werden. Tagsüber leben sie in unmittelbarer Nähe großer Korallenbrocken, in schattigen Höhlen und Unterhöhlungen und sind bereits schon in geringer Wassertiefe anzutreffen. Nachts schwimmen sie, immer in Riffnähe, in das freie Wasser hinaus und ernähren sich von Planktonorganismen, die aus der Tiefe des Meeres an die Wasseroberfläche aufsteigen. Hauptsächlich Krebslarven sind es, die sie bevorzugt fressen. Goldene Kardinalbarsche sind Maulbrüter. Ein Männchen nimmt das gesamte Gelege ins Maul und „brütet" es aus. In dieser Zeit nimmt er keine Nahrung zu sich. Am vollen Kehlsack lassen sich so im Schwarm die Männchen von den Weibchen leicht unterscheiden. Goldene Kardinalbarsche sind vom Roten Meer bis in den Westpazifik verbreitet.

Foto: Papua Neuguinea, Milne Bay

Molukken-Kardinalbarsch *(Apogon molluccensis)*

Molukken-Kardinalbarsche sind im Indopazifik von Malaysia und den Molukken bis nach Papua Neuguinea und Australien verbreitet. Die Tiere leben tagsüber überwiegend in kleineren Schwärmen und nur selten sieht man sie einzeln oder paarweise schwimmen. Erst in der Nacht löst sich die Formation auf und die Fische verlassen die unmittelbare Riffnähe und schwimmen in das Freiwasser, um Plankton aus der Strömung zu schnappen. Der etwa 8-9cm große Körper der Fische ist braun bis rostrot gefärbt. Ein kleiner und weißer Fleck befindet sich unterhalb der 2. Rückenflosse. Zwei helle Linien unterhalb und oberhalb des Auges gehören auch zum Farbkleid dieser Fischart. Molukken-Kardinalbarsche lieben Küstenriffe und Lagunen mit klarem und gut durchmischtem Wasser.

Foto: Indonesien, Komodo

Goldener Kardinalbarsch (Apogon aureus), Papua Neuguinea

Molukken-Kardinalbarsch (Apogon molluccensis), Indonesien

Großzahn-Kardinalbarsch *(Cheilodipterus macrodon)*

Großzahn-Kardinalbarsche sind die größten Fische aus der Familie der Apogonidae. Sie werden im Durchschnitt etwa 28cm groß. Ihr Maul besitzt große Fangzähne und weist sie als gefräßige Räuber aus. Der silbrig irisierende Körper trägt rotbraune Längsstreifen und einen dunklen Fleck auf dem Schwanzflossenansatz. Die großen Augen deuten schon auf eine Nachtaktivität hin. Nachts schwimmen die Fische auf Nahrungssuche und ernähren sich von kleinen Fischen und Krebsen. Tagsüber jedoch leben sie einzeln im Halbdunkel von Überhängen und Unterhöhlungen und kommen vom flachen Wasser bis in Tiefen von 40m vor. Die Jungfische halten sich meist in kleineren Gruppen zwischen Seeigelstacheln auf, wo sie vor Fressfeinden relativ sicher sind. Diejenigen Fische, die bald erwachsen werden (semiadult), haben schon andeutungsweise einen hellgrauen Fleck auf der Schwanzwurzel, der sich jedoch im Verlaufe ihrer Entwicklung verstärken und schwarz wird. Dann sind sie erwachsen. Großzahn-Kardinalbarsche sind Maulbrüter. Die Männchen übernehmen vom Weibchen die befruchteten Eier und brüten sie bis zum Schlüpfen der Jungfische in ihrem Maul aus. In dieser Zeit nehmen sie keine Nahrung zu sich. Im Roten Meer und im gesamten Indopazifik sind sie weit verbreitet.

Foto: Indonesien, Moyo

Großzahn-Kardinalbarsch (Cheilodipterus macrodon), Indonesien

Großzahn-Kardinalbarsch (Cheilodipterus macrodon), semiadult

Fünflinien-Kardinalbarsch *(Cheilodipterus quinquelineatus)*

Fünflinien-Kardinalbarsche tragen auf ihren Körperseiten 5 schmale und dunkelbraune Längsstreifen. Ein gelber Fleck auf der Schwanzwurzel hat im Zentrum einen schwarzen Fleck. Die Jungfische verstecken sich zwischen den langen Stacheln von Diadem-Seeigeln. Da Diadem-Seeigel nachtaktive Tiere sind, müssen die kleinen Fische sich bei Anbruch der Dämmerung ihren sie schützenden Stachelwald verlassen und Schlafplätze am Boden oder im Riff sich suchen. Die erwachsenen Fische, die nicht größer als 15cm werden, leben in Lagunen, an Flachriffen und schwimmen in kleinen Gruppen stets im Schutz der Korallen. Fünflinien-Kardinalbarsche sind Maulbrüter. Die Männchen übernehmen das Brutgeschäft bis zum Schlüpfen der Jungfische. Kardinalbarsche ernähren sich von kleinen Krebsen, Schnecken und Muscheln und von Fischen. Ihre geographische Verbreitung reicht vom Roten Meer bis in den Westpazifik.

Foto: Indonesien, Bali

Singapur-Kardinalbarsch *(Cheilodipterus singaporensis)*

Singapur-Kardinalbarsche sind nächtliche Räuber, die sich von kleinen Fischen, Krebsen und gelegentlich auch von Plankton ernähren. Bereits in den frühen Abendstunden beginnen sie Beute zu jagen. Sie sind strikte Einzelgänger, die sich tagsüber in Seegraswiesen, in schlammigen Lebensräumen und im Labyrinth der Korallen aufhalten. Ihr schlanker Körper kann bis zu 8cm wachsen, trägt 5 schwarze Längsstreifen an den Körperseiten und, wenn es sich um Jungfische handelt, einen winzigen weißen Fleck unterhalb der geteilten 2. Rückenflosse. Bei den erwachsenen Fischen kann dieser fehlen. Verbreitet sind sie im Indopazifik von Indonesien und Australien bis nach Papua Neuguinea, Mikronesien und den Philippinen.

Foto: Papua Neuguinea, Milne Bay

Fünflinien-Kardinalbarsch (Cheilodipterus quinquelineatus), Indonesien

Singapur-Kardinalbarsch (Cheilodipterus singaporensis), PNG

Seeigel-Kardinalbarsch *(Siphamia versicolor)*

Die nur 2cm großen Kardinalbarsche leben bevorzugt mit Seeigeln der Gattung *Diadema* vergesellschaftet. Doch hin und wieder findet man sie auch zwischen den Stacheln der Seeigelgattung *Asthenosoma*, wie auf dem Bild zu sehen ist. Die kleinen Kardinalbarsche sind in ihrer Körperfarbe sehr variabel und stets bedecken schwarze Längsbänder die Körperseiten. Jeder Seeigel ist von den kleinen Fischen unterschiedlich stark besetzt. Besonders tagsüber, wenn sich die Seeigel in großer Anzahl zu Schutz-Aggregationen zusammenfinden, beginnt die Wanderschaft der Fische. Sie schwimmen von einem Seeigel zum anderen und pendeln immer wieder hin und her. Trennt man die Seeigel voneinander, dann ist zu beobachten, wie die kleinen Fische noch über weite Strecken versuchen, den Stachelwald der Seeigel als Schutzschild zu erreichen. Seeigel-Kardinalbarsche findet man im Indopazifik überall dort, wo Seeigel der Gattungen *Diadema* und *Asthenosoma* vorkommen.

Foto: Indonesien, Komodo

Seeigel-Kardinalbarsch *(Siphamia tubifer)*

Die nur 2cm großen Kardinalbarsche leben überwiegend mit Seeigeln der Gattung *Diadema* vergesellschaftet. Doch hin und wieder findet man sie auch zwischen den Stacheln des Seeigels *Astropyga radiata*, wie das Bild es zeigt. Die kleinen Fische sind variabel in der Farbe ihres Körpers doch meistens sind sie schwarz gefärbt. Kleine und weiße Flecken bedecken ihren Körper. Die Seeigel werden, aus welchem Grund auch immer, von den Fischen unterschiedlich dicht besetzt. Besonders tagsüber, wenn die Seeigel sich zu Schutz-Aggregationen zusammenfinden, beginnt die Wanderschaft der Fische. Sie schwimmen dann von einem Seeigel zum anderen. Trennt man die Seeigel voneinander, dann kann man beobachten, wie die Fische noch über weite Strecken versuchen, den Stachelwald der Seeigel zu erreichen. Ihr Schutzbedürfnis ist so groß, dass man den Seeigel in einen Eimer befördern kann, ohne dass die Fische ihn verlassen. Kardinalbarsche dieser Art kommen im Indopazifik überall dort vor, wo es Seeigel der Gattungen *Diadema* und *Astropyga* gibt.

Foto: Indonesien, Komodo

Seeigel-Kardinalbarsch (Siphamia versicolor), Indonesien

Seeigel-Kardinalbarsch (Siphamia tubifer), juvenil, Indonesien

Zebra-Kardinalbarsch *(Pterapogon kauderni)*

Zebra-Kardinalbarsche sind wunderschön gezeichnete Fische mit einem gelblichen Körper, schlanken und segelartigen Rückenflossen und einer lang ausgezogenen und sichelförmigen Schwanzflosse, die alle, wie auch der Körper, weiße Punktlinien tragen. Drei breite und schwarze Bänder umgreifen den Körper der Fische. Zebra-Kardinalbarsche sind Schwarmfische und Tiere des Flachwassers, die überwiegend in Seegraswiesen leben und sich hier von ihren Feinden zwischen den langen und giftigen Stacheln von Diadema-Seeigeln verstecken. Sie sind Maulbrüter und ernähren sich vom Plankton. Die Männchen besitzen während der Tragezeit einen typischen Kehlsack, brüten die wenigen, doch sehr großen Eizellen aus und entlassen voll entwickelte Jungfische, die den Eltern bereits schon ähnlich sind. Da ihr Schutzbedürfnis sehr groß ist, werden sie mitsamt der Diadema-Seeigel gesammelt und an den Aquarienhandel verkauft.

Foto: Indonesien, Nord Sulawesi

Pyjamabarsch *(Sphaeramia nematoptera)*

Pyjamabarsche leben in kleinen Gruppen geschützt zwischen verzweigten Korallen und zwischen den Stacheln von Seeigeln, in denen sie sich bei Gefahr verstecken. Sie lieben geschützte Standorte von Lagunenriffen und ernähren sich als dämmerungsaktive Tiere vom vorbeidriftenden Plankton. Die Farbe ihres Körpers ist sehr auffallend und reich strukturiert. Ihre Iris ist feuerrot, ein breites dunkles Band zieht von der Rückenflosse bis zur Bauchflosse und der hintere Körper trägt bis zum Schwanzansatz rötlich braune bis violette Flecken. Pyjamabarsche werden bis zu 10cm groß und sind beliebte Aquarienfische. Als Maulbrüter sorgt sich das Männchen um die Nachkommenschaft und brütet die Eier aus. Ihre Verbreitung reicht von Ostafrika im Indischen Ozean bis in den Westpazifik nach Mikronesien, den Fiji-Inseln und Australien.

Foto: Papua Neuguinea, Milne Bay

Zebra-Kardinalbarsch (Pterapogon kauderni), Indonesien

Pyjamabarsch (Sphaeramia nematoptera), Papua Neuguinea

Paddelflossen-Kardinalbarsch *(Pseudamia zonata)*

Paddelflossen-Kardinalbarsche führen eine sehr versteckte Lebensweise und halten sich tagsüber in tiefen Höhlen und Spalten auf. Nur Nachttaucher haben gelegentlich das Glück, sie zu sehen, wenn sie ihre Verstecke verlassen, um in der Nacht Plankton aus der Strömung zu schnappen. Besonders die Garnelen des Planktons sind ihre Hauptspeise. Die nur 8-10cm großen Fische besitzen einen schlanken Körper mit sehr großen Rücken-, After- und Schwanzflossen. Besonders die gerundete Schwanzflosse erinnert an ein Paddel. Die Augen sind groß und weisen auf eine dämmerungs- und nachtaktive Lebensweise hin. Kardinalbarsche dieser Art leben im Indopazifik von Indonesien und den Philippinen bis zu den Salomonen und Vanuatu.

Foto: Papua Neuguinea, Milne Bay

Gelatine-Kardinalbarsch *(Pseudamia gelatinosa)*

Gelatine-Kardinalbarsche sind selten unter Wasser zu sehen, denn sie sind sehr klein und sehr scheu, weil sie überwiegend in abgedunkelten Nischen und Spalten leben und sich nur ganz selten in das freie Wasser wagen und dann auch nur, wenn genügend Deckung vorhanden ist. Das passiert eigentlich nur in der Dämmerung, wenn sie sich auf Nahrungssuche begeben. In der Nacht sind sie dann in von Algen bestandenen Arealen unterwegs und machen Jagd auf kleine Krebse. Hin und wieder findet man sie auch über schlammigen Grund, wo sich gerade in der Nacht viele kleine Fische aufhalten, die auch hier nach Nahrung suchen. Der schlanke und torpedoförmige Körper der kleinen Fische ist nur 5-8cm groß und wird von einer auffallend großen, schwarzen, abgerundeten und paddelförmigen Schwanzflosse angetrieben, die im schnellen Spurt eingesetzt wird. Ein großer und dunkler Fleck bedeckt den Schwanzflossenansatz. Der blaugraue Körper der Fische ist übersät mit kleinen und schwarzen Punkten. Auffallend ist ein roter Fleck hinten den Augen. Die Verbreitung der Art reicht im Indopazifik von Afrika, Indonesien und Australien bis nach Mikronesien und Japan.

Foto: Papua Neuguinea, Milne Bay

Paddelflossen-Kardinalbarsch (Pseudamia zonata), Papua Neuguinea

Gelatine-Kardinalbarsch (Pseudamia gelatinosa), Papua Neuguinea

Seitenstreifen-Fahnenbarsch *(Pseudanthias pleurotaenia)*

Seitenstreifen-Fahnenbarsche leben in kleinen und lockeren Verbänden, die maximal 50 Tiere umfassen. Nur die Jungfische sind Einzelgänger, die sich im Labyrinth der Riffe und zwischen Korallenverzweigungen verstecken. Die teilweise prächtig gefärbten Fische leben vom Flachwasser bis in Tiefen von 70m, wobei sie sich bevorzugt im Freiwasser der Riffe aufhalten. Sie ernähren sich vom Plankton, das sie aus dem vorbeiströmenden Wasser schnappen. Die weiblichen Tiere sind kräftig rot gefärbt und tragen einen rechteckigen, purpurfarbenen Fleck an den Körperseiten. Die Männchen sind gelb gefärbt und besitzen feine, rötliche Zeichnungen an ihren Körperseiten. Fahnenbarsche dieser Art werden bis zu 10cm groß und kommen im Indopazifik von Indonesien und Australien bis nach Samoa und Japan vor.

Foto: Papua Neuguinea, Milne Bay MUCK/GÜNTHER

Rotmeer-Fahnenbarsch *(Pseudanthias taeniatus)*

Fahnenbarsche dieser Art leben im Roten Meer endemisch, was bedeutet, dass sie nur hier vorkommen. Sie leben entlang der Saumriffe in mittleren Wassertiefen und kommen in mehr oder weniger dichten Schwärmen vor. Männchen und Weibchen sind unterschiedlich gefärbt, wobei die Männchen helle Längsstreifen am Körper tragen. Beide Geschlechter sind stets in einem Schwarm präsent. Sie alle ernähren sich vom tierischen Plankton, das sie aus dem freien Wasser schnappen. Die Systematik bei den Fahnenbarschen befindet sich zurzeit im Umbruch, so dass viele Fragen noch offen sind. Eines jedoch zeichnet sich jetzt schon ab: Zur Gattung Anthias werden in Zukunft alle Fahnenbarsche des Atlantiks und des Mittelmeeres zählen; zur Gattung Pseudanthias hingegen alle indopazifischen Arten. Das Bild zeigt ein männliches Tier im Freiwasser.

Foto: Ägypten, Safaga

Seitenstreifen-Fahnenbarsch (Pseudanthias pleurotaenia), PNG

Rotmeer-Fahnenbarsch (Pseudanthias taeniatus), Ägypten

Huchts Fahnenbarsch *(Pseudanthias huchtii)*

Bei den hier abgebildeten Tieren handelt es sich um eine kleine Gruppe von Weibchen. Diese sind mehr oder weniger unscheinbar gelbgrün gefärbt und damit im Riff weniger auffallend. Huchts Fahnenbarsche kommen einzeln, paarweise oder in kleineren Gruppen vor. Sie verstecken sich häufig zwischen fingerförmig ausgebildeten Korallen und verschwinden darin bei Gefahr. Als tagaktive Tiere ernähren sie sich von Plankton, das sie aus der Strömung des Wassers schnappen. Ihr Vorkommen reicht vom Indischen Ozean bis nach Australien und den Westpazifik nach Mikronesien und Vanuatu.

Foto: Philippinen, Bohol

Juwelen-Fahnenbarsch *(Pseudanthias squamipinnis)*

Juwelen-Fahnenbarsche sind an allen Korallenriffen des Roten Meeres und im Indopazifik allgegenwärtig und leben an Riffhängen, an Riffkanten und im Bereich von großen Geweihkorallen. Hier stehen sie im Freiwasser, den Kopf gegen die Strömungsrichtung des Wassers ausgerichtet und schnappen nach vorbeidriftendem Zooplankton, von dem sie sich ernähren. Es sind Fisch-, Wurm- und Krebslarven, die sie fressen. Bei sich nähernder Gefahr verschwinden die Fische blitzschnell zwischen den Verästelungen der Korallen. Juwelen-Fahnenbarsche kommen mancherorts in einer großen Individuendichte vor. Mehrere hundert Tiere können sich in einem Schwarm befinden. Das Geschlecht der Fische ist sozial gesteuert. Sie alle sind Hermaphroditen und kommen als Weibchen zur Welt. Sie können aber eine Geschlechtsumwandlung durchlaufen, wenn im Schwarm das ranghöchste Männchen einem Räuber zum Opfer fällt. Dann rückt das ranghöchste Weibchen an die Stelle des gefressenen Männchens nach und macht in nur 2 Tagen eine Geschlechtsumwandlung zum Männchen durch. Auch der Schwarm ist sozial gegliedert. Am äußeren Rand des Schwarmes verteidigen die großen Männchen ihren Harem. Dicht darunter gestaffelt schwimmen die rangniederen Männchen. Im Zentrum des Schwarmes halten sich die Weibchen und die Jungfische auf. Ein Männchen, das man im Schwarm an der verlängerten 3. Rückenflosse erkennt, besitzt in der Regel einen Harem von 10-20 Weibchen. Juwelen-Fahnenbarsche sind streng territorial und werden als erwachsene Fische maximal 15cm groß.

Foto: Indonesien, Komodo

Huchts Fahnenbarsch (Pseudanthias huchtii), Philippinen

Juwelen-Fahnenbarsch (Pseuanthias squamipinnis), Indonesien

Purpur-Fahnenbarsch *(Pseudanthias tuka)*

Das Bild zeigt weibliche Tiere, die in Gruppen im freien Wasser schwimmen und aus der Strömung das tierische Plankton schnappen. Bei Gefahr verstecken sie sich in Spalten und zwischen den Ästen verzweigter Korallen. Im Gegensatz zu den Männchen, die eine etwas verlängerte Oberlippe und eine gelbe Kehlregion besitzen, tragen die Weibchen ein gelbes Längsband auf dem Rücken. Sie werden 8-12cm groß und leben vom Flachwasser bis in moderate Tiefen und kommen besonders häufig am oberen Riffhang vor. Die Verbreitung der Art reicht vom Indischen Ozean bis zu den Philippinen und den Solomonen bis nach Australien.

Foto: Philippinen, Pescador

Gelber Feger *(Parapriacanthus ransonneti)*

Gelbe Feger sind auch unter dem Trivialnamen Glasfische bekannt, da ihr Körper fast transparent wie Glas erscheint. Sie kommen tagsüber in riesigen Schwärmen von Hunderttausenden von Einzeltieren vor, wo sie sich dicht gedrängt an schattigen Standorten im Riff aufhalten. Hier bewegen sie sich koordiniert und versuchen geschickt ihren vielen Fressfeinden auszuweichen. So ein Schwarm bietet den Einzeltieren einen großen Schutz und erschreckt in seinem Schattenumfang selbst große Räuber. Für einen Taucher ist es stets ein faszinierendes Schauspiel, wenn Räuber in einen dieser Fischschwärme hineinstoßen. Erst in der Dämmerung löst sich der Schwarm auf und die Fische schwimmen einzeln in das Freiwasser, um Plankton aus der Strömung des Wassers zu schnappen. Gelbe Feger sind im Indopazifik von Thailand und Malaysia bis zu den Philippinen, Japan und Australien verbreitet.

Foto: Indonesien, Nord Sulawesi

Purpur-Fahnenbarsch (Pseudanthias tuka), Philippinen

Gelber Feger (Parapriacanthus ransonneti), Indonesien

Dreifleck Preußenfisch *(Dascyllus trimaculatus)*

Dreifleck-Preußenfische leben in ihrer Jugend in einer Gemeinschaft mit fingerförmig verzweigten Korallen. Auch verschiedene Anemonenarten besiedeln sie und teilen sich hier den begrenzten Lebensraum mit verschiedenen Anemonenfischen der Gattungen *Amphiprion* und *Premnas*. Der dunkelbraune bis schwarze Körper der kleinen Fische trägt in ihrer Jugend 3 und im erwachsenen Alter nur noch 2 weiße Flecken. Der weiße Stirnfleck ist nur bei den Jungfischen ausgebildet. Während die Jungtiere stets in einer Gemeinschaft mit großen Wirtsanemonen und ihren Anemonenfischen in einer Gemeinschaft leben, verlieren die Fische beim Erreichen ihrer Geschlechtsreife ihre Bindung an ihre Anemonen und schwimmen in tiefere Riffgebiete. Hier leben sie dann in einer kleineren oder auch größeren Gemeinschaft zwischen den Verzweigungen von Korallen und kommen besonders häufig an isolierten Korallenformationen inmitten größerer Weichbodenareale vor. Dreifleck-Preußenfische sind die größten Fische in ihrer Gattung und werden annähernd 15cm groß. Sie sind Allesfresser, die sich von dem ernähren, was sie bewältigen können. Eigentlich sind sie überwiegend Tiere des Flachwassers, kommen aber auch noch in Tiefen von über 50m vor. Im Roten Meer und im gesamten Indopazifik sind sie bis nach Japan und Australien weit verbreitet.

Foto: Philippinen, Silquijor

Grüner Schwalbenschwanz *(Chromis viridis)*

Grüne Schwalbenschwänze sind an den Korallenriffen im Roten Meer und im Indopazifik überall dort gegenwärtig, wo an strömungsarmen Stellen ein gesunder Korallenbewuchs vorherrscht. Besonders auf Riffdächern und am oberen Riffhang, wo viele Zweigkorallen der Gattung *Acropora* wachsen, sind sie zu finden. Es müssen aber nicht immer Acropora-Korallen sein, die sie als Lebensraum bevorzugen. Andere Zweigkorallen bieten ihnen auch den Schutz, den sie zum Überleben benötigen. Irgendwie leben diese kleinen und herrlich grün gefärbten Fische eng und territorial an Korallen gebunden. Bei Gefahr verstecken sie sich in den Verzweigungen ihrer Wirtskoralle, bei Entwarnung schwimmen sie darüber. Und so mancher Taucher spielt sein Spielchen mit ihnen. Entfernt er sich vom Korallenstock der Fische, dann kommen sie heraus und scheben darüber. Hebt der Taucher aber nur etwas den Arm, schon sind sie wieder im Korallenstock verschwunden. Man könnte meinen, der Korallenstock „atmet". Gute und zusammenhängende Korallenformationen beherbergen Tausende dieser Fische, die sich im Freiwasser vom vorbeidriftenden Zooplankton ernähren. Ihre Feinde sind entweder Überraschungsjäger oder nächtliche Räuber, die sie im Schlaf überraschen.

Foto: Indonesien, Nord Sulawesi

Dreifleck-Preußenfisch (Dascyllus trimaculatus), Philippinen

Grüner Schwalbenschwanz (Chromis viridis), Indonesien

Gelbes Schwalbenschwänzchen *(Chromis analis)*

Gelbe Schwalbenschwänzchen leben einzeln oder in kleineren Gruppen entlang von Außenriffen und steil abfallenden Riff-Formationen unterhalb von 10m Wassertiefe. Auch in über 100m Tiefe hat man sie nachgewiesen, denn Tauchboote habe sie dort gesichtet. Ihr Körper kann goldgelb bis schokoladenbraun gefärbt sein, wobei die Brust- und Schwanzflossen stets weiß bleiben. Gelbe Chromis, wie sie auch genannt werden, sind Planktonfresser. Sie ernähren sich vom Zooplankton aus dem vorbeiströmenden Wasser und sind besonders in der Nacht damit beschäftigt, wenn das Plankton aus der Tiefe des Meeres an die Wasseroberfläche steigt. Die adulten Fische können eine Länge von 15cm erreichen. Sie sind im Indopazifik von Indonesien und den Philippinen bis nach Mikronesien und Australien verbreitet.

Foto: Indonesien, Komodo

Philippinen Chromis *(Chromis scotochiloptera)*

Philippinen Chromis sind weniger bekannte Fische, die von Indonesien bis zu den Philippinen verbreitet sind. Es sind kleine Schwarmfische, die sich besonders an den Außenriffen vom Flachwasser bis in Tiefen von 20m aufhalten, stets in der Nähe von großen Spalten und Höhlen, wo sie sich bei Gefahr verstecken können. Die kleinen Fische, die nicht größer als 16cm werden, sind tagaktive Planktonfresser, die sich überwiegend vom Zooplankton ernähren, das sie aus der Strömung des Wassers schnappen. Ihr Körper trägt einen hellgrünen bis dunkelgrünen Rücken, eine helle Bauchseite und eine tief gegabelte Schwanzflosse. Die Weibchen deponieren und heften ihre Eizellen an den Untergrund, während die Männchen diese bewachen, lüften und reinigen.

Foto: Philippinen, Cabilao

Gelbes Schwalbenschwänzchen (Chromis analis), Indonesien

Philippinen Chromis (Chromis scotochiloptera), Philippinen

Höhlen-Beilbauchfisch *(Pempheris vanicolensis)*

Beilbauchfische leben tagsüber in einer großen Individuendichte in Höhlen und in tiefen Spalten. Erst in der Nacht löst sich der Schwarm auf, da die Fische sich von Zooplankton ernähren, das sie dann aus dem Freiwasser schnappen. Ein Schwarm in einer Höhle oder Spalte kann aus Tausenden von Tieren bestehen. Der nur 18cm große Körper der Fische ist asymmetrisch und seitlich stark zusammengedrückt. Der Bauch ist stark vergrößert und weit ausladend. Die Rückenflosse trägt an ihrer Spitze einen schwarzen Fleck. Die Körperfarbe der Fische reicht von dunkelbraun bis hin zu kupferfarben glänzend. Höhlen-Beilbauchfische sind an den Riffen im Roten Meer und im gesamten Indopazifik weit verbreitet. Sie zu finden ist nicht besonders schwer, wann man weiß, dass sie dunkle Standorte im Riff als Tagesverstecke bevorzugen.

Fotos: Indonesien, Raja Ampad

Höhlen-Beilbauchfisch (Pempheris vanicolensis), Indonesien

Höhlen-Beilbauchfisch (Pempheris vanicolensis), Nord Sulawesi

Gestreifter Korallenwels *(Plotossus lineatus)*

Nur ganz wenige Welsarten haben es geschafft, im Meer zu leben. Der Gestreifte Korallenwels ist eine Art davon. Während die juvenilen und subadulten Tiere in großen Schulen über Sand und Schlammflächen der Lagunen und Ästuare, in Seegraswiesen, unter Hafenanlagen und in stillen Buchten schwimmen, leben die adulten Tiere überwiegend versteckt und solitär. Die Körperfarbe der Fische wechselt im Verlaufe des Wachstums. So sind die ganz kleinen Fische schwarz und die juvenilen und subadulten haben weiße bis gelbe Längsstreifen am braunen Körper. Bei den erwachsenen Tieren sieht das Farbkleid sehr „verwaschen" aus. Große Schulen erinnern in ihrer Bewegungsweise an einem rollenden Ball, wobei die Tiere nebeneinander, übereinander und durcheinander schwimmen und mit Hilfe ihrer Barteln am Kopf den Boden nach Fressbarem durchkämmen. Zur Fortpflanzungszeit bauen die Männchen Nester unter Steinen und Korallen, in die die Weibchen ihre Eizellen deponieren. Diese werden bis zum Schlüpfen der Jungfische von den Männchen bewacht. Gestreifte Korallenwelse werden, wenn sie erwachsen sind, maximal 32cm groß und sind im Roten Meer und im Indopazifik von Ostafrika und dem gesamten Indischen Ozean bis nach Australien, Papua Neuguinea und Japan verbreitet.

Foto: Papua Neuguinea, Milne Bay

Bartmännchen *(Brotula multibarbata)*

Bartmännchen sind große Fische, die eine Länge von 100cm erreichen können. Ihr Körper ist aalförmig schlank und dunkelbraun gefärbt. Die nachtaktiven Fische leben tagsüber im Flachwasser seichter Lagunen und verstecken sich in Höhlen oder in Schiffwracks. Hier findet man sie entweder einzeln oder in einer größeren Individuendichte vor. Erst in der Nacht suchen sie ihre Beute auf sandigen und schlammigen Meeresböden vom Flachwasser bis in Wassertiefen von 300m. Diese besteht überwiegend aus Fischen und Krebsen, wobei es egal ist, ob es Einsiedlerkrebse, Fangschreckenkrebse, Garnelen oder Langusten sind. Bartmännchen sind, wie fast alle Welsfische, ausgezeichnete Speisefische, die auf den regionalen Märkten hohe Preise erzielen. Die Verbreitung der Art reicht vom Indischen Ozean und dem Roten Meer bis nach Australien, Japan und Taiwan.

Foto: Indonesien, Menjangan

Schiffshalter *(Echineis naucrates)*

Schiffshalter sind Fische, die sich mit Hilfe ihrer zu einer Saugscheibe umgewandelten Rückenflosse an große Fische, Wale, Rochen, Schildkröten und sogar an Schiffe festheften. Ihr torpedoförmiger Körper trägt einen abgeflachten Kopf. Eine Schwimmblase fehlt den Tieren. Die ovale Saugscheibe auf dem Kopf ist von einer häutigen Membran umgeben. Darin liegen zwei Reihen querstehender Lamellen, die umgeformte Flossenstrahlen darstellen. Aufgelegt und angehoben entsteht zwischen ihren Hohlräumen ein Unterdruck, der die Fische an ihren Objekten festhält. Gelegentlich kommt es vor, dass partnerlose Schiffshalter Taucher umkreisen und versuchen, sich festzuheften. Um die Konzentration unter Wasser nicht zu verlieren, sollte der Taucher ihre Absicht dulden. Um die Tiere zu entfernen, sollte man sie nicht am Schwanz ziehen. Dadurch würde die Saugwirkung der Saugscheibe nur noch verstärkt werden. Man löst die Fische, indem man sie nach vorne schiebt. Der dunkelbraune Körper der Schiffshalter trägt auf jeder Flanke einen typischen schwarzen Längsstreifen. Außerhalb der Laichzeit sind die Fische pelagische Einzelgänger. Während der Balz saugt sich das Männchen am Kopf des Weibchens fest und so schwimmen sie gemeinsam zum Ablaichen auf und nieder und stoßen dabei mehrfach in der Stunde Eier und Samen aus. Die Eier sind planktisch und besitzen als Auftriebsmittel einen Öltropen. In ihrer Gemeinschaft mit großen Fischen fressen Schiffshalter deren Hautparasiten. Sie jagen aber auch im Freiwasser vorbeischwimmende Beutefische. Die hier vorgestellte Art ist kosmopolitisch.

Foto: Malaysia, Lankayan

Bartmännchen (Brotula multibarbata), Indonesien

Schiffshalter (Echineis naucrates), Malaysia

Schrägband-Grundel *(Amblyeleotris diagonalis)*

Schrägband-Grundeln zeichnen sich durch 5 braune bis dunkelbraune Schrägbänder an ihrem hellgrundigen Körper aus. Hinzu kommen schmale Bänder am Kopf und dunkle Flecken auf dem Rücken. Die kleinen Schrägband-Grundeln werden bis zu 10cm groß und leben mit verschiedenen Knallkrebsen in einer Symbiose. Sie ernähren sich von verschiedenen benthischen Wirbellosen, die sie bei ihren kurzen Ausflügen außerhalb ihrer Wohnröhre erbeuten. Ihr Lebensraum sind ausgedehnte Sandflächen, Korallenbruchfelder und Schlammgründe in unmittelbarer Riffnähe. Verbreitet sind sie im Roten Meer und im gesamten Indopazifik.

Foto: Malaysia, Lankayan

Kahlkopf-Symbiosegrundel *(Amblyeleotris gymnocephala)*

Symbiosegrundeln leben einzeln oder paarweise mit Knallkrebsen der Gattung Alpheus in einer echten Symbiose. Sie leben in Sand- und Geröllhöhlen und teilen sich die anfallenden Aufgaben. Während der fast blinde Knallkrebs für die Einrichtung und Instandhaltung der Höhle verantwortlich ist und ständig Sand, Steine und Korallenbrocken aus dem Eingang der Höhle schiebt, übernimmt der Fisch die Bewachung. Bei allen Aktivitäten bleibt die Grundel über lange Antennen mit dem Krebs in ständigem Kontakt, um bei Gefahr blitzschnell in der Behausung zu verschwinden. Grundel und Krebs sind tagaktiv. Sie ernähren sich von kleinen Wirbellosen des Bodens. Kahlkopf-Symbiosegrundeln werden bis zu 15cm groß und sind im Indopazifik vom Golf von Thailand bis in die südchinesische See und Australien verbreitet.

Foto: Papua Neuguinea, Milne Bay

Schrägband-Grundel (Amblyeleotris diagonalis), Malaysia

Kahlkopf-Symbiosegrundel (Amblyeleotris gymnocephala), PNG

Gepunktete Partnergrundel *(Amblyeleotris guttata)*

Gepunktete Partnergrundeln leben in Sandböden und in Seegraswiesen stets in einer symbioseähnlichen Gemeinschaft mit verschiedenen Arten von Knallkrebsen der Gattung Alpheus. Während der Krebs unermüdlich die gemeinsame Wohnröhre ausbaggert, späht die Grundel, auf beide Brustflossen aufgestützt und erhobenen Kopfes, nach Beute und Feinden aus. Sobald eine Gefahr droht, warnt die Grundel den Krebs und beide verschwinden blitzschnell in ihre unterirdische Wohnröhre. Gepunktete Partnergrundeln sind Fleischfresser, die sich von verschiedenen benthischen Tieren ernähren, die im oder auf dem Boden leben. Gegenüber gleichgeschlechtlichen Artgenossen sind sie besonders aggressiv. Sie werden etwa 8cm groß und leben in Wassertiefen von 10-35m. Verbreitet sind sie im westlichen Pazifik und kommen von Indonesien und Australien bis nach Samoa, Mikronesien und Japan vor.

Foto: Indonesien, Nord Sulawesi

Yanos Partnergrundel *(Amblyeleotris yanoi)*

Yanos Partnergrundeln leben mit Knallkrebsen der Gattung Alpheus vergesellschaftet und in einer Symbiose. Während der Krebs die gemeinsame Höhle gräbt und von nachrutschenden Sand- und Geröllmassen freischaufelt, hält der Fisch Wache und signalisiert dem Krebs, wenn sich Fressfeinde nähern. Dann verschwinden beide blitzschnell in ihre Wohnröhre. Der Körper der Grundel trägt auf hellem Grund 5 breite und rotbraune Bänder. Auffallend ist die gelborange Schwanzflosse, die blaue Schräglinien trägt und die 2. Rückenflosse, die blau und gelb gesäumt ist. Yanos Partnergrundeln werden bis zu 12cm groß und leben in Lagunen und im Vorriff von Küstenriffen. Verbreitet sind sie im Indopazifik und kommen von Bali bis nach Papua Neuguinea Australien und Japan vor.

Foto: Indonesien, Bali

Gepunktete Partnergrundel (Amblyeleotris guttata), Indonesien

Yanos Partnergrundel (Amblyeleotris yanoi), Indonesien

Breitbandgrundel *(Amblyeleotris periophthalma)*

Der schlanke Körper dieser Grundeln trägt 6 breite und dunkelbraune Querbänder. Zwischen diesen und am Kopf befindet sich eine Vielzahl schwarz umrandeter, orangefarbener Flecken. Die kleinen Grundeln, die eine Maximallänge von 10cm erreichen, leben mit verschiedenen Knallkrebsen der Gattung Alpheus in einer Symbiose und besitzen in der Regel nicht nur eine, sondern zwei benachbarte Höhlen, die sie bewohnen und verteidigen. Sie leben in tiefen mobilen Böden und zwischen Korallenbruch in Riffnähe und ernähren sich von verschiedenen kleinen Wirbellosen, die sie in unmittelbarer Nähe ihrer Standorte erbeuten. Bei Störungen verschwinden sie blitzschnell in ihre Höhlen. Breitbandgrundeln sind im Roten Meer und im gesamten Indopazifik bis in den Westpazifik verbreitet.

Foto: Indonesien, Bali

Randalls Partnergrundel *(Amblyeleotris randalli)*

Randalls Partnergrundeln sind Fische des tieferen Wassers, die auf Sand- und Geröllböden von 25-50m Wassertiefe in einer Symbiose mit Knallkrebsen der Gattung Alpheus leben. Sehr häufig besetzen sie ihre Wohnröhre im Boden gemeinsam mit dem Knallkrebs *Alpheus rapicida*. Der Körper der Grundeln ist schlank und lang gestreckt. Auffallend sind 5 gelbe bis orange Querbänder am cremigweißen Körper, wobei das 1. Band über beide Augen bis zum Kinn zieht. Bei aufgestellten Rückenflossen wird ein schwarzer und sehr markanter Augenfleck auf der 1. Rückenflosse sichtbar. Randalls Partnergrundeln werden bis zu 8cm groß und ernähren sich von kleinen benthischen Organismen. Sie sind im gesamten Indopazifik von Ostafrika bis nach Indonesien, den Solomonen, Mikronesien und Australien verbreitet.

Foto: Indonesien, Menjangan

Breitbandgrundel (Amblyeleotris periophthalma), Indonesien

Randalls Partnergrundel (Amblyeleotris randalli), Indonesien

Redmargin-Partnergrundel *(Amblyeleotris rubrimarginata)*

Grundeln dieser Art besitzen nur ein begrenztes Verbreitungsgebiet, das von Australien und Neukaledonien bis nach Papua Neuguinea reicht. Diese kleinen Fische, die nicht größer als 10cm werden, leben einzeln oder paarweise in einer echten Symbiose mit Knallkrebsen der Gattung Alpheus und bewohnen Höhlen, die in weichen Sedimenten oder in Korallenbruch von den Krebsen gegraben werden. Der schlanke und zylindrische Körper der Fische trägt 5-6 rötlichbraune Querbänder, zwischen denen sich viele dunkle Flecken befinden. Markant sind die schwarzen Flecken über und hinter den Augen, die auch als ein Bestimmungsmerkmal gelten. Sie fressen überwiegend kleine, benthische Krebse, die auf ihren kurzen Ausflügen außerhalb ihres Höhlenausganges erbeuten. Ihre vertikale Verbreitung reicht vom flachen Wasser der Lagunen bis in 20m Tiefe.

Foto: Indonesien, Raja Ampad

Steinitz–Partnergrundel *(Amblyeleotris steinitzi)*

Steinitz-Partnergrundeln sind eine der größten Grundeln an den Riffen im Roten Meer und im gesamten Indopazifik. Sie werden bis zu 25cm groß und leben in einer Symbiose mit den Pistolengarnelen, *Alpheus djeddensis*, vergesellschaftet. Während der Pistolenkrebs die Wohnröhre ausbaggert und von nachrutschendem Sediment befreit, hält die Grundel am Eingang der gemeinsamen Wohnröhre aufmerksam Wache. Bei der geringsten Störung warnt sie den Krebs und beide verschwinden blitzartig in ihre Behausung. Krebs und Grundel leben auf ausgedehnten Weichböden vom Flachwasser bis in 30m Tiefe. Der Körper der Grundel ist lang gestreckt, zylindrisch und er trägt 5 breite und dunkelbraune Querbänder. Benthische Wirbellose, wie Krebse und verschiedene Weichtiere, gehören zu ihrer Beute.

Foto: Papua Neuguinea, Milne Bay

Redmargin-Partnergrundel (Amblyeleotris rubrimarginata), Indonesien

Steinitz-Partnergrundel (Amblyeleotris steinitzi), Papua Neuguinea

Wheelers Partnergrundel *(Amblyeleotris wheeleri)*

Wheelers Partnergrundeln sind kleine Fische, die selten eine Größe von 10cm erreichen. Ihr schlanker, zylindrischer und gelblicher Körber trägt helle Flecken und Punkte und mehrere rötlichbraune Querbinden, die den Körper der Fische umgreifen. Die Augen sind groß und hervorstehend und der kleine Kopf ist mit vielen roten Flecken und Punkten übersät. Wheelers Partnergrundeln gaben ihre Höhlen in weichen Sedimenten und gelegentlich auch in Korallenbruch. Sie bewohnen ihre Höhlen paarweise und teilen sie mit Knallkrebsen der Art *Alpheus ochrostriatus*, die von den Grundeln gewarnt werden, sobald Gefahr droht. Der Krebs und die Grundeln leben in einer echten Symbiose miteinander. Partnergrundeln diese Art ernähren sich überwiegend von benthischen Kleinkrebsen, kommen vom Flachwasser bis in Tiefen von 30m vor und sind im Roten Meer und im Indopazifik von Ostafrika und Australien bis nach Mikronesien und Japan weit verbreitet.

Foto: Papua Neuguinea, Milne Bay

Maiden-Schäfergrundel *(Valensiennae puellaris)*

Maiden-Schäfergrundeln besitzen einen schlanken und zylindrischen Körper, der eine Maximallänge von 15cm erreicht, der orange, unterbrochene Längslinien zeigt und blau irisierende Flecken auf den Kiemendeckeln und den Wangen trägt. Der Kopf und das Maul der Tiere sind groß. Die Fische leben paarweise in einer lebenslangen Beziehung, wobei man Männchen und Weibchen gut voneinander unterscheiden kann. Beim Männchen sind die Flossenstrahlen der 1. Rückenflosse fädig verlängert. Schäfergrundeln bewohnen Erdlöcher in sandigen Böden, die sie selber graben. Sie ernähren sich von verschiedenen benthischen Wirbellosen und kommen im Roten Meer und im gesamten Indopazifik vor. Die Art und Weise, wie sie mit ihrem Nachwuchs umgehen, bedarf besonderer Beachtung: Das Weibchen heftet etwa 1000 Eier an die Decke ihrer Wohnröhre und bewacht diese 3 Wochen lang. In dieser Zeit wird das Männchen ausgesperrt. Am Tag des Schlüpfens der Brut verschließen beide Partner die Wohnröhre und öffnen sie erst am Abend wieder. Dann jagen beide die geschlüpften Larven in das freie Wasser.

Foto: Philippinen, Cabilao

Wheelers Partnergrundel (Amblyeleotris wheeleri), Papua Neuguinea

Maiden-Schäfergrundel (Valenciennae puellaris), Philippinen

Gebänderte Symbiosegrundel *(Cryptocentros fasciatus)*

In der Literatur werden Gebänderte Symbiosegrundeln auch Schwarze Symbiosegrundeln genannt. Der Körper dieser Grundeln kann dunkelbraun bis schwarz gefärbt sein, wobei die 5 dunklen Querbänder miteinander korrespondieren. Ein mittleres Band erscheint auf dem Rücken in Form eines Y. Kopf und Körper sind fein gekörnt und die 2. Rückenflosse zeigt bläuliche Diagonallinien. Die bis zu 8cm großen und schlanken Fische leben bevorzugt mit dem Knallkrebs Alpheus bellulus vergesellschaftet, der die Höhle, in der sie gemeinsam leben, stets aufs Neue freischaufelt. Diese Höhlen werden in Sand, Geröll und in Korallenbruch von Seegraswiesen und Innenlagunen gegraben, in denen die Fische auch paarweise leben. Sie kommen vom Flachwasser bis in 20m Tiefe vor uns sind im Roten Meer und im gesamten Indopazifik bis nach Samoa verbreitet. Die Tiere besitzen in ihrer Entwicklung eine gelbe Phase.

Fotos: Papua Neuguinea, Milne Bay

Gebänderte Symbiosegrundel (Cryptocentros fasciatus), PNG, dunkle Phase

Gebänderte Symbiosegrundel (Cryptocentros fasciatus), PNG, helle phase

Doppelstreifen-Schläfergrundel *(Valensiennae helsdingenii)*

Grundeln dieser Art werden maximal 17cm groß, leben vom Flachwasser bis in moderate Wassertiefen und besitzen einen schlanken und torpedoförmigen Körper, der 2 dunkelbraune Längsbänder an den Körperseiten trägt, die sich auch in der Schwanzflosse fortsetzen. Die Rückenflosse besitzt einen großen und schwarzen Fleck. Doppelstreifen-Schläfergrundeln leben überwiegend paarweise über Sand- und Schlammflächen und schweben über ihren Verstecken. Bei Gefahr tauchen sie blitzschnell kopfüber in ihre Wohnröhren ein, die sie sich im mobilen Sediment gebaut haben. Sie ernähren sich von verschiedenen benthischen Tieren, so von Würmern und Krebsen. Im Indopazifik sind sie von Ostafrika bis nach Sri Lanka und Indonesien verbreitet.

Foto: Indonesien, Bali

Blaupunkt-Schäfergrundel *(Valenciennae sexguttata)*

Schäfergrundeln dieser Art leben entweder einzeln oder paarweise und bauen sich Wohnröhren unter Korallenbrocken. In die verschwinden sie, wenn Gefahr droht. Ihr lang gestreckter Körper trägt einen relativ großen Kopf, der 6-8 kleine, hellblaue Flecken auf den Wangen und an den Kiemendeckel trägt. Aus diesem Grund werden sie auch Sechspunkt-Schäfergrundeln genannt. Blaupunkt-Schäfergrundeln leben vom Flachwasser bis in Tiefen von 20m in Sand und Geröllgrund und ernähren sich von kleinen, benthischen Wirbellosen. Sie erbeuten sie, indem sie Sand mit dem Maul aufnehmen, Fressbares aussortieren und den Sand über die Kiemen wieder ausstoßen. Sie werden bis zu 14cm groß und sind im Roten Meer und im Indopazifik von Ostafrika und Australien bis nach Tonga und Japan weit verbreitet.

Foto: Philippinen, Bohol

Doppelstreifen-Schäfergrundel (Valenciennae helsdingenii), Indonesien

Blaupunkt-Schäferdrundel (Valenciennae sexguttata), Philippinen

Mandarinenfisch *(Synchiropus splendidus)*

Mandarinenfische sind kleine und recht schreckhafte Fische, die paarweise oder in kleineren Gruppen versteckt zwischen Korallenverzweigungen und Korallenbruch leben und die nur das Freiwasser in der Dämmerung paarweise zum Ablaichen aufsuchen. Ansonsten sind sie bodengebundene Fische. Die Männchen sind in der Regel etwas größer als die Weibchen, wobei bei beiden Geschlechtern die Körpergröße zwischen 6cm und 10cm schwankt. Der Körper der kleinen Fische ist prächtig gefärbt und trägt eine Vielzahl ornamentalischer Zeichnungen, die dunkel umrandet sind. Mandarinenfische sind weit verbreitet, doch man sieht sie aufgrund ihrer versteckten Lebensweise selten. Sie kommen im Indopazifik vom flachen Wasser bis in Tiefen von 70m vor und sind von Indonesien und Australien bis zu den Philippinen und Japan weit verbreitet. Ihre Nahrung besteht überwiegend aus kleinen Krebstieren.

Foto: Papua Neuguinea, Milne Bay MUCK/GÜNTHER

Krabbenaugengrundel *(Pempheris vanicolensis)*

Krabbenaugengrundeln sind kleine Fische, die selten eine Größe von 7cm erreichen. Sie graben im Sand von Lagunen und Küstenriffen und ernähren sich von Kleinkrebsen, die sie im Sandlückensystem finden. Ihre Fortbewegung über den Untergrund erinnert an ein seitliches Laufen, ähnlich den Krabben. Daher kommt auch ihr Trivialname Krabbengrundel. Die beiden großen, goldenen und schwarz umrandeten Scheinaugen befinden sich auf der geteilten Rückenflosse und sind ein Charakteristikum dieser Fischart. In ihrer Jugend sind die kleinen Fische Einzelgänger, die dann später als adulte Tiere stets paarweise leben. Sie sind sehr scheu, werden kaum gesehen und sind dennoch im Indopazifik weit verbreitet.

Foto: Papua Neuguinea, Milne Bay MUCK/GÜNTHER

Mandarinenfisch (Synchiropus splendidus), Papua Neuguinea

Krabbenaugengrundel (Pempheris vanicolensis), Papua Neuguinea

Sand-Torpedobarsch *(Malacanthus latovittatus)*

Sand-Torpedobarsche leben über ausgedehnten Sand- und Korallenbruchflächen und schwimmen dicht über den Grund. Ihr Körper ist lang gestreckt, torpedoförmig und trägt ein breites und schwarzes Band an beiden Körperseiten, das hinter den Kiemen beginnt und in der Schwanzflosse endet. Kopf und Schnauze sind zugespitzt. Der Rücken und der Bauch glänzen silbrig. Sand-Torpedobarsche ernähren sich vom Plankton, das sie aus dem freien Wasser schnappen. Es ist aber auch beobachtet worden, dass sie kleine Krebse fressen. Die bis zu 45cm großen Fische leben von Flachwasser bis in größere Tiefen und kommen im Roten Meer und im Indopazifik von Afrika bis nach Australien, Neukaledonien, den Cook-Inseln und Japan vor. Jungfische werden für den Aquarienhandel gefangen.

Foto: Ägypten, Ras Muhamed

Starcks Blaukopf-Torpedobarsch *(Hoplolatilus starcki)*

Der Körper dieser Torpedobarsche ist lang gestreckt, seitlich zusammengedrückt und er trägt eine lange, niedrige und durchgehende, fast transparente Rückenflosse. Die Schwanzflosse ist tief gegabelt und der Kopf vom hellen Körper bläulich abgesetzt. Starcks Blaukopf-Torpedobarsche sind als erwachsene Fische etwa 15cm groß und leben entweder einzeln oder paarweise an Steilabfällen oder über mobilem Riffgrund, wo sie sich bei Gefahr kopfüber darin verstecken. Sie ernähren sich vom tierischen Plankton, das sie aus dem freien Wasser schnappen. Verbreitet sind sie im Indopazifik von Indonesien, den Philippinen und Mikronesien bis nach Vanuatu. In ihrem Verbreitungsgebiet sind sie selten zu sehen.

Foto: Mikronesien, Palau

Sand-Torpedobarsch (Malacanthus latovittatus), Ägypten

Starks Blaukopf-Torpedobarsch (Hoplolatilus starcki), Mikronesien

Zebra-Schleimfisch *(Meiacanthus grammistes)*

Zebra-Schleimfische sind Einzelgänger, die im Indopazifik von Indonesien und Australien bis nach Papua Neuguinea und der Insel Santa Cruz im Westpazifik verbreitet sind. Die nur 12cm großen Fische sind Planktonfresser, die sich von Zooplankton ernähren, das sie im Freiwasser schnappen. Ihr schlanker Körper trägt auf weiß-gelben Grund 3 breite und schwarze Längsstreifen, die sich auch über Kopf und Augen ziehen. Die Schwanzflosse ist schwarz gepunktet. Zebrafische sind im Besitz von Giftzähnen, die sie für die Verteidigung einsetzen. Das scheint auch jeder Räuber im Riff zu wissen, denn es ist nie beobachtet worden, dass größere Fische Zebra-Schleimfische angegriffen haben. Für den Menschen ist das Gift nicht gefährlich. Es kann aber zu hässlichen Entzündungen führen.

Foto: Indonesien, Rinca

Prachtgrundel *(Nemateleotris magnifica)*

Prachtgrundeln werden maximal 10cm groß. Meist sieht man die erwachsenen Fische paarweise über ihren Wohnröhren „schweben", die sie sich im Korallensand oder in Korallenbruch gebaut haben. Schon bei der geringsten Störung verschwinden sie kopfüber darin, wo sie so lange ausharren, bis die Gefahr vorbei ist. Die noch nicht geschlechtsreifen Jungfische leben in lockeren Gruppen in Spalten und in Höhlen und werden auch von aufmerksamen Tauchern, die nach ihnen suchen, kaum wahrgenommen. Der Körper der Prachtgrundeln ist lang gestreckt, zylindrisch und fast torpedoförmig. Der erste Rückenflossenstrahl ist zu einem Segel verlängert. Die Brustflossen stehen sperrig ab. Der rötlich geflammte Hinterleib hebt sich kontrastreich vom cremig-weißen Vorderkörper deutlich ab. Prachtgrundeln ernähren sich vom tierischen Plankton, das sie aus dem Wasser schnappen. Über die Biologie dieser Fische ist bisher wenig bekannt. Ihr Lebensraum sind kleine Sand- und Korallenbruchareale an den Korallenriffen im Indopazifik. Im Roten Meer fehlen sie.

Foto: Papua Neuguinea, Milne Bay

Zebra-Schleimfisch (Meiacanthus grammistes), Indonesien

Prachtgrundel (Nemateleotris magnifica), Papua Neuguinea

Rainfords Grundel *(Amblygobius rainfordi)*

Rainfords Grundeln sind sehr scheue Fische, die einzeln oder paarweise vom Flachwasser bis in Tiefen von 30m vorkommen und die, als Allesfresser, den Sandgrund nach Fressbarem absuchen. Ausgewachsene Tiere erreichen eine Maximalgröße von 8cm. Ihr schlanker und fast torpedoförmiger Körper trägt 5 orange Längsstreifen, die hellblau eingefasst sind. Hinzu kommen 5 weiße Flecken entlang der Basis der Rückenflosse und zwei schwarze und hell umrandete Scheinaugen auf der mittleren und hinteren Rückenflosse. Der Kopf und die Stirn sind gelbgrundig. Rainfords Grundeln besitzen ein weites Verbreitungsgebiet, das von Indonesien bis in den westlichen Pazifik reicht.

Foto: Papua Neuguinea, Milne Bay MUCK/GÜNTHER

Blaustreifen-Säbelzahnscheimfisch *(Plagiotremus rhinorhynchus)*

Schleimfische dieser Art leben versteckt in leeren Gehäusen von Wurmschnecken oder Seepocken. Man sieht sie aber auch aus Blechdosen und Flaschenhälsen herausschauen. Nur der Kopf mit dem unterständigen Maul ist dann zu sehen. Die kleinen Fische, die nicht größer als 12cm werden, ernähren sich von der Haut, dem Schleim oder von den Schuppen anderer größeren Fische. Um gezielt an ihre Nahrung zu kommen, imitieren sie Putzerfische sowohl in ihrem Verhalten als auch in ihrem Aussehen. Dadurch ist es ihnen möglich, sich ihren Beutefischen ruhig und vorerst noch friedlich zu nähern. Der Angriff auf die Flossen und die Haut kommt für die putzbereiten Fische so plötzlich, dass sie sich nicht wehren können. Jeder dieser Attacken ist für die putzbereiten Fische außerordentlich schmerzhaft. Blaustreifen-Säbelzahnschleimfische leben in verschiedenen Riffbereichen und kommen vom Flachwasser bis in Tiefen von 30m vor. Bevorzugt leben sie in der Nähe von Putzerstationen und besitzen hier ein fest umrissenes Territorium. Verbreitet sind sie im Roten Meer und im gesamten Indopazifik.

Foto: Papua Neuguinea, Milne Bay MUCK/GÜNTHER

Rainfordas Grundel (Amblygobius rainfordi), Papua Neuguinea

Blaustreifen-Säbelzahnscheimfisch (Plagiotremus rhinorhynchus), PNG

Echter Mirakelbarsch *(Calloplesiops altivelis)*

Mirakelbarsche sind sehr scheue Tiere, die im Riff versteckt in Spalten, Höhlen und unter schattigen Überhängen leben und nur selten gesehen werden. Ihr dunkelbrauner bis schwarzer Körper und auch die Flossen sind übersät mit hellen Flecken und kleinen, bläulichen Punkten. In Körpermitte befindet sich ein weiß umrandeter, schwarzer Fleck, der als Augenfleck gedeutet wird. Mirakelbarsche sind Einzelgänger, die tagsüber in Felsverstecken ruhen. Wenn bei einer Gefahr kein Versteck vorhanden ist, in das sie sich flüchten können, dann stecken sie einfach ihren Kopf in eine Spalte, so dass nur noch das Hinterteil herausschaut. Damit imitieren sie den Kopf einer gefleckten Muräne und hoffen so, nicht angegriffen zu werden. Das ist die erstaunliche Deutung von Verhaltenspsychologen. Als dämmerungsaktive Tiere ernähren Mirakelbarsche sich von kleinen Krebsen und Fischen, die sie nach Sonnenuntergang erjagen. Sie kommen vom Flachwasser bis in Tiefen von über 40m vor und sind gefragte und attraktive Aquarienfische. Sie werden 15-20cm groß und kommen im Roten Meer und im Indopazifik von Ostafrika bis nach Mikronesien, Japan und Australien vor.

Foto: Philippinen, Silquijor

Messing-Ruderbarsch *(Kyphosus vaigensis)*

Messing-Ruderbarsche leben in kleinen Schulen und schwimmen über flache Saumriffe, unter Hafenanlagen, entlang gut durchströmten Außenriffen und stets im Schutz von weiträumigen Überhängen und Höhlen. Vereinzelt nähern sie sich neugierig auch Tauchern, umkreisen sie und kehren zu ihrer Gruppe zurück. Die bis zu 60cm großen Fische ernähren sich überwiegend von benthischen Algen, doch nehmen sie auch tierischen Aufwuchs als Nahrung zu sich. Ihr silbergrauer Körper trägt bronzefarbene Streifen und ist besonders am Rücken mit weißen Flecken bedeckt. Bei einer aufgestellten Rückenflosse könnte man 14 Rückenflossenstrahlen zählen. Messing-Ruderbarsche sind im Roten Meer und im Indopazifik von Südafrika bis nach Hawaii verbreitet.

Foto: Indonesien, Bali

Echter Mirakelbarsch (Calloplesiops altivelis), Philippinen

Messing-Ruderbarsch (Kyphosus vaigensis), Indonesien

Langflossen-Wimpelfisch *(Heniochus acuminatus)*

Langflossen-Wimpelfische können sehr leicht mit den Schwarm-Wimpelfischen, *Heniochus diphreutes*, verwechselt werden, so ähneln sie sich. Während die Schwarm-Wimpelfische in einer großen Individuendichte im Schwarm die Riffe inspizieren, kommen Langflossen-Wimpelfische entweder einzeln, paarweise oder in kleineren Gruppen vor. Auffallend ist die lang ausgezogene Rückenflosse. Zwei breite und schwarze Querbänder verlaufen über den hellen Fischkörper. Die Brustflossen und der hintere Teil der Rücken- und Schwanzflosse sind gelb. Wimpelfische sind Allesfresser, die mit ihrer zugespitzten Schnauze auch nach Plankton schnappen. Sie werden bis zu 20cm groß und sind im Indopazifik von Ostafrika bis zu den Marshall-Inseln verbreitet. Im Roten Meer fehlen sie.

Foto: Indonesien, Moyo

Schwarm-Wimpelfische *(Heniochus diphreustes)*

Schwarm-Wimpelfische besitzen im Unterschied zu den Rotmeer-Wimpelfischen *(Heniochus intermedius)* einen bis zum Kiemendeckel reichenden weißen Kopf und zeigen zudem ein ausgesprochenes Schwarmverhalten. Zu Hunderten schwimmen sie in großen Schulen im Freiwasser der Riffe und bewegen sich mehr oder weniger koordiniert. Sie ernähren sich vom Plankton, das sie tagsüber aus dem Wasser schnappen. Ihr „Wimpel" wird nicht vom 1., sondern von dem 4. Rückenflossenstrahl gebildet. Er wird beim Schwimmen etwas angelegt und zum Drohen aufgerichtet. Der weiße Kopf der Fische trägt schwarze Querbinden. Die Jungfische schwimmen stets in Bodennähe und manövrieren zwischen Fleckenriffen und unterschiedlich großen Korallenformationen. Sie besitzen auch eine stumpfere Schnauze als die Erwachsenen. Schwarm-Wimpelfische sind relativ ortstreu. Verbreitet sind sie im Roten Meer und kommen im Indopazifik von Ostafrika und Australien bis nach Hawaii vor.

Foto: Malediven, Baa-Atoll

Langflossen-Wimpelfisch (Heniochus acuminatus), Indonesien

Schwarm-Wimpelfisch (Heniochus diphreustes), Malediven

Pazifik-Wimpelfisch *(Heniochus chrysostomus)*

Pazifik-Wimpelfische sind vom östlichen Indischen Ozean bis in den Westpazifik verbreitet. Während die Jungfische im seichten Wasser Algen abweiden und Korallenpolypen fressen, leben die erwachsenen Tiere entweder paarweise oder in kleineren Gruppen im tieferen Wasser, wo sie sich von verschiedenen Wirbellosen wie Krebsen, Borstenwürmern und auch von Korallenpolypen ernähren. Ihr lang ausgezogenes Pinzettenmaul ist dafür das geeignete Werkzeug. Pazifik-Wimpelfische sind scheu und selten. Ein Taucherleben reicht manchmal nicht aus, um sie einmal in ihrem natürlichen Biotop zu beobachten.

Foto: Mikronesien, Palau

Rotmeer-Wimpelfisch *(Heniochus intermedius)*

Der endemische Rotmeer-Wimpelfisch trägt als charakteristisches Zeichen einen „Wimpel", der einen stark verlängerten Rückenflossenstrahl darstellt. Beim Drohen wird er steil aufgerichtet und signalisiert dem Gegner Kampfbereitschaft. Gekämpft wird Stirn an Stirn und imponiert wird mit der Breitseite des Körpers. In den Nachmittagsstunden werden die Reviergrenzen aufgesucht, um den Nachbarn zu drohen. Erwachsene Tiere schwimmen einzeln oder paarweise und zeigen ein ausgesprochenes Revierverhalten. Diejenigen, die in kleinen Gruppen schwimmen, patrouillieren an den Riffen und suchen nach Nahrung. Diese besteht vorwiegend aus Zooplankton. Es werden auch kleine, benthische Wirbellose vom Untergrund gezupft. Der Körper der Fische ist stark zusammengedrückt und hochrückig. Der gelblich-weiße Körper trägt zwei dunkle Querbinden. Die Kehle ist silbrig-weiß. Der hintere Teil der Rückenflosse sowie die After- und Schwanzflosse ist gelb. Rotmeer-Wimpelfische werden maximal 20cm groß und werden oft mit den Schwarm-Wimpelfischen, Heniochus diphreutes, verwechselt.

Foto: Ägypten, Safaga

Pazifik-Wimpelfisch (Heniochus chrysostomus), Mikronesien

Rotmeer-Wimpelfisch (Heniochus intermedius), Ägypten

Masken-Wimpelfisch *(Heniochus monoceros)*

Masken-Wimpelfische tragen ein schwarzes Band am Kopf, das sich vom Unterkiefer über die Augen bis zur Stirn zieht. Das schwarze Band wirkt wie eine schwarze Maske im Gesicht des Fisches. Der Körper der Tiere ist seitlich stark zusammengedrückt und hochrückig. Ein charakteristischer Auswuchs befindet sich an der Stirn der Fische und der 4. Rückenflossenstrahl ist stark verlängert und zu einem Wimpel ausgezogen. Masken-Wimpelfische leben einzeln oder paarweise. Sie kommen vom Flachwasser bis in moderate Tiefen vor und bevorzugen Riffareale mit einem guten Bewuchs und Versteckmöglichkeiten. Im Indopazifik sind sie von Ostafrika und Australien bis nach Französisch Polynesien und Japan weit verbreitet.

Foto: Indonesien, Nord Sulawesi

Malayen-Wimpelfisch *(Heniochus singularis)*

Malayen-Wimpelfische sind sehr scheue Tiere, die sich bei Störungen sofort verstecken. Sie schwimmen einzeln oder paarweise und bevorzugen als Lebensraum Außenriffe mit steilen Riffhängen, die viele Versteckmöglichkeiten bieten. Sie kommen vom Flachwasser bis in Tiefen von über 200m vor, ernähren sich von Korallenpolypen und werden maximal 25cm groß. Der schwarzgrundige Körper der Fische trägt ein breites und weißes Band hinter dem Auge und der erste Flossenstrahl ist zu einem Wimpel verlängert. Rücken- und Schwanzflosse sind leuchtend gelb. Die geographische Verbreitung der Art reicht vom Indischen Ozean bis nach Japan und Australien.

Foto: Indonesien, Bali

Masken-Wimpelfisch (Heniochus monoceros), Indonesien

Malayen-Wimpelfisch (Heniochus singularis), Indonesien

Schwarzer Wimpelfisch *(Heniochus varians)*

Schwarze Wimpelfische besitzen einen dunkelbraunen bis schwarzen Körper, der von zwei weißen Bänden durchzogen wird. Die Stirn der erwachsenen Fische zeigt deutlich einen kräftigen Stirnbuckel und Auswüchse, die wie „Hörner" aussehen. Aus diesem Grund haben diese Fische auch den Trivialnamen „Seebulle" erhalten. Sowohl der Stirnbuckel als auch die „Hörner" fehlen den Jungfischen. Dafür besitzen diese aber noch den für diese Tiergruppe so typischen Wimpel, der den erwachsenen Fischen fehlt. Schwarze Wimpelfische schwimmen in der Regel paarweise oder in kleineren Gruppen. Sie meiden offene Flächen und schwimmen bevorzugt stets Deckung suchend im Korallenlabyrinth. Sie sind tagaktiv und ernähren sich von Korallenpolypen, Meeresborstenwürmern und von kleinen Krebsen. Sie werden maximal 20cm groß und sind im gesamten Indopazifik weit verbreitet.

Foto: Malaysia, Sipadan

Halfterfisch *(Zanclus cornutus)*

Aufgrund ihrer lang ausgezogenen Rückenflosse werden Halfterfische oft für Wimpelfische gehalten. Die bis zu 23cm großen Fische, die in fast allen Riffhabitaten zu finden sind, besitzen ein außerordentlich großes Verbreitungsgebiet, das von Ostafrika bis nach Mikronesien, Polynesien, Japan, den Gelapagos-Inseln und Mexiko reicht. Sie schwimmen entweder einzeln oder paarweise und ernähren sich überwiegend von Schwämmen. Ihr hochrückiger und stark zusammengedrückter Körper zeigt eine senkrechte Querstreifung von 3 schwarzen und 2 gelben Bändern. Die lange und pinzettenförmig ausgezogene Schnauze trägt einen gelben Sattelfleck. Halfterfische sind tagaktiv und schlafen in der Nacht im Labyrinth des Korallenriffes. Dann verschwindet die hellgrundige Körperzeichnung und die Fische nehmen eine ganz andere Färbung an.

Foto: Indonesien, Bali

Schwarzer Wimpelfisch (Heniochus varians), Malaysia

Halfterfisch (Zanclus cornutus), Indonesien

Gewöhnliches Seepferdchen *(Hippocampus kuda)*

Seepferdchen zählen zu den interessanten und bekanntesten Aquarienfischen. Charakteristisch für sie ist der lang gestreckte Körper, das röhrenförmige, zahnlose Maul und der schuppenlose Körper, der durch knöcherne Platten gestützt wird. Ihre Nahrung, die überwiegend aus Kleinkrebsen und Fischbrut besteht, wird mit Hilfe des röhrenartigen Maules eingesaugt. Da den Tieren ein Magen fehlt, muss die Nahrung den geradlinigen Darm durch den Körper passieren. Auch die Bauchflossen fehlen und die Schwanzflosse ist reduziert. So wird die Rückenflosse zum eigentlichen Antriebsorgan bei der Fortbewegung, wobei ein unterschiedliches Füllen der zweikammrigen Schwimmblase den Tieren ein Schwimmen in verschiedenen Lagen ermöglicht. Der muskulöse Schwanz dient als Greiforgan. Mit seiner Hilfe halten sie sich an Algen, Gorgonien, an Schwarzen Korallen und an allen nur möglichen Gegenständen fest. Das außergewöhnliche Balz- und Fortpflanzungsverhalten der Fische ist in der Literatur ja ausreichend beschrieben. Weltweit sind Seepferdchen durch eine intensive kommerzielle Nutzung in ihrem Bestand bedroht. Ihre getrockneten und farbig angemalten Leichen werden nicht nur in Touristenläden verkauft. Besonders in der asiatischen Volksmedizin besteht der Irrglaube, dass getrocknete und zermahlene Seepferdchen eine aphrodisierende Wirkung besitzen.

Fotos: Papua Neuguinea, Milne Bay

Gewöhnliches Seepferdchen (Hippocampus kuda), Papua Neuguinea

Gewöhnliches Seepferdchen (Hippocampus kuda), Papua Neuguinea

Arneis Seepferdchen *(Hippocampus arnei)*

Arneis Seepferdchen, auch Pataya-Seepferdchen genannt, kommen vom Golf von Thailand bis in die Chinesische See vor und leben bevorzugt in Algenbeständen und auf Sandflächen, wo sie sich mit Hilfe ihres Greifschwanzes an allen möglichen Gegenständen festklammern, um nicht verdriftet zu werden. So findet man sie angeheftet an Algen, Schwämmen, verschiedenen Stachelhäutern und an Zivilisationsmüll. Bei Strömungsstillstand liegen sie einfach auf den Boden. Ausgewachsene Tiere werden bis zu 12cm groß, sind sehr variabel in ihrer Farbe und tragen auf ihrem Kopf eine mit Dornen besetzte Krone. Ein Nasendorn fehlte den Tieren. Der schuppenlose Körper der Seepferdchen, der durch knöcherne Platten gestützt wird, trägt stumpfe Dornen, die auch am Kopf zu finden sind. Ihre Nahrung, die hauptsächlich aus Kleinkrebsen und Fischbrut besteht, wird mit Hilfe des röhrenförmigen Maules eingesaugt. Da den Tieren die Bauchflossen fehlen und die Schwanzflosse reduziert ist, ist die Rückenflosse das eigentliche Antriebsorgan, die der Fortbewegung dient. Leider sind Seepferdchen durch eine intensive kommerzielle Nutzung in ihrem Bestand bedroht. In der asiatischen Volksmedizin besteht der Glaube, dass getrocknete und zermahlene Seepferdchen eine Potenz steigernde Wirkung besitzt.

Foto: Papua Neuguinea, Milne Bay

Dorniges Seepferdchen *(Hippocampus hystrix)*

Dornige Seepferdchen besitzen lange und spitze Dornen an den Panzerringen ihres Körpers und am Kopf. Der Kopf der Fische ist mehr oder weniger senkrecht zum Körper der Tiere orientiert. Die Fische leben, mit ihrem Greifschwanz festgeklammert am Substrat, in Seegraswiesen und selten zwischen Korallen. Sie sollen sich auch pelagisch fortbewegen lassen, indem sie sich an treibende Algeninseln klammern und mit ihnen verdriftet werden. Ihre Nahrung besteht aus kleinen Krebsen und aus Fischlarven, die sie mit Hilfe ihrer langen und spitzen Schnauze einsaugen. Die Männchen betreiben Brutpflege. Die Partner winden sich im Partnertanz umeinander und das Weibchen übergibt ihre Eier dem Männchen, der sie in einer verschlossenen Tasche auf dem Bauch ausbrütet. Nach dem Schlüpfen werden die Jungfische durch ein kleines Loch am Vorderende der Tasche herausgepumpt und beginnen ein freies und selbständiges Leben im Ozean. Seepferdchen sind seit der Antike Objekte der Mythologie. Sie wurden als ein Tier halb Pferd und halb Fisch beschrieben und werden auch heute noch, getrocknet oder zermahlen, als Wundermedizin auf den Märkten in Südostasien zum Kauf angeboten. Erwachsene Tiere werden etwa 15 cm lang und sind an den Riffen des Roten Meeres und im Indopazifik verbreitet.

Foto: Philippinen, Panglao

Arneis Seepferdchen (Hippocampus arnei), Papua Neuguinea

Dorniges Seepferdchen (Hippocampus hystrix), Philippinen

Zwerg-Seepferdchen *(Hippocampus bargibanti)*

Zwerg-Seepferdchen leben einzeln, paarweise oder in kleineren Gruppen in großen Seefächern der Gattung *Muricella*, wo die sich mit Hilfe ihres Greifschwanzes festklammern, um nicht von der Strömung des Wassers verdriftet zu werden. Die relativ kleinen Fische, die nur bis zu 2cm groß werden, sind in den vielen Verzweigungen der Seefächer so ausgezeichnet getarnt und farblich angepasst, dass man lange suchen muß, um sie zu finden. Selbst die Haut der Fische passt sich der Oberflächenstruktur der Seefächer an. Seepferdchen leben in tiefen Wasserschichten und ernähren sich vom Plankton, das teilweise auch von den Polypen der Seefächer gefangen wird. Sie sind somit Kommensalen, die Tischgenossen der Seefächer. Die Männchen tragen nach dem Ablaichen die Eier in einer Bruttasche. Ihre Verbreitung im Indopazifik reicht von Ostafrika bis nach Australien und Polynesien bis Japan.

Foto: Indonesien, Bali, Tulamben

Denise-Seepferdchen *(Hippocampus denise)*

Obwohl das Verbreitungsgebiet dieses kleinen Seepferdchens groß ist und im Indopazifik von Indonesien, Borneo und Australien bis nach Vanuatu reicht, ist es doch sehr spät entdeckt und beschrieben worden. Eine Amerikanerin, Denise Tackett, hat es erst 1998 an den Riffen von Indonesien entdeckt, so dass es erst 2002 als eine neue Art beschrieben wurde. Diese kleinen Seepferdchen werden bis zu 15mm groß und kommen in verschiedenen Farben vor. Diese richtet sich nach der Farbe ihrer Wirtstiere, den Polypen der Fächerkorallen, auf denen sie leben. So sind sie gut getarnt und farblich und strukturell ihren Wirten angepasst, wobei sich die Haut der kleinen Fische der jeweiligen Oberflächenstruktur ihrer Wirte anpasst. Hier leben sie, festgeklammert mit ihrem Schwanz als Kommensalen zwischen den Verzweigungen der Fächerkorallen und ernähren sich vom Plankton. Ihre vertikale Verbreitung reicht von 10m bis 70m Wassertiefe.

Foto: Papua Neuguinea, Milne Bay

Zwerg-Seepferdchen (Hippocampus bargibanti), Indonesien

Denise-Seepferdchen (Hippocampus denise), Papua Neuguinea

Fetzen-Geisterpfeifenfisch *(Solenostomus paradoxus)*

Fetzen-Geisterpfeifenfische, auch Harlekin-Geisterpfeifenfische genannt, leben versteckt in den Verzweigungen von Weich-, Horn- und Schwarzen Korallen und zwischen den Armen von Haarsternen. Obwohl die Fische in ihrem Verbreitungsgebiet häufig sind, werden sie kaum gesehen. Das liegt daran, dass ihre Körperfarbe und die gestaltauflösenden Hautanhängsel am Kopf, Schnauze, Flossen und Körper die Fische in ihrer Umgebung fast unsichtbar machen. In der Regel schweben Fetzengeisterfische den Kopf nach unten gerichtet und scheinbar schwere- und bewegungslos im Rhythmus der sich bewegenden Arme der Haarsterne oder der Korallen, in denen sie sich aufhalten. Ihre Körperfarbe ist sehr variabel und reicht von beige, rötlich, gelb und rotbraun bis hin zu schwarz. Fetzen-Geisterpfeifenfische sind schlechte Schwimmer. Sie leben einzeln oder paarweise, wobei die weiblichen Tiere stets größer sind als die Männchen. Gelegentlich bilden sie kleine Gruppen, die sich aber nach kurzer Zeit wieder auflösen. Sie ernähren sich überwiegend von Fischlarven und planktischen Krebsen, die sie mit Hilfe ihrer langen und röhrenförmigen Schnauze einsaugen. Fische dieser Art werden maximal 16cm groß und sind im Roten Meer und im Indopazifik von Ostafrika bis in den West- und Zentralpazifik weit verbreitet.

Foto: Indonesien, Nord Sulawesi

Halimeda-Geisterpfeifenfisch *(Solenostomus halimeda)*

Halimeda-Geisterpfeifenfische imitieren Kalkalgen der Gattung Halimeda. Ihr schlanker Körper ist, ähnlich der Kalkalge, grün bis graugrün gefärbt und die Flossen so geformt und gerundet, wie die Blattglieder der Meeresalge Halimeda. Die reltiv kleinen Fische werden bis zu 7cm groß, schwimmen in der Regel kopfüber und begeben sich nur in die horizontale Schwimmlage, wenn sie verfolgt werden. Halimeda-Geisterpfeifenfisch sind Tiere des flachen Wassers, die sich bevorzugt in Seegraswiesen und Algenbeständen aufhalten und besonders dort, wo die Kalkalge Halimeda sich großflächig ausbreitet. Ihre langgezogene Röhrenschnauze weist sie als Nahrungsspezialisten aus, denn sie ernähren sich von planktischen Kleinkrebsen und von Fischbrut. Ihre geographische Verbreitung reicht vom Indischen Ozean bis in den Westpazifik.

Foto: Papua Neuguinea, Milne Bay

MUCK/GÜNTHER

Fetzen-Geisterpfeifenfisch (Solenostomus paradoxus), Indonesien

Halimeda-Geisterpfeifenfisch (Solenostomus halimeda), PNG

Seegras-Geisterpfeifenfisch *(Solenostomus cyanopterus)*

Seegras-Geisterpfeifenfische leben überwiegend paarweise und das in Seegraswiesen, in Algenbeständen und über freien Sandflächen. Sie sind in ihrem Habitat fast nicht zu erkennen, da sie kopfüber und farblich ihrer Umgebung gut angepasst sind. Ihr länglicher und stark zusammengedrückter Körper trägt breite Flossen und eine lang ausgezogene Schnauze, die der Ernährungsweise der Fische angepasst ist. Mit ihrer Hilfe schnappen sie nach kleinen, planktischen Krebsen, Schwebegarnelen und saugen Fischbrut ein. Die weiblichen Tiere tragen ihre Eier in einer Bruttasche, die aus umgebildeten Brustflossen geformt ist. Seegras-Geisterpfeifenfische werden maximal 10cm groß und erinnern in ihrer Körperform an abgestorbene Seegrasblätter. Das macht es auch so schwer, sie zu finden. Sie können verschieden gefärbt sein, sind im Roten Meer und an den Küsten des Indischen Ozeans beheimatet und fehlen nur im Arabischen Golf.

Foto: Malaysia, Lankayan

Haariger Geisterpfeifenfisch *(Solenostomus paegnius)*

Auffallend bei diesen kleinen Geisterpfeifenfischen ist die komplette Behaarung des Körpers. Es handelt sich bei den „Haaren" um feine Hautelemente, die den Fischkörper bedecken und somit seine Gestalt in der Umgebung des Riffes gut auflösen. Damit wird er von vermeintlichen Freßfeinden sehr schlecht wahrgenommen. Die Behaarung ist damit nicht nur eine Tarnung, sondern gleichzeitig hat sie eine Schutzfunktion. Diese kleinen Fische, die maximal 12cm groß werden, leben einzeln oder paarweise und schwimmen über Sandflächen, über Korallenbruch oder halten sich in Seegrasbeständen auf. Sie schwimmen überwiegend kopfüber und sind gerade in dieser Schwimmlage in Algenbeständen schwer zu entdecken. Sie fressen Garnelen, Isopoden und Amphipoden, die sie mit Hilfe ihres langen Röhrenmaules aus Spalten und Ritzen aufsaugen. Die Verbreitung der Art reicht im Indopazifik von Ostafrika bis nach Australien und Japan

.

Foto: Papua Neuguinea, Milne Bay

MUCK/GÜNTHER

Seegras-Geisterpfeifenfisch (Solenostomus cyanopterus), Malaysia

Haariger Geisterpfeifenfisch (Solenostomus paegnius), PNG

Orangeroter *Geisterpfeifenfisch (Solenostomus sp.)*

Bei diesem plakativ orangerot gefärbten Geisterpfeifenfisch könnte es sich möglicherweise und eine Farbvariante des Seegras-Geisterpfeifenfisches, *Solenostomus cyanopterus*, handeln, der bekannterweise in einer breiten Farbpalette sich in den Riffen präsentiert. Sicher sind sich die Taxonomen jedoch nicht, denn es könnte sich auch möglicherweise um eine neue Art handeln. Der schlanke Körper der Fische ist seitlich stark zusammengedrückt und trägt eine längliche Röhrenschnauze, breite Schwanzflossen und ein Schwanzpaddel am kurzen Schwanzstiel. Die Fische schwimmen überwiegend kopfüber, denn nur auf der Flucht bevorzugen sie die normale Schwimmlage. Geisterfeifenfische sind Flachwassertiere, die sich in Seegraswiesen, zwischen den Verzweigungen von Gorgonien und in den gefiederten Armen von Haarsternen aufhalten. Sie fressen kleine Krebse und Fischbrut, die sie mit Hilfe ihres Röhrenmaules aufsaugen. Schwimmen die Fische paarweise, dann ist das Weibchen stets etwas größer als das Männchen. Verbreitet sind sie im Roten Meer und kommen im gesamten Indopazifik vor.

Foto: Indonesien, Nord Sulawesi

Schlanker Geisterfetzenfisch *(Solenostomus leptosomus)*

Schlanke Geisterfetzenfische schwimmen stets in Bodennähe und werden so gelegentlich Beute von am Boden liegenden Plattfischen. Die bis zu 8cm großen Tiere besitzen einen schlanken, fast transparenten Körper, der sich farblich der Umgebung anpasst. Dadurch sind sie perfekt getarnt. Man findet sie im Seegras, zwischen den Verzeigungen von Hydroiden und über mit Algen bestandenem Sandgrund. Auffallend sind die großen und breiten Schwanz- und Brustflossen. Wie alle anderen Geisterfetzenfische so ernähren auch sie sich von kleinen Krebsen und Schwebegarnelen, sowie von verschiedenen Würmern. Verbreitet sind sie vom Indischen Ozean bis nach Australien und Japan.

Foto: Papua Neuguinea, Milne Bay

Orangeroter Geisterpfeifenfisch (Solenostomus sp.), Indonesien

Schlanker Geisterpfeifenfisch (Solenostomus leptosomus), PNG

Gestreifter Rasierklingenfisch *(Aeoliscus strigatus)*

Gestreifte Rasierklingenfische sind sonderbare Schwimmer, die den Kopf abwärts gerichtet halten und sich so mit Hilfe ihrer Brust- und Rückenflossen fortbewegen. Die Schwanz- und Afterflossen haben dabei die Funktion der Steuerung. Damit sind sie in der Lage, nach oben und nach unten zu schwimmen und schnelle Kehrtwendungen um die eigene Achse zu vollführen. Nur bei Gefahr wechseln sie ihre Schwimmposition von der Senkrechten in die Waagerechte, um schneller einem Feind zu entkommen. Die synchrone Schwimm- und Körperhaltung der Fische ist eine Anpassung an ihre Lebensweise. Aus Gründen der Sicherheit halten sich besonders die Jungfische kopfüber zwischen Seeigelstacheln und zwischen aufrecht stehende Korallenästen auf. Rasierklingenfische leben in unterschiedlich großen Schulen, die bis zu 150 Tiere umfassen können. Ihr Körper ist seitlich stark abgeflacht und durch einen Panzer, der aus einzelnen Platten zusammengesetzt ist, geschützt. Die Bauchseite ist scharf wie ein Rasiermesser und wird bei der Verteidigung eingesetzt. Das, was das Körperende zu sein scheint, ist der erste Stachelstrahl der Rückenflosse, der den Fisch weit überragt. Ein breites, braunes Band zieht von der Schnauzenspitze über die Augen bis zum Körperende. Gestreifte Rasierklingenfische sind Nahrungsspezialisten, was ihre röhrenförmig ausgezogene Schnauze schon andeutet. Sie schnappen damit Krebslarven aus dem Plankton und saugen Schwebegarnelen ein. Erwachsene Fische werden etwa 15cm lang. Sie sind vom Indopazifik von Ostafrika bis nach Neukaledonien und Japan verbreitet.

Fotos: Indonesien, Raja Ampad

Gestreifter Rasierklingenfisch (Aeoliscus strigatus), Indonesien

Gestreifter Rasierklingenfisch (*Aeoliscus strigatus*), Indonesien

Braunband-Seenadel *(Corythoichthys amplexus)*

Braunband-Seenadeln leben auf verschiedenen Substraten und kommen sowohl auf Korallen als auch auf Geröll vom Flachwasser bis in mittlere Wassertiefen vor. Die bis zu 8cm schlanken und nadelförmigen Fische besitzen einen braun bis rostrot und weiß gebänderten Körper, wobei die dunklen Bänder weitaus breiter sind als die hellen. Der Schwanz läuft spitz aus und endet in einer abgerundeten Schwanzflosse. Braunband-Seenadeln sind tagaktiv, kommen einzeln, paarweise oder in kleineren Gruppen vor und ernähren sich bevorzugt von Schwebekrebsen, die sie aus dem Wasser schnappen. In der Nacht sieht man sie im Flachwasser auf festen Substraten in größeren Gruppen schlafen. Braunband-Seenadeln sind an den Korallenriffen im gesamten Indopazifik verbreitet.

Foto: Papua Neuguinea, Milne Bay

Netz-Seenadel *(Corythoichthys flavofasciatus)*

Diese Art ist die wohl häufigste aus dieser Gattung, die im Roten Meer und im gesamten Indopazifik vorkommt. Die Seenadeln sind tagaktiv und leben von der Niedrigwasserlinie bis in 25m Tiefe. Sie kommen auf Sand, Korallen, auf Felsen, Korallenbruch, am Riffhang und dem Riffdach vor. Die bis zu 15cm großen und schanken Fische ernähren sich überwiegend von kleinen Krebsen, von Asseln und von Muschelkrebsen, die sie mit Hilfe ihrer langen Schnauze einsaugen. Die Paare sind monogam. Mit dem Erreichen einer Länge von 7cm werden die Fische geschlechtsreif. Auch hier brüten die Männchen die Eier der Weibchen in einem Brutorgan aus. In der Nacht schlafen sie entweder paarweise oder in kleineren Gruppen im Korallenriff.

Foto: Philippinen, Cebu

Braunband-Seenadel (Corythoichthys amplexus), Papua Neuguinea

Netz-Seenadel (Corythoichthys flavofasciatus), Philippinen

Schwarzbrust-Seenadel *(Corythoichthys nigripectus)*

Seenadeln dieser Art sind weit verbreitet und kommen im Roten Meer und im Indopazifik von Ostafrika bis zu den Gesellschaftsinseln vor. Sie leben in Lagunen, an Saum- und Außenriffen und bevorzugen schattige Überhänge und Höhlen als Lebensraum. Hier ernähren sie sich von Plankton und von kleinen Schwebegarnelen. Schwarzbrust-Seenadeln besitzen einen dunklen Fleck unterhalb ihrer Brustflosse und ihr schlanker Körper trägt feine und rote Streifen- und Punktlinien. Sie sind langsame und bedächtige Schwimmer, doch liegen sie meist auf dem Boden. Die Weibchen besitzen ein Brutorgan, das nach der Laichzeit mit Eizellen gefüllt ist und stark anschwillt. Schwarzbrust-Seenadeln werden bis zu 12cm groß und sind immer paarweise anzutreffen. Sie sind monogam und ein lebenslang mit dem gleichen Partner verbandelt.

Foto: Ägypten, Sharm el Sheikh

Schultze-Seenadel *(Corythoichtys schultzi)*

Schultze-Seenadeln leben einzeln oder in kleineren Gruppen auf corallinen Algen, auf Steinkorallen, auf Korallenbruch und auf verschiedenen Weichböden. Sie leben in flachen Lagunen, auf dem Riffdach und an Fleckenriffen und kommen bis in 30m Wassertiefe vor. Sie sind im Roten Meer und im Indopazifik von Ostafrika bis nach Samoa und Australien verbreitet und damit die weitverbreiteste Art in ihrer Gattung. Ihr bis zu 12cm langer, schlanker, fast röhrenförmiger und im Querschnitt fast runder Körper ist braun gebändert und mit orangen Flecken und Punkten übersät. Das macht sie in ihrer natürlichen Umgebung fast unsichtbar, so dass ein Betrachter schon genau hinsehen muss, um diese Fische zu entdecken. Schultze-Seenadeln ernähren sich von kleinen Krebsen, meist Copepoden, von Isopoden, Asseln und von Muschelkrebsen. Mit Hilfe ihrer röhrenförmigen Schnauze wird die Beute eingesaugt. Die Männchen sind stets etwas größer als die Weibchen und sie betreiben auch die Brutpflege.

Foto: Indonesien, Zentral Sulawesi

Schwarzbrust-Seenadel (Corythoichthys nigripectus), Ägypten

Schulze-Seenadel (Corythoichthys schulzi), Indonesien

Gebänderte Seenadel *(Doryrhamphus dactyliophorus)*

Gebänderte Seenadeln gehören zur Familie der Syngnathidae, zu der auch die Seepferdchen gehören. Ihr schlanker und lang gestreckter Körper ist fast nadelförmig. Der Kopf trägt eine lang ausgezogene und röhrenförmige Schnauze mit einem endständigen Maul. Ein Knochenpanzer, der aus einzelnen Segmenten besteht, die im Querschnitt ein eckiges Muster bilden, schützt den Fischkörper. 20-30 breite und rotbraune Querbinden bedecken den Körper der Tiere. Die rote Schwanzflosse ist in ihrer Form rund bis oval. Seenadeln sind schlechte Schwimmer, die sich in dunklen Spalten, Nischen, Höhlen und Unterhöhlungen verstecken. Sie sind Tiere küstennaher Flachgewässer, die auch häufig in Ebbetümpel zu finden sind. Sie schwimmen paarweise und kommen selten in einer größeren Individuendichte vor. Seenadeln betreiben Brutpflege. Zur Paarungszeit heften die Weibchen den Männchen ihre Eier in eine aus zwei Hautlappen bestehende Bruttasche, wo die Männchen sie ausbrüten und sich um die kommende Generation kümmern. Mehrfach jährlich wird dieser Fortpflanzungszyklus wiederholt. Schon die lang ausgezogene Schnauze weist Seenadeln als Nahrungsspezialisten aus. Sie ernähren sich von kleinen Krebstieren wie Schwebegarnelen und Fischlarven, die sie einsaugen. Mit Hilfe ihrer Schnauze sind sie in der Lage einen stark gerichteten Saugstrahl zu erzeugen. Gebänderte Seenadeln werden maximal 18cm groß und sind vom Roten Meer bis in den Westpazifik, Neukaledonien und Australien verbreitet.

Foto: Indonesien, Rinca

Janss Seenadel *(Doryrhamphus janssi)*

Die Seenadeln dieser Art sind sehr scheu und leben einzeln oder paarweise an Küstenriffen, in Gezeitentümpeln der Riffdächer, in Unterhöhlungen, zwischen Schwämmen und unter Tischkorallen vom flachen Wasser bis in 35m Tiefe. Ihr lang gestreckter Körper zeigt ein violettes Vorder- und Hinterende und eine orangefarbene Körpermitte. Der Fächerschwanz ist weiß begrenzt und trägt einen weißen Fleck im Zentrum der Flosse. Sie ernähren sich von Kleinkrebsen, die sie aus dem Plankton und von Substrat aufsaugen und von Parasiten und Hautfetzen von Fischen, die sie putzen. Es sind in der Regel Kardinalfische und Riffbarsche aus verschiedenen Gattungen, bei denen sie sich als Putzer betätigen. Da den Tieren eine Bruttasche fehlt, tragen die Männchen die Eier der Weibchen offen an der Unterseite des Körpers. Erwachsene Fische sind etwa 13cm groß. Ihre Verbreitung reicht vom Golf von Thailand bis zu den Philippinen, den Salomonen und dem südlichen Australien.

Foto: Indonesien, Nord Sulawesi

Gebänderte Seenadel (Doryrhamphus dactyliophorus), Indonesien

Janss Seenadel (Doryrhamphus janssi), Indonesien

Kurzschwanz-Seenadel *(Trachyrhamphus bicoarctatus)*

Kurzschwanz-Seenadeln sind relativ große Fische, die eine Länge von über 40cm erreichen können. Sie leben vom Roten Meer bis nach Neukaledonien und Japan und sind Tiere des Weichbodens, der Lagunen, der Makroalgen und der Flusseinmündungen. Aber auch am Riffhang findet man sie und auf Korallenbruch. Da die Fische fast bewegungslos auf dem Boden liegen und sie die Farbe ihres Körpers auch im gewissen Umfang ihrer Umgebung anpassen können, werden sie fast nie wahrgenommen. Hat man sie entdeckt, dann ist es möglich, sie in die Hand zu nehmen, um sie genauer zu betrachten. Sie fliehen nicht. Der Schwanz der adulten Seenadeln ist spitz und kurz und wird bei stark bewegtem Wasser als Anker in den Boden gebohrt, um nicht verdriftet zu werden. Nur die Jungtiere besitzen noch eine kleine Schwanzflosse. Die Farbe der Seenadeln ist sehr variabel. Sie kann weiß, gelb, braun und auch schwarz sein. Bei den helleren Tieren fallen dunkle Punkte am Körper auf. Seenadeln fressen Plankton, das sie mit ihrem röhrenförmigen Maul aus der Strömung schnappen.

Foto: Indonesien, Nord Sulawesi

Pilzkorallen-Seenadel *(Siokunichthys nigrolineatus)*

Es hat lange gedauert, bis man diese kleinen, nur maximal 8cm großen Seenadeln entdeckt hat und beschreiben konnte. Sie leben einzeln, paarweise oder in kleineren Gruppen zwischen den Tentakeln der Sonnen-Pilzkoralle, *Heliofungia actiniformis*. Ihr schlanker und fadenförmiger Körper schlängelt sich an der Basis der Tentakel entlang und in ihren Bewegungen folgen sie oft den Tentakeln der Koralle. Auffallend ist ihr weißer Körper, der aufgrund der weißen Tentakelspitzen der Korallen kaum auffällt. Seenadeln dieser Art leben nicht auf jeder Pilzkoralle. Man muss schon lange suchen, bis man sie dann endlich auch findet. Wovon sie sich ernähren ist bis heute nicht eindeutig geklärt. Möglicherweise sind sie Kommensalen auf der Pilzkoralle oder sie schnappen nach Planktonorganismen aus dem freien Wasser. Im Indopazifik sind sie bisher nur von den Riffen in Indonesien und den Philippinen bekannt.

Foto: Indonesien, Rinca

Kurzschwanz-Seenadel (Trachyrhamphus bicoarcatus), Indonesien

Pilzkorallen-Seenadel (Siokunichthys nigrolineatus), Indonesien

Flötenfisch *(Fistularia commersoni)*

Flötenfische besitzen einen extrem lang gestreckten Körper, der einen langen und peitschenförmigen Schwanzfortsatz trägt. Die Schnauze ist lang und röhrenförmig ausgezogen und weist sie als Nahrungsspezialisten aus. Mit ihrer Hilfe saugen sie kleine Fische und Krebse ein. Flötenfische leben einzeln oder in kleineren Gruppen. Sie sind tagaktive Riffjäger im flachen Wasser. Zu Beginn der Dämmerung suchen sie sich einen Schlafplatz im Riff und nehmen ihre Nachtfärbung an. Dann trägt ihr Körper breite und dunkle Querbänder (Bild unten). Erwachsene Fische werden bis zu 150cm lang und werden von den Fischern mit Leinen gefangen und als Köder zum Fang größerer Fische benutzt. Verbreitet sind Flötenfische im Roten Meer und im gesamten Indopazifik.

Fotos: Indonesien, Nusakode

Flötenfisch (Fistularia commersoni), tagsüber, Indonesien

Flötenfisch (Fistularia commersoni), nachts, Indonesien

Pazifischer Trompetenfisch *(Aulostomus chinensis)*

Trompetenfische sind tagaktive Räuber, die Jagd auf kleine Fische und Krebse machen. Bei ihrer Beutebeschaffung benutzen sie häufig friedfertige Fische als Jagdhilfen und nähern sich ihnen mehr oder weniger „reitend". Blitzschnell überfallen sie ihre Beute aus dem Hinterhalt und saugen sie in ihr dehnbares Röhrenmaul ein. Häufig sieht man sie kopfüber zwischen Gorgonien auf ihre Beute lauern, wobei ein bartförmiger Hautfortsatz am Unterkiefer als Angel dient. Mit ihrer Hilfe werden kleine Fische angelockt und gefressen. Indopazifische Trompetenfische besitzen einen schlanken, zylindrischen und extrem langen Körper und eine lang ausgezogene Schnauze mit einem endständigen Maul. Entweder ist ihr Körper einfarbig, gefleckt oder gestreift. Und so kann auch ihr Körper gelb, braun oder grünlich aussehen. Pazifische Trompetenfische werden bis zu 80cm groß und besitzen ein weit reichendes Verbreitungsgebiet, das von der Küste Ostafrikas bis zu Westküste von Panama reicht.

Foto: Indonesien, Zentral Sulawesi, Palu

Pazifischer Trompetenfisch (Aulostomus chinensis), Indonesien

Pazifischer Trompetenfisch (Aulostomus chinensis), Indonesien

Pazifischer Trompetenfisch (Aulostomus chinensis), Papua Neuguinea

Sand-Eidechsenfisch *(Synodus dermatogenys)*

Sand-Eidechsenfische leben auf und in sandigen Flächen und Korallenbruchfeldern von Lagunen und Außenriffen und graben sich oft so tief ein, dass nur noch die Augen und die Nasenlöcher daraus hervorschauen. Aus dieser Lauerstellung heraus erbeuten sie Krebse und kleine Fische. Außerdem sind sie in der Lage, die Farbe ihres Körpers weitgehend der Farbe des Untergrundes anzupassen, um sich so fast unbemerkt auf Beute stürzen zu können. Ihr schlanker und braungrauer Körper trägt 6 dunkle Querbänder und 8-9 dunkle Flecken an den Körperseiten. Die Fische werden maximal 25cm groß. Sie sind im Roten Meer verbreitet und kommen im Indopazifik von Ostafrika bis nach Australien und Polynesien vor.

Foto: Philippinen, Bohol

Rotmarmorierter Eidechsenfisch *(Synodus rubromarmoratus)*

Rotmarmorierte Eidechsenfische leben bevorzugt an geschützten Küstenriffen, kommen auf Sand- und Geröllboden vor, ruhen auf Korallen, Steinen und auf Korallenbruch und warten, aufgestützt auf ihren breiten Brustflossen, auf vorbeischwimmende Beute, die in einem kurzen und schnellen Spurt erjagt wird. Diese besteht überwiegend aus Fischen und Krebsen. Die schlanken und torpedoförmig gebauten Fische sind tagaktive Räuber, die vom Flachwasser bis in 50m Tiefe leben, einzeln oder paarweise schwimmen und sich gelegentlich zu kleineren Gruppen formieren. Ihr Körper zeigt breite und leuchtend rote Querbänder auf hellem Grund, die bei den Jungfischen besonders deutlicher zu sehen sind als die bei den erwachsenen Tieren. Rotmarmorierte Eidechsenfische erreichen eine maximale Größe von 15cm und kommen im Indopazifik von Malaysia und Australien, den Philippinen bis nach Hawaii vor.

Foto: Philippinen, Cebu

Sand-Eidechsenfisch (Synodus dermatogenys), Philippinen

Rotmarmorierter Eidechsenfisch (Synodus rubromaculatus), Philippinen

Nebliger Eidechsenfisch *(Synodus nebulosa)*

Neblige Eidechsenfische leben einzeln und gelegentlich auch paarweise bevorzugt im flachen Wasser von Lagunen und Riffplattformen, kommen aber auch noch in Tiefen von 60m vor. Die überwiegend nachtaktiven Fische ruhen sich tagsüber, eingegraben im Boden oder aufgestützt auf breite Brustflossen auf dem Untergrund aus und jagen in der Nacht Garnelen, Krebse, kleine Tintenfische und Fische, von denen sie sich ernähren. Ihr schlanker und torpedoförmiger Körper trägt dunkle und breite Querbänder über dem Rücken. Vorderkörper und Kopf sind sehr hell und nur von kleinen, verwaschenen, roten Flecken durchsetzt. Sie kommen im Roten Meer und im Indopazifik von Ostafrika und Australien bis nach Polynesien vor. Dem Aussehen nach könnte man sie auch mit den Marmor-Eidechsenfischen, *Saurida gracilis*, verwechseln.

Foto: Indonesien, Komodo

Bunter Eidechsenfisch *(Synodus variegatus)*

Eidechsenfische sind Lauerjäger, die ihre Beute überlisten und in einem schnellen Spurt überwältigen. Dabei helfen ihnen ihr „Tarnanzug" und ihre Fähigkeit, die Farbzeichnung ihres Körpers zu ändern und weitgehend der Umgebung anzupassen. Ihr langer, schlanker und zylindrischer Körper trägt einen eidechsenähnlichen Kopf. Das breite Maul ist mit einer Vielzahl spitzer Zähne bewehrt. Als relativ schlechte Schwimmer liegen sie einzeln oder paarweise auf Korallen und auf anderen Substraten, stets auf ihre kräftigen Brustflossen gestützt und warten auf vorbeischwimmende Beute. Häufig sind sie auch im weichen Sediment eingegraben, so dass nur noch ihre Augen daraus hervorschauen. Aus dieser Deckung heraus stürzen sie sich auf ihre Beute, die fast ausschließlich aus Fischen besteht. Die Jungfische sind nicht so bodenständig. Sie schwimmen in Gruppen frei umher. Bunte Eidechsenfische haben eine geringe Fluchtdistanz, werden als erwachsene Fische über 25cm groß und sind im Roten Meer und im Indopazifik von Ostafrika bis in den Westpazifik verbreitet.

Foto: Ägypten, Hurghada

Nebliger Eidechsenfisch (Synodus nebulosa), Indonesien

Bunter Eidechsenfisch (Synodus variegatus), Ägypten

Marmor-Eidechsenfisch *(Saurida gracilis)*

Eidechsenfische sind Überraschungs- und Lauerjäger, die auf verschiedenen Substraten liegen und ihre Beute blitzschnell aus dem Hinterhalt überwältigen. Dabei handelt es sich überwiegend um Fische und Krebse, die sie erbeuten und fressen. Der Körper der Fische ist torpedoförmig schlank und der Kopf trägt ein großes und breites Maul, das mit feinen, scharfen und spitzen Zähnen besetzt ist. Marmor-Eidechsenfische werden bis zu 30cm groß und kommen in Mangroven, in Lagunen, auf Riffplateaus und beinahe in fast allen Riffzonen vor, wo sie überwiegend in der Nacht aktiv sind. Sie sind in der Lage, die Farbe ihrer Haut der des jeweiligen Untergrundes anzupassen, so dass sie nur dann gesehen werden, wenn sie sich bewegen. Diese Fähigkeit führt dazu, dass ihre Fluchtdistanz gering ist und selbst ein großer Taucher sich ihnen nähern kann. Sie leben im Roten Meer und kommen im Indopazifik von Ostafrika bis nach Australien, Französisch Polynesien, Japan und Hawaii vor.

Foto: Indonesien, Nusakode

Marmor-Eidechsenfisch (Saurida gracilis), Indonesien

Marmor-Eidechsenfisch (Saurida gracilis), Portrait

Weißtüpfel-Kofferfisch *(Ostracion meleagris)*

Weißtüpfel-Kofferfische, auch Gefleckte Kofferfische genannt, besitzen ein riesiges Verbreitungsgebiet, das von Afrika bis in den Ostpazifik nach Mexiko reicht. Im Roten Meer fehlen sie. Die Fische, die eine Größe von 25cm erreichen können, sind Einzelgänger, die sich von Algen, Krebsen, Amphipoden, Forraminiferen und von Tunikaten ernähren, die sie in Lagunen und an den Außenriffen finden. Sie zeigen in ihrer Farbgebung deutliche Geschlechtsunterschiede, wobei die Männchen ganz schwarz sind und zahlreiche runde und weiße Punkte tragen. Die Weibchen dagegen sind überwiegend blau und besitzen weiße und orange Punkte und Linien. In ihrem großen Verbreitungsgebiet kommt es zu geographischen Unterschieden, die auch als eigene Unterarten geführt werden.

Foto: Indonesien, Molukken

Dornrücken-Kofferfisch *(Lactoria fornasini)*

Charakteristisch für diese Kofferfische ist der Besitz eines kräftigen Stachels auf dem Rücken in Körpermitte. Zwei Hörner befinden sich in Augenhöhe. Jungtiere und Adulte sind in der Regel Einzelgänger. Nur zur Paarungszeit schwimmen sie auch in kleineren Gruppen. Dabei tragen die Männchen beim Ablaichen leuchtend blaue Linien auf ihrem Körper. Dornrücken-Kofferfische kommen vom Flachwasser bis in Tiefen von 30m vor. Sie schwimmen über Sandgrund, über Korallenbruch und über Weichböden, die mit Algen bestanden sind. Sie werden maximal 15cm groß und ernähren sich überwiegend von verschiedenen Krebsen und Würmer. Die Verbreitung der Art reicht im Indopazifik von Ostafrika bis Australien, Japan und Hawaii.

Foto: Philippinen, Silquijor

Weißtüpfel-Kofferfisch (Ostracion meleagris), Indonesien

Dornrücken-Kofferfisch (Lactoria fornasini), Philippinen

Gewöhnlicher Kofferfisch *(Ostracion cubicus)*

Kofferfische sind sehr schlechte Schwimmer, die jedoch mit ihren kleinen Flossen ausgezeichnet auf engem Raum manövrieren können. Ihr Körper trägt einen eckigen Knochenpanzer, der im Querschnitt fast quadratisch ist. Er lässt nur Aussparungen für das Maul, die Augen, Kiemen und für den After und die Flossen offen. Dieser Panzer besteht aus sechseckigen Platten, die von einer schuppenlosen Haut überzogen werden. In ihrer Jugend sind Gewöhnliche Kofferfische plakativ gelb gefärbt und tragen eine Vielzahl schwarzer Punkte. Später werden sie grünlich. Die erwachsenen Tiere dagegen sind variabel in der Farbe, die altersbedingt sein kann. Eine dieser Farbvarianten zeigt das Bild oben. Kofferfische sind tagaktive Tiere, die nachts im Labyrinth der Korallen schlafen. Sie ernähren sich von Algen und von verschiedenen benthischen Wirbellosen wie Weichtieren, Borstenwürmern, Krebse, Foraminiferen und sogar von kleinen Fischen. Bei ihrer Nahrungssuche stehen sie kopfüber und erzeugen einen Wasserstrahl, der den Boden aufwühlt und die Nahrung freisetzt. Die Männchen besitzen in der Regel einen Harem und sind mehr oder weniger standortgebunden. Erwachsene Tiere können eine Größe von 50cm erreichen, in der Regel jedoch sind sie im Durchschnitt kleiner. Verbreitet sind sie im Roten Meer und kommen im Indopazifik von Ostafrika und Australien bis nach Hawaii vor.

Foto: Papua Neuguinea, Milne Bay

Gewöhnlicher Kofferfisch (Ostracion cubicus), Papua Neuguinea

Gewöhnlicher Kofferfisch (Ostracion cubicus), juvenil, Indonesien

Solor-Kofferfisch *(Ostracion solorensis)*

Bei den Solor-Koffenfischen haben die Weibchen, die Männchen und die Jungfische verschiedene Farben und Muster an ihrem Körper. Während der Körper der Weibchen von gelbweißer Grundfarbe ist, besitzt das Männchen einen grünlichblauen bis hellblauen Körper, der schwarzgesäumte Punkte und Linien trägt. Die Jungfische besitzen dagegen dunkle Labyrithlinien an den Körperseiten. Sie alle haben einen knöchernen Vorsprung über der Oberlippe und produzieren giftige Sekrete aus ihrer Haut, wenn sie sich bedroht fühlen und für den Aquarienhandel gefangen werden. Solor-Kofferfische leben einzeln an reich mit Korallen bewachsenen Außenriffen. Sie sind tagaktiv und ernähren sich von Algen und einer breiten Palette benthischer Wirbelloser. In der Nacht suchen sie Verstecke im Labyrinth von Korallenverzweigungen auf, um zu schlafen. Sie werden bis zu 12cm groß und sind vom östlichen Indischen Ozean bis nach Australien, Tonga, den Philippinen, Fiji und Taiwan weit verbreitet.

Fotos: Philippinen, Cebu

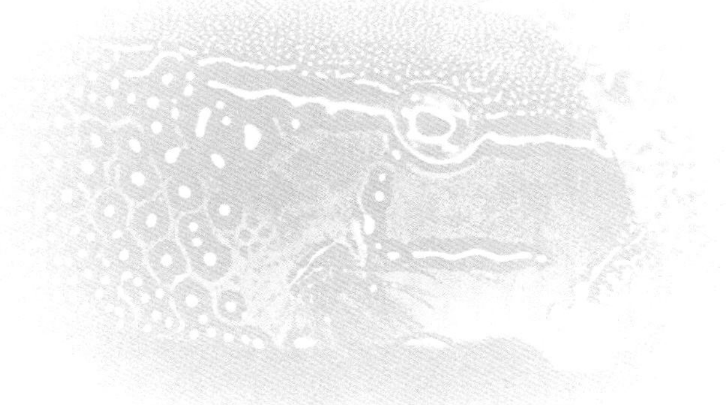

Solor-Kofferfisch (Ostracion solorensis), Männchen, Philippinen

Solor-Kofferfisch (Ostracion solorensis), Weibchen, Philippinen

Langhorn-Kofferfisch *(Lactoria cornuta)*

Langhorn-Kofferfische sind an ihren langen und paarigen Hörnern am Kopf und am Hinterkörper leicht zu erkennen. Bei den Jungtieren sind diese Hörner in der Proportion zum restlichen Körper besonders lang. Der Kopf und der Körper der Fische werden von einem starren Panzer umgeben, der aus sechseckigen Knochenplatten besteht, die von einer schuppenlosen Haut bedeckt werden. Die Drüsen dieser Haut können bei gestressten Tieren ein giftiges Sekret absondern, das auf andere Fische tödlich wirken kann. Dennoch hat man Langhorn-Kofferfische im Magen von großen Zackenbarschen, Barrakudas und Haien gefunden, die offensichtlich keinen Schaden an ihrer giftigen Beute genommen haben. Alle Flossen der Fische sind klein und abgerundet. Die Bauchflossen fehlen den Tieren. Kofferfische sind generell schlechte Schwimmer, deren langsame Art sich fortzubewegen aber in ein Korallenriff passt, wo man auf engem Raum sehr manövrierfähig sein muss. Langhorn-Kofferfische sind strikte Einzelgänger, die in flachen Lagunen und an geschützten Küstenriffen über Sand, Geröll und in Seegraswiesen leben und sich hier von Schwämmen, Seescheiden, Lederkorallen, Würmern und von Algen ernähren. Die Männchen sind territorial und mit mehreren Weibchen verbandelt. Zur Paarung steigen beide Geschlechter langsam in das Freiwasser auf und stoßen ihre Ei- und Samenzellen gleichzeitig aus. Die Befruchtung findet im Wasser statt. Die befruchteten Eizellen und die Larven sind pelagisch. Langhorn-Kofferfische sind im Roten Meer und im Indopazifik von Ostafrika bis Australien, Polynesien und Japan verbreitet.

Fotos: Papua Neuguinea, Milne Bay

Langhorn-Kofferfisch (Lactoria cornuta), Papua Neuguinea

Langhorn-Kofferfisch (Lactoria cornuta), juvenil, Papua Neuguinea

Japanischer Feilenfisch *(Paramonacanthus japonicus)*

Trotz ihres weiten Verbreitungsgebietes, das vom Roten Meer bis nach Japan und Australien reicht, sieht man die relativ kleinen Fische, die bis zu 10cm groß werden, sehr selten. Das ist in ihrer Lebensweise begründet. Zum einen leben sie an kleinen Fels- und Fleckenriffen, die sich auf ausgedehnten Sandflächen befinden, zum anderen kommen sie in Seegraswiesen und auch auf schlammigen Küstenflächen vor, die Taucher häufig meiden. Zudem sind sie in der Lage, die Farbe ihrer ledrigen Haut der des Untergrundes optisch weitgehend anzupassen. Hinzu kommt, dass sie als schlechte Schwimmer mehr im Wasser „stehen", sich nur wenig bewegen und stets Schutz suchen, immer angelehnt an Korallen, Algen, Gorgonien und an anderen Gegenständen. Mit ihrem spitzen Maul und den kleinen Zähnen darin, ernähren sie sich von verschiedenen benthischen Wirbellosen und von Krebsen des Planktons. Die Jungfische unterscheiden sich in der Farbe ihres Körpers deutlich von den adulten Tieren: Sie sind einheitlich dunkelbraun gefärbt. *Paramonacanthus oblongus* ist ein Synonym.

Foto: Malaysia, Mantanani

Japanischer Feilenfisch (Paramonacanthus japonicus), male, Malaysia

Japanischer Feilenfisch (Paramonacanthus jepanicus), juvenil, Malaysia

Algen-Feilenfisch *(Pseudomonacanthus macrurus)*

Algen-Feilenfische schwimmen stets einzeln und nur zur Fortpflanzungszeit paarweise. Sie bevorzugen als Lebensraum flache Riffe, Lagunen, Seegraswiesen und ausgedehnte Sandflächen bis in Tiefen von 10m, wo sie auch ihre Nahrung finden. Diese besteht überwiegend aus verschiedenen Wirbellosen wie Krebsen, Schwämme und Würmer. Die Haut ihres 24cm großen und stark zusammengedrückten Körpers ist zu einem schnellen Farbwechsel befähigt, so dass die Fische je nach Stimmungslage immer etwas anders aussehen. Auffallend jedoch ist ein großer, brauner Fleck seitlich versetzt unterhalb des Auges, der auch bei einem schnellen Farbwechsel erhalten bleibt und die große und zu einem Fächer geformte Schwanzflosse sowie ein großer und kräftiger Dorn an der Rückenflosse. Dieser kann bei Gefahr aufgestellt und bei Entwarnung in eine Hautfalte eingeklappt werden. Die lederartige Haut der Fische ist rau, mit kleinen Schuppen bedeckt und mit Farbzellen bestückt, die es den Tieren ermöglicht, die Farbe zu wechseln und der jeweiligen Farbe ihrer Umgebung anzupassen. Die geographische Verbreitung dieser Fischart reicht von Ostafrika, Malaysia und Indonesien bis nach Australien, den Philippinen und Papua Neuguinea.

Fotos: Philippinen, Silquijor

Algen-Feilenfisch (Pseudomonacanthus macrurus), male, Philippinen

Algen-Feilenfisch (Pseudomonacanthus macrurus), female, Philippinen

Gestreifter Feilenfisch *(Paramonacanthus sulcatus)*

Bei den Gestreiften Feilenfischen unterscheiden sich die Geschlechter deutlich voneinander. Die Weibchen sind kleiner, hochrückiger und besitzen einen keilförmigen Bauch. Ein weißer Fleck hinter dem Kiemendeckel, der sich undeutlich zur Körpermitte fortsetzt, ist stets vorhanden. Die Männchen sind größer, schlanker und tragen feine, rotbraune Längsstreifen am Körper. Beide Geschlechter leben in Seegrasbeständen, an tiefen Fleckenriffen und werden in den frühen Morgenstunden über Sandflächen und Geröll gesehen, wo sie sich von kleinen, benthischen Wirbellosen ernähren. Aufgrund ihrer mehr oder weniger versteckten Lebensweise werden sie selten gesehen, geschweige denn fotografiert. Als Beifang in den Netzen von Shrimp Trawlern sind sie stets präsent. Gestreifte Feilenfische sind in der Nähe von Korallenriffen im Indopazifik und im Westpazifik verbreitet.

Fotos: Malaysia, Mantanani

Gestreifter Feilenfisch (Paramonacanthus sulcatus), male, Malaysia

Gestreifter Feilenfisch (Paramonacanthus sulcatus), female, Malaysia

Kurzschnauzen-Feilenfisch *(Paramonacanthus curtorhynchus)*

Feilenfische dieser Art sind selten. Sie leben vom Flachwasser bis in Tiefen von über 50m über Sand und Schlamm, in Seegraswiesen und an Fleckenriffen und ernähren sich von einer ganzen Anzahl von kleinen Wirbellosen, die sie auf ausgedehnten Sandflächen finden. Ihre spitze Schnauze mit den zarten und kleinen Zähnen ist nicht in der Lage, größere Beute zu bewältigen. Der Körper der bis zu 15cm großen Fische ist seitlich stark zusammengedrückt und der 2. Rückenflossenstrahl ist als kräftiger Stachel ausgebildet. Feilenfische sind in der Lage ihre Körperfarbe optisch ihrer Umgebung anzupassen und mit dieser zu verschmelzen. So kommt es vor, dass die gleiche Art in verschiedenen Farbmustern auf verschiedenen Untergrund zu sehen ist. Die weiblichen Tiere sind stets etwas kleiner als die Männchen. Kurzschnauzen-Feilenfische kommen im Indopazifik vom Indischen Ozean bis nach Japan im Westpazifik vor.

Fotos: Papua Neuguinea. Milne Bay

Kurzschnauzen-Feilenfisch (Paramonacanthus curtorhynchus), male, Papua Neuguinea

Kurzschnauzen-Feilenfisch (Paramonacanthus curtorhynchus), female, Papua Neuguinea

Feilenfisch *(Paramonacanthus sp.)*

Feilenfische anhand von Fotos zu bestimmen ist auch für Fischtaxonomen außerordentlich schwierig, wenn nicht sogar unmöglich. Die lederartige Haut dieser Fische kann sich stimmungsbedingt farblich stark verändern, so dass eine einzige Fischart in unterschiedlichen Farbnuancen sich innerhalb nur weniger Sekunden präsentieren kann. Feilenfisch leben an Fels- und Fleckenriffen, in Seegraswiesen und schwimmen auch über ausgedehnte Sand- und Geröllflächen. Als schlechte Schwimmer suchen sie stetig Deckung hinter Korallen, Gorgonien, zwischen Algen und auch an und im Zivilisationsmüll. Mit ihrem spitzen Maul und den kleinen Zähnen darin ernähren sie sich von verschiedenen benthischen Wirbellosen und von den Krebstieren des Planktons. Die Jungfische unterscheiden sich in ihrem Farbkleid deutlich von den erwachsenen Tieren. Feilenfische sind Tiere tropischer und subtropischer Meere. Das Bild zeigt einen Feilenfisch mit einer sehr körnigen Lederhaut, die selten an diesen Tieren zu beobachten ist.

Foto: Indonesien, Secret Bay Bali

Schrift-Feilenfisch *(Aluterus scriptus)*

Schrift-Feilenfische bewohnen alle tropischen Meere. Ihr Körper ist sehr lang, seitlich stark zusammengedrückt und die Schwanzflosse erscheint besenförmig ausgefranst zu sein. An der Stirn, direkt über dem Auge, befindet sich ein charakteristischer Stachel, der mit kleinen Dornen besetzt ist. Mit einem komplizierten Einrastmechanismus kann er aufgestellt und für die Verteidigung eingesetzt werden. Die konisch ausgezogene Schnauze beginnt mit einem kleinen Maul, das mit kräftigen Zähnen besetzt ist. Damit werden Hydroiden, Anemonen, Gorgonien, Feuerkorallen, Manteltiere, Algen und Seegras vom Untergrund aufgenommen und gefressen. Aber auch Quallen gehören auf ihren Speiseplan, wenn keine andere Nahrung weit und breit vorhanden ist. Die Jungfische und auch einige adulte Tiere bevorzugen das freie Wasser als Aufenthaltsort. Hier findet man sie oft in kleineren Gruppen in der Nähe treibender Gegenstände und unter pflanzlichem Treibgut. Die erwachsenen Tiere jedoch sind überwiegend Einzelgänger, die flache Riffgebiete mit klarem Wasser und einem reichhaltigen Korallenbewuchs als Lebensraum bevorzugen. Schrift-Feilenfische haben ein typisches Schriftmuster auf ihrem Körper und Schuppen, die mit kleinen Stacheln besetzt sind. Dadurch ist ihre Haut rau, wie eine Feile (Name!). Nachts verstecken sich die Fische im Riff und nehmen ihre Nachtfärbung an. Dann ist ihr Körper marmoriert und die Schriftmuster nur noch andeutungsweise zu sehen.

Foto. Indonesien, Rinca

Feilenfisch (Paramonacanthus sp.), Indonesien

Schrift-Feilenfisch (Aluterus scriptus), Indonesien

Papua-Kugelfisch *(Canthigaster papua)*

Papua-Kugelfische sind Tiere des tropischen Indopazifiks und kommen von Ostafrika bis Japan, Mikronesien, Hawaii und Australien vor. Die ausgewachsenen Fische sind nur etwa 10cm groß und leben bevorzugt an steilen Riffwänden, in Lagunen, zwischen Korallen, in Höhlen und Unterhöhlungen. Die Jungtiere sehen den Erwachsenen sehr ähnlich, doch sie besitzen in ihrer Körperzeichnung wesentlich mehr Linien. Diese sind bei den adulten Tieren aufgebrochen und werden zu Flecken und Punkten. Ein großes, schwarzes und leuchtend blau umrandetes Scheinauge befindet sich unterhalb der Rückenflosse. Die Nahrung der Papua-Kugelfische ist vielseitig. Als Allesfresser ernähren sie sich von filamentösen Algen, Seescheiden, Würmern, verschiedene Weichtiere, Krebse, Moostierchen und von kleinen Stachelhäutern.

Foto: Philippinen, Cebu

Valentins Spitzkopfkugelfisch *(Canthigaster valentini)*

Valentins Spitzkopfkugelfische werden auch Sattelkugelfische genannt, da sie auf ihren Rücken breite Querbänder tragen, die einem Sattel ähnlich sind. Die nur bis zu 10cm großen Fische leben zwischen Steinkorallen, Hornkorallen, in sandigen Lagunen und entlang der Außenriffe, wo sie sich von Algen und kleinen benthischen Wirbellosen ernähren. Während die Weibchen mehr oder weniger ortstreu sind, beanspruchen die Männchen ein großes Revier und halten sich einen umfangreichen Harem. Ihr heller Körper trägt vier dunkelbraune bis schwarze Sattelflecken auf dem Rücken und zahlreiche kleine hellbraune Flecken am Körper, die sich teilweise zu Streifen formieren. Aufgrund ihrer großen Giftigkeit haben Spitzkopfkugelfische fast keine Feinde. Ein ungiftiger Feilenfisch, *Paraluterus prionorus*, imitiert in Form und Farbe diesen giftigen Kugelfisch, um sich so vor Freßfeinden zu schützen. Im Indopazifik sind Valentins Spitzkopfkugelfische von Südafrika bis nach Australien und Japan verbreitet.

Foto: Indonesien, Komodo

Papua-Kugelfisch (Canthigaster papua), Philippinen

Valentins Spitzkugelfisch (Canthigaster valentini), Indonesien

Bennetts Spitzkopfkugelfisch *(Canthigaster bennetti)*

Auffallend an diesen nur 10cm großen Kugelfischen ist der zugespitzte Kopf mit den leuchtend blauen Linien um die Augen, der schwarze Fleck an der Basis der Rückenflossen und die blauen Fleckenmuster in Nähe der Schwanzregion, die in Reihen angeordnet sein können. Spitzkopfkugelfische sind Algenfresser, die sich von grünen Fadenalgen, von Kalkrotalgen und von verschiedenen benthischen Wirbellosen ernähren. Sie leben einzeln, paarweise oder in kleinen Gruppen und wählen als Lebensraum ausgedehnte Sandflächen, Korallenbruch, Lagunen und flache Küstenriffe, wo sie vom Flachwasser bis in 15m Tiefe vorkommen. Die Verbreitung der Art reicht im Indopazifik von Ostafrika bis nach Hawaii und von Französisch Polynesien bis zu den Galapagos-Inseln.

Foto: Papua Neuguinea, Milne Bay

Gelbpunkt-Igelfisch *(Cyclichthys spilostylus)*

Igelfische dieser Art sind spät entdeckt und beschrieben worden, obwohl sie häufig vorkommen und weit verbreitet sind. Sie leben im Roten Meer und kommen im Indopazifik von Südafrika und Australien bis zu den Philippinen und Japan vor. Gelbpunkt-Igelfische sind territoriale Einzelgänger, die sich tagsüber in Höhlen, in Spalten und unter Korallen verstecken und erst in der Dämmerung aktiv werden. Dann suchen sie nach Weichtieren, Krebsen und Seeigeln, von denen sie sich ernähren. Der graubraune Körper der Fische trägt kurze und feststehende Stacheln, die entweder eine gelbe oder eine weiße Basis besitzen. Die Stacheln auf der Bauchseite dagegen haben eine schwarze Basis. Die Jungtiere leben pelagisch im Freiwasser der Hochsee und gehen erst ab einer Größe von 15cm zu einer bodenständigen Lebensweise über. Gelbpunkt-Igelfische kommen vom Flachwasser bis in Tiefen von 30m vor und werden bis zu 40cm groß.

Foto: Ägypten, Sharm el Sheikh

Bennetts Spitzkopfkugelfisch (Canthigaster bennetti), PNG

Gelbpunkt-Igelfisch (Cyclichthys spilostylus), Ägypten

Kurzstachel-Igelfisch *(Cyclichthys orbicularis)*

Kurzstachel-Igelfische, auch Vogelschnabel-Igelfische genannt, kommen im Roten Meer und im Indopazifik von Südafrika bis nach Australien, Neukaledonien und Japan vor. Sie sind strikte Einzelgänger und kommen vom Flachwasser bis in Tiefen von 30m vor. Sie schwimmen stets in Bodennähe über ausgedehnte Weichböden und über Korallenbruch und kommen nur gelegentlich an gut strukturierten Korallenriffen vor. Sie ernähren sich von hartschaligen Wirbellosen wie Krebsen, Schnecken und Muscheln. An Korallenriffen sieht man sie selten. Ihr Körper trägt viele kurze Stacheln, die der Feindabwehr dienen. Bei Bedrängnis pumpen sie Wasser in ihren Körper und nehmen dabei beträchtlich an Volumen zu. Bei diesem Vorgang stellen sich auch die vielen Stacheln auf und werden so zu einem fast unüberwindbaren Hindernis für Angreifer. Erwachsene Tiere besitzen eine Körpergröße von annähernd 25cm.

Foto: Papua Neuguinea, Milne Bay

Gewöhnlicher Igelfisch *(Diodon hystrix)*

Gewöhnliche Igelfische besitzen ein sehr weites Verbreitungsgebiet und sind in allen tropischen Meeren beheimatet. Sie leben einzeln in Lagunen und an Außenriffen und verstecken sich tagsüber im Riff. In der Nacht schwimmen sie auf Nahrungssuche und fressen Krebse, Schnecken, Muscheln und Seeigel, die sie mit ihrem kräftigen Gebiss aufknacken und ausfressen. Der bis zu 100cm große Körper der Fische ist torpedoförmig und mit vielen schwarzen Punkten unterschiedlicher Größe bedeckt. Die Hautstacheln sind in Schwimmrichtung angelegt und werden aufgestellt, wenn der Fisch sich aufpumpt, weil er sich bedroht fühlt. Dann schluckt er Wasser, vergrößert sein Volumen beträchtlich und wird so für die meisten Angreifer zu einem unüberwindbaren Hindernis. Nur sehr große Zackenbarsche sind in der Lage, sie auch dann noch zu fressen, wie Magenuntersuchungen gezeigt haben. Auffallend sind auch die großen Augen der Fische, die darauf hinweisen, dass sie dämmerungs- und nachtaktiv sind.

Foto: Indonesien, Rinca

Kurzstachel-Igelfisch (Cyclichthys orbicularis), Papua Neuguinea

Gewöhnlicher Igelfisch (Diodon hystrix), Indonesien

Langstacheliger Igelfisch *(Diodon holacanthus)*

Langstachelige Igelfische sind weltweit in tropischen und subtropischen Meeren verbreitet. Sie leben bodennah in Seegraswiesen, in Mangroven, über Sand- und Schlammflächen und stetig Deckung suchend im Korallenriff. Ihr olivbrauner Körper trägt dunkle Punkte, die nicht die Flossen bedecken und braune Flecken unterschiedlicher Größe und Form. Zudem ist ihr Körper übersät mit langen, enganliegenden und nach hinten gerichteten Stacheln, die erst dann gespreizt und aufgerichtet werden, wenn die Fische sich bei Gefahr voll Wasser pumpen. Dann nehmen sie mächtig an Volumen zu und sind mit ihrem Stachelkleid unüberwindbar für die meisten Räuber. Ihre tagsüber langsame und bodennahe Schwimmweise, unterbrochen mit langen Liegepausen auf dem Grund, ist für die nachtaktiven Fische ein Ausdruck der Ruhe am Tag. Erstaunlich ist, dass sie während der Nacht die Farbe ihres Körpers nicht wechseln, wie es die meisten Fische tun. Nachts sind sie dann auf der Suche nach benthischen Wirbellosen, wie Krebsen, verschiedenen Weichtieren und Stachelhäutern, von denen sie sich ernähren. Ihr Gebiss, das aus 2 Zahnplatten besteht, besitzt eine gewaltige Beißkraft. Mühelos werden damit Schnecken- und Muschelschalen geknackt und Vorsicht (!): einen menschlichen Finger abzuzwicken ist für Igelfische eine Leichtigkeit.

Foto: Indonesien, Nord Sulawesi

Masken-Igelfisch *(Diodon liturosus)*

Der Körper der Masken-Igelfische ist dicht mit enganliegenden Stacheln bedeckt, die modifizierte Schuppen darstellen. Sie richten sich auf, wenn sich die Fische voll mit Wasser pumpen. Dann ähneln sie großen und stacheligen Kugeln, die weitgehend manövrierunfähig sind und nur noch durch das Wasser taumeln. Das Aufpumpen des Körpers mit Wasser ist eine Abwehrreaktion gegenüber Angreifern und Freßfeinden. Dadurch nehmen die Fische beträchtlich an Volumen zu und machen die Fische so, mit den aufgestellten Stacheln, zu einem kaum zu überwältigenden Hindernis. Dennoch gelingt es großen Zackenbarschen, sie zu fressen. Die großen und schwarzen Flecken auf der Haut der Fische werden als Schreckzeichnungen für Angreifer gedeutet. Masken-Igelfische sind scheue Tiere, die sich auch tagsüber unter Felsen und zwischen Korallen verstecken. Sie meiden offensichtlich offene Sandflächen, die zu einer Falle werden könnten. Mit Hilfe ihres kräftigen Gebisses, das aus Zahnplatten besteht und eine gewaltige Beißkraft besitzt, knacken sie hartschalige Weichtiere, Krebse und Seeigel. Im Indopapzik sind sie von Ostafrika und Australien bis in den Zentralpazifik verbreitet.

Foto: Indonesien, Nusakode

Langstacheliger Igelfisch (Diodon holacanthus), Indonesien

Masken-Igelfisch (Diodon liturosus), Indonesien

Masken-Kugelfisch *(Arothron diadematus)*

Masken-Kugelfische leben endemisch im Roten Meer. Sie tragen, ähnlich einer Maske, ein breites, dunkelbraunes Band über Augen und Stirn (Name!). Das Maul ist schwarz umrandet. Auffallend sind die weichen After-, Brust- und Rückenflossen, die für die Fortbewegung der Fische verantwortlich sind. Sie beginnen am Körper mit einer dunklen Basis. Die Membranen zwischen den Stachelstrahlen sind weitgehend transparent. Die Zähne der Ober- und Unterkiefer sind zu Zahnplatten verwachsen, die eine kleine Einkerbung in der Mitte zeigen. Die tagaktiven Tiere schlafen nachts auf Sandgrund oder zwischen Korallen verkeilt. Dabei nehmen sie ihre Nachtfärbung an, wobei die Augenbinde verschwindet und der Körper dunkel marmoriert erscheint. Durch das Gift Tetrodotoxin, das sie in ihrem Körper speichern, ist ihr Fleisch ungenießbar. In Japan jedoch werden Kugelfische besonders vorbehandelt, zubereitet und als Delikatesse verspeist. Masken-Kugelfische sind Allesfresser, die sich von Algen, Detritus und von verschiedenen benthischen Wirbellosen ernähren. Einige wenige Taxonomen betrachten diese endemische Art als eine Farbvariante des Schwarzflecken-Kugelfisches, Arothron nigropunctatus.

Ägypten, Sharm el Sheih

Manila-Kugelfisch *(Arothron manilensis)*

Manila-Kugelfische leben entweder einzeln, paarweise aber auch mit Schwarzrand-Kugelfischen, *Arothron immaculatus*, in einer Gemeinschaft. Und das bevorzugt in Seegraswiesen, auf ausgedehnten Sand- und Geröllflächen von stillen Lagunen. Auch im Brackwasser von Flusseinmündungen kommen sie vor. Die Jungfische findet man regelmäßig zwischen den Stelzwurzeln von Mangroven. Der dunkelgraue bis gelbliche Körper der Fische trägt zahlreiche braune bis dunkelbraune Längsstreifen, die den Schwarzrand-Kugelfischen fehlen. So kann man beide Arten gut voneinander unterscheiden, wenn sie in einer Gemeinschaft schwimmen. Die etwa 30cm großen Fische ernähren sich von Krebsen, Muscheln und von Schnecken, die sie mit ihrem kräftigen Gebiss zerkleinern. Verbreitet sind sie im Roten Meer und im gesamten Indopazifik und kommen bis Borneo, Samoa, Tonga, Japan und Australien vor.

Foto: Indonesien, Nord Sulawesi

Masken-Kugelfisch (Arothron diadematus), Ägypten

Manila-Kugelfisch (Arothron manilensis), Indonesien

Schwarzflecken-Kugelfisch *(Arothron nigropunctatus)*

Schwarzflecken-Kugelfische werden etwa 30cm groß und sind die wohl häufigsten Kugelfische aus ihrer Gattung an den Korallenriffen im Indopazifik. Der Körper der Tiere ist stachelig und die Augen und das Maul sind dunkel umrandet. Kugelfische dieser Art kommt in vielen Farbvarianten vor, wobei man generell mehrere Farbphasen voreinander unterschieden kann. Die erste davon ist die Gelbphase. In den anderen Phasen sind die Fische entweder ockerfarbig, beige, grau, bläulich oder blauschwarz gefärbt. Immer jedoch ist der Körper der Fische von einer Vielzahl unterschiedlich großer und schwarzer Flecken übersät, die mit dem Alter der Tiere zunehmen. Ihr Lebensraum ist das Korallenriff, das sie vom Flachwasser bis in Tiefen von über 60m für sich nutzen. Gelegentlich sieht man sie in Seegraswiesen oder über Sandgrund. Als Allesfresser ernähren sie sich hauptsächlich von Korallenpolypen, Krebsen, Weichtieren und von kleinen Fischen. Gelegentlich schaben sie mit Hilfe ihrer Zahnleisten Algen vom Untergrund ab. Ihre wirklichen Feinde sind große Zackenbarsche, die sie komplett verschlingen können. Schwarzflecken-Kugelfische sind tagaktive Tiere, die sich in der Nacht zwischen Korallen verkeilen. Ihr Fleisch ist toxisch.

Fotos: Indonesien, Nord Sulawesi

Schwarzflecken-Kugelfisch (Arothron nigropunctatus), Indonesien

Schwarzflecken-Kugelfisch (Arothron nigropunctatus), Indonesien

Schwarzflecken-Kugelfisch (Arothron nigropunctatus), Indonesien

Weißflecken-Kugelfisch *(Arothron hispidus)*

Weißflecken-Kugelfische sind langsame und schlechte Schwimmer, die tagsüber und auch in der Nacht mehr auf dem Untergrund ruhen, als sich schwimmend fortzubewegen. Ihr dunkelgrauer bis graubrauner Körper ist mit relativ großen und weißen Flecken übersät, die bei den Tieren des Roten Meeres kleiner sein sollen. Die Bauchseite der Fische ist hell abgesetzt. Weißflecken-Kugelfische sind Einzelgänger, die sich am häufigsten über Sandgrund und Korallenbruch aufhalten. Man findet sie aber auch im Seegras, in Mangroven, in ausgesüßten Flusseinmündungen und in korallenreichen Riffgebieten. Diese breite Palette an Habitaten, die sie aufsuchen, ist eine Folge ihrer Ernährungsweise. Ihr Tisch ist immer reich gedeckt, da sie Allesfresser sind und sich von Algen, Detritus, Schwämmen, Borstenwürmern, Korallen, Krebsen, verschiedenen Stachelhäutern und auch noch von anderen Wirbellosen ernähren. Sie fressen bei Tag und in der Nacht. Kugelfische dieser Art werden maximal 50cm groß. Verbreitet sind sie im Roten Meer und kommen im Indopazifik von Ostafrika und Australien bis in den Westpazifik, Japan, und Panama vor.

Foto: Papua Neuguinea, Milne Bay

Perlhuhn-Kugelfisch *(Arothron meleagris)*

Perlhuhn-Kugelfische besitzen als adulte Tiere auf schwarzem Körpergrund zahlreiche kleine, dich stehende und weiße Punkte, die auch die Flossen bedecken. Diese eigenwillige Körperzeichnung löst die Konturen der Fische in ihrer Umgebung so hervorragend auf, dass auch so mancher Fotograf zweifelt, ob das Bild auch wirklich scharf ist, wenn er es zuhause nach der Entwicklung des belichteten Filmes betrachtet. Auch hier erscheinen die Fische auf Zelluloid unscharf, ohne dass sie es sind. Die Haut der Fische ist übersät mit feinen Nadeln, die ihnen, wenn sie voll mit Wasser gepumpt sind, ein stacheliges Aussehen verleihen. Perlhuhn-Kugelfische bevorzugen als Lebensraum klare Lagunen und korallenreiche Außenriffe, wo sie eine mehr oder weniger versteckte Lebensweise führen können. Sie sind Einzelgänger, die sich von Korallenpolypen, Schwämmen, Muscheln, Moostierchen, kolonialen Seescheiden, Algen und Detritus ernähren. Ihr Nahrungsspektrum macht sie so zu Allesfressern. Perlhuhn-Kugelfische werden bis zu 50cm groß und sind im gesamten Indopazifik verbreitet. Die gleiche Art kommt auch in einer Goldphase vor, die aber sehr selten gesehen wird.

Foto: Papua Neuguinea, Milne Bay

Weißflecken-Kugelfisch (Arothron hispidus), Papua Neuguinea

Perlhuhn-Kugelfisch (Arothron meleagris), Papua Neuguinea

Landkarten-Kugelfisch *(Arothron mappa)*

Landkarten-Kugelfische besitzen auf ihrem Körper schwarze, gewundene Zeichnungen und Muster die, mit etwas Fantasie betrachtet, an die Eintragungen von Straßen und Flussläufen auf einer Landkarte erinnern sollen. Ihr schuppenloser Körper ist weich, elastisch und stark dehnbar und kann bei Gefahr mit Wasser vollgepumpt werden. Auf diese Weise kann der Körper um ein Vielfaches vergrößert werden. Für viele Angreifer sind die Fische dann kaum zu überwinden. Landkarten-Kugelfische leben in Lagunen und in der Nähe von Korallenriffen. Sie sind streng territoriale Einzelgänger und halten sich, als nachtaktive Tiere, tagsüber in Verstecken auf, die das Riff ihrem massigen Körper bietet. In sandigen Lagunen liegen sie einfach auf dem Sediment. Erst bei Einbruch der Dunkelheit werden sie aktiv und schwimmen auf Nahrungssuche. Mit ihrem Papageischnabel, der das Zerbeißen hartschaliger Nahrung erlaubt, erbeuten sie nachtaktive Tiere. Schnecken, Muscheln, Krebse und Krabben. Schwämme, Manteltiere und Kalkalgen werden als Nahrung auch nicht verschmäht. Als scheue Einzelgänger begegnet man ihnen nur selten unter Wasser. Die kleinen Flossen weisen sie als schlechte Schwimmer aus, die sich aber im Labyrinth der Riffe gut bewegen können. Die Männchen sind in der Regel größer als die Weibchen und ihr Fleisch ist durch das Gift Tetrodotoxin ungenießbar. Nur in Japan werden Kugelfische besonders zubereitet und gegessen. Wer diesen Hochgenuss lebend übersteht, ist neugeboren. Landkarten-Kugelfische werden maximal 55cm groß und sind im Roten Meer und im Indopazifik von den Küsten Ostafrikas bis Australien und Samoa verbreitet.

Fotos: Philippinen,Cebu

Landkarten-Kugelfisch (Arothron mappa), Philippinen

Landkarten-Kugelfisch (Arothron mappa), Philippinen, Portrait

Riesen-Kugelfisch (Arothron stellatus)

Riesen-Kugelfische gehören mit einer Größe von über 100cm zu den größten Kugelfischen an indopazifischen Korallenriffen. Der Körper der Fische trägt modifizierte Stacheln und Schuppen, die sich aufrichten, wenn sich die Tiere bedroht fühlen. Sie pumpen dann Wasser in einen dehnbaren Bauchsack und vergrößern dadurch ihren Körper beträchtlich. Die hellgraue Grundfarbe des Körpers trägt schwarze, unterschiedlich große Flecken und Streifen, die mit dem Alter der Tiere zunehmen. Riesen-Kugelfische kommen in zwei Farbvarianten vor. Der Lebensraum dieser schlechten und schwerfälligen Schwimmer, die mehr auf dem Untergrund ruhen, als zu schwimmen, sind klare und sandige Lagunen und die Riffbereiche der Außenriffe. Nachts verstecken sie sich im Riff. Sie sind standorttreu, besitzen ein großes Revier und verteidigen dieses vehement gegen Artgenossen. Ein hochwirksamer Giftstoff, das Tetradotoxin, das in der Leber, im Darm in den Ovarien und im Blut der Fische gespeichert wird, ist ein Neurotoxin, das in seiner Wirkungsweise stärker als Blausäure ist. Es schützt die Tiere weitgehend vor ihren Freßfeinden, von denen es nur sehr wenige gibt. Dennoch werden sie gelegentlich Opfer großer Zackenbarsche, denen das Gift offensichtlich nicht schadet. Auch diese großen Kugelfische ernähren sich von benthischen Wirbellosen, wie Krebsen, Weichtiere und Stachelhäuter. In Südostasien wird ihr Fleisch oft besonders zubereitet und gegessen. Ein Kamikazeunternehmen! Das untere Bild zeigt einen semiadulten Riesen-Kugelfisch.

Foto: Malaysia, Lankayan

Riesen-Kugelfisch (Arothron stellatus), Malaysia

Riesen-Kugelfisch (Arothron stellatus), Indonesien, semiadult

Blaupunkt-Kugelfisch *(Arothron caeruleopunctatus)*

Blaupunkt-Kugelfische sind strikte Einzelgänger. Trotz ihres recht großen Verbreitungsgebietes sind sie außerordentlich selten zu sehen. Ihr schlanker Körper kann über 80cm groß werden und ist mit zahlreichen blauen Punkten unterschiedlicher Größe und Dichte übersät. Der hellgelbe Rücken zeigt weniger dicht stehende Punkte, während der Kopf, die lateralen Körperseiten und die Schwanzflosse eine dichtere Konzentration dieser blauen Punkte tragen. Der Bauch ist weiß. Um die Augen herum befinden sich blaue Linienmuster. Blaupunkt-Kugelfische leben vom Flachwasser bis in über 200m Tiefe an den Riffen im Roten Meer und sind im Indopazifik von Afrika bis nach Australien, Neuseeland und Papua Neuguinea verbreitet. Ihr Vorkommen ist damit nicht nur auf tropische Korallenriffe beschränkt, wo sie vermehrt vorkommen. Eine geringere Anzahl wandert aber auch in kühlere Zonen gemäßigter Meere ein, was man von den anderen Arten aus der Gattung der Kugelfische nicht kennt. Die Beschreibung der Art erfolgte sehr spät, erst 1994, was zumindest darauf hinweist, dass ihre Individuendichte gemessen an ihrem weiten Verbreitungsgebiet, sehr gering ist. Über die Biologie dieser Fischart weiß man so gut wie nichts.

Foto: Ägypten, Safaga

Blaupunkt-Kugelfisch (Arothron coeruleopunctatus), Ägypten

Blaupunkt-Kugelfisch (Arothron coeruleopunctatus), Indonesien, Bali

Leopard-Muräne *(Gymnothorax favagineus)*

Leopard-Muränen, auch Netzmuränen genannt, sind sehr attraktive Fotomodelle für Unterwasserfotographen, denn sie sind nicht nur schön, sondern auch relativ zutraulich. Doch Vorsicht (!): Überschreitet man ihre Fluchtdistanz und macht dabei unbedachte und zu schnell ausgeführte Bewegungen, dann kann es vorkommen, dass die Tiere zubeißen. Der schlanke und fast aalförmige Körper der Fische, der über 250cm groß werden kann, zeigt braunschwarze bis schwarze Körperflecken auf weißem bis gelblich-weißen Grund, die in ihrer Formation eine netzförmige Zeichnung ergeben. Diese Farbzeichnung setzt sich auch im Maul der Tiere fort. Erwachsene Netzmuränen sind strikte Einzelgänger, die nur in ihrer Jugend in kleineren Gruppen zusammenleben. Tagsüber verstecken sich die Fische in Ritzen, Spalten und in Höhlen der Riffe, so dass nur der Kopf und Teile des Vorderkörpers aus dem Versteck herausschauen. Das ist genau die Zeit, wo Putzerfische sie von Hautparasiten befreien. Nachts machen sie Jagd auf Fische, Krebse und auf Weichtiere. Sie fressen aber auch Aas. Netzmuränen sind in Indopazifik und im Westpazifik weit verbreitet.

Foto: Papua Neuguinea, Milne Bay

Leopard-Muräne (Gymnothorax favagneus), Papua Neuguinea

Leopard-Muräne (Gymnothorax favagineus), Indonesien

Leopard-Muräne (Gymnothorax favagineus), Indonesien

Zebra-Muräne *(Gymnothorax zebra)*

Zebra-Muränen sind aufgrund der weiß-braunen Bänderung ihres Körpers auffallende Tiere im Korallenriff. Ihr schlanker und aalförmiger Körper kann eine Länge von 150cm erreichen, doch nur der Kopf und Teile des Vorderkörpers schauen aus ihren Verstecken heraus. Die ganze Muräne sieht man erst dann, wenn die Tiere einen Standortwechsel vornehmen und sich ein anderes Versteck suchen. Als Einzelgänger und nachtaktive Fische sind Zebra-Muränen tagsüber selten zu sehen. In der Nacht jedoch machen sie als gefräßige Räuber Jagd auf Krebse, Weichtiere und auf Seeigel. Bei geöffnetem Maul erkennt man bei diesen Muränen, dass ihre Zähne nicht so spitz sind, wie bei den anderen Muränen. Das hängt mit ihrer Ernährungsweise zusammen, denn mit abgeflachten Zähnen lassen sich Krebspanzer besser knacken. Zebra-Muränen sind im Roten Meer und im Indopazifik von Südafrika bis nach Australien und Hawaii verbreitet.

Foto: Indonesien, Zentral Sulawesi

Weißflecken Muräne *(Gymnothorax zonipectis)*

Weißflecken-Muränen leben in Spalten und in Kleinhöhlen von Fels- und Korallenriffen und kommen auch über Sand und Korallenbruch vor. Die relativ kleinen Fische, die selten eine Länge von 50cm erreichen, sind Einzelgänger, die sich in der Nacht räuberisch von kleinen Fischen, Krebsen und Tintenschnecken ernähren. Ihre Körperzeichnungen sind so charakteristisch, dass man sie kaum verwechseln kann. Ihr hellbraun und weiß gefleckter Körper ist von Reihen dunkelbrauner Flecken bedeckt, die sowohl horizontal als auch vertikal Fleckenlinien bilden. Weißflecken-Muränen sind Tiere des flachen Wassers, die bereits in seichten Lagunen vorkommen und ganz selten bis in 40m Wassertiefe beobachtet werden. Geographisch sind sie im Indopazifik von Ostafrika bis zu den Philippinen und den Marquesas weit verbreitet.

Foto: Philippinen, Panglao

Zebra-Muräne (Gymnothorax zebra), Indonesien

Weißflecken-Muräne (Gymnothorax zonipectis), Philippinen

Rußkopf-Muräne *(Gymnothorax flavomarginatus)*

Muränen sind nächtliche Räuber, die sich tagsüber im Riff in Spalten und Ritzen aufhalten und nur mit dem Kopf und Teilen des Vorderkörpers aus ihren Verstecken herausschauen. Frei im Wasser schwimmend werden sie selten gesehen. Die bis zu 130cm großen Fische sind Einzelgänger. Gelegentlich sieht man sie auch mit anderen Muränen-Arten eine Spalte teilen. Ihr schlanker Körper ist gelblichbraun gefleckt, wobei viele der dunkelbraunen Flecken ineinander verschwimmen. Der Kopf ist dunkelbraun, so als ob Ruß ihn geschwärzt hätte. Muränen fressen Fische, Krebse und Kraken. Sie leben vom Flachwasser bis in Tiefen von 100m und sind im Roten Meer und im gesamten Indopazifik verbreitet. Gelegentlich werden sie mit der Java-Muräne, *Gymnothorax javanicus*, verwechselt.

Foto: Papua Neuguinea, Milne Bay

Marmor-Muräne *(Gymnothorax undulatus)*

Marmor-Muränen, auch gelegentlich als Leopard-Muränen bezeichnet, sind selten unter Wasser zu sehen. Sie verstecken sich tagsüber zwischen Korallen, in Spalten und in Kleinhöhlen des Riffes und werden sehr aggressiv, wenn sie gestört werden. Speziell die Tiere, die in den Gezeitentümpeln auf die nächste Flut warten, sind besonders bissig. Der schlangenförmige Körper der Muränen kann bis zu 150cm lang werden. Er trägt einen schmalen Kopf und zeigt unterschiedliche Farbmuster. Die meisten Tiere jedoch besitzen ein schokoladenbraunes, marmoriertes Muster auf ihren Körperseiten (Name!). Marmor-Muränen sind strikte Einzelgänger, die in der Nacht im Bereich des flachen Wassers ihre Beute suchen. Diese besteht aus Fischen, Tintenfischen und aus Krebsen. Verbreitet sind sie im Roten Meer und kommen im Indopazifik von Südafrika bis nach Japan, Hawaii und Australien vor. Im Indischen Ozean sind sie an den Küsten von Mauritius und Reunion besonders häufig.

Foto: Mauritius, Flick en Flack

Rußkopf-Muräne (Gymnothorax flavomarginatus), Papua Neuguinea

Marmor-Muräne (Gymnothorax undulatus), Mauritius

Gelbkopf-Muräne *(Gymnothorax fimbriatus)*

Gelbkopf-Muränen sind seltene Tiere im Riff und ausschließlich nachtaktive Fische, die sich tagsüber gut im Riff verstecken. Man muss als Taucher schon etwas Glück haben, um den Kopf dieser Muräne bei Tageslicht aus einem Versteck ragen zu sehen. In der Nacht schlängeln sie sich über den Grund auf der Suche nach Beute. Sie fressen Fische, Tintenschnecken, Krebse und vertilgen auch Aas. Der schlanke Körper der Muränen trägt einen länglichen Kopf und eine spitze Schnauze. Die grünlichbraune bis gelblichbraune Haut der Tiere ist mit dunklen Flecken und Punkten verschiedener Größe und Form übersät. Daher werden sie auch als Fleckenmuräne bezeichnet. Gelbkopfmuränen werden maximal 80cm groß. Sie leben in Lagunen und an Flecken- und Außenriffen und kommen im Roten Meer und im Indopazifik von Mauritius bis Japan und Australien vor.

Fotos: Malaysia, Lankayan

Gelbkopf-Muräne (Gymnothorax fimbriatus), Malaysia

Gelbkopf-Muräne (Gynmothorax fimbriatus), Malaysia

Weißmaul-Muräne *(Gymnothorax meleagris)*

Weißmaul-Muränen sind scheue Fische, die tagsüber in Ritzen und Spalten von Korallenriffen leben. Nur ihr Kopf und Teile des Vorderkörpers schauen aus ihren Verstecken heraus. Die Grundfarbe ihres Körpers kann entweder braun, dunkelbraun oder schwarzbraun sein. Tausende weiße bis gelblichweiße Punkte und Flecken bedecken den gesamten Körper der Muränen. Nur die Innenflächen des Maules sind weiß (Name!). Erwachsene Tiere werden über 120cm groß. Sie bevorzugen seichte Lagunen und strömungsarme Innenriffe als Lebensraum und kommen vom Flachwasser bis in Tiefen von 40m vor. Als nächtliche Räuber ernähren sie sich überwiegend von Fischen. Aber auch Krebse gehören zu ihren Beutetieren. Weißmaul-Muränen kommen im Roten Meer und im Indopazifik vor und sind bis Japan, Hawaii und Australien verbreitet. In Südostasien werden sie trotz ihres nicht gerade wohlschmeckenden Fleisches gegessen. Sie können nach einem Genus ihres Fleisches durchaus das Gift Ciguatera auf den Menschen übertragen, wenn sie mit diesem Gift infiziert sind.

Foto: Mauritius, Flick en Flack

Weißmaul-Muräne (Gymnothorax meleagris), Mauritius

Weißmaul-Muräne (Gymnothorax meleagris), Indonesien

Java-Muräne *(Gymnothorax javanicus)*

Java-Muränen sind die größten Muränen an den Riffen im Roten Meer und im Indopazifik. Ausgewachsene Tiere sollen bis zu 300cm lang werden. In der Regel sind sie aber kleiner. Die braune Grundfarbe des Körpers ist mit zahlreichen kleinen, großen und braunschwarzen Flecken bedeckt, die ineinander übergehen und ein Leopardenfleckmuster bilden. Diese Farbzeichnungen des Körpers macht die Tiere in ihren Höhlen und Spalten der Riffe fast unsichtbar. Das ständige Öffnen und Schließen ihres zahnbewehrten Maules dient der Sauerstoffversorgung, indem Wasser durch das Maul über die Kiemen nach außen gedrückt wird. Ein großer und schwarzer Fleck befindet sich an der Kiemenöffnung. Die Jungtiere leben versteckt unter Steinen und Korallen der Riffdächer und Lagunen. Die erwachsenen Tiere sind strikte Einzelgänger. Normalerweise sind Muränen scheu. Wenn man eine gewisse Fluchtdistanz überschreitet, fühlen sie sich bedroht und greifen an. Angefüttert sind sie oft aufdringlich und zum Teil aggressiv. Sobald sie einen Taucher schon aus weiter Entfernung erblicken, schwimmen sie auf ihn zu und betteln nach Futter. Hat der ahnungslose Taucher nichts Fressbares dabei, kann er durch einen Biss verletzt werden. Der Biss einer Muräne kann giftig sein, weil sich in der Mundhöhle Bakterien befinden, die beim Zubeißen in die Wunde gelangen und heftige Schmerzen und Entzündungen verursachen. Java-Muränen sind nachtaktive Tiere, die sich mit Hilfe ihres ausgezeichnet entwickelten Geruchsorgans an versteckt lebender Beute orientieren und diese überwältigen. Sie ernähren sich von Fischen, Krebsen und von Aas.

Fotos: Indonesien, Nord Sulawesi

Java-Muräne (Gymnothorax javanicus), Indonesien

Java-Muräne (Gymnothorax javanicus), Indonesien

Geister-Muräne *(Rhinomuraena quaesita)*

Geistermuränen leben in Spalten und Ritzen, in Korallenbruch oder sie graben Löcher im Boden, wo sie sich verstecken. Hier leben sie tagsüber völlig zurückgezogen, so dass nur noch ihr Kopf mit den trompetenförmig erweiterten Nasenöffnungen daraus hervorschaut. Hier sind sie über Wochen und Monate standorttreu und für den Unterwasserfotografen immer wieder auffindbar. Ihre Haut produziert außerordentlich viel Schleim, der dazu beiträgt, die Gänge ihrer Höhle im weichen Sediment auszukleiden und zu versteifen. Ihr extrem langer und dünner Körper schwimmt stets in Bodennähe in undulierenden und sinusförmigen Bewegungen, was außerordentlich elegant aussieht. Die Geistermuräne ist die einzigste Muränenart, die im Verlaufe ihres Lebens ihr Geschlecht ändert und dabei einen drastischen Farbwechsel durchmacht. Der Körper der juvenilen Muränen ist bis zu einer Länge von 60cm schwarz gefärbt. Wenn sie das männliche Geschlecht annehmen, ist ihr Körper blau. Ab einer Länge von 90cm werden sie zu weiblichen Tieren und ihr Körper wird gelb. Gelbe Muränen sieht man selten, schwarze gelegentlich, doch die blauen Männchen kommen häufig vor. Geistermuränen erbeuten ihre Nahrung, die aus kleinen Fischen besteht, von ihrem Standort aus. Was ihrem Loch zu nahe kommt, wird geschnappt und gefressen. Verbreitet sind die Fische von Ostafrika bis Polynesien und dem südlichen Japan.

Foto: Malaysia, Mabul

Geister-Muräne (Rhinomuraena quaesita), juvenil, Malaysia

Geister-Muräne (Rhinomuraena quaesita), Indonesien

Graue Muräne *(Siderea grisea)*

Ausgewachsene Muränen dieser relativ kleinen Art sind stets Einzelgänger. Nur die Jungtiere leben in Gruppen zusammen und teilen sich gemeinsam eine Spalte oder ein größeres Loch. Die bis zu 80cm großen Muränen sind nachtaktive Räuber, die sich von Krebsen, Fischen und von Tintenschnecken ernähren. Ihr schlanker und gelblichweißer Körper trägt charakteristische Punktlinien am Kopf und das Maul besitzt kurze und konische Zähne. Weiße Muränen kommen vom Flachwasser bis in Tiefen von 40m vor und sind die häufigste Muränenart im Roten Meer. Im Indopazifik sind sie von Südafrika bis nach Indonesien, Australien und dem Westpazifik verbreitet.

Foto: Ägypten, Sinai

Weißaugen-Muräne *(Siderea thyrsoidea)*

Weißaugen-Muränen erkennt man sofort am auffallenden Weiß der Iris ihrer Augen. Die Tiere leben tagsüber einzeln oder in Gruppen, zu denen auch andere Muränenarten gehören können, versteckt in Spalten und Höhlen und kommen in ihrem Verbreitungsgebiet vom Flachwasser bis in 35m Tiefe vor. Die Tiere sind nachtaktive Räuber, die sich von kleinen Fischen, Krebsen und von Tintenschnecken ernähren. Ihr etwa 50-60cm langer und schlanker Körper ist in der Regel gelbbraun und weiß gesprenkelt und zeigt verschiedene Färbungen der Kopfregion, die von bräunlich bis grün reicht. Im Indopazifik sind Weißaugen-Muränen vom Indischen Ozean bis nach Französisch Polynesien, Tonga und Australien verbreitet.

Foto: Indonesien, Nord Sulawesi

Graue Muräne (Siderea grisea), Ägypten

Weißaugen.Muräne (Siderea thyrsoidea), Indonesien

Schneeflocken-Muräne *(Echidna nebulosa)*

Schneeflocken-Muränen, auch Sternfleckenmuränen genannt, sind sehr scheue Tiere, die versteckt unter Steinen und Korallen leben und sich auch in der Nacht ängstlich verkriechen. Sie leben von der Niedrigwasserlinie bis in 30m Tiefe und kommen auf dem Riffdach, in Lagunen und in Gezeitentümpel vor. Hier verlassen sie auch manchmal das Wasser, um sich bei Ebbe von Gezeitentümpel zu Gezeitentümpel zu schlängeln. Die schön gezeichneten Muränen sind strikte Einzelgänger. Sie werden bis zu 80cm groß und ernähren sich von Krebsen und von kleinen Fischen. Ihre Beute orten sie mit Hilfe ihres ausgezeichneten Geruchorgans. Die schwarze Fleckenzeichnung ihres Körpers ist so typisch, dass man sie mit keiner anderen Muräne verwechseln kann. Verbreitet sind sie im Roten Meer und kommen im Indopazifik von Ostafrika bis in den Westpazifik und Panama vor.

Foto: Philippinen, Cebu

Richardsons Muräne *(Gymnothorax richardsoni)*

Richardsons Muränen werden auch Zwergmuränen genannt, da ihre Maximalgröße bei annähernd 35cm liegt. Der schlanke Körper der kleinen Muränen ist dunkelbraun und besetzt mit dunklen Flecken. Die recht seltenen Tiere, die flache Lagunen und seewärtige Riffe bewohnen, sieht man eigentlich nur, wenn sie einen Stellungswechsel vornehmen und sich über den Boden schlängeln. In der Regel jedoch leben sie versteckt, oft unter Korallenschutt, so dass nur noch der Kopf daraus hervorscheut. Sie dann zu entdecken ist außerordentlich schwierig. Richardsons Muränen ernähren sich von Garnelen, kleinen Fischen und von Krebsen, die sie in der Nacht erbeuten. Sie sind im Roten Meer verbreitet und kommen im Indopazifik von Ostafrika und Australien bis nach Vietnam und Taiwan vor.

Foto: Philippinen, Cabilao

Schneeflocken-Muräne (Echidna nebulosa), Philippinen

Richardsons Muräne (Gymnothorax richardsoni), Philippinen

Weiße Bandmuräne *(Pseudechidna brummeri)*

Weiße Bandmuränen sind Einzelgänger, die im Sand, in Schlamm und Korallenbruch vom Flachwasser bis in Tiefen von 30m leben und sich in diesen Sedimenten eingraben. Tagsüber sind sie soweit im Boden eingewühlt, dass nur noch ihr kleiner Kopf daraus hervorschaut. Erst in der Nacht, wenn sie auf Nahrungssuche sind, kann man ihren schlanken, dünnen und aalförmigen Körper sehen, der einheitlich hellbraun gefärbt ist und ein helles Band auf der durchgehenden Rückenflosse trägt. Bandmuränen werden über 100cm groß und ernähren sich von Krebsen und von kleinen Fischen. Sie sind von Ostafrika bis Samoa und Taiwan verbreitet und fehlen im Roten Meer.

Foto: Papua Neuguinea, Milne Bay

Gezeitentümpel-Muräne *(Uropterygius micropterus)*

Muränen dieser Art besitzen einen braun gesprenkelten, aalglatten, schlanken und zylindrischen Körper, der zum Schwanzende hin zugespitzt ist. Sie sind nachtaktive Räuber und Einzelgänger, die sich von kleinen Fischen und von Krebsen ernähren. Tagsüber leben sie im Weichboden versteckt und gelegentlich schaut nur noch ihr Kopf aus dem Untergrund hervor. Sie sind Flachwasserfische, die hin und wieder bei Ebbe in Gezeitentümpel zu finden sind, wo sie auf die Rückkehr der Flut ausharren. Ausgewachsene Tiere werden bis zu 35cm groß. Sie sind im Indopazifik von Afrika bis nach Samoa, Mikronesien und Australien verbreitet.

Foto: Papua Neuguinea, Milne Bay

Weiße Bandmuräne (Pseudechidna brummeri), Papua Neuguinea

Gezeitentümpel-Muräne (Uropterygius micropterus), PNG

Großflossen-Schlangenaal *(Ophichthus altipennis)*

Großflossen-Schlangenaale sind scheue und nachtaktive Fische mit einem schlanken, zylindrischen und schuppenlosen Körper, der eine Länge von über 100cm erreichen kann. Tagsüber leben die Aale schräg oder senkrecht im Sediment eingegraben, so dass nur der Kopf mit den großen Augen und den langen Nasentuben daraus hervorschaut. Schlangenaale sind hoch entwickelte Fische mit einer erhöhten Anzahl von Stützknochen an den Kiementaschen und einer einzigartigen Anordnung der Kopfporen. Ihr spitzer Schwanz und die außerordentlich feste Schwanzspitze ermöglichen es den Fischen sich rückwärts in das Sediment einzugraben. Bei Störungen verschwinden sie plötzlich ganz schnell im Boden. Sie ziehen sich praktisch rückwärts in den Untergrund zurück. Nachts sind sie auf Beutejagd unterwegs. Als gefräßige Räuber erbeuten sie kleine Fische, möglicherweise Tintenschnecken und verschiedene andere Wirbellose. Bei einer Länge von 80cm sind sie ausgewachsen. Nichts ist über ihre Fortpflanzung bekannt und es gibt in der Liwteratur auch keinen Hinweis darüber, ob ihr Fleisch genießbar ist. Verbreitet sind sie im gesamten Indopazifik und kommen in Wassertiefen zwischen 3-18m vor.

Foto: Indonesien, Nord Sulawesi

Schwarzflossen-Schlangenaal *(Ophichthus melanochir)*

Schwarzflossen-Schlangenaale sind Einzelgänger und nachtaktive Räuber, die sich tagsüber in verschiedenen Weichböden verstecken, so dass nur noch der Kopf senkrecht aus dem Sediment herausschaut. Erst bei Anbruch der Dunkelheit schwimmen sie auf der Suche nach Beute umher und ernähren sich von kleinen Fischen, Krebsen und Tintenfischen. Der schlangenförmige Körper der Fische ist gelblichbraun gefärbt, trägt schwarze Brustflossen und eine schwarzgraue Rückenflosse, die man hier auf dem Bild nicht sieht. Ihr vertikales Vorkommen reicht vom seichten Flachwasser bis in Tiefen von 12m. Die Verbreitung der Art reicht im Indopazifik von Malaysia bis nach Mikronesien, Polynesien, Japan und Australien.

Foto: Malaysia, Lankayan

Großflossen-Schlangenaal (Ophichthus altipennis), Indonesien

Schwarzflossen-Schlangenaal (Ophichthus melanochir), Malaysia

Bonaparte-Schlangenaal *(Ophichthus bonaparti)*

Bonaparte-Schlangenaale führen ein verstecktes Dasein. Tagsüber sind sie im Sediment eingegraben, so dass nur noch ihr Kopf daraus hervorschaut. Ihren schlanken, zylindrischen und mit vielen breiten und dunkelbraunen Querbändern gezeichneten Körper sieht man nur, wenn die Aale in der Nacht ihre Verstecke verlassen und auf Nahrungssuche sind, um sich von Fischen und verschiedenen Wirbellosen zu ernähren. Bei der Suche danach hilft ihnen ihr ausgezeichnet entwickeltes Geruchsorgan, die Beute zu finden. Der Kopf der Aale zeigt eine schöne Musterung. Ihr bis zu 75 cm langer Körper trägt ein paddelartig geformtes und versteiftes Schwanzende, das es ihnen ermöglicht, sich schnell rückwärts in den Boden einzugraben. Die Verbreitung der Art reicht im Indopazifik von Südafrika bis nach Polynesien und Japan. Im Roten Meer fehlen sie.

Foto: Indonesien, Bali

Geringelter Schlangenaal *(Myrichthys colubrinus)*

Der aalschlanke Körper dieser Fische trägt eine auffällige Bänderung am Körper, die schwarz-weiß oder braun-weiß sein kann. Die weißen Bänder können auch etwas hellgelb ausfallen. Bei den älteren Tieren können keine schwarzen Punkte in den Bereichen der hellen Bänder auftreten. Mit dieser eigenwilligen Bänderung imitieren die Schlangenaale die giftige Seeschlange Laticauda colubrina, die in ihrem Verbreitungsgebiet vorkommt, um sich so besser vor Freßfeinden zu schützen. Geringelte Schlangenaale sind Einzelgänger, die sich tagsüber in den Untergrund eingraben und verstecken. Erst in den Nacht begeben sie sich auf Nahrungssuche und erbeuten kleine Fische, Tintenschnecken und Krebse. Sie kommen vom Flachwasser bis in 30m Wassertiefe vor und bevorzugen tiefer liegende Fleckenriffe, Sandflecken, Lagunen und ausgedehnte Weichbodenareale als Lebensraum. Sie werden fast 90cm groß und sind im Roten Meer und im Indopazifik von Ostafrika und Australien bis nach Polynesien und Japan weit verbreitet.

Foto: Indonesien, Bali, Alam Anda

Bonaparte-Schlangenaal (Ophichthus bonaparti), Indonesien

Geringelter Schlangenaal (Myrichthys colubrinus), Indonesien

Sterngucker-Schlangenaal *(Brachysomophis cirrocheilos)*

Sterngucker-Schlangenaale sind Einzelgänger, die tagsüber in mobilen Sedimenten eingegraben leben. Entweder sind sie vollständig vom Sediment bedeckt, oder ihr Kopf schaut noch aus dem Untergrund heraus. Einen Sterngucker-Schlangenaal in seiner gesamten Länge bekommt ein Taucher nie zu sehen, es sei denn, man scheucht ihn auf. Erst in der Nacht, wenn er Beute jagt oder einen Stellungswechsel vornimmt, ist die Wahrscheinlichkeit größer, sie zu sehen. Auffallend an den Fischen sind der krokodilförmige Kopf und die lange Schnauze, die in ihrem Oberkiefer Zähne trägt, die in Doppelreihen angeordnet sind. Die Zähne im Unterkiefer sind dagegen einreihig. Sterngucker-Schlangenaale sind nachtaktive Räuber, die sich von Fischen, Krebsen und von Tintenfischen ernähren. Sie sind im Roten Meer und im Indopazifik von Ostafrika bis in den Westpazifik verbreitet. Aufgrund ihrer versteckten Lebensweise muß auch ein Taucher lange über ausgedehnte mobile Böden schwimmen, um sie vielleicht einmal zu entdecken.

Foto: Papua Neuguinea, Milne Bay

Krokodil-Schlangenaal *(Brachysomophis crocodilinus)*

Krokodil-Schlangenaale leben versteckt im Sediment, so dass nur noch der Kopf daraus hervorragt. Sie leben von der Gezeitenzone bis in mittlere Wassertiefen von 15m und sind aufgrund ihrer hellen Körperfarbe von der Farbe des Untergrundes kaum zu unterschieden. Das macht es so schwer, sie zu finden. Die Augen am Kopf sind wulstig erhoben und der über 100cm lange und schlanke Körper trägt eine Vielzahl feiner, brauner Punkte und Flecken. Die überwiegend nachtaktiven Aale ernähren sich von verschiedenen Wirbellosen und von kleinen Fischen, die sie aufstöbern. Im Indopazifik weit verbreitet und kommen von den Küsten Ostafrikas und Australien bis in den östlichen Pazifik vor.

Foto: Indonesien, Nord Sulawesi

Sterngucker-Schlangenaal (Brachysomophis cirrocheilos), PNG

Krokodil-Schlangenaal (Brachysomophis crocodilinus), Indonesien

Reptilien-Schlangenaal *(Brachysomophis henshawi)*

Reptilien-Schlangenaale leben bis zum Kopf in Korallensanden und Korallenbruch eingegraben und betätigen sich als Überraschungsjäger. Die sind überwiegend in sandigen Riffgebieten oder in Korallenbruchfeldern zu finden und ernähren sich hauptsächlich von kleinen Fischen, Krebsen und Tintenschnecken, die sie im schnellen Spurt erjagen. Das große und krokodilähnliche Maul trägt feine und scharfe Zähne und der Unterkiefer zeigt weiße Querbänder. Kopf und Teile des Vorderkörpers sind feuerrot gefärbt und tragen unregelmäßig geformte, weiße Flecken. Reptilien-Schlangenaale sind Tiere des flachen Wassers, die man hauptsächlich in seichten Lagunen trifft, aber auch noch in Wassertiefen zwischen 10m und 30m antreffen kann. Sie werden, wenn sie ausgewachsen sind, bis zu 100cm groß und sind vom Indischen Ozean bis nach Australien und den Gesellschafts-Inseln verbreitet.

Foto: Philippinen, Panglao

Reptilien-Schlangenaal (Brachysomophis henshawi), Philippinen

Reptilien-Schlangenaal (Brachysomophis henshawi), Papua Neuguinea

Gebänderte Seezunge *(Soleichthys sp.)*

Gebänderte Seezungen leben auf verschiedenen mobilen Sedimenten in unterschiedlichen Wassertiefen und sie sind nachtaktiv. Tagsüber leben die Fische im Sediment eingegraben. Sie sind Einzelgänger und dämmerungsaktive Räuber, die sich von verschiedenen kleinen Wirbellosen ernähren. Ihr ovaler und platt gedrückter Körper zeigt eine für die Fische typische Bänderung, wobei sich dunkelbraune und hellbraune Bänder ablösen. Jedes zweite hellbraune Band trägt weiße Tupfen, die in gelben Flecken auf dem grünschwarzen Flossensaum enden. Gebänderte Seezungen werden bis zu 15cm groß und sind auch in der Nacht sehr selten zu sehen. Bei der hier vorgestellten Seezunge handelt es sich möglicherweise um eine neue Art, die noch nicht beschrieben ist. Sie kommt im Flachwasser der Milne Bay in Papua Neuguinea vor.

Foto: Papua Neuguinea, Milne Bay

Blaurand-Seezunge *(Soleichthys heterorhinus)*

Blaurand-Seezungen sind überwiegend nachtaktive Räuber, sie sich tagsüber bis zu den Augen in den Untergrund einwühlen. Ihr stark abgeflachter und länglich ovaler Körper kann in seiner Farbe verschieden sein, doch stets ist er dunkel gebändert. Der Flossensaum ist häufig grünlich-blau irisierend und die Ränder der Rücken-, Schwanz- und Afterflosse sind schwarz. Seezungen dieser Art sind Einzelgänger, die nur zur Laichzeit paarweise angetroffen werden. Sie können bis zu 15cm groß werden und ernähren sich von kleinen am Boden lebenden Wirbellosen und Fischen. Sie schwimmen mit undulierenden Bewegungen ihrer Flossensäume und ergreifen bei Störungen blitzartig die Flucht. Blaurand-Seezungen sind Tiere des Flachwassers, die im Indopazifik vom Arabischen Meer bis nach Samoa, Japan und Neusüdwales in Australien vorkommen.

Foto: Indonesien, Nusakode

Gebänderte Seezunge (Soleichthys sp.), Papua Neuguinea

Blaurand-Seezunge (Soleichthys heterorhinus), Indonesien

Pfauen-Seezunge *(Pardachirus pavonicus)*

Pfauen-Seezungen sind Weichbodenbewohner, die tagsüber völlig bedeckt oder eingegraben im Sediment leben, so dass nur noch ihre Augen daraus hervorschauen. Man findet sie in seichten Lagunen genauso wie an Außenriffen bis in Tiefen von 40m. Die etwa 22cm großen Fische sehen der Art *Paradachirus marmoratus* des Indischen Ozeans sehr ähnlich. Alle Seezungen aus dieser Gattung besitzen eine Serie von Giftdrüsen an der Basis ihrer Rücken- und Afterflossen, die ein sehr giftiges und milchiges Sekret produzieren, das Fressfeinde abschrecken soll und auch abschreckt. Es wurde von der amerikanischen Marine bereits als Haiabwehrmittel getestet, doch als nicht gerade wirkungsvoll eingestuft. Auffallend bei diesen Seezungen ist die weiße Ring- und Fleckenzeichnung auf der braunen Körperoberseite. Diese Flecken bedecken auch alle Flossen. Pfauen-Seezungen kommen im Indopazifik von Sri Lanka bis nach Samoa, Tonga, Japan und Australien vor.

Foto: Indonesien, Bali

Zebra-Seezunge *(Aesopia fasciatus)*

Zebra-Seezungen sind nachtaktive Einzelgänger, die man selten zu Gesicht bekommt. Sie leben auf küstennahen Sand- und Schlammböden und sind stets mit Sediment bedeckt oder darin eingegraben. Für eine gute Aufnahme muss man sie schon etwas in Bewegung halten, damit sie sich nicht wieder mit Sand bedecken und verstecken. Ihr länglich-ovaler Körper ist stark abgeflacht und mit einer kräftigen weißbraunen Querbänderung ausgestattet. Das Muster dieser Bänderung ist von Tier zu Tier verschieden. Typisch für diese Art ist der dunkle Fleck auf der Schwanzflosse, der goldene Tupfen trägt. Zebra-Seezungen werden bis zu 30cm groß. Sie leben vom Spülsaum der Riffe bis in Tiefen von 15m und kommen im Indopazifik von Thailand und Borneo bis nach Australien und Südjapan vor.

Foto: Indonesien, Rinca

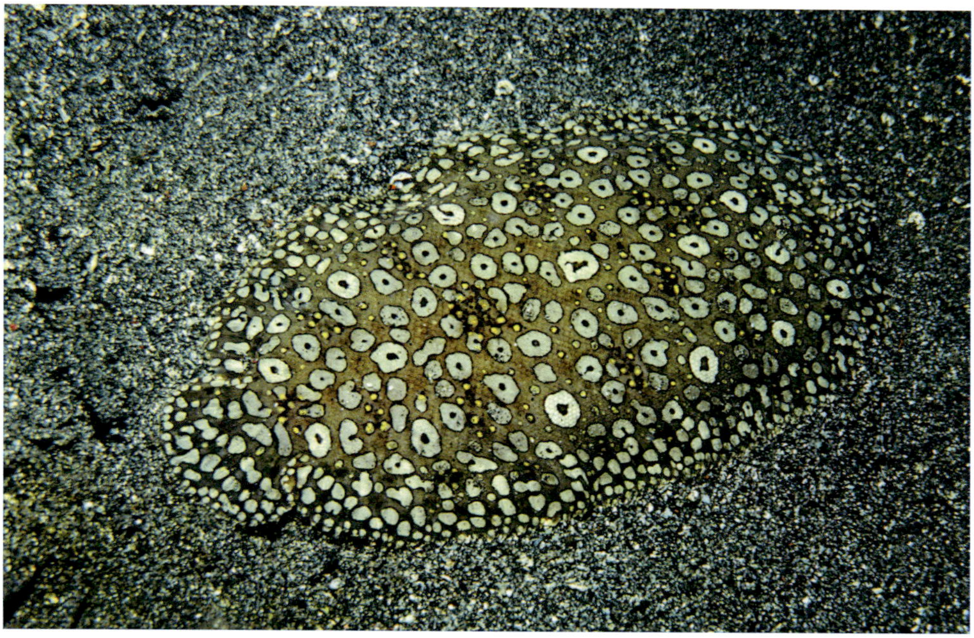

Pfauen-Seezunge (Paradachirus pavonicus), Indonesien

Zebra-Seezunge (Aesopia fasciatus), Indonesien

Panther-Flunder *(Bothus pantherinus)*

Panther-Flundern sind Einzelgänger auf Sand- und Schlammböden, die vom Flachwasser bis in Tiefen von über 100m leben. Nur zur Zeit der Fortpflanzung sieht man sie paarweise schwimmen. Der braungrundige Körper trägt große und dunkle Flecken und einen großen und schwarzen Fleck auf der hinteren Körperhälfte. Dazwischen liegen blaue und unterbrochene Ringe und Flecken. Beide Augen liegen auf der linken Körperseite. Die Männchen können sehr lange Rückenflossenstrahlen entwickeln. Die Farbzellen in der Fischhaut sind in der Lage, sich der Farbe der Umgebung und speziell des Untergrundes anzupassen, so dass eine einzige Art ganz unterschiedlich gezeichnet sein kann, je nachdem, auf welchem Untergrund sie ruht. Panther-Fludern werden bis zu 35cm groß. Sie ernähren sich von kleinen Fischen, von Garnelen, Krebsen und von Borstenwürmern. Ihr Fleisch ist zart und gilt als Delikatesse. Sie sind im Roten Meer und im Indopazifik von Afrika bis Hawaii, Japan und Australien verbreitet.

Foto: Mikronesien, Palau

Fasan-Butt *(Bothus mancus)*

Fasan-Butte tragen ein fasanenähnliches Muster auf ihren Körper, das mit blauen und blumenähnlichen Mustern übersät ist. Die so schön gezeichneten Fische sind Einzelgänger auf verschiedenen Weichböden, in die sie sich auch teilweise eingraben. Im Boden eingegraben schauen nur ihre großen und oberständigen Augen daraus hervor. Sie liegen aber auch schon mal auf felsigem Gestein. Als Räuber ernähren sie sich von Fischen und Krebsen. Nur zur Paarungszeit finden sich die unterschiedlichen Geschlechter. Die Paarung beginnt mit einer ausgeprägten Balz. Die befruchteten Eier sind planktisch. Die Jungfische schwimmen noch wie jeder andere Fisch auch. Erst wenn sie zum Bodenleben übergehen, legen sie sich auf die rechte Seite, wobei die Augen auf die linke Körperseite wandern. Fasan-Butte leben vom Flachwasser bis in größere Tiefen und gelten als wohlschmeckende Speisefische. Sie sind im gesamten Indopazifik von der Küste von Südafrika bis nach Hawaii und Mexiko verbreitet.

Foto: Indonesien, Nord Sulawesi

Panther-Flunder (Bothus pantherinus), Mikronesien

Fasan-Butt (Bothus mancus), Indonesien

Grauer Riffhai *(Carcharhinus amblyrhynchos)*

Graue Riffhaie sind an den Korallenriffen im Roten Meer und im Indopazifik von Ostafrika bis zu den Osterinseln verbreitet. Da Haie sehr neugierig sind, sind sie fast immer anwesend, wenn Taucher ins Wasser springen. Diese Haiart ist nicht aggressiv und auch nicht angriffslustig, denn sie weicht Eindringlingen weiträumig aus und dort, wo sie angefüttert wurde, ist sie sogar zutraulich. Der Rücken und die Körperseiten der Haie sind grau. Lediglich die Bauchseite ist heller. Die weit abgespreizten Brustflossen tragen schwarze Spitzen. Die Weibchen sind ovovivipar, also lebendgebärend. Sie bringen bis zu sechs Junghaie zur Welt, die sofort auf sich allein gestellt sind und mit der Jagd nach Beute beginnen. Während der Geburt und kurze Zeit danach haben die Weibchen eine Bisshemmung, damit sie ihre eigene Nachkommenschaft nicht auffressen. Graue Riffhaie werden bis zu 200cm groß. Sie ernähren sich von Fischen, Tintenfischen, Krabben und von Langusten. Nicht wegen ihres Fleisches werden sie vom Menschen gejagt, sondern wegen ihrer Brustflossen, die in Südostasien zu Suppen verarbeitet werden. Den gefangenen Haien schneiden die Fischer bei lebendigem Leib die Flossen ab und werfen den Haikörper zurück in das Wasser. Hier verenden die Tiere elendig.

Foto: Mikronesien, Palau

Weißspitzen-Riffhai *(Triaenodon obesus)*

Riffhaie dieser Art leben einzeln oder in kleineren Gruppen vom Flachwasser bis in über 200m Tiefe in Lagunen, an Saum- und Barriereriffen und entlang unterseeischer Plattformen. Sie kontrollieren ihr Revier, sind auch neugierig gegenüber Tauchern und besitzen bestimmte Ruheplätze auf Sandflächen, auf Korallenbruch und auf Korallen. Hier findet man die Einzelgänger häufig in kleineren Gruppen ruhen. Weißspitzen-Riffhaie gehören zu den Haiarten, die nicht ständig schwimmen müssen, damit genug sauerstoffreiches Wasser durch ihre Kiemen fließt. Sie ruhen daher bevorzugt mit dem Kopf zur Strömung des Wassers ausgerichtet und besitzen eine spezielle Muskulatur, die die Kiementätigkeit auch während der Rast am Grund aufrechterhält. Sie sind dämmerungsaktiv, besitzen einen ausgezeichneten Geruchssinn und ernähren sich bevorzugt von Fischen, Krabben und Tintenschnecken. Ausgewachsene Weibchen mit einer Länge von über 200cm bringen nach einer Tragezeit von 13 Monaten 1-2 Junghaie lebend zur Welt. Weißspitzen-Riffhaie erkennt man an den weißen Spitzen ihrer Rücken- und Schwanzflosse. Verbreitet sind sie im Roten Meer und kommen im Indopazifik von Südafrika bis nach Japan, der Westküste von Panama und Australien vor.

Foto: Malaysia, Lankayan

Grauer Riffhai (Carcharhinus amblyrhynchos), Mikronesien

Weißspitzen-Riffhai (Triaenodon obesus), Malaysia

Bambushai *(Chiloscyllium punctatum)*

Bambushaie, auch Braunband-Lippenhaie genannt, sind Einzelgänger auf Sandflächen, Korallenschutt und Schlammböden. Hier suchen sie nach wirbellosen Tieren, ganz besonders nach Weichtieren und Krebsen, die sie fressen. Erwachsene Haie und die Jungtiere sehen grundsätzlich verschieden aus. Während die Adulten weitgehend einheitlich graubraun gefärbt sind, tragen die juvenilen Tiere dunkle Querbänder und Flecken auf dem Rücken. Diese verlieren sich mit fortschreitendem Wachstum und verschwinden dann gänzlich. Lippenhaie haben einen schlanken Körper, der über 100cm Länge erreichen kann. Die Schnauze ist abgerundet und trägt 2 Barteln. Die beiden Rückenflossen sind gleich groß und gleich gestaltet. Braunband-Lippenhaie sind vom östlichen Indischen Ozean bis nach Japan und Australien verbreitet.

Fotos: Malaysia, Mantanani

Bambushai (Chiloscyllum punctatum), Malaysia

Bambushai (Chiloscyllum punctatum), Malaysia

Zebrahai *(Stegastoma fasciatum)*

Zebrahaie liegen tagsüber, aufgestützt auf ihre breiten Brustflossen, auf Sand, Korallenbruch und, den Kopf voran, in Unterhöhlungen. So sieht man sie überwiegend als Einzelgänger, seltener in Gruppen in Lagunen, am Riffgrund und inmitten stark strömender Kanäle. Der gelbbraune Körper der Haie trägt Stege entlang der Körperseiten und ist mit einer Vielzahl brauner Flecken und Punkte übersät, so dass nur die Umgebung des Maules und Teile der Stirn frei davon sind. Der Schwanz kann fast so lang werden, wie der Körper der Tiere. Die Junghaie besitzen auf ihrem hellen Körper schwarze Bänder, die sie wie ein Zebra aussehen lassen (Name). Diese verschwinden im Verlaufe ihres Wachstums und machen einem Punkte- und Fleckenmuster Platz. Zebrahaie sind nachtaktive Räuber, die sich von Krebsen, Tintenschnecken, von kleinen Fischen und auch von Seeschlangen ernähren. Verbreitet sind sie im Roten Meer und kommen im Indopazifik von der Küste von Südafrika bis nach Samoa, Japan und Australien vor.

Foto: Malaysia, Mabul

Korallen-Katzenhai *(Atelomycterus marmoratus)*

Korallen-Katzenhaie, auch Marmorierte Katzenhaie genannt, sind nachtaktive Fische, die sich tagsüber im Riff verstecken und nachts zwischen den Korallen nach Beute jagen. Diese besteht aus Fischen, verschiedenen Weichtieren und aus Krebsen. Aufgrund ihrer Körperfarbe sind sie leicht zu identifizieren, wenn man sie überhaupt zu sehen bekommt. Ihr schlanker Körper ist stromlinienförmig, der Kopf ist abgeplattet und der Schwanz ist relativ kurz. Hinter dem länglichovalen Auge liegt, nicht sehr deutlich zu sehen, ein kleines Spritzloch. Die Brustflossen sind breit und tragen einen hellen Saum. Der gesamte Körper ist braun bis dunkelbraun marmoriert. Korallen-Katzenhaie sind relativ kleine Haie, die eine maximale Länge von 70cm erreichen. Sie jagen sehr geschickt im Flachwasser der Riffe und sind außerordentlich scheu, wenn man sie des Nachts mit einer Lampe anleuchtet. Ihre Verbreitung reicht vom östlichen Indischen Ozean bis in den Westpazifik.

Foto: Papua Neuguinea, Milne Bay

Zebrahai (Stegastoma fasciatum), Malaysia

Korallen-Katzenhai (Atelomycterus marmoratus), Papua Neuguinea

Gewöhnlicher Ammenhai *(Nebrius ferrugineus)*

Gewöhnliche Ammenhaie ruhen tagsüber auf tiefen Sandflächen, in Unterhöhlungen und in Höhlen. Erst bei Anbruch der Dämmerung werden sie aktiv und suchen sich in Seegraswiesen und über ausgedehnten Sandflächen ihre Nahrung. Diese besteht überwiegend aus Fischen, Weichtieren und verschiedenen Stachelhäutern. Zwei Barteln auf der Oberlippe der Haie sind Geschmacks- und Tastorgane, die ihnen helfen, ihre Beutetiere zu finden. Ammenhaie leben überwiegend solitär. Nur in Ruhe findet man sie in kleineren Gruppen auf Sandflächen. Nach ihrer nächtlichen Nahrungssuche kehren sie in der Regel zu ihren Ruheplätzen zurück. Gewöhnliche Ammenhaie sind friedliche Fische. Kommen sie jedoch in Bedrängnis, nur weil ein Taucher sie am Schwanz aus ihrer Höhle zerrt, dann beißen sie auch zu. Sie verhalten sich dann wie Kampfhunde, die einmal zupacken und nicht wieder loslassen. Ausgewachsene Tiere werden über 300cm groß. Die Weibchen bringen bis zu 8 Junghaie lebend zu Welt. Verbreitet sind sie im Roten Meer und kommen im gesamten Indopazifik von Südafrika bis zu den Tuamotu-Inseln, Japan, der Westküste von Panama und Australien vor.

Foto: Malediven, Male-Atoll

Gewöhnlicher Ammenhai (Nebrius ferrugineus), Malediven

Gewöhnlicher Ammenhai (Nebrius ferrugineus), Indonesien

Mosaik-Wobbegonhai *(Eucrossorhinus dasypogon)*

Wobbegonghaie, auch Fransenteppich-Haie genannt, besitzen einen extrem abgeflachten Kopf und Körper, die sich durch ein Mosaikmuster der Haut farblich dem Untergrund anpassen. Tagsüber ruhen die nachtaktiven Haie unter Überhängen, in Höhlen und in Schiffswracks und schwimmen erst in der Nacht auf Nahrungssuche. Dann versuchen sie Fische, Rochen, Tintenfische, Langusten und auch andere, kleine Haie zu erbeuten. Kannibalismus ist bei ihnen weit verbreitet. Der Kopf ist auffallend breit und um das Maul herum befinden sich eine Vielzahl von Bartfäden und verzweigte Hautlappen, die den Hai in seiner Umgebung auflösen und fast unsichtbar machen. Ausgewachsene Wobbegongs werden bis zu 360cm groß. Die Weibchen sind ovovivipar und können bis zu 35 Junghaie zur Welt bringen. Vorsicht ist bei einer Begegnung mit Wobbegongs angebracht! Obwohl sie nicht direkt angreifen, können sie doch kräftig zubeißen, wenn sie sich gestört fühlen. Einmal zugebissen, lassen sie sich nicht mehr los. Sie verhalten sich dann wie Kampfhunde. Die Verbreitung der Art reicht im Indopazifik von Nordaustralien bis nach Papua Neuguinea.

Fotos: Papua Neuguinea, Milne Bay

Mosaik-Wobbegonghai (Eucrossorhinus dasypogon), Papua Neuguinea

Mosaik-Wobbegonghai (Eucrossorhinus dasypogon), Papua Neuguinea

Gefleckter Adlerrochen *(Aetobatus narinari)*

Gefleckte Adlerrochen sind imposante Fische, die mit einer Gesamtlänge von 300cm dem Betrachter unter Waser als riesig groß erscheinen. Sie schwimmen mit majestätischen Flossenschwüngen schwerelos im Freiwasser in der Nähe von Korallenriffen und ernähren sich von verschiedenen Weichtieren, Würmern, Garnelen und von kleinen Fischen. Ihr graubrauner bis schwarzer Rücken trägt eine Vielzahl hellen Punkte, während die Unterseite fast weiß erscheint. Nur die Flossenränder sind dunkel abgesetzt. Ihr langer und dünner Schwanz ist mit mehreren Stacheln bewehrt, die zur Verteidigung eingesetzt werden. Adlerrochen sind in allen tropischen und in fast allen subtropischen Meeren verbreitet. Sie schwimmen als ausgewachsene Tiere bevorzugt einzeln und als Heranwachsende in kleineren Gruppen. Sie bringen 1-4 Jungrochen zur Welt, die bereits schon eine beträchtliche Spannweite von 50cm besitzen und kommen vom Flachwasser bis in Tiefen von 80m vor.

Foto: Malediven, Nord Male Atoll

Mantarochen *(Manta birostris)*

Mantarochen sind die größten Rochen im Freiwasser tropischer und subtropischer Meere. Ihr Körper erreicht eine Spannweite von 600cm und ein Gewicht von 2000 kg. Damit sind sie wahrlich gigantische Fische in unseren Meeren. Da sie vorwiegend Tiere des freien Wassers sind, kommen sie nur gelegentlich in Riffnähe, um sich an den Putzerstationen von Hautparasiten befreien zu lassen. Wenn man Glück hat, dann sieht man auch gelegentlich mehrere Tiere hintereinander in der Warteschlange schwimmen, um dann endlich auch geputzt zu werden. Mantarochen sind reine Planktonfresser. Das breite und länglich-ovale Maul ist stets geöffnet. Zwei Kopfflossen, die wie Hörner aussehen und die den Rochen auch den Namen „Teufelsrochen" einbrachten, befinden sich seitlich der Maulöffnung. Die Weibchen sind lebendgebärend (ovovivipar). Sie bringen nach einer langen Tragezeit ein bis zwei Jungtiere zur Welt. Mit Hilfe flügelartiger Schläge ihrer Brustflossen bewegen sich Mantarochen fort und werden dabei in der Regel von Pilotfischen und Schiffshaltern begleitet. Ausgewachsene Mantarochen haben kaum Feinde. Nur große, pelagisch lebende und ausgehungerte Raubhaie haben sie zu fürchten.

Foto: Indonesien, Raja Ampad

Gefleckter Adlerrochen (Aetobatus narinari), Malediven

Mantarochen (Manta birostris), Indonesien

Blaupunktrochen *(Taeniura lymna)*

Blaupunktrochen sind Sandlieger, die sich teilweise oder ganz in den Boden einwühlen, so dass nur noch die großen Augen daraus hervorschauen. Der fast runde Körper der Rochen ist mit sehr auffälligen, leuchtend blauen Flecken und Punkten unterschiedlicher Größe bedeckt. Beiderseits des langen Schwanzes verlaufen blaue Längsbänder. Die Körperunterseite ist weiß. Blaupunktrochen leben in sandigen Lagunen und auf den Boden flacher Riffe. Tagsüber ruhen sie auf Sandflächen, unter Tischkorallen und in Unterhöhlungen. Nachts stöbern sie nach Schnecken, Muscheln, Einsiedlerkrebsen und nach anderen Wirbellosen im Sand, von denen sie sich ernähren. Dabei hinterlassen sie kraterähnliche Löcher im Untergrund. Verbreitet sind sie im Roten Meer und kommen im Indopazifik von Ostafrika bis nach Mikronesien und Australien vor.

Foto: Papua Neuguinea, Milne Bay

Rotmeer-Zitterrochen *(Torpedo panthera)*

Rotmeer-Zitterrochen, auch Bogenstirn-Torpedorochen genannt, leben möglicherweise endemisch im Roten Meer. Meldungen, dass diese Art auch im Indischen Ozean vorkommt, beruhen möglicherweise auf Verwechslungen, da die Farbe der Rochen sehr variabel ist. In der Regel sind die Fische bräunlich bis beige gefärbt und tragen helle Flecken und Punkte auf der Oberseite ihres Körpers. Sie sind Einzelgänger, die auf Schlamm, Sand und auf Korallenbruch liegen und sich von kleinen Fischen ernähren. Ihre Beute orten sie, um sie dann mit leichten oder starken Stromstößern zu betäuben oder zu töten. Die Weibchen sind lebendgebärend (ovovivipar) und bringen über 20 Jungrochen zur Welt. Erwachsene Tiere können bis zu 130cm groß wachsen.

Foto: Israel, Straße von Tiran

Blaupunktrochen (Taeniura lymna), Papua Neuguinea

Rotmeer-Zitterrochen (Torpedo panthera), Israel

Gelbband-Makrele *(Selar boops)*

Gelbband-Makrelen schwimmen in kleinen bis großen Schwärmen im Freiwasser der Korallenriffe. Ihr metallisch blauer Körper trägt breite und gelbe Längsbänder auf beiden Seiten, die oberhalb der Körpermitte liegen. Der Bauch ist silbrig weiß. Auffallend sind die großen Augen. Die bis zu 30cm großen Fische ernähren sich vom Plankton, von kleinen Krebsen und von kleinen Fischen. Sie haben aber keine wirtschaftliche Bedeutung in ihrem Verbreitungsgebiet. Dieses reicht vom Roten Meer bis Südafrika, Australien und Hawaii. Zwei weitere Arten aus dieser Gattung sehen ähnlich aus. Unter Wasser sind sie jedoch nicht voneinander zu unterscheiden, so dass eine mikroskopische Analyse notwendig wird.

Foto: Indonesien, Moyo

Ochsenaugen-Makrele *(Selar crumenophthalmus)*

Ochsenaugen-Makrelen leben in kleinen bis großen Schwärmen im Freiwasser der Küsten und an den dort vorgelagerten Inseln. Sie kommen vom flachen Wasser bis in größere Tiefen vor und besitzen einen schlanken, metallisch glänzenden und bläulich schimmernden Körper. Ein gelbes Längsband zieht sich in Körpermitte vom Kiemendeckel bis zum Schwanzflossenansatz. Die Augen sind so groß wie Ochsenaugen und weisen sie als dämmerungs- und nachtaktive Fische aus. Tagsüber schnappen sie Plankton aus dem vorbeiströmenden Wasser; in der Nacht fressen sie Krabben, Shrimps und auch kleine Fische. Ochsenausgen-Makrelen werden bis zu 30cm groß und gelten als gute Speisefische. Verbreitet sind sie in allen tropischen und subtropischen Meeren: Im Atlantik, Karibik, Rotes Meer, tropischer Indopazifik und im Ostpazifik.

Foto: Westpazifik

Gelbband-Makrele (Selar boops), Indonesien

Ochsenaugen-Makrele (Selar crumenophthalmus), Westpazifik

Großaugen-Makrele *(Caranx sexfasciatus)*

Großaugen-Makrelen sind Schwarmfische, die sich tagsüber an küstennahen Riffen zu großen Schulen formieren und sich langsam kreisend dicht unter der Wasseroberfläche aufhalten. Ihr silbrig glänzender Körper hat einen schwarzen Fleck an oberen Kiemenbogen und die Rückenflosse trägt eine weiße Spitze. Die Jungtiere besitzen 6 charakteristische, dunkle Streifen am Körper (= sexfasciatus), die bei den erwachsenen Fischen im Verlaufe ihres Wachstums verschwinden. Die Augen der Fische sind groß. Die bis zu 90cm großen Makrelen sind eine ausgezeichnete Beute großer Tunfische und Haie. Es ist schon ein außergewöhnliches Schauspiel zu beobachten, wie sich die einzelnen Fische während eine Jagd immer wieder erneut zu einem Schwarm formieren und es so den Räubern schwer machen, sie zu ergreifen und zu fressen. Verbreitet sind sie im Roten Meer und kommen im gesamten Indopazifik bis zu Küsten von Panama im Ostpazifik vor.

Foto: Papua Neuguinea, Milne Bay

Silberflossenblattfisch *(Monodactylus argenteus)*

Fische dieser Art sind Schwarmfische mit einem stark zusammengedrückten, rhombenförmigen Körper, einem kleinen nach oben gerichtetem Maul und Kiefer, die mit kleinen und spitzen Zähnen besetzt sind. Während die Jungfische noch zwei schwarze Bänder auf dem Kopf und dem Vorderkörper tragen, fehlen diese den erwachsenen Tieren. Hinzu kommt, dass die Jungfische gefangen und im Aquarienhandel angeboten werden. Der Körper der Silberflossenblattfische ist metallisch silbrig glänzend und die Flossen sind gelb gefärbt. Sie werden bis zu 27cm groß und bewegen sich im Flachwasser der Riffe über ausgedehnte Sandflächen, werden oft unter Hafenanlagen gesehen und man findet sie in Brackwassergebieten und Mangroven. Sie sind Planktonfresser und kommen im Roten Meer und im Indopazifik von Ostafrika und Australien bis nach Japan vor.

Foto: Papua Neuguinea, Milne Bay

Großaugen-Makrele (Caranx sexfasciatus), Papua Neuguinea

Silberflossenblattfisch (Monodactylus argenteus), Papua Neuguinea

Großer Pfeilhecht *(Sphyraena barracuda)*

Barrakudas sind gefräßige Raubfische, die sich vorwiegend von Fischen ernähren, die sie in schnellen Überraschungsangriffen erjagen. In ihrer Jugend schwimmen sie tagsüber in großen Schulen entlang der Riffe und separieren sich erst in der Nacht, um auf Nahrungssuche zu gehen. Erst die großen Fische, die etwa 150cm Länge erreichen, sind Einzelgänger, die ein ausgedehntes Revier besitzen, das sie täglich kontrollieren. Der silbrig glänzende Körper der Fische ist lang gestreckt, fast torpedoförmig. Der spitz auslaufende Kopf trägt große Augen und ein riesiges Maul, das mit großen und dolchartigen Zähnen besetzt ist. Diese können tiefe Wunden schlagen und beachtliche Fleischfetzen aus großen Fischen herausreißen. Die beiden Rückenflossen stehen weit auseinander und die große und kräftige Schwanzflosse ist leicht gegabelt. Sie ist das Hauptantriebsorgan, das die Barrakudas Geschwindigkeiten von über 80 Stundenkilometern erreichen lässt. Alle Flossen sind gelb. Barrakudas sind auch für den Menschen nicht ungefährlich. Badende, Schnorchler und Taucher werden gelegentlich attackiert. Barrakudas sind geschätzte Speisefische, ganz besonders, wenn sie noch jung sind und die Länge von 100cm nicht überschreiten. Das Fleisch der älteren und großen Tiere ist häufig ciguateratoxisch und kann schwere Vergiftungserscheinungen beim Menschen verursachen. Große Pfeilhechte sind im gesamten Indopazifik verbreitet. Man kann sie leicht mit *S. qenie* und mit *S. putnamiae* verwechseln.

Foto: Indonesien, Nord Sulawesi

Querband-Barracuda *(Sphyraena qenie)*

Querband-Barrakudas schwimmen tagsüber in großen Schulen an gut durchströmten Außenriffen und entlang von tiefen Steilabfällen. Über 100 Tiere, die sich in gut koordinierter Formation bewegen, sind keine Seltenheit. Als nachtaktive Räuber separieren sie sich bei Anbruch der Dunkelheit und jagen nachts im Freiwasser der Riffe nach Fischen. Die lange und spitze Schnauze besitzt kräftige, lange und spitze Raubfischzähne, die in die Beute geschlagen werden. Der lang gestreckte Körper trägt etwa 20 Querbänder an den Körperseiten, die durch silbrig glänzende Zwischenräume voneinander getrennt sind. Die Flossen sind dunkel gesäumt. Querband-Barrakuda sind schnelle Schwimmer, die sich bis zu einem gewissen Alter im Schwarm bewegen. Die großen Tiere sind Einzelgänger und für Badende, Schnorchler und Taucher nicht ungefährlich. Ihr furchterregendes Gebiss kann große, tiefe und schmerzhafte Wunden reißen. Häufig schwimmen junge Barrakuda Scheinangriffe auch gegen Taucher, was gefährlich aussieht, sich aber als harmlose Attacke herausstellt. Sie drehen meist ab und umkreisen neugierig das fremde Objekt. Ihr Fleisch ist in einigen Gegenden Südostasiens nicht genießbar. Fälle von Ciguatera-Vergiftungen sind bekannt. Querband-Barrakudas werden ausgewachsen etwa 130cm lang und sind im Roten Meer, im Indopazifik und im Pazifik bis nach Panama verbreitet.

Foto: Papua Neuguinea, Milne Bay

Großer Pfeilhecht (Sphyraena barracuda), Indonesien

Querband-Barracuda (Sphyraena qenie), Papua Neuguinea

Querband-Makrele *(Carangoides ferdau)*

Querband-Makrelen erkennt man an den 5-6 dunklen Querbändern an den Körperseiten der Fische. Bei den jungen Fischen sind sie noch kräftig ausgebildet und gut zu sehen; bei den älteren Tieren nimmt jedoch die Farbintensität der Streifen deutlich ab. Manchmal sind sie bei einigen Fischen gerade noch zu erahnen. Querband-Makrelen schwimmen einzeln oder in kleineren Gruppen. Sie schwimmen entlang der Außenriffe und in tiefen Lagunen und kommen auch über ausgedehnten Sandflächen vor. Hier finden sie auch ihre Beute. Sie ernähren sie sich von Fischen und von Krebsen. Große Tiere werden bis zu 70cm groß. Sie sind gute Speisefische und werden im offenen Wasser mit Schleppnetzen und im zentralen Teil des Indopazifik leider bevorzugt mit Dynamit gefischt. Ihr Vorkommen reicht vom Roten Meer und Südafrika bis nach Hawaii und Australien.

Foto: Malaysia, Lankayan

Orangeflecken-Makrele *(Caragoides bajad)*

Orangegefleckte Makrelen schwimmen stets paarweise oder in kleineren Schulen im Freiwasser in Küstennähe. Als schnelle und ausdauernde Schwimmer sind sie tag- und nachtaktiv und jagen Sardinenschwärme und andere kleine Fischschwärme, die sie taktisch einkreisen, um einen Fisch nach dem anderen zu erbeuten. Das Bild zeigt die silbrige Farbvariante dieser Art. Hier besitzt der metallisch-silbrige Körper der Fische zahlreiche gelbe bis gelborange Flecken unterschiedlicher Größe. Bei der anderen Farbvariante ist der Fischkörper einheitlich goldglänzend. Stimmungsbedingt sie die Fische beider Farbvarianten in der Lage, ihre Körperfarbe zu wechseln. Der Makrelenkörper ist stromlinienförmig ausgelegt, seitlich abgeflacht und die hohe Schwanzflosse tief gegabelt. Von der geteilten Rückenflosse sieht man die vordere nur selten. Sie wird beim Schwimmen in eine Fuge versenkt. Makrelen sind ständig schwimmend unterwegs. Sie würden zu Boden sinken, wenn sie sich nicht bewegen würden, da ihre Schwimmblase entweder reduziert ist oder gänzlich fehlt. Taucher werden von ihnen neugierig umkreist, bevor sie sich wieder ihrer Jagd widmen und im Freiwasser verschwinden. Orange gefleckte Makrelen werden annähernd 50cm groß und sind ausgezeichnete Speisefische. Sie sind vom Roten Meer und dem Arabischen Golf bis nach Indonesien, den Philippinen, Papua Neuguinea und Australien verbreitet.

Foto: Indonesien, Raja Ampad

Querband-Makrele (Carangoides ferdau), Malaysia

Orangeflecken-Makrele (Carangoides bajad), Indonesien

Blauflossen-Makrele *(Caranx melampygus)*

Blauflossen-Makrelen sind große Raubfische, die einzeln, paarweise oder in kleinen Gruppen direkt am Riffhang jagen und Sardinenschwärmen folgen. Sie umkreisen sie und stoßen mitten in den Schwarm hinein. Wie fast alle Makrelen so sind auch sie außerordentlich schnelle und elegante Schwimmer, die eine Geschwindigkeit von 50km/h und mehr erreichen können. Die Rückenflossen werden beim schnellen Schwimmen in Vertiefungen des Rückens eingesenkt und die sichelförmigen Brustflossen angelegt. Ihr silbrig grauer Körper trägt eine Vielzahl kleiner schwarzer und blauer Flecken. Die Rücken-, Schwanz und Afterflossen sind blau. Der hintere Teil der Seitenlinie besitzt, bis zum Schwanzansatz, gestielte Schuppen. Blauflossen-Makrelen werden kommerziell gefangen und gelten als ausgezeichnete Speisefische. Große und alte Tiere, die über 100cm groß sind, verlieren ihre silbrigblaue Färbung und werden fast schwarz. An manchen Küstenregionen des Roten Meeres und im Indopazifik können sie nicht mehr gegessen werden, da ihr Fleisch durch das Nervengift Ciguatera vergiftet ist.

Foto: Indonesien, Nord Sulawesi

Blauflossen-Makrele (Caranx melampygus), Indonesien

Bärtiger Drachenkopf (Scorpaenopsis oxycephala), Indonesien

Allen, G., Steene, R., Human, P., & Deloach, N. (2003): Reef Fish Identification Tropical Pacific. New World Publications, Inc., Florida, USA.

Allen, G. & Steene, R. (1994): Riff-Führer. Tiere und Pflanzen im Indopazifik. Verlag Christa Hemmen, Wiesbaden, Germany.

AllenG. & Talbot, F.H. (1985): Rewiev of the genus Lutjanus from the Indo-Pacific, with the description of a new species. Indo-Pacific fishes Vol. 11. Bishop Museum, Hawaii, USA.

Allen, G. (1978): Die Anemonenfische. Mergus-Verlag, Melle, Germany

Allen, G. (1979): Falter- und Kaiserfische. Band 2: Atlantik, Karibik, Rotes Meer, Indo-Pazifik. Mergus-Verlag, Melle, Germany.

Allen, G. (1991): Riffbarsche der Welt. Mergus-Verlag, Melle, Germany.

Allen, G. & Swainston, R. (1988): The marine fishes of north-western Australia. Western Australia Museum, Perth, Australien.

Anderson, C. &Hafiz, A. (1987, 1989, 1992): Common Reef Fishes of the Maledives, Part 1,2,3. Novelty Printers, Male, Malediven.

Baensch, H. & Patzner, R. A. (1998): Meerwasser Atlas Band 7. Mergus-Verlag, Melle, Germany.

Bemert, G. & Ormond, R. (1981): Red sea coral reefs. Kegan Paul International, London-Boston.

Bennet, I. (1971): The Great Barrier Reef. Landsdown Press, Sydney, Australia.

Carcasson, R.H. (1977): A field guide to the coral reef fishes of the Indian and West Pacific Ocean. Collons, London, UK.

Dakin, W.J., Bennet, I. & Pope, E. (1963): Australian Seashores. Angus & Robertson, Sydney, Australia.

Dor, M. (1984): Checklist of the fishes of the Red Sea. The Israel Academy of Sciences and Humanities, Jerusalem, Israel.

Doubilet, D. (1989): Light in the Sea. Swan Hill Press, Oxford, N.Y., Frankfurt.

Edwards, A.J. & Head, St. M. (1987): Red Sea. Pergamon Press, Oxford, N.Y., Frankfurt.

Eichler, D. & Myers, R.F (1997): Korallenfische, Zentraler Indischer Ozean. Jahr-Verlag, Hamburg, Germany.

Eichler, D. & Lieske, E. (1994): Korallenfische Indischer Ozean. Jahr-Verlag, Hamburg, Germany.

Endean, R. (1982): Australia`s Great Barrier Reef. University of Queensland Press, St. Lucia, London, UK.

Erhardt, H. & Krimke, Chr. (2019): Tiere tropischer Korallenriffe. Druck & Design Johannes de Lange, Fritzlar.

Fautin, D.G & Allen, G. (1994): Anemonenfische und ihre Wirte. Tetra-Verlag, Melle, Germany.

Fischer, A. (1975). Juwelen des siebenten Kontinents. Verlag Molden, München, Germany.

Fricke, H.W. (1972): Korallenmeer. Belser Verlag, Stuttgart, Germany.

Fowler, W.H (1956): Fishes of the Red Sea and southern Arabia. The Weizmann Science Press of Israel, Jerusalem, Israel.

Gillett, K. (1976): The Australian Great Barrier Reef in Colour. A.W. Reed, Sidney, Australia.

Gosline, W.A. & Brock, V.E. (1965): Handbook of Hawaiian fishes. University of Hawaii Press, Honolulu, USA.

Kamohara, T. (1972): Coloured illustration of the fishes of Japan. Vol. 1 und 2, Hoikusha Publishing Co. Ltd., Osaka, Japan.

Kaplan, E.H. (1982): A field guide to coral Reefs. Houhton Mifflin Company, Boston, USA.

Kuiter, R. & Debelius, H. (2006): Atlas der Meeresfische, Verlag Kosmos Stuttgart, Germany.

Kuiter, R. (1992): Tropical reef fishes of the western Pacific: Indonesia and adjacent waters. Penerbit PT Gramedia Pustaca Utama, Jakarta, Indonesien.

Kühlmann, D. (1984): Das lebende Riff. Landbuch Verlag, Hannover, Germany.

Levine, J.S. & Rotman, L.J. (1985): Faszinierende Unterwasserwelten. Birkhäuser Verlag, Basel, Schweiz.

Masuda, L. &Allen, G. (1993): Meeresfische der Welt. Groß-Indopazifische Region. Tetra-Verlag, Melle, Germany

Myers, R.F (1989): Micronesian reef fishes. A practical guide to the identification of the coral reef fishes of the tropical central and western Pacific. Coral Graphics, Guam, USA.

Nahke, P. & Wirtz, P. (1991): Unterwasserführer Malediven: Fische. Verlag Stephanie Naglschmid, Stuttgart, Germany.

Newbert, Ch. (1984): Within a Rainbowed Sea. Beyond Words Publishing Company, Hillsboro, Oregon, USA.

Patzner, R.A. & Moosleitner, H. (1999): Meerwasser Atlas Band 6. Verlag Mergus, Melle, Germany.

Ray, C. & Ciampi, E. (1956): The underwater guide to marine life. San Diego, California, USA.

Schuhmacher, H. (1976). Korallenriffe. BLV-Verlag, München, Germany.

Severns, M. (1994): Sulawesi Seas. Staples Ecenbarger Publishing, Concord, California, USA.

Sheppard, CH. R.C. (1983): A natural history of the coral reefs. Blandford Press, USA.

Wheeler,A. (1977): Das große Buch der Fische. Verlag Eugen Ulmer, Stuttgart, Germany.

Wirtz, P. & Nahke, P. (1991): Unterwasserführer Malediven Fische. Naglschmid-Verlag, Stuttgart, Germany.

Wood, E. (1989): Coral Reefs. Salamander Book, London, UK.

Zann, L.P. (1980): Living together in the sea. TFH Publication, N.Y., USA.

Langschnauzen-Büschelbarsch (Oxycirrithes typus), Philippinen, Cabilao

Dr. Harry Erhardt
ist Jahrgang 1938 und geboren in Riga / Lettland.

Nach dem Abitur studierte er an der Universität in Gießen und promovierte im Fach Zoologie. Dr. Erhardt taucht und fotografiert seit 1963. Zuerst im Mittelmeer und später in fast allen tropischen und gemäßigten Meeren. Beginnend in der Karibik, später im Roten Meer und im Indischen Ozean. Es folgten Tauchexpeditionen in das Arabische Meer, in die Andamanensee, in das Südchinesische Meer, die Celebessee, Australien und die Korallensee. Im Indopazifik setzte Dr. Erhardt die Schwerpunkte seiner Unterwasserarbeit in Indonesien, Papua Neuguinea, der Inselwelt der Salomonen und Mikronesien. Weitere Expeditionen folgten in den Golf von Kalifornien und in die Inselwelt der Galapagos.

Erst 2011 hat Dr. Erhardt aus Altersgründen aufgehört, Tauchexpeditionen zu unternehmen. Heute widmet es sich der Sichtung und der Digitalisierung seines umfangreichen Unterwasser-Bildarchivs. Dr. Erhardt lebt heute in Fritzlar / Hessen.

Christina Krimke
ist Jahrgang 1976 und geboren in Fritzlar / Hessen.

Nach dem Abitur studierte sie an der Universität in Gießen im Fachbereich Sozial- und Kulturwissenschaften und beendete ihr Studium als Diplom-Pädagogin. Es folgte ein Zweitstudium an der gleichen Universität im Bereich Lehramt für Gymnasien mit den Schwerpunkten Biologie und Deutsch. Heute ist Frau Krimke als Studienrätin an einer Integrierten Gesamtschule in Grünberg / Vogelsberg tätig.

Frau Krimke hat schon als Kind recht frühzeitig Tauchen gelernt und später ihren Vater auf einigen seiner Tauchreisen begleitet. Seit sie jedoch Familie hat und einen Beruf ausübt, bleibt ihr wenig Zeit für Tauchreisen und für die Fotografie. Frau Krimke ist eine ausgezeichnete Taucherin und eine excellente Fotografin. Heute lebt Frau Krimke mit ihrer Familie in w / Hessen.

Bildnachweis:

Wir danken unseren Freunden und Tauchkameraden **Marion Muck** und **Dietmar Günther** für die Leihgabe ihrer schönen Bilder. Zu finden auf den Seiten: 173, 181, 187, 191, 283, 313, 319.

Alle anderen Bilder entstammen dem Unterwasserbildarchiv Erhardt / Krimke